"十三五"国家重点出版物
出版规划项目

化工过程强化关键技术丛书

中国化工学会 组织编写

多相反应器的设计、放大和过程强化

Design, Scale-up and Process Intensification of Multiphase Reactors

杨超 毛在砂 等著

化学工业出版社

·北京·

内容提要

《多相反应器的设计、放大和过程强化》是《化工过程强化关键技术丛书》的一个分册。本书综合多相反应器工程、计算流体力学、计算传递学、先进测量技术等研究进展，论述多相反应器模型、模拟与测量，以及工业反应过程强化技术，构建和发展计算反应工程学科基础。本书侧重于多相反应器过程强化所涉及的基础理论、数学模型和数值方法、测量技术及其在工业中的应用，强调分散相颗粒（包括液滴、气泡）特性和颗粒群特性对多相反应器流动和传递过程的影响，从不同尺度及跨尺度耦合上阐述多相反应器内流动和传递特性。本书包括基本概念、模型和方法的简介，典型问题的示例，以及前沿研究的新近发展和趋势，既有基础理论分析，又联系工业实际体系，也包括作者团队的最新工作。

《多相反应器的设计、放大和过程强化》是多项国家和省部级成果的系统总结，提供了大量基础研究和工程应用数据，可供化工、材料、环境、制药、食品等领域科研人员、工程技术人员、生产管理人员以及高等院校相关专业师生参考。

图书在版编目（CIP）数据

多相反应器的设计、放大和过程强化/中国化工学会组织编写；杨超等著.—北京：化学工业出版社，2020.8（2023.11重印）

（化工过程强化关键技术丛书）

国家出版基金项目 "十三五"国家重点出版物出版规划项目

ISBN 978-7-122-36819-5

Ⅰ.①多… Ⅱ.①中… ②杨… Ⅲ.①多相流动-反应器-研究 Ⅳ.①TQ052.5

中国版本图书馆CIP数据核字（2020）第081983号

责任编辑：杜进祥　徐雅妮　黄丽娟　丁建华　　　装帧设计：关　飞

责任校对：宋　夏

出版发行：化学工业出版社（北京市东城区青年湖南街13号　邮政编码100011）
印　　装：北京建宏印刷有限公司
710mm×1000mm　1/16　印张20¾　字数426千字　2023年11月北京第1版第2次印刷

购书咨询：010-64518888　　　售后服务：010-64518899
网　　址：http://www.cip.com.cn

凡购买本书，如有缺损质量问题，本社销售中心负责调换。

定　　价：288.00元　　　　　　　　　　　　　　　　　　　版权所有　违者必究

《化工过程强化关键技术丛书》编委会

编委会主任：
 费维扬 清华大学，中国科学院院士
 舒兴田 中国石油化工股份有限公司石油化工科学研究院，中国工程院院士

编委会副主任：
 陈建峰 北京化工大学，中国工程院院士
 张锁江 中国科学院过程工程研究所，中国科学院院士
 刘有智 中北大学，教授
 杨元一 中国化工学会，教授级高工
 周伟斌 化学工业出版社，编审

编委会执行副主任：
 刘有智 中北大学，教授

编委会委员（以姓氏拼音为序）：
 陈光文 中国科学院大连化学物理研究所，研究员
 陈建峰 北京化工大学，中国工程院院士
 陈文梅 四川大学，教授
 程 易 清华大学，教授
 初广文 北京化工大学，教授
 褚良银 四川大学，教授
 费维扬 清华大学，中国科学院院士
 冯连芳 浙江大学，教授
 巩金龙 天津大学，教授

贺高红	大连理工大学，教授
李小年	浙江工业大学，教授
李鑫钢	天津大学，教授
刘昌俊	天津大学，教授
刘洪来	华东理工大学，教授
刘有智	中北大学，教授
卢春喜	中国石油大学（北京），教授
路　勇	华东师范大学，教授
吕效平	南京工业大学，教授
吕永康	太原理工大学，教授
骆广生	清华大学，教授
马新宾	天津大学，教授
马学虎	大连理工大学，教授
彭金辉	昆明理工大学，中国工程院院士
任其龙	浙江大学，中国工程院院士
舒兴田	中国石油化工股份有限公司石油化工科学研究院，中国工程院院士
孙宏伟	国家自然科学基金委员会，研究员
孙丽丽	中国石化工程建设有限公司，中国工程院院士
汪华林	华东理工大学，教授
吴　青	中国海洋石油集团有限公司科技发展部，教授级高工
谢在库	中国石油化工集团公司科技开发部，中国科学院院士
邢华斌	浙江大学，教授
邢卫红	南京工业大学，教授
杨　超	中国科学院过程工程研究所，研究员
杨元一	中国化工学会，教授级高工
张金利	天津大学，教授
张锁江	中国科学院过程工程研究所，中国科学院院士
张正国	华南理工大学，教授
张志炳	南京大学，教授
周伟斌	化学工业出版社，编审

作者简介

杨超，1971年生，中国科学院过程工程研究所研究员、副所长，中国科学院大学长江学者特聘教授。国家杰出青年科学基金获得者，国家万人计划科技创新领军人才。1998年南京工业大学获博士学位，1998—2000年中国科学院化工冶金研究所博士后，2005—2006年美国康奈尔大学高级访问学者。研究方向：反应器工程和绿色化工。主持国家重点研发计划重点专项、国家重大科研仪器研制等项目。发表SCI论文150多篇，申请专利80件（国际8件），获计算机软件著作权34项，出版英文专著1部。获国家科技进步奖二等奖（2019）、何梁何利基金科学与技术创新奖（2016）、国家技术发明奖二等奖（2015）、光华工程科技奖青年奖（2014）、中国化学会–巴斯夫公司青年知识创新奖（2013）、日本化学工学会亚洲研究奖（SCEJ Asia Research Award）（2012）、中国青年科技奖（2011）、国家自然科学奖二等奖（2009）。

毛在砂，1943年生，中国科学院过程工程研究所研究员。1966年清华大学工程化学系毕业，1981年中国科学院化工冶金研究所获硕士学位，1988年美国Houston大学获博士学位。长期从事化学反应工程和多相流动的应用基础研究和工程实践，致力于推动化学工程学科的数学模型方法和数值模拟技术的发展和应用。承担多项

国家自然科学基金项目和工业技术改造项目等。发表论文 200 余篇，授权发明专利 30 余件，撰写专著、教材 4 种。曾任 Chinese Journal of Chemical Engineering 和《过程工程学报》副主编。获国家自然科学奖二等奖（2009，第一完成人）和国家技术发明奖二等奖（2015，第二完成人）。获 AIChE South Texas Section 优秀基础论文奖（1992）、中国科学院华为优秀导师奖（1998，2001）、中国化工学会优秀审稿人奖（2013，2015，2017）等荣誉。

丛书序言

化学工业是国民经济的支柱产业，与我们的生产和生活密切相关。改革开放40年来，我国化学工业得到了长足的发展，但质量和效益有待提高，资源和环境备受关注。为了实现从化学工业大国向化学工业强国转变的目标，创新驱动推进产业转型升级至关重要。

"工程科学是推动人类进步的发动机，是产业革命、经济发展、社会进步的有力杠杆"。化学工程是一门重要的工程科学，化工过程强化又是其中的一个优先发展的领域，它灵活应用化学工程的理论和技术，创新工艺、设备，提高效率，节能减排、提质增效，推进化工的绿色、低碳、可持续发展。近年来，我国已在此领域取得一系列理论和工程化成果，对节能减排、降低能耗、提升本质安全等产生了巨大的影响，社会效益和经济效益显著，为践行"绿水青山就是金山银山"的理念和推进化工高质量发展做出了重要的贡献。

为推动化学工业和化学工程学科的发展，中国化工学会组织编写了这套《化工过程强化关键技术丛书》。各分册的主编来自清华大学、北京化工大学、中北大学等高校和中国科学院、中国石油化工集团公司等科研院所、企业，都是化工过程强化各领域的领军人才。丛书的编写以党的十九大精神为指引，以创新驱动推进我国化学工业可持续发展为目标，紧密围绕过程安全和环境友好等迫切需求，对化工过程强化的前沿技术以及关键技术进行了阐述，符合"中国制造2025"方针，符合"创新、协调、绿色、开放、共享"五大发展理念。丛书系统阐述了超重力反应、超重力分离、精馏强化、微化工、传热强化、萃取过程强化、膜过程强化、催化过程强化、聚合过程强化、反应器（装备）强化以及等离子体化工、微波化工、超声化工等一系列创新性强、关注度高、应用广泛的科技成果，多项关键技术已达到国际领先水平。丛书各分册从化工过程强化思路出发介绍原理、方法，突出应用，强调工程化，展现过程强化前后的对比效果，系统性强，资料新颖，图文并茂，反映了当前过程强化的最新科研成果和生产技术水平，有助于读者了解最新的过程强化理论和技术，对学术研究和工程化实施均有指导意义。

本套丛书的出版将为化工界提供一套综合性很强的参考书，希望能推进化工过程强化技术的推广和应用，为建设我国高效、绿色和安全的化学工业体系增砖添瓦。

中国科学院院士：费维扬

中国工程院院士：舒兴田

前言

化工等过程工业中普遍涉及多相复杂反应体系，在多相反应器中进行化学反应的同时还涉及流动、混合、传质、相变、加热、冷却等复杂的物理过程。从实验室到工业生产，特别是大规模的生产，都要解决反应器的设计、放大与过程强化问题，其目的是为了使化学反应器提供最贴近化学家所期望的反应条件和环境，这些都是化学反应工程学的核心内容。确保放大成功、降低风险、实现工业过程与装置的高效率及过程强化是反应器工程放大的主要目标。现代化学工业对反应工程学和反应器设计放大提出了新的挑战，例如：由于节能和过程集成化、绿色化的要求，希望多个化学反应在同一个反应器中进行、几个工艺步骤在一个设备内完成，化学反应过程因而在更多物相共存、更多传递过程并行的条件下进行。

化学反应器内的流动、传递和反应过程具有典型的多尺度特征，尤其多相体系的非均匀性、非线性和非平衡性的特点，导致工业大型反应器内的混合、流动、传递与反应的环境和状态远远偏离小型的实验室反应器。在化学反应工程学创立之初就已认识到，虽然传统的化学工程学的"三传一反"理论模型和经验归纳方法用于均相反应器很有效，但难以满足多相反应器的设计放大要求，必须采用更富机理性的数学模型方法。近年来，化学工程学科致力于数学模型方法的建立，化学反应工程及相关学科在研究技术和方法上都取得了重要进展，反应过程测量与数据采集技术有了长足的进步，先进的流体力学和传递理论以及计算流体力学技术在反应工程研究中发挥了越来越重要的作用，多相反应器数学模型化和数值模拟放大技术正在一步步从理想变为现实。

本书是在著者的英文专著"*Numerical Simulation of Multiphase Reactors with Continuous Liquid Phase*"[Chao

Yang and Zai-Sha Mao，Academic Press（Elsevier），2014］基础上，综合多相反应器工程、计算流体力学、计算传递学、先进测量技术等研究进展，论述多相反应器模型、模拟与测量，以及工业反应过程强化技术，构建和发展计算反应工程学科基础。本书侧重于多相反应器过程强化所涉及的基础理论、数学模型和数值方法、测量技术及其在工业中的应用，强调分散相颗粒（包括液滴、气泡）特性和颗粒群特性对多相反应器流动和传递过程的影响，从不同尺度及跨尺度耦合上阐述多相反应器内流动和传递特性。全书由杨超和毛在砂统稿，各章节具体内容和写作分工如下：

第一章绪论（撰稿人：冯鑫、杨超、毛在砂），简述化学反应工程的基础知识，点明新时代中计算反应工程的新特点，指出多相反应器和过程强化面临的机遇和挑战，展望了多相反应器研究领域需要开展的重要工作。

第二章颗粒尺度流动和传递（撰稿人：陈杰、王智慧），介绍了多相反应器的颗粒（包括气泡、液滴和固体颗粒）尺度流动和传递研究，包括理论基础、模型和数值计算方法等，给出了Marangoni效应、颗粒群行为、剪切流和拉伸流等新进展。

第三章多相搅拌反应器（撰稿人：李向阳、张庆华、冯鑫、段晓霞），详述了多相搅拌反应器的测量技术、数学模型与模拟计算，包括固液、气液、液液两相搅拌反应器，以及液液固、气液液、液液液、气液固等三相搅拌反应器。

第四章气升式环流反应器（撰稿人：黄青山、张伟鹏、张广积），重点介绍气升式环流反应器，包括气液和气液固反应器。给出了反应器模型和数值计算方法，以及流型、多级环流、多相混合与分离的过程集成等新进展。

第五章两相微反应器（撰稿人：雍玉梅、徐俊波、李媛媛），简要给出了两相微反应器的若干进展，包括多相微反应器的模型和格子Boltzmann方法等数值计算方法，以及微反应器内流动和传递的实验测量。

第六章结晶过程模型与数值模拟（撰稿人：程景才、张妍、张庆华），详述了结晶过程的数学模型与数值模拟方法，重点给出反应结晶、溶析结晶过程模拟计算的新进展，包括宏观与微观混合对结晶的影响。

感谢国家自然科学基金委员会（20236050，20490206，20990224，21025627，21427814，21938009）、国家科学技术部（2004CB217604，

2008BAF33B03，2010CB630904，2012CB224806，2016YFB0301700）和中国科学院（QYZDJ-SSW-JSC030，122111KYSB20190032）的经费支持。本书成果支撑了 2019 年国家科技进步二等奖（芯片用超高纯电子级磷酸及高选择性蚀刻液生产关键技术）、2015 年国家技术发明二等奖（含高浓度分散相的搅拌反应器数值放大与混合强化的新技术）和 2009 年国家自然科学二等奖（多相体系的化学反应工程和反应器的基础研究及应用）。

  本书包括基本概念、模型和方法的简介，典型问题的示例，以及前沿研究的新近发展和趋势，适合于希望掌握先进的反应工程学（从理论到工业应用）工具、实现多相反应器科学设计放大与过程强化的读者。本书既有基础理论分析，又联系工业实际体系，也包括作者团队的最新工作。

  限于著者的水平与学识，内容遗漏、编排和归类不妥之处在所难免，恳请有关专家和读者不吝指正。

杨超 毛在砂

2020 年 5 月

目 录

第一章 绪论 / 1

第一节 化学反应工程基础 …………………………………… 2
一、化学反应工程的任务 ………………………………… 2
二、化学反应工程的研究内容 …………………………… 3

第二节 计算化学反应工程 …………………………………… 4
一、化学工程的发展范式 ………………………………… 4
二、新阶段的范式 ………………………………………… 5
三、计算化学工程的发展 ………………………………… 8

第三节 多相反应器与过程强化 ……………………………… 11
一、多相反应器与混合 …………………………………… 11
二、宏观混合强化 ………………………………………… 13
三、微观混合强化 ………………………………………… 14
四、化学反应器强化的总体策略 ………………………… 17

第四节 展望 …………………………………………………… 17

参考文献 …………………………………………………………… 18

第二章 颗粒尺度流动和传递 / 22

第一节 引言 …………………………………………………… 22

第二节 理论基础 ……………………………………………… 23
一、流体力学 ……………………………………………… 23
二、传质 …………………………………………………… 24
三、界面力平衡 …………………………………………… 25
四、界面质量传递 ………………………………………… 26

第三节 数值计算方法 ………………………………………… 27
一、正交贴体坐标系 ……………………………………… 27
二、水平集方法 …………………………………………… 31

  三、镜像流体法…………………………………………………… 36
第四节 单颗粒的浮力驱动运动和传质过程………………………… 39
  一、气泡和液滴运动………………………………………………… 39
  二、传质过程的数值计算…………………………………………… 47
第五节 传质引起的Marangoni效应…………………………………… 50
  一、溶质引起的Marangoni效应…………………………………… 50
  二、表面活性剂对运动及传质的影响……………………………… 53
  三、表面活性剂引发Marangoni效应……………………………… 57
第六节 颗粒群行为研究………………………………………………… 59
  一、单颗粒上的受力分析…………………………………………… 61
  二、单元胞模型……………………………………………………… 64
第七节 拉伸流和剪切流中的单颗粒行为…………………………… 67
  一、拉伸流场中颗粒的传热传质…………………………………… 67
  二、剪切流场中球形颗粒的传质…………………………………… 69
第八节 小结和展望……………………………………………………… 71
  一、小结……………………………………………………………… 71
  二、展望……………………………………………………………… 72

参考文献………………………………………………………………………… 73

第三章 多相搅拌反应器 / 80

第一节 引言……………………………………………………………… 80
第二节 数学模型和数值方法…………………………………………… 81
  一、控制方程………………………………………………………… 82
  二、相间动量交换…………………………………………………… 83
  三、RANS模型方法………………………………………………… 85
  四、LES模型………………………………………………………… 91
  五、搅拌桨处理……………………………………………………… 93
  六、数值求解方案…………………………………………………… 96
第三节 两相流搅拌槽…………………………………………………… 100
  一、固液体系………………………………………………………… 100
  二、气液体系………………………………………………………… 109

三、液液体系……………………………………………………122
第四节　三相搅拌反应器………………………………………130
　　一、液液固体系…………………………………………………130
　　二、气液液体系…………………………………………………133
　　三、液液液体系…………………………………………………133
　　四、气液固体系…………………………………………………136
第五节　小结和展望……………………………………………143
　　一、小结…………………………………………………………143
　　二、展望…………………………………………………………144
参考文献……………………………………………………………145

第四章　气升式环流反应器 / 156

第一节　引言……………………………………………………156
第二节　气液多相流的流型识别………………………………157
第三节　环流反应器的流动型态………………………………160
　　一、单级内环流反应器的流动型态……………………………160
　　二、多级内环流反应器的流动型态……………………………161
第四节　工业气体分布器初始气泡直径的估计………………164
第五节　数学模型和数值方法…………………………………167
　　一、欧拉-欧拉两流体模型………………………………………168
　　二、相间作用力的封闭…………………………………………170
　　三、湍流模型的封闭……………………………………………188
　　四、数值方法……………………………………………………190
第六节　环流反应器中的传递现象……………………………199
　　一、流体力学特性………………………………………………199
　　二、相间质量传递………………………………………………201
　　三、宏观混合和微观混合………………………………………208
第七节　多级环流反应器内的传递现象………………………216
　　一、气含率分布特性……………………………………………217
　　二、循环液速……………………………………………………218
　　三、混合时间……………………………………………………220

四、体积传质系数·················· 221
第八节　多相混合与分离的过程集成及过程强化············ 221
第九节　环流反应器的设计和放大建议················ 224
第十节　小结和展望························ 226
参考文献····························· 227

第五章　两相微反应器 / 242

第一节　引言···························· 242
第二节　数学模型和数值方法···················· 243
第三节　格子Boltzmann方法数值模拟················ 246
　　一、微通道内两相流···················· 246
　　二、微通道内传热···················· 249
　　三、微通道内传质···················· 253
第四节　微反应器的实验研究···················· 255
　　一、流型························ 255
　　二、压降························ 258
　　三、传质性能······················ 259
　　四、微观混合······················ 259
第五节　小结和展望························ 260
参考文献····························· 261

第六章　结晶过程模型与数值模拟 / 270

第一节　引言···························· 270
第二节　数学模型与数值计算方法·················· 271
　　一、一般化的粒数衡算方程················ 271
　　二、标准矩方法····················· 274
　　三、积分矩方法····················· 276
　　四、粒度分级法/离散法················· 277
第三节　宏观与微观混合······················ 282
第四节　反应结晶过程模拟······················ 286
　　一、组分传输方程···················· 287

二、成核与生长动力学……………………………………287
　　三、团聚与破裂动力学……………………………………288
　　四、模拟细节………………………………………………289
　　五、沉淀过程模拟…………………………………………290
  第五节　溶析结晶过程模拟……………………………………294
　　一、模型与方程……………………………………………295
　　二、模拟结果………………………………………………296
  第六节　溶析与反应结晶混合强化……………………………299
  第七节　小结和展望……………………………………………300
  参考文献……………………………………………………………301

索引 / 311

第一章

绪　　论

　　化学反应器是过程工业中广泛使用、不可或缺的重要设备，对化工生产起着举足轻重的作用。化工产品从实验室到工厂生产是化学工程的核心任务，而反应器放大是完成这一任务的关键。由于对反应器中的化学反应与传递过程的相互作用机制，尤其是对反应器工程设计中的放大效应认识不足，造成目前工业反应过程的选择性低和收率低、物耗和能耗高等问题。为了解决上述问题，通过过程强化的方法，开发新型高效的反应装备和生产技术，可以实现化工过程的安全、清洁和高效生产。随着计算机技术的快速发展，采用数学模型和数值模拟研究反应器内的多相流动、混合、传质、传热和化学反应等过程成为主要的发展趋势，并催生出新的学科"计算化学反应工程学"。利用数学模型和数值模拟可以深刻认识化学工程的理论基础，并科学指导化工反应器的规模放大以及反应过程的强化。

　　为了实现过程工业中多相反应器的优化、放大与过程强化，需要以化学反应工程学的基本概念和原理为学科基础，以计算流体力学为工具，并借助随后逐渐发展的计算传热学、计算传质学，精准地定量认识和应用化学反应工程学的基本原理，发展计算化学反应工程学，才能最终实现准确认识化学反应器、建立机理性的"白箱"数学模型、科学地优化现有反应器、创新反应器构型、精确地设计工业反应器、实现可持续化工生产的目的。

第一节　化学反应工程基础

一、化学反应工程的任务

过程工业是依靠物理和化学加工工艺大规模生产新产品和使现有产品获得新特性的加工工业。过程工业的生产过程包括物理加工和化学加工两类。物理加工只改变物质的形态和物理性质，不改变物质的化学组成。而化学加工改变了物质的化学成分或组成，从而获得具有新的物理化学性质的材料。优良性质的材料赋以特殊的物理结构和形态，将成为性能优秀的工业和日常生活用的产品。

化学工业生产过程从原料到产品都包含物理过程和化学过程。首先原料需要进行预处理以满足化学反应的要求，如原料的提纯、加热原料使其达到反应温度、固体原料的破碎、不同原料的混合等。这些预处理一般都属于物理过程，如破碎、搅拌、混合、换热、物料输送等。预处理后的物料经过化学反应生成新的化学物质，使产品获得期望的物理化学性质和更完美的功能，这一步是化学过程，也是整个生产过程的核心。由于反应过程化学平衡的限制或副反应的发生，反应后的物料中可能含有未反应的或过量的反应物，以及副反应的产物，就需要对产物进行分离与精制，以获得符合规格的产品，这一步也是物理过程，例如蒸馏、萃取、结晶、吸收、过滤等。通常的化工生产中反应设备远少于预处理和后处理设备，但是化学反应的好坏直接影响其他过程，例如，反应效果不好、收率低导致副产物增加，可能需要额外的分离和提纯工序，要额外的能耗和物耗来处理这些副产物。

反应器是化学反应发生的场所，是必须以可控方式实现化学加工的装置。化学反应都是在不同形式的反应器中进行，同时也涉及流动、传热、传质等物理过程，化学反应过程和传递过程之间相互影响，是涉及微观到宏观机理的复杂多尺度过程。从微观上看，化学反应发生在分子尺度，与反应器的尺寸与形状以及反应器内的传递过程无关。从宏观上看，不同反应器的形式和尺寸决定了反应器内物料的流动和传递过程，不影响本征的化学反应过程。随着反应器的放大，发生变化的实际上是传递过程的表象而不是化学反应本征动力学。然而，反应器内的流动和传递过程会影响反应物浓度和温度在时间与空间上的分布，对于简单反应影响局部的化学反应速率，而对于一些复杂反应过程，不同反应物之间的接触方式、混合程度会导致反应产物的分布不同，影响复杂反应的选择性以及产品的质量。例如，质量和热量的传递速率对化学反应速率有时起限制作用，传热不良可能会导致反应器温度失控，甚至发生爆炸。在实验室小试研究中，或许可以忽略传递因素的影响，但是在大尺度的工业生产中，这些因素不能忽略。因此，操作和设计反应器，必须对反应器内发生的物理和化学过程的机理和规律有充分和定量的认识。

化学反应工程学简单说就是使化学反应实现工程化的科学，可以把它定义为旨在认识工业上采用的化学反应器内的物理及化学过程，以及它们相互的影响规律，最终达到成功操作和设计反应器的分支科学。化学反应工程学可以帮助我们充分认识反应器中反应过程的规律；优化现有反应器结构和操作条件，提高生产能力、反应收率和产品质量；设计和放大反应器，开发新型反应设备和反应强化技术。需要不断发展化学反应工程学的理论和方法。

二、化学反应工程的研究内容

化学反应工程研究的核心内容就是反应过程的工程特性研究，包括化学反应器的分析和反应器的优化操作与设计放大两个方面。反应器分析是将反应器内的复杂过程分解为若干子过程，并对其逐一研究；在此基础上，将反应器内各子过程在空间和时间域上加以综合，得到对反应器的整体认识，实现反应器的优化操作和设计放大。这些子过程的研究涉及许多相关学科的知识和方法，从图 1-1 看出，化学反应工程与物理化学、传递过程、工程控制、化学工艺等学科存在交叉，但是又有自己的特点。传递过程原理包括流体流动、混合、传热与传质等问题，流体力学和多相流体力学作为流动和传递的基础起着很大的作用。对于化学反应工程，主要关注反应器内的传递问题，尤其是三传（动量传递、热量传递和质量传递）与化学反应间的相互作用。化工热力学包括反应体系的物理性质、化学反应的平衡常数、反应的热效应等，决定了化学反应进行的方向和程度。化学反应动力学涉及化学反应的机理和化学反应速率，化学反应工程更关心简单和复杂体系的本征动力学以及受传递过程影响的宏观动力学，侧重于利用反应动力学设计优化反应器的工程实际研

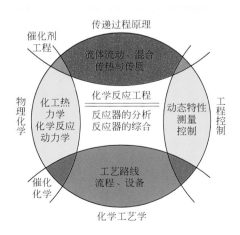

图 1-1 化学反应工程研究内容与其他基础学科的关系 [1]

究。催化化学和催化剂工程包括催化反应动力学、催化剂制备以及有关工程化等问题，反应工程更关心反应过程的共性原理及应用。化学工艺学遵从工艺流程的要求，指导反应器的选型和设计。工程控制包括反应器的动态特性、反应器状态的测量和控制等。此外，图 1-1 中没有合适位置标出化工应用数学，因为当所有的交叉学科应用于化学反应工程学时，都需要用数学方法和数值计算技术来进行定量的分析计算。建立反应器和反应动力学的模型、优化反应器的设计和操作，都有赖于正确的数学方法和对其熟练的应用。

第二节 计算化学反应工程

一、化学工程的发展范式

化学工程师一直在努力更深入地了解化学工程学科，并致力于将这些知识有效地应用到工业生产中。回顾一个多世纪以来化学工程学的发展历程，人们普遍认为，化学工程学科的早期发展有两种范式[2-4]。

第一种范式是单元操作。该术语于 1911 年由 A.D. Little 在报告中首次使用[3]，在 1923 年 H. Walker 等编著的教科书《化学工程原理》中正式使用[5]。这些工作本质上是将目前的化工生产过程系统地简化为其构成要素，即单元操作。在对每个单元操作进行宏观工程分析后，化学工程师可以更彻底地了解整个化工过程，并能够将需要的操作单元集成到一个新的化工过程中，其效率高于仅凭经验复制的现有过程。这种范式符合化学工业实践向系统化和常规化发展的要求。

第一种范式从工业实践中总结提炼，并催生了化学工程学科。在这个框架下，化学工业中的经验被细化为一系列的概念、准则和基本规律。化学工程师能够将生产目标划分成一系列单元操作从而建立一个化工过程。通过选择合适的设备进行连接和匹配，以期达到相对优化的具有平衡特性和灵活性的生产过程。每个单元操作作为一个守恒体系遵循质量、物料和能量的整体守恒规律，但是由于应用数学发展的限制，难以处理体系内部非均匀性及其对单元操作性能的影响。

第二种范式是传递现象，也是 1960 年 Bird 等著作的书名[6]。它在一般意义上解决了化工生产中的动量、能量和质量传递的三个基本物理过程。另外，使用更复杂的理论工具可以将单元操作模型从"黑箱模型"升级为"灰箱模型"。化学工程师利用基本物理化学定律，尽可能地对单元操作进行定量分析。利用新范式工具，以前被认为是黑箱的单元操作装置可以作为一个整体进行分析，获得近似或有效的公式。或者进一步分析相关微分方程以了解更多局部细节，结合适当的边界条件，通过积分微分方程来评价整体的状态。

单元操作的基本性质通常由一组非线性微分方程（典型示例如 Navier-Stokes 方程）来描述，这些方程难以进行准确定量的分析。数学上的困难促使化学工程师与数学家合作一起寻求替代方法，如数值积分、扰动方程、级数展开等，以获得具有合理精度的分析结果。由此，单元操作升级到了灰箱模型，这有利于工业生产过程的设计和操作。

20 世纪下半叶，化学工程学科迅速发展。新的先进化学技术伴随着新的概念和原理出现，对此 Villermaux 在 1993 年的综述中进行了系统的总结[7]。他做了相当长的列表，包括质量-热量-动量类比、反应传递耦合、有效介质及特性、粒数平衡、停留时间分布、轴向扩散、连续搅拌槽、非线性动力学、能量和熵管理、凝聚态结构等，所有这些都是由前两种范式获得的结论。化学工程作为一个学科能够深入理解化学工程实践并获得其范围、概念、理论和应用的完整表述。虽然化学工程师主要服务于工业和经济发展，但他们也在思考化学工程的发展方向以及化学工程的下一个范式。

20 世纪 80 年代末，一些顶尖的美国化学工程师聚集在一起探讨化工学科的前沿。1988 年，化学工程前沿委员会发表了一份影响深远的报告[2]，回顾化学工程的发展，总结了化学工程的前沿领域，包括生物化工、新能源和先进材料等学科领域，以激励化学工程师倾注努力和智慧。当然，这种领域的发展不仅需要传统的化学工程方法，同时也需要在概念、方法和技术方面进行深入创新，并与相关的物理、化学和生物学科相结合[8]。化学工程理论、研究和发展的前沿和学科交叉，扩大了化学工程学科的范围，化学工程师在相近工业和工程领域的贡献也可以被视为化学工程的新领域。

化学工程学科是否发展到了独特的新阶段？现在的化学工程理论是否更加准确？理论是否已经得到广泛应用？化学过程中的机理是否得到了充分理解或者方法是否完美或复杂？如果不是，我们需要什么才能使化学工程实现新的范式？化学工程师一直致力于寻求上述答案[9]。

二、新阶段的范式

第二种范式促进了化学工程的不断发展。到了 20 世纪 80 年代和 90 年代，化学工程师似乎对化学工程学科的进一步发展方向感到担忧，并急于证明化学工程科学的必要性。他们尽最大努力将化学工程的应用范围扩展到邻近的学科领域作为新领域。典型地，在 1988 年化学工程前沿委员会报告[2]发表后，许多大学的化学工程系（或学院）更名为化学和生物化学（环境、生物分子或高级材料）工程系（或学院），以表明他们投身于新的前沿。"无缝延伸的化学工程科学"（Seamless Chemical Engineering Science）被提倡作为一种新兴范式[8]。中国科学院化工冶金研究所也于 2001 年更名为过程工程研究所，以服务更多的工业部门。同时，许多化学工程师对过去二三十年间化学工程学科的进一步发展深表关注。下面几个关于下一个范式的代表性命题，更是引起了化学工程师的极大兴趣。

1. 化学产品工程

包括化学产品在内的产品通常按以下步骤生产：①收集原始天然材料（食品、植物、动物器官、矿物、金属等）；②物理和化学处理（物理处理、化学反应）生产人造原料；③生产供消费者使用的产品。通常这些步骤适用于大多数化学产品，部分适用于由化学产品制成的商品。由于生产步骤在不同的工厂进行，因此为了节约能源和减少原材料消耗，对从原料到商品的整个生产过程进行系统工程分析是必要的。在 21 世纪初，许多化学工程师意识到，为了应对自然资源短缺和环境/生态保护的紧迫压力，需要对商品的整个生命周期进行全面分析。这种趋势表现为 1988 年首次提出将化学产品工程作为第三范式[1]。在新世纪，Cussler 和 Moggridge（2001）[10] 的专著中详细阐述了化学产品工程的基础知识，他们制定了新产品开发的五步策略。Hill [4] 和 Woinaroschy [5] 也支持化学产品工程作为第三范式。

理想的产品设计必须从不同的角度满足要求，包括技术经济效率、环境友好性、消费者使用的耐久性和尽量减少对自然有负面影响的废物处理等。但是这些要求的实现受限于人为因素。化学工程师认为这项任务最终转变为严重依赖于摸索和经验主义的多目标优化工作。化学产品工程需要烦琐复杂的优化，因此这项工作不可避免地采用系统工程方法。这就是为什么第三范式的提议很容易被许多系统工程专家所接受，他们熟练掌握多目标非线性编程。产品工程有益于将传统制造业提升到符合人类长远利益的高度。然而，它似乎对于化学工程的理论和方法研究促进甚微。

2. 可持续化学工程

在认识到人类为自然造成过多负担、且过度消耗自然资源之后，人们强烈要求全球经济要可持续发展，并在化学和过程工业建立了更高标准[11]。所有这些因素都促进了自 20 世纪 90 年代末以来的可持续化学工程的研究。Brundtland [12] 在报告中首先提出了可持续性或可持续发展的概念，将其定义为"满足当前需求而不损害后代满足其需求的能力的发展"。可持续发展引起了世界各地的高度关注[5]。

Clift [13] 认为可持续发展依赖于化学工程学科中已有的系统性工具，这些工具现在应用于比化学工程中常规涵盖的系统更广泛的系统。清洁技术和工业生态学是工艺选择、设计和操作的新方法，它将传统的化学工程与工业相结合，其中一些基于系统的环境管理工具。可持续发展需要化学工程与其他学科的融合，包括自然科学、毒理学、经济学和社会科学。

从化学工程师的角度来看，最关注的是可持续发展中环境和能源资源问题。化学工程有通用分析工具，单元操作和化工系统就具有强大跨学科基础，这些使得化学工程和化学工程师在可持续发展中发挥关键作用[14]。可持续化学过程、工厂和整个行业的发展，在很大程度上依赖于系统工程工具，尤其是多目标优化[15,16]。这样看来可持续化学工程是化学工程从化学或过程工业扩展到更广泛的社会经济部门的一段新征程。

3. 多尺度方法

多尺度方法逐渐获得认可和应用。有意识或无意识地，我们一直在处理化学工程中的多尺度物理和化学现象。化学工程师在长期的工作中逐渐认识到分子尺度上的化学在设计工业尺度化学反应器中起着至关重要的作用，并试图将其应用到宏观规模的化学产品制造中。然而，他们将已经能够处理和求解的数学模型应用到多尺度框架中就遇到了困难。随着科学理论和工具的发展，许多化学工程研究人员致力于为化学产品工程和过程系统工程提供综合的多学科和多尺度方法。Li和Kwauk[17,18]使用多尺度方法对循环流化床提升管进行模拟，并在两个不同尺度上分析机理和现象，所使用的能量最小多尺度（EMMS）模型称为变分多尺度方法，Li及其同事一直在致力于将这种方法应用到其他多相系统中。Lerou和Ng[19]更系统地概括了多尺度方法（从工厂、反应器、流体力学和传递、催化和化学反应，到分子和电子尺度），并建议通过充分利用工厂设计方法、计算流体力学、催化剂设计方法和计算化学方法来设计一个理想产品的反应系统。Charpentier[20]还提倡将化学产品工程和工艺系统工程的多尺度方法作为化学工程的第三范式，因为它在过程强化和产品设计与工程中发挥着核心作用，他强调计算机辅助的多尺度建模以及从分子尺度到生产规模的实际生产项目的模拟。多年来，这些主张在很大程度上仍然是概念性的。

难点在于如何将小尺度的理论知识与大尺度上化学工程联系起来。例如，颗粒流中存在颗粒和连续流体之间的相互作用，其包括阻力、浮力、压力梯度力和虚拟质量力。对于每一种作用力，实验研究提供了大量关于单个颗粒和颗粒群的数据，根据这些数据，简单单值函数形式可以实现数值上的可靠相关性，因此可以很容易地将其结合到单元操作中颗粒流的建模和计算中。这是最简单的结合方式，但不太准确（策略A）。

更准确的方法是在两个尺度上同时对这些现象进行建模。目前，建模的主要框架是在宏观尺度上设置某个区域、放置粒子，并将其作为连续相处理，相间作用可以在单向或双向耦合中完成（策略C）。在20世纪90年代，现代数字计算机可以处理的实心球体数达32000[21]，但对于在良好分辨率下的可变形三维空间液滴，在液-液系统中模拟的数量仅为125左右[22]。如今，可以在颗粒流中模拟数量高达1166400（二维平面）的75μm固体颗粒和129024（三维空间）颗粒，且精度合理[23]，这很大程度归功于计算硬件和模拟方法的快速发展，但仍很难满足商用化学工业装置的应用需求。

为了解决尺度间耦合的困难，必须充分了解颗粒群（包括气泡群和液滴群）的行为，因为非均相微粒系统的流体动力学行为能够根据介观尺度上的团聚合理地模拟出来。在流体介质中，单个颗粒和颗粒群受到的曳力不同。当颗粒群作为实体时，颗粒群遵循其本身的运动规律。作为两者之间的建模替代方案（策略 B），在湍流连续流体相中，非均相颗粒流可以被认为是运动的许多颗粒群和单个颗粒，其中颗粒群被认为是介于颗粒和设备尺度之间的介观尺度。因此，详细的策略 C 计算被转换为比较简单和提高计算机负载效率的策略 B。即便如此，介观尺度的主导机制之间的相互作用仍然导致无法精确计算整个宏观尺度状态。因此，介观尺度不仅仅是一种临时策略，当粒子尺度（或微观尺度）信息被嵌入单元操作尺度（或宏观尺度）中时，有必要使用介观尺度计算 [24,25]。介观尺度研究加大了多尺度方法的复杂性。颗粒群在很大程度上代表了非均相微粒流的介观尺度特征，同时超级计算机证明了基于团簇类的离散连续体模型具有较高的计算效率 [26]。

其他提议包括：Mashelkar[8] 的"无缝延伸的化学工程科学"，Wei[27] 和刘志平等 [28] 的分子计算科学。正如 Wei[27] 所探讨的那样，化工领域进行了广泛且前沿的研究，如环境保护、生产效率以及与其他科学结合的化学工程等。

所有这些提议都大大扩展了化学工程的内容及其应用。然而，仍然存在一个关键问题：是什么驱动化学工程学科完善基本概念、原理、建模技术以及对基础原理的深入研究？这是审视这门学科的另一种视角。

三、计算化学工程的发展

除了我们日常生活中的经济、社会和文化领域，计算机辅助数值模拟已经进入了许多科学和工程领域。近二十年来，不少在其名称中使用"计算"或"数值"字样的期刊出现，除了早期的 Journal of Computational Physics（1966）、International Journal for Numerical Methods in Engineering（1969）、Journal of Computational Chemistry（1980）等，近期创刊的如 International Journal for Numerical Methods in Biomedical Engineering（1985）、International Journal of Numerical Methods for Heat & Fluid Flow（1991）、Journal of Computational Methods in Sciences and Engineering（2001）和 Journal of Computational Engineering（2013）等。

Computers & Chemical Engineering 于 1977 年开始发文，年仅发文约 200 页，但 2014 年发文 3300 页。它在过去十年中的快速发展与计算机的性能升级和应用程序的迅速普及相一致。

此外，学术研究人员出版新的专著，体现了他们对计算机辅助模拟的重要作用的重视以及他们对学科的深刻理解。除了计算物理学的许多专著外，还有陶文铨[29]编写的《计算传热学的近代进展》、余国琮和袁希钢[30]的"Introduction to Computation Mass Transfer"(《计算传质学导论》)等,体现了数值模拟在工程科学上的最新进展。我们有充分理由期待一本名为《计算化学工程》的专著从化学工程研究及其在过程工业中的广泛应用的肥沃土壤中脱颖而出。另外,许多科技专业人员引入并使用商业或开源软件,用于各学科领域的数值模拟计算。

化学工程师正在应用计算机技术,将化学工程从半定量分析逐步提升到完全定量的水平。Mao 和 Yang[31]认为,随着数值计算方法和计算机技术的飞速发展,原来化学工程师无法求解的化工过程和设备的机理性数学模型,逐渐变得可以数值求解,对涉及的物理和化学过程的认识越来越准确,以前的灰箱模型变成了完全机理性的白箱模型,因而化学工程师有可能精确地应用数学模型来理解、放大和设计化工过程和设备。这就是计算化学反应工程学,它的产生不是突然的,而是渐近的,但它确实代表了化学工程学发展的一个崭新阶段——计算化学工程学,已经悄然到来[31]。

Mao 和 Yang 举例说明了这种提升的必要性和可能性[32]。以计算机模拟如何计算多相反应器中颗粒运动为例。对于颗粒流体流动,连续相 k 的流动方程如下式:

$$\frac{\partial}{\partial t}(\rho_k \alpha_k \boldsymbol{u}_k) + \boldsymbol{u} \cdot \nabla(\rho_k \alpha_k \boldsymbol{u}_k \boldsymbol{u}_k) = -\alpha_k \nabla p + \rho_k \alpha_k \boldsymbol{g} + \nabla \cdot [\mu_{\text{eff}} \nabla \boldsymbol{u}_k] + \boldsymbol{F}_k + \boldsymbol{S}_k \quad (1\text{-}1)$$

式中　ρ_k——k 相的密度;

　　　α_k——k 相的相含率;

　　　$\boldsymbol{u}_k$——k 相的速度;

　　　μ_{eff}——有效黏度;

　　　$\boldsymbol{S}_k$——源项;

　　　$\boldsymbol{F}_k$——单位控制体积中颗粒对连续相施加的合力,是粒子 i 上的所有作用力的总和 $-\boldsymbol{F}_i$,并且离散粒子的运动由下式表示:

$$m_i \frac{\mathrm{d}\boldsymbol{u}_i}{\mathrm{d}t} = \boldsymbol{F}_i, \quad \frac{\mathrm{d}\boldsymbol{x}_i}{\mathrm{d}t} = \boldsymbol{u}_i \quad (1\text{-}2)$$

式中　m_i——粒子的质量;

　　　$\boldsymbol{u}_i$——速度。

目前为止,粒子受力被直观地分成几个部分,每个部分或多或少具有某种物理意义(图 1-2):

$$\boldsymbol{F}_i = \boldsymbol{F}_{\text{drag}} + \boldsymbol{F}_{\text{gravity}} + \boldsymbol{F}_{\text{pressure}} + \boldsymbol{F}_{\text{virtual mass}} + \boldsymbol{F}_{\text{Basset}} + \boldsymbol{F}_{\text{lift}} + \boldsymbol{F}_{\text{turb.dispersion}} + \cdots \quad (1\text{-}3)$$

方程右边分别为曳力、重力、压力梯度力、虚拟质量力、巴塞特(Basset)力、升力和湍流耗散力等。

每一种力都经过多年的实验和理论研究。正如多年前所指出的[32],这种划分在模拟颗粒流方面似乎非常成功,但是这些力之间的相互影响(或其潜在机制)还没有准确的解释。利用当今强大的计算能力,可以进行系统的数值模拟(或者通过更

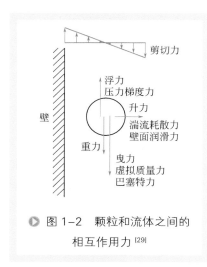

图 1-2 颗粒和流体之间的相互作用力[29]

昂贵的实验方法)。模拟黏性流体中不同典型运动状况下的单个颗粒的运动状态可以考察以下问题：式（1-3）对单颗粒是否有效？湍流耗散力和壁面滑移是否与其他力有重复？Saffman 力是否与 Magnus 力无关（两者都是垂直于粒子运动方向的升力）？各力的相互影响如何？在这一系列问题解决之后，可以从式（1-1）和式（1-2）中更准确地计算得到自由流体介质中单个颗粒的运动状态。

对于受相邻颗粒相互作用或颗粒群相互作用的颗粒，情况更复杂。按模型的复杂程度，颗粒流中的颗粒分布模型可以为（a）均匀、（b）均匀分布的颗粒群、（c）相同大小的非均匀分布的颗粒群和（d）具有宽尺寸分布的非均匀分布的颗粒群（图 1-3）。（a）～（c）中的任何一个都远非真正的流动模式，例如最近的超级计算系统模拟得出的图 1-3（d）（在气体速度彩色云图中嵌入颗粒），实际的局部流动是非常不均匀的随机分布的粒子。（d）的建模仍然是一项非常困难的工作。虽然基于颗粒群的离散-连续模型能够合理地描述颗粒运动的实际情况[26]，但从直接数值模拟（DNS）结果、理论推导或者实验收集的流场图像来看，对颗粒群大小的准确评估似乎非常困难。在计算资源已经变得足够强大、可以进行工业规模操作单元中湍流多相流 DNS 模拟、且具有足够的空间和时间分辨率之前，现有的数值模拟仍有助于我们理解①与颗粒群相邻的单颗粒、②颗粒群内的单颗粒、③分散的多个单颗粒中的颗粒群和④具有一定的空间/尺寸分布的颗粒群的运动状态。前 3 个模型中，颗粒的平均曳力系数 $\overline{C}_d$ 值截然不同。但将这些数据很好地简化归纳，用于宏观流动模拟，仍比以往能更准确地预测颗粒流动。可以肯定，对基于众所周知的传递现象原理的单元操

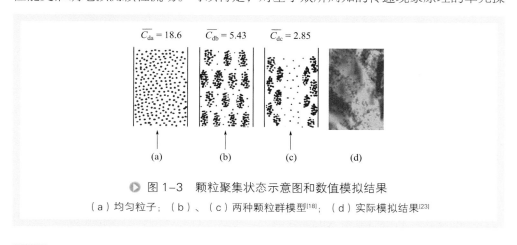

图 1-3 颗粒聚集状态示意图和数值模拟结果
（a）均匀粒子；（b）、（c）两种颗粒群模型[18]；（d）实际模拟结果[23]

作，通过高性能数值模拟颗粒运动，可以逐渐深化对颗粒运动规律的理解。

计算化学反应工程作为计算化学工程的一个分支，是在多相流动、混合等化工流体力学的"三传"问题基础上耦合化学反应过程。计算化学反应工程仍是以反应工程为基础，利用数学模型和计算机模拟来解决反应工程的基本问题，如反应器的设计、放大和操作优化等。反应工程早期的研究多基于经验模型，只适用于简单体系反应过程的研究，对于工程实际中的多相、高固含率等复杂体系则无法求解。计算化学反应工程提供了新的工具，能够利用数学模型和模拟的方法研究化工反应器内复杂的多相流动、混合、传递以及化学反应过程，并对所涉及的物理和化学机理认识更为准确，能够更为有效地指导化学工程师进行多相反应器的规模放大以及过程强化。

第三节　多相反应器与过程强化

一、多相反应器与混合

反应器根据反应物料的相态可以分为单相（均相）反应器和多相（非均相）反应器。多相一般包含气液、气固、液液、液固等两种相态的物料以及三相或更多的物相。各个物相除作为化学反应的反应物和生成物外，还可以作为催化剂、传热介质和分离介质等。多相反应器一般有一相作为连续相，通常是气相或者液相，其他物相以分散相的方式存在于连续相中，如固体颗粒、气泡或液滴等。由于分散相的存在，多相物料在时间和空间上分布不均匀，流动状态存在多样性，影响着多相物料的传质、传热和化学反应等。例如，分散相在连续相流体中运动，两相之间存在着复杂的相互作用，如曳力、虚拟质量力、升力等，这些力的共同作用决定了颗粒或颗粒群在多相反应器中的非均相时空特性。又如，具有相界面变化的气泡或液滴作为分散相，由于其内部运动以及与连续相之间的相对运动，会出现界面的变形以及破裂（破碎）、聚并（团聚）等过程。这种复杂的时空非均相行为的准确描述，以及复杂过程数学模型的建立，是进行反应器优化设计和工程放大的理论基础。

多相反应器的具体形式有搅拌槽、鼓泡床、固定床、流化床、板式塔、萃取塔、撞击流反应器、喷射式反应器、旋转填充床等，广泛地应用于化工、石化、制药、冶金、环境和食品等领域。多相反应器的选型首先要考虑多相反应的特性，即反应动力学特性，然后要考虑多相的混合和传递特性，后二者与反应器类型以及操作条件相关。例如常见的气液反应，首先要看能否充分利用传质、反应的推动力，填料塔、板式塔、喷雾塔等流动能采用逆流的方式，推动力大。气液反应速率取决于气液传质面积的大小，这方面搅拌槽反应器较好，环流反应器也有较高的比表面积。控制反应温度是安全、高选择性的条件，需要高的传热速率，也是搅拌槽反应器、环流反应器较好。不同类型反应器的数学模型和设计方法不同，应该按照多相流动的特点来建立简单但又反映其特点、切合实际的物理和数学模型。

多相反应器内的混合是传热、传质及化学反应的重要基础机理之一。根据研究尺度的不同，通常将湍流混合过程分为宏观混合、介观混合以及微观混合。加入反应器的物料将依次经历这些阶段。宏观混合（macro-mixing）是对应于反应器尺度的混合过程，物料经主体循环及伴随的湍流扩散为介观混合和微观混合提供环境浓度；介观混合（meso-mixing）反映了新物料与环境之间的稍小尺度上的湍流交换，对于快速反应通常是发生在进料点附近，其尺度介于宏观混合尺度和微观混合尺度之间；微观混合（micro-mixing）是物料从湍流分散后的最小微团，即 Kolmogorov 尺度的微团，到分子尺度上的均匀化过程，同时伴随着卷吸（engulfment）、变形（deformation）和分子扩散（molecular diffusion）过程，而化学反应发生在分子尺度上，因此微观混合将直接影响化学反应进程。

图 1-4 显示了化学反应和特征时间尺度的比较，其中 t_{res} 为平均停留时间；t_{cir} 为循环时间；t_u 为湍流积分时间；t_η 为 Kolmogorov 时间；t_{macro} 为宏观混合时间；t_{micro} 为微观混合时间。不同类别的反应对应不同的控制机理，对于慢反应，在化学反应发生之前，反应物有充分的时间达到分子尺度的混合均匀，因此化学反应过程不受混合的影响，仅由本征动力学控制；而对于瞬时快反应，反应速率远大于混合速率，化学反应过程完全由混合速率决定；有限速率反应则由混合以及反应动力学共同控制。

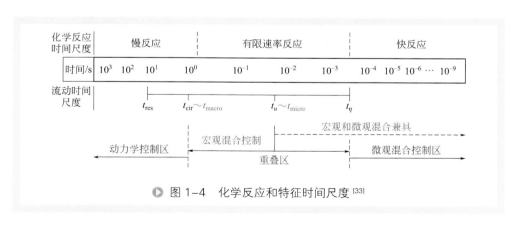

图 1-4　化学反应和特征时间尺度[33]

均相反应器的宏观和微观混合的研究已有大量的报道，而对于非均相反应器，由于分散相气泡或颗粒的引入，反应器内局部的湍流动能和耗散率会增强或减弱，直接影响着宏观和微观混合特性。在数学建模上，引入分散相也会提高建模难度，如相间作用力模型、分散相聚并或破碎模型等。化学工程师通过数值模拟极大地加深了多相化学反应器中流体动力学和流体混合的理解[34]，但非均相微观混合的研究似乎滞后。一方面是由于分散相引入的困难。另一方面，反应物/中间产物的扩散与竞争反应化学动力学之间的相互作用是控制机制，且选择性依赖于分子尺度上的本征反应动力学和宏观尺度上反应器内部混合的共同作用，如何实现分子尺度上的微观混合与宏观反应器尺度的跨尺度关联也是另一个难点。因此，目前工业中仍缺乏非均相反应器的微观混合模型。

化学反应器过程强化的目的是提高生产效率、减少副产物、降低生产成本，也提高安全性和减少环境污染。化工生产过程大都涉及复杂快反应，往往属于混合传递控制的多相过程，反应收率、产品分布和质量等与反应器内流体流动和混合状况密切相关。反应器的过程强化就是研究各因素对混合产生的影响规律，以实现反应器的优化设计和有效放大。

二、宏观混合强化

宏观混合能够增大分子扩散通道的面积，减少分子扩散的距离，是增强微观混合的前提。宏观混合通常用宏观混合时间来表征，它是搅拌槽内流体宏观混合状况的重要参数，是评定搅拌槽反应器混合效率的重要指标，也是搅拌设备设计和放大的重要依据之一。混合时间是物料混合达到一定均匀度所需要的时间。目前，测量混合时间的实验方法主要有电导率法、光学法、温差法、激光感应荧光法、电阻层析成像（electrical resistance tomography，ERT）法、液晶温度记录法和 X 射线计算机断层扫描（computer tomography，CT）成像法等。实验中通常是在反应器中的某一点加入示踪剂，示踪剂逐渐分散并与反应器中的物料混合，最终浓度分布趋于稳定和均匀。利用合适的传感器，可以在指定的监测点上测量示踪剂浓度随时间的变化，然后确定混合时间的数值。宏观混合的好坏直接影响到微观混合效率，决定微观混合能否部分消除离集或者完全消除离集。此外，混合时间与化学反应时间的相对大小也决定过程的主导机理和控制步骤。

在对工业反应器进行设计和优化时，单纯的实验方法已经不能满足要求。由此出现了一些计算混合时间的数学模型。人们对于单相宏观混合过程的研究已经比较成熟和完善，包括经验模型、扩散模型、主体流动模型、分区模型和计算流体力学（CFD）模型。前四种模型是依据实验数据关联或粗略计算得到的，缺乏通用性，更难以反映反应器内的真实流动情况。随着计算机技术、流体力学及计算流体力学（CFD）的发展，CFD 方法可以方便地获得实验手段不容易得到的搅拌槽内局部信息和湍流流动细节，已经成为宏观混合过程数学模型研究的主流方向。CFD 方法能够较好地描述单相及多相搅拌槽等反应器内的宏观混合特性，尤其是能够准确地预测混合时间随反应器内搅拌桨等结构因素及操作条件的变化，这对于利用 CFD

方法辅助工业反应器的优化设计放大以及为强化宏观混合提供直接定量的指导具有重要的现实意义[31,35,36]。

实现搅拌混合的过程强化能够提高效率、增加收益率。工业搅拌反应器中流体的宏观混合时间比较长，过程主要受宏观混合控制。宏观混合过程的调控及强化手段多种多样，根据不同实际情况可以选择改变搅拌转速、桨型、桨径、槽径、加装挡板及导流筒等来控制或优化宏观混合过程。对于均相宏观混合，混合时间随着搅拌转速、桨径与槽径之比和桨叶层数的增加而降低。通常下推式斜叶桨与上推式斜叶桨相比效率最高，多层轴流桨比多层径流桨的混合效率高。合适数量的挡板可明显强化液相的宏观混合过程，然而当挡板数超过 8 且挡板宽度与槽径比大于 0.2 时反而会抑制宏观混合过程。搅拌反应器底部形状对混合时间的影响不明显[37-40]。多相混合过程中分散相也影响着宏观混合效果。气相对混合时间的影响取决于桨型、气流率、转速等因素，当进料位置靠近桨区时混合时间最短，混合时间随着气流率的增大先增加后几乎不变[41]。小体积分数的液相分散相对宏观混合有促进作用，而在液相分散相体积分数较大时则对宏观混合有阻碍作用[42]。另外，Raghav Rao 和 Joshi[37] 的研究表明体系黏度的增加使得混合时间延长，固含率较低时，对液相混合的影响不明显；由于固相会降低液体循环速度，随着固含率的增加，液相混合时间随之增加。

三、微观混合强化

1. 微观混合模型

在化学反应工程学科初创时，Danckwerts（1958）就已经提出微观混合这一概念，并预见到它对某些反应过程（复杂快反应体系）的重要影响，指出微观混合有两种极限状态，即完全离集与理想混合状态，以及介于二者之间的部分离集状态。微观混合对化学工业、石油化工、制药等工业过程中涉及的快速复杂反应体系的产物分布、产品质量及操作稳定性等有重要的影响。微观混合涉及多种物理化学机理，其表现形式复杂，由于涉及微小的分子尺度，实验仅能探测其宏观的表现结果。即使在数值计算的软件和硬件高度发展的今天，对反应器中的微观混合现象的数学模型化工作仍不完善。

微观混合的数学模型与化学工程学科同步发展。Mao 和 Toor[43] 提出了一种简单的平板模型，以一维偏微分方程形式表示，两股反应物进料被模型化为两种平板状液层的周期性堆积，随着反应物彼此扩散，化学反应得以进行。后来的研究人员试图从湍流理论中寻找模型参数以改进这个简单模型。Ottino 等[44]、Bourne[45]、Baldyga 和 Bourne[46] 和李希等[47,48] 考虑了反应器中的流体力学信息，开发了自己的微观混合模型，他们给出了若干理论推导的模型参数，如板厚度、板层收缩率和涡团寿命，使其模型更接近实际过程。由于所有这些参数都与湍流有关，因此需要一种方法来确定整个反应器或实际反应区域的平均湍流耗散率。在这些模型中，Baldyga 和 Bourne[46] 的 E 模型较成功地模拟了化学反应器中的微观混合效应，且模型比较简单，在化学工程微观混合的学术研究中得到了广泛应用。

在过去的二十年中，随着测量和计算机技术的快速发展，依据获得的实验数据和针对流体力学和湍流细节的数值模拟结果，可用于研究微观混合模型以及微观混合因素为主导的快速化学反应的数值模拟。微观混合模型（必须在子网格尺度上进行调整）可以直接嵌入到整个湍流流场的数值模拟的 CFD 框架中[49-51]。概率密度函数方法（PDF）[33] 提供了一个中间平台，用于弥补 CFD 模拟宏观流场与分子尺度上的微混合模型之间的空白，这种方法得到了 Baldyga 和 Makowski 的支持[52]。

微观混合模型仍有发展空间来接近真实的化学动力学和湍流控制的宏观混合间的相互作用机制。首先，模拟中估计化学反应速率是基于平均反应物浓度或类似的参数，而不是它们在分子尺度上均匀分散的那个与化学反应速率有关的真实浓度。因此，引入许多近似以获得合理的反应速率。其次，湍流和随机涡旋的作用大体上用现有的湍流理论来模型化。多数微观混合研究用了流体团的平均结构（流体微丝、微团、薄片、旋涡等）作为进一步建模的简化物理模型。为了消除这些近似或缺陷，研究人员应该充分利用现代应用数学和高性能超级计算机技术，来体现传递现象、湍流理论和现代力学等的作用和新发现。

当能在充分小的空间和时间分辨率下模拟搅拌反应器中的竞争反应时，可以得知湍流流动的真实情况以及两个反应物 A 和 B 进料之间的宏观［图 1-5（a）］或微观［图 1-5（b）］混合过程。另外，化学反应在反应器内各点按本征动力学进行，反应副产物的局部选择性如何，以及如何平均得到在反应器出口处的测量值［图 1-5（c）中的副产物收率］，这些都可以得知。基本上，数值模拟可以告诉我们物理化学过程的整个范围（包括宏观尺度的流动、进料流的对流和湍流混合、薄片形成以及分子尺度上的扩散和反应），且具有足够的空间和时间分辨率，可以较为真实地反映研究人员所设定的模拟模型中的所有机理。如果觉得这个"白匣子"过于

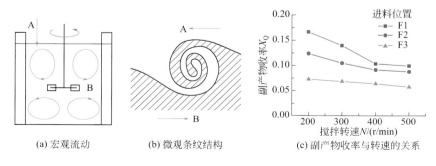

(a) 宏观流动　　(b) 微观条纹结构　　(c) 副产物收率与转速的关系

图 1-5　搅拌槽反应器中的微观和宏观混合

透明而不简单明了，可以进行合理的简化建模和数值模拟，以便更容易理解数值模拟的结果，且计算效率也更高。通过计算化学工程，可以用一系列可变透明度的范式来观察化学工程过程，并以合理的模拟成本，为工程应用提供最佳解决方案。

2. 强化

混合过程强化包括反应器及非反应器的操作设备强化，如搅拌釜反应器、静态混合反应器、撞击流混合反应器、超重力反应器，外加声、光、电、磁能量强化混合等。部分微混合器依靠改变混合器中微通道的几何形状等方法来增强流体的分子扩散和对流，从而增加微流体的有效接触面积，提高液体的混合效率[53]。不同类型反应器之间微观混合效能的比较应该是多方面的。首先是微观混合的效能，主要的定量表征指标是离集指数，即测试反应体系中副产物的选择性：离集指数 X_S 小，表示微观混合性能好。在没有微观混合测试实验数据时，则可以比较加料点的局部能量耗散速率，这一流场参数和离集指数间呈现因果关系，因此其指示作用是基本一致的。其次要看输入能量被用于促进微观混合的有效程度，比如高能量耗散区占全反应器体积的百分比，将反应物直接输送到高能耗区的技术可实现性等，适当的分散、多点加料、扩大微混-反应区，是提高反应器技术经济性的可行措施。最后，化学反应器的规模大小也是需要考虑的因素。适合于工业规模生产，同时保证优良的微观混合效能，是化学反应器构型和设计优化的主要目标。

总的来看，强化微观混合有以下几个基本原则：

① 提高反应器内一部分体积内的局部能量耗散速率。对搅拌槽来说，增大搅拌转速或桨尖线速度，可以强化湍流，加强湍流动能的耗散；改进桨叶的设计，如用螺旋桨等曲面桨叶，可以减小无用的能耗、增大排出流量、提高能量利用效率；桨叶外形改为锯齿状、桨叶面上开孔，这都能使湍流产生的区域增大，湍流总能量增加，是在搅拌反应器的开发和技术创新中行之有效的方向。例如，穿孔桨叶[54]、折线形桨叶等新设计都有益于强化微观混合。撞击流是通过两股或多股流束射向同一空间点，互相撞击，造成强烈湍流的有效方式，也已证明是促进微观混合的有效方式。

② 利用外场。利用超重力环境下多相流体系独特的流动行为，强化相与相之间的相对速度和相互接触，也强化了传递过程和化学反应。化工过程本来就在重力场中进行，可以控制的超重力则成为调控微观混合的一个因素。外磁场、电场、声场、振动力场、脉动流场等也被用于实现过程强化。

③ 强化宏观混合。宏观混合的目的是使过程设备内部物料的离集尺度和离集强度减小，达到设定标准的状态均一。良好的宏观混合将待混合的物料分散为细小的团块，缩短分子扩散的距离，为微观混合提供良好的初始条件环境。强烈的搅拌使流体分散为湍流 Kolmogorov 尺度的团块，微反应器则以自身的机械结构使流体在微尺度通道中接触，而膜反应器使流体进入反应器时就形成细小的流束或液滴，

都能促进随后的微观混合和化学反应。

因此，就强化微观混合而言，将能耗集中起来得到高能量耗散区和反应器内均匀混合以提高反应器的体积利用率，似乎是一对矛盾的目标。但二者兼顾地实现这两个目标，才是化学工程师综合才艺的最好体现。

四、化学反应器强化的总体策略

宏观和微观混合强化针对的是传递速率小于化学反应速率的过程，也就是化工生产中由混合传递控制的多相快反应体系。而对于化学反应速率慢、传递速率快的情况，需要改进催化剂、工艺条件等来强化化学反应过程。例如离子液体强化技术，与传统的有机溶剂反应相比较，离子液体参与的有机反应，具有产率高、速率快、选择性好、合成简便、后处理简单等特点，适合作为反应介质、催化剂和分离溶剂等来实现反应过程的强化[55]。因此，化学反应器强化总体策略是找到过程当中的短板，也就是控制步骤，反应过程涉及"三传一反"，每一步都可以进行强化，针对控制步骤进行有效的过程强化，实现传递和反应速率的匹配，才能够提高单位设备体积的生产能力、减少副产物，从而降低生产成本、减少环境污染，提升化工过程的绿色性和安全性。

第四节　展望

多相反应器的研究内容包括多相流体力学、传质、传热和反应动力学等。经典的反应工程专著或教科书，对反应动力学的描述比较充分，反应动力学在多相反应器模型中一般作为源项处理，在本书中不做专门论述；本书涉及的热模或工业反应器，都考虑了化学反应动力学。此外，考虑到药物结晶等越来越重要，本书第六章讨论了结晶或反应结晶过程，在反应器（结晶器）模型中，结晶动力学与化学反应动力学有类似之处但更复杂。

本书各章节重点展示数值模拟对多相反应器设计、放大及过程强化的重要作用。当最大限度地利用强大的数值模拟工具时，能够精确地应用数学模型来理解、放大和设计化工过程和设备，这就是计算化学反应工程的核心；可以对所有化学工程系统和过程中的潜在机制进行非常全面和详细的理解，远远超出我们仅使用单元操作和传递现象所获得的结果。在有充分的科学计算能力下，除了多相反应器的模拟和放大外，可以在更广泛领域的工业应用和学术深度上做更多的工作。以下是现在或不久的将来可以进行的工作：

① 催化剂优化设计，包括化学成分、微观结构、特殊孔径分布、制备技术、

以及在催化化学定性指导下避免频繁的反复试验。

② 为复杂的竞争性快速反应系统提供准确和优化的化学反应器设计，优化反应器配置，以期达到高的产能效率以及更高的产品选择性。

③ 数值实验代替热模或冷模实验，很大程度上减少工业反应器放大之前的测试实验次数。

④ 精确设计特定容量的反应工艺单元，以便在生产线之间精确匹配操作单元容量。

⑤ 针对工业园区，优化反应器的原材料配比、产品的类型和数量，同时最大限度地减少浪费、能源消耗和内部运输，以实现利润最大化。

这些工作在 20 世纪 80 年代之前只能设想，但在现在是可以实现的。基于对化学反应器的机理的深入理解，在现代计算机科学技术的全方位支持下可以综合研究复杂（非线性、非稳态、多尺度等）的化工生产过程。数值模拟是一种通用的工具，其基于已知关键的潜在机理的微分方程，来显示许多影响因素之间的定量关系。利用数学模型和数值模拟，能够获得更为详尽的信息，结合节能、原子经济合成、绿色和生态制造、环境保护以及可持续发展的理念，精确设计、运营和优化化学品生产。能够以较低的成本和自然资源消耗满足更广泛的工业应用，并实现绿色生产和可持续发展要求。

科技界普遍认为，科学计算和数值模拟已经成为除了实验和理论分析之外学术进步的第三个支柱。数值模拟计算可以准确预测化工多相反应器中的宏观和微观细节。随着数值模拟技术的发展，与相近学科的无缝互动在技术上变得可行，这为化学工程应用提供了更广阔的空间。实验也从未在多相反应器的研究中过时。化学工程师根据实验获得现象和有价值的数据，并根据这些数据验证反应器数学模型和数值方案。实验观察也指出理论和模拟的新任务。同时，理论分析也将继续发挥重要作用。化学工程师依据理论，筛选数值模拟所获得的数字图形结论，形成简单的公式添加到应用程序中。为适应各种需求，资深化学工程师需要使用基于理论的具有复杂变量参数的反应器数学模型。

参考文献

[1] 毛在砂, 陈家镛. 化学反应工程基础 [M]. 北京: 科学出版社, 2004.

[2] Committee on Chemical Engineering Frontiers. Frontiers in chemical engineering: Research needs and opportunities[M]. Washington: National Academy Press, 1988.

[3] Wei J. A century of changing paradigms in chemical engineering[J]. ChemTech, 1996, 26 (5): 16-18.

[4] Hill M. Chemical product engineering-The third paradigm[J]. Computers & Chemical Engineering, 2009, 33 (5): 947-953.

[5] Woinaroschy A. A paradigm-based evolution of chemical engineering[J]. Chinese Journal of Chemical Engineering, 2016, 24(5): 553-557.

[6] Bird R B, Stewart W E, Lightfoot E N. Transport phenomena[M]. New York: John Willey & Sons, Inc, 1960.

[7] Villermaux J. Future challenges for basic research in chemical engineering[J]. Chemical Engineering Science, 1993, 48 (14): 2525-2535.

[8] Mashelkar R A. Seamless chemical engineering science: The emerging paradigm[J]. Chemical Engineering Science, 1995, 50 (1):1-22.

[9] Mao Z-S, Yang C. Computational chemical engineering-towards thorough understanding and precise application[J]. Chinese Journal of Chemical Engineering, 2016, 24 (8):945-951.

[10] Cussler E L, Moggridge G D. Chemical product design[M]. New York: Cambridge University Press, 2001.

[11] Byrne E P, Fitzpatrick J J. Chemical engineering in an unsustainable world: Obligations and opportunities[J]. Education for Chemical Engineers, 2009, 4 (4):51-67.

[12] Holdgate M W. World commission on environment and development, our common future[M]. Oxford: Oxford University Press, 1987.

[13] Clift R. Sustainable development and its implications for chemical engineering[J]. Chemical Engineering Science, 2006, 61:4179-4187.

[14] Narodoslawsky M. Chemical engineering in a sustainable economy[J]. Chemical Engineering Research & Design, 2013, 91 (10):2021-2028.

[15] Liu Z X, Qiu T, Chen B Z. A study of the LCA based biofuel supply chain multi-objective optimization model with multi-conversion paths in China[J]. Applied Energy, 2014, 126:221-234.

[16] Yuan Z H, Chen B Z. Process synthesis for addressing the sustainable energy systems and environmental issues[J]. AIChE Journal, 2012, 58 (11):3370–3389.

[17] Li J H, Kwauk M S. Particle-fluid two-phase flow: the energy-minimization multi-scale method[M]. Beijing: Metallurgical Industry Press, 1994.

[18] Li J H, Kwauk M S. Exploring complex systems in chemical engineering - the multiscale methodology[J]. Chemical Engineering Science, 2003, 58 (3-6):521-535.

[19] Lerou J J, Ng K M. Chemical reaction engineering: A multiscale approach to a multiobjective task[J]. Chemical Engineering Science, 1996, 58:1595-1614.

[20] Charpentier J C. Among the trends for a modern chemical engineering, the third paradigm: The time and length multiscale approach as an efficient tool for process intensification and product design and engineering[J]. Chemical Engineering Research & Design, 2010, 88 (3):248-254.

[21] Ladd A J C. Sedimentation of homogeneous suspensions of non-Brownian spheres[J]. Physics of Fluids, 1997, 9:491-499.

[22] Zinchenko A Z, Davis R H. An efficient algorithm for hydrodynamical interaction of many

deformable drops[J]. Journal of Computational Physics, 2000, 157 (2):539-587.

[23] Xiong Q G, Li B, Zhou G F, Fang X J, Xu J, Wang J W, He X F, Wang X W, Wang L M, Ge W, Li J H. Large-scale DNS of gas-solid flows on Mole-8.5[J]. Chemical Engineering Science, 2012, 71:422-430.

[24] Li J H, Ge W, Wang W, Yang N. Focusing on the meso-scales of multi-scale phenomena - In search for a new paradigm in chemical engineering[J]. Particuology, 2010, 8 (6):634-639.

[25] Li J H. Approaching virtual process engineering with exploring mesoscience[J]. Chemical Engineering Journal, 2015, 278:541-555.

[26] Ge W, Wang W, Yang N, Li J H, Kwauk M S, Chen F, et al. Meso-scale oriented simulation towards virtual process engineering (VPE)—the EMMS paradigm[J]. Chemical Engineering Science, 2011, 66 (19):4426-4458.

[27] Wei J. Molecular structure and property: Product engineering[J]. Industrial & Engineering Chemistry Research, 2002, 41 (8): 1917-1919.

[28] 刘志平，黄世萍，汪文川．分子计算科学 - 化学工程新的生长点 [J]．化工学报，2003, 54 (4):464-476.

[29] 陶文铨．计算传热学的近代进展 [M]．北京：科学出版社，2000．

[30] Yu K T, Yuan X G. Introduction to computational mass transfer-with applications to chemical engineering[M]. Heidelberg: Springer, 2004.

[31] Mao Z-S, Yang C. Micro-mixing in chemical reactors: A perspective[J]. Chinese Journal of Chemical Engineering, 2017, 25 (4):381-390.

[32] Mao Z-S, Yang C. Challenges in study of single particles and particle swarms[J]. Chinese Journal of Chemical Engineering, 2009,17 (4):535-545.

[33] Fox R O. Computational models for turbulent reacting flows[M]. Cambridge: Cambridge University Press, 2003.

[34] Yang C, Mao Z-S. Numerical simulation of multiphase reactors with continuous liquid phase[M]. London: Academic Press, 2014.

[35] 毛在砂，杨超．化学反应器宏观混合研究展望 [J]．化工学报，2015, 66 (8):2795-2804.

[36] Cheng J C, Feng X, Cheng D, Yang C. Retrospect and perspective of micro-mixing studies in stirred tanks[J]. Chinese Journal of Chemical Engineering, 2012, 20 (1):178-190.

[37] Raghav Rao K S M S, Joshi J B. Liquid-phase mixing in mechanically agitated vessels[J]. Chemical Engineering Communications, 1988, 74:1-25.

[38] Houcine I, Plasari E, David R. Effects of the stirred tank's design on power consumption and mixing time in liquid phase[J]. Chemical Engineering & Technology, 2000, 23(7):605-613.

[39] 苗一，潘家祯，牛国瑞，闵健，高正明．多层桨搅拌槽内的宏观混合特性 [J]. 2006, 32(3):357-360.

[40] Lu W M, Wu H Z, Ju M Y. Effects of baffle design on the liquid mixing in an aerated stirred tank with standard Rushton turbine impellers[J]. Chemical Engineering Science, 1997, 52(21-

22):3843-3851.

[41] Pandit A B, Joshi J B. Mixing in mechanically agitated gas-liquid contactors, bubble columns and modified bubble columns[J]. Chemical Engineering Science, 1983, 38(8):1189-1215.

[42] Zhao Y C, Li X Y, Cheng J C, Yang C, Mao Z-S. Experimental study on liquid-liquid macro-mixing in a stirred tank[J]. Industrial & Engineering Chemistry Research, 2011, 50(10):5952-5958.

[43] Mao K W, Toor H L. A diffusion model for reactions with turbulent mixing[J]. AIChE Journal, 1970, 16:49-52.

[44] Ottino J M, Ranz W E, Macosko C W. A lamellar model for analysis of liquid-liquid mixing[J]. Chemical Engineering Science, 1979, 34:877-890.

[45] Bourne J R. The characterization of micromixing using fast multiple reactions[J]. Chemical Engineering Communications, 1982, 16:79-90.

[46] Baldyga J, Bourne J R. A fluid mechanical approach to turbulent mixing and chemical reaction. Part Ⅱ. Micromixing in the light of turbulence theory[J]. Chemical Engineering Communications, 1984, 28:243-258.

[47] 李希, 陈甘棠, 戎顺熙. 微观混和问题的研究 -(Ⅲ) 物质的细观分布形态与变形规律 [J]. 化学反应工程与工艺, 1990, 4:15-22.

[48] Li X, Chen G T, Chen J F. Simplified framework for description of mixing with chemical reactions. Ⅰ. Physical picture of micro- and macromixing[J]. Chinese Journal of Chemical Engineering, 1996, 4 (4):311-321.

[49] Akiti O, Armenante P M. Experimentally-validated micromixing-based CFD model for fed-batch stirred-tank reactors[J]. AIChE Journal, 2004, 50 (3):566-577.

[50] Han Y, Wang J J, Gu X P, Feng L F. Numerical simulation on micromixing of viscous fluids in a stirred-tank reactor[J]. Chemical Engineering Science, 2012, 74:9-17.

[51] Duan X X, Feng X, Yang C, Mao Z-S. Numerical simulation of micro-mixing in stirred reactors using the engulfment model coupled with CFD[J]. Chemical Engineering Science, 2016, 140(2):179-188.

[52] Baldyga J, Makowski L. CFD modelling of mixing effects on the course of parallel chemical reactions carried out in a stirred tank[J]. Chemical Engineering & Technology, 2004, 27 (3):225-231.

[53] 李友凤, 叶红齐, 韩凯, 刘辉. 混合过程强化及其设备的研究进展 [J]. 化工进展, 2010, 29(4):593-599.

[54] Yang J, Zhang Q H, Mao Z-S, Yang C. Enhanced micro-mixing of non-Newtonian fluids by a novel zigzag punched impeller[J]. Industrial & Engineering Chemistry Research, 2019, 58(16):6822-6829.

[55] 崔国凯, 钱晨阳, 李浩然, 王从敏. 离子液体强化有机化学反应的研究进展 [J]. 化学反应工程与工艺, 2013, 29(3):281-288.

第二章

颗粒尺度流动和传递

第一节 引言

　　颗粒（包括气泡、液滴和固体颗粒）尺度上的流体流动和相间传递，广泛存在于自然界和工程应用领域。在化工和冶金生产中，多数单元操作比如精馏、吸收、浮选和喷雾干燥等，以气泡或液滴的形式使分散相与连续相充分混合以提高混合和传递效率。这些过程中，固体颗粒常作为催化剂或反应物参与其中。颗粒间的相互作用以及颗粒与连续相的相互作用，很大程度上决定了多相体系的流动和混合状态以及传热传质的效率。现今，普遍采用先进的模拟计算技术进行流体力学和传递现象的研究。在本章中，将用6个小节对颗粒尺度多相流动和传递过程的研究进展进行介绍。首先在第一节和第二节中分别总述常用到的理论基础和数值算法，结合实例，将正交贴体坐标法、改进水平集（level-set）法和镜像流体法（mirror fluid method）作为典型算法介绍：正交贴体坐标法用于适度变形界面，改进水平集法对处理界面剧烈变形、破碎和聚并等有更大优势，镜像流体法适于处理固体颗粒两相流。第三节是算法验证以及与实验数据的对比分析。第五节对Marangoni效应这一典型的流动与传质耦合过程进行详细讨论。第四节、第六节是关于含固体颗粒的相关讨论，并介绍改进单元胞方法处理颗粒群的计算。特殊形式的两相流，如复杂流场中常见的拉伸流动和剪切流动，在第七节中讨论。

第二节 理论基础

本章中以单个颗粒和无限大连续相为研究对象,讨论颗粒尺度上的两相流动与传递问题。控制这一过程的基本物理定律有牛顿第二定律、质量守恒和菲克扩散定律等,两相流和传递过程模型包括 Navier-Stokes 方程和对流扩散方程。考虑到动量传递、热量传递和质量传递之间的类比关系,本章主要讨论传质问题,传热问题可借鉴相关模型和算法。

一、流体力学

考虑在连续相中浮力驱动下的小颗粒(气泡、液滴或固体颗粒)运动,其最简单的是轴对称的情形。为简化分析和计算,取以下合理假设:①流体具有黏性且不可压缩;②流体和颗粒的物理性质为常数;③在低雷诺数下的流动为层流。

两相流体均遵从连续性方程和 Navier-Stokes 方程:

$$\nabla \cdot \boldsymbol{u} = 0 \tag{2-1}$$

$$\rho\left(\frac{\partial \boldsymbol{u}}{\partial t} + \boldsymbol{u} \cdot \nabla \boldsymbol{u}\right) = -\nabla p + \rho \boldsymbol{g} + \nabla \cdot \boldsymbol{\tau} + \boldsymbol{S} \tag{2-2}$$

式中 $\boldsymbol{u}$——速度矢量,m/s;
ρ——密度,kg/m³;
t——时间,s;
p——压力,Pa;
$\boldsymbol{g}$——重力加速度,m/s²;
$\boldsymbol{\tau}$——剪切应力,N/m。

源项 $\boldsymbol{S}$ 在不同模型和条件下具有不同的表达式。$\boldsymbol{\tau}$ 可表达为

$$\boldsymbol{\tau} = \mu[\nabla \boldsymbol{u} + (\nabla \boldsymbol{u})^{\mathrm{T}}] \tag{2-3}$$

式中 μ——黏度,Pa·s。

在两相流计算中,需要相界面条件和流场边界条件封闭整个模型。对于气泡或液滴,在相界面上,两相垂直界面上的速度相等,即不存在两相间的流入和流出问题;两相的切速度和剪切应力均在界面处连续。对于固体颗粒,则一般采用无滑移边界条件,即固体表面上流体相对速度为零。

当两相稳态流场中流体的物理性质不变时,传递过程和流动问题可以解耦处理。因此求解过程中,可以先计算稳态的流场,基于流场信息再计算非稳态或稳态传递过程。

二、传质

两相间的瞬态传质过程可以采用以下的对流扩散方程描述:

$$\frac{\partial c}{\partial t} + \boldsymbol{u} \cdot \nabla c = D\nabla^2 c \quad (2\text{-}4)$$

相界面处满足传质通量相等和溶解平衡:

$$D_1 \frac{\partial c_1}{\partial n_1} = D_2 \frac{\partial c_2}{\partial n_2} \quad (2\text{-}5)$$

$$c_2 = mc_1 \quad (2\text{-}6)$$

式中　c——溶质质量分数,%;
　　　D——溶质分子扩散系数,m²/s;
　　　n——法向坐标,m;
　　　m——分配系数,无量纲。

在上述方程中,下标:1 代表连续相;2 代表分散相。

式(2-5)中的浓度梯度也和界面两侧流场有关[1],根据菲克第一定律,稳态传质界面处的局部扩散通量可通过下式计算,也是 k_{loc} 的定义式:

$$N_{loc} = -D_2 \frac{\partial c_2}{\partial n_2} = k_{loc}(\bar{c}_2 - mc_1^\infty) \quad (2\text{-}7)$$

式中　c_1^∞——无限远处溶质质量分数,%;
　　　$\bar{c}_2$——液滴内平均溶质质量分数,%;
　　　N_{loc}——局部摩尔通量,mol/(m²·s);
　　　k_{loc}——局部传质系数,m/s;
　　　m——分配系数,无量纲。

其中,c_1^∞ 和 $\bar{c}_2$ 均为可测量的,因此可以计算出传质推动力和传质系数。

式(2-7)中的第一个等号是精确的机理表达式,而第二个等号则是用滴内平均浓度和滴外特征浓度之差作为相间传质推动力的经验表达式。

将式(2-7)变换可得到局部传质系数计算公式:

$$k_{loc} = -\frac{D_2}{(\bar{c}_2 - mc_1^\infty)} \frac{\partial c_2}{\partial n_2} \quad (2\text{-}8)$$

那么,局部 Sherwood 数为

$$Sh_{loc} = \frac{dk_{loc}}{D_2} = -\frac{d}{(\bar{c}_2 - mc_1^\infty)} \frac{\partial c_2}{\partial n_2} \quad (2\text{-}9)$$

式中　d——液滴直径,m。

沿颗粒表面 s 积分,可得平均 Sherwood 数:

$$Sh_{od} = \frac{\oint Sh_{loc} \mathrm{d}s}{\oint \mathrm{d}s} \quad (2\text{-}10)$$

式中　Sh_{od}——滴内平均 Sherwood 数，无量纲；
　　　s——界面积，m^2。

另外，根据总的传质量也可以计算出平均传质系数 k_{od}：

$$k_{od}(c_2^* - \bar{c}_2)A = V_d \frac{d\bar{c}_2}{dt} \quad (2\text{-}11)$$

式中　k_{od}——滴内平均传质系数，m/s；
　　　c_2^*——滴内的平衡浓度，%；
　　　A——颗粒表面积，m^2；
　　　V_d——颗粒体积，m^3。

在非稳态传质中，按实验监测的时间间隔总长可以测得总传质系数（从传质时间起始到结束），也可以将时间间隔 $t_{out} - t_{in}$ 控制得足够小，计算该时刻的瞬时传质系数：

$$k_{od} = -\frac{V_d}{S}\frac{1}{t_{out}-t_{in}}\ln\left(\frac{c_2^* - \bar{c}_{2,out}}{c_2^* - \bar{c}_{2,in}}\right) \quad (2\text{-}12)$$

对于球形液滴 $V_d/A = d/6$，相应的 Sherwood 数为

$$Sh_{od} = \frac{d}{D}k_{od} \quad (2\text{-}13)$$

三、界面力平衡

在互不混溶的两相体系中，相界面是自然地分隔两相的边界。当两相发生相对运动时，相界面的状态必然随之调整。比如，气泡或液滴运动时，在界面处必须满足受力平衡，从而发生界面变形。这些力平衡方程和质量传递守恒方程，是用于封闭两相流动和传递控制方程组的边界条件。

通常在流体力学方程中，界面被处理为无重量且无厚度的理想状态。因此，无论颗粒处于稳态或加速运动中，受力总和在界面上为零。界面处受力示意在图 2-1 中。总力平衡可写作：

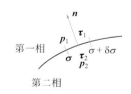

▶ 图 2-1　界面受力示意图

$$(-p_1\boldsymbol{I} + \boldsymbol{\tau}_1)\cdot\boldsymbol{n} + \boldsymbol{f}_s = (-p_2\boldsymbol{I} + \boldsymbol{\tau}_2)\cdot\boldsymbol{n} \quad (2\text{-}14)$$

式中　$\boldsymbol{I}$——单位张量，无量纲。

$\boldsymbol{f}_s$ 包括由于界面张力引起的法向力和切向力的总和：

$$\boldsymbol{f}_s = -\sigma\kappa\boldsymbol{n} + \nabla_s\sigma \quad (2\text{-}15)$$

式中　$\kappa = -\nabla\cdot\boldsymbol{n}$——平均曲率，$m^{-1}$；
　　　$\boldsymbol{n}$——单位外法向量，m；
　　　∇_s——表面梯度算符，m^{-1}。

界面张力是温度、溶质浓度、表面活性剂浓度的函数,通常可以处理为常数。但是,在温度或浓度梯度明显,且表面张力主导的体系中,表面张力作为变量会引发特殊的物理现象,如 Marangoni 效应。在化工反应器中,表面张力受溶质浓度或表面活性剂浓度的影响很大。这种情况下,可以将式(2-15)改写为

$$f_s = -\sigma\kappa\boldsymbol{n} + \frac{d\sigma}{dc}(\boldsymbol{I}-\boldsymbol{nn})\cdot\nabla c \qquad (2\text{-}16)$$

式中　σ——表面张力,N/m;
　　　κ——高斯曲率,m^{-1}。

四、界面质量传递

在化工过程中,常常存在表面活性剂的传递过程,甚至是无法避免的。可溶性的表面活性剂在主体相中的传递行为可以用式(2-4)表示。然而,与溶质不同的是,表面活性剂会在界面上吸附、积累和传递。界面上吸附的表面活性剂导致表面张力的变化,因此,表面活性剂的传递行为也间接影响着界面的力平衡,进而影响气泡或液滴的运动及传递行为。在数值计算中,在通过式(2-4)计算表面活性剂在主体相中的传递行为的同时,需要计算表面活性剂在界面处的对流吸附过程。该过程由以下方程表示:

$$\frac{\partial \Gamma}{\partial t} + \nabla_s \cdot (\boldsymbol{u}_s \Gamma) - \nabla_s \cdot (D_s \nabla_s \Gamma) = S \qquad (2\text{-}17)$$

式中　Γ——界面吸附量,mol/m^2;
　　　$\boldsymbol{u}_s$——界面速度,m/s;
　　　D_s——界面扩散系数,m^2/s。

源项 S 是表面活性剂从两主体相中的净吸附量,代表了表面活性剂在主体相中由于吸附-脱附造成的质量传递:

$$S = S_1 + S_2 \qquad (2\text{-}18)$$

$$S_1 = D_1[\boldsymbol{n}\cdot\nabla c_1]_s = \beta_1 c_{1s}(\Gamma_\infty - \Gamma) - \alpha_1\Gamma \qquad (2\text{-}19)$$

$$S_2 = -D_2[\boldsymbol{n}\cdot\nabla c_2]_s = \beta_2 c_{2s}(\Gamma_\infty - \Gamma) - \alpha_2\Gamma \qquad (2\text{-}20)$$

式中　α——脱附系数,无量纲;
　　　β——吸附系数,无量纲;
　　　∇c——主体相中表面活性剂的浓度梯度。
下标:s 表示界面处的瞬时值。

式(2-17)描述了非稳态的表面活性剂界面对流吸附方程,可作为界面条件耦合表面活性剂的相间传质过程。同时界面吸附量的计算可以得到表面张力的非均匀

分布，与流体动量方程耦合起来，用于描述界面张力梯度下的 Marangoni 效应等现象。但是式（2-17）同时本身也是一个微分方程，需要特定的边界条件封闭求解。如果在一个闭合的环线（二维 2D）或者封闭的表面（三维 3D）上，可以采用周期边界条件。如果针对一个轴对称的液滴界面，可以在顶点和尾部静止点上采用以下边界条件：

$$\nabla_s \varGamma = 0 \qquad (2\text{-}21)$$

第三节　数值计算方法

　　Navier-Stokes（N-S）方程是描述流体动力学问题的基础方程，由于其具有强烈的非线性，目前依靠数值计算方法求解已经成为研究流体流动以及传热、传质过程的主流方向之一。计算流体力学的精度和效率强烈依赖于网格质量和数值计算方法。因此，对于一个特定的问题，需要根据精度和效率需求选定合适的网格和算法，比如，N-S 方程的数值算法有原始变量法和流函数-涡量法等。流函数-涡量法可用于正交贴体坐标系中准确地求解低中雷诺数下的 2D 层流问题。但是，多相流的相界面拓扑结构变化剧烈，比如分散相发生聚并、拉丝和破碎等行为。此时，原始变量法结合界面处理技术［比如，水平集方法、液体体积（VOF）方法等］，即使在简单结构网格下仍可获得准确的界面形状和较高的效率。

　　在国内外研究者努力下，多相流的数值计算方法的发展已经取得长足的进步，日趋成熟。不管是针对复杂边界的处理还是针对小变形相界面的处理，贴体坐标法在二维计算中是一个很好的选择，准确度高[2,3]。浸没边界法早期用于处理固体壁面，后来发展到处理弹性壁面，再后来发展到处理可变形相界面[4,5]。镜像流体法采用了简单的力学模型和合理的假设，描述固液界面受力和速度等变量，是一种兼具高准确度和高效率的算法[6]。由于气泡与液滴在相界面上的相关描述相近、方法通用，在本小节中将以液滴为例说明。针对固体颗粒的处理略有不同，在本节最后单独描述。在本小节将介绍三种典型的数值算法。

一、正交贴体坐标系

1. 数值坐标变换

　　对于受浮力驱动液滴的自由界面问题，采用正交贴体坐标法有利于准确地在界面上施加边界条件。曲边形流场变换为矩形或正方形，也对减小微分方程离散化带来的误差有利。现在，考虑液滴处于恒定速度 U_T 运动的另一无穷不互溶介质中。

该过程可简化为轴对称的模型（图 2-2）。为了确保内外两套网格在物理模型相界面上准确地匹配，需要通过协变 Laplace 方程将液滴内外的求解区域分别变换成计算平面上几何形状规整的区域。变换所用 Laplace 协变方程为

$$\begin{cases} \dfrac{\partial}{\partial \xi}\left(f(\xi,\eta)\dfrac{\partial x}{\partial \xi}\right) + \dfrac{\partial}{\partial \eta}\left(\dfrac{1}{f(\xi,\eta)}\dfrac{\partial x}{\partial \eta}\right) = 0 \\ \dfrac{\partial}{\partial \xi}\left(f(\xi,\eta)\dfrac{\partial y}{\partial \xi}\right) + \dfrac{\partial}{\partial \eta}\left(\dfrac{1}{f(\xi,\eta)}\dfrac{\partial y}{\partial \eta}\right) = 0 \end{cases} \quad (2\text{-}22)$$

式中，$f(\xi,\eta)$ 定义为畸变函数，且 $f(\xi,\eta)=h_\xi/h_\eta$，即变换到 $\xi-\eta$ 域中的规整网格相应的原 x-y 域中曲边矩形网格的长宽比，其中 h_ξ 和 h_η 是尺度因子，定义为

$$h_\xi = \sqrt{\left(\dfrac{\partial x}{\partial \xi}\right)^2 + \left(\dfrac{\partial y}{\partial \xi}\right)^2},\ h_\eta = \sqrt{\left(\dfrac{\partial x}{\partial \eta}\right)^2 + \left(\dfrac{\partial y}{\partial \eta}\right)^2} \quad (2\text{-}23)$$

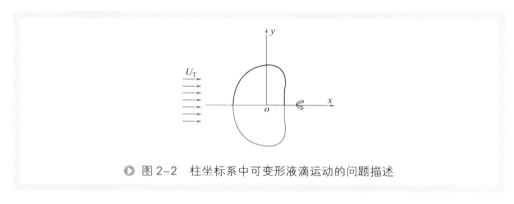

图 2-2　柱坐标系中可变形液滴运动的问题描述

在进行正交变换时，可选择不同形式的畸变函数。Ryskin 和 Leal[7] 以及 Dandy 和 Leal[8] 选择无限域畸变函数处理液滴外部区域，畸变函数为

$$f_1(\xi_1,\eta_1) = \pi \xi_1 (1 - 0.5\cos\pi\eta_1) \quad (2\text{-}24)$$

下标：1 表示外部连续相。

李天文等[9] 提出滴外区域采用有界域畸变函数，将滴外物理区域取为有限但足够大。有限畸变函数可以正确实施无穷远处的边界条件，从而提高计算精度。所采用畸变函数形式为

$$f_1(\xi_1,\eta_1) = \dfrac{\pi}{\epsilon}(1 - 0.5\cos\pi\eta_1) \quad (2\text{-}25)$$

式中，ϵ 为有界区域调整因子，无量纲。

当 $\epsilon=2.5$ 时，滴外区域的半径约为液滴半径的 20 倍。有界域畸变函数已经成功应用在一系列的数值模拟中[9-11]。

对滴内区域，可以采用 Ryskin & Leal[12] 提出的畸变函数：

$$f_2(\xi_2, \eta_2) = \pi\xi_2(1 - 0.5\cos\pi\eta_2) \qquad (2\text{-}26)$$

下标：2 表示滴内相。

图 2-3 给出了有限域畸变函数对液滴外部进行坐标变换，以及无限域畸变函数对液滴内部进行坐标变换的示意图[1]。

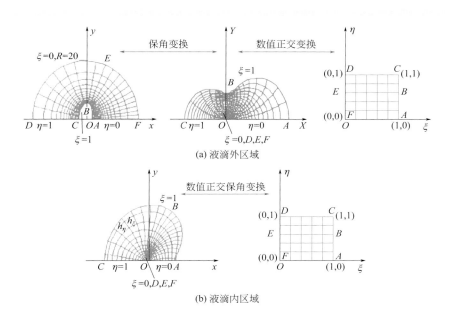

(a) 液滴外区域

(b) 液滴内区域

▶ 图 2-3　物理平面 (x,y) 到辅助平面 (X,Y) 以及计算平面 (ξ,η) 的变换示意图[1]

2. 流函数–涡量方程

轴对称的自由液滴运动，可用图 2-3 所示的通过轴对称的 (x, y) 平面中的流函数 ψ 和涡量 ω 来描述，其无量纲控制方程为[12]

$$v_1 L_1^2(y_1\omega_1) - \frac{1}{h_{\xi_1}h_{\eta_1}}\left[\frac{\partial\psi_1}{\partial\xi_1}\frac{\partial}{\partial\eta_1}\left(\frac{\omega_1}{y_1}\right) - \frac{\partial\psi_1}{\partial\eta_1}\frac{\partial}{\partial\xi_1}\left(\frac{\omega_1}{y_1}\right)\right] = \frac{\partial\omega_1}{\partial t} \qquad (2\text{-}27)$$

$$L_1^2\psi_1 + \omega_1 = 0 \qquad (2\text{-}28)$$

$$v_2 L_2^2(y_2\omega_2) + \frac{1}{h_{\xi_2}h_{\eta_2}}\left[\frac{\partial\psi_2}{\partial\xi_2}\frac{\partial}{\partial\eta_2}\left(\frac{\omega_2}{y_2}\right) - \frac{\partial\psi_2}{\partial\eta_2}\frac{\partial}{\partial\xi_2}\left(\frac{\omega_2}{y_2}\right)\right] = \frac{\partial\omega_2}{\partial t} \qquad (2\text{-}29)$$

$$L_2^2\psi_2 + \omega_2 = 0 \qquad (2\text{-}30)$$

下标：1 表示滴外连续相；2 表示滴内相。微分算子 L^2 定义为

$$L^2 = \frac{1}{h_\xi h_\eta}\left[\frac{\partial}{\partial\xi}\left(\frac{f}{y}\frac{\partial}{\partial\xi}\right) + \frac{\partial}{\partial\eta}\left(\frac{1}{fy}\frac{\partial}{\partial\eta}\right)\right] \qquad (2\text{-}31)$$

采用以下方式对涡量和流函数无量纲化，得到无量纲量（Ω和Ψ）：

$$\omega_1 = \frac{U_T}{R}\Omega_1, \quad \omega_2 = \frac{U_T}{R}\Omega_2 \tag{2-32}$$

$$\psi_1 = R^2 U_T \Psi_1, \quad \psi_2 = R^2 U_T \Psi_2 \tag{2-33}$$

式中 R——液滴的体积当量半径，m；

U_T——连续介质的来流速度，m/s。

代入式（2-27）～式（2-31）得

$$L_1^2(Y_1\Omega_1) - \frac{Re_1}{2}\frac{1}{H_{\xi_1}H_{\eta_1}}\left[\frac{\partial \Psi_1}{\partial \xi_1}\frac{\partial}{\partial \eta_1}\left(\frac{\Omega_1}{Y_1}\right) - \frac{\partial \Psi_1}{\partial \eta_1}\frac{\partial}{\partial \xi_1}\left(\frac{\Omega_1}{Y_1}\right)\right] = 0 \tag{2-34}$$

$$L_1^2 \Psi_1 + \Omega_1 = 0 \tag{2-35}$$

$$L_2^2(Y_2\Omega_2) + \frac{Re_2}{2}\frac{1}{H_{\xi_2}H_{\eta_2}}\left[\frac{\partial \Psi_2}{\partial \xi_2}\frac{\partial}{\partial \eta_2}\left(\frac{\Omega_2}{Y_2}\right) - \frac{\partial \Psi_2}{\partial \eta_2}\frac{\partial}{\partial \xi_2}\left(\frac{\Omega_2}{Y_2}\right)\right] = 0 \tag{2-36}$$

$$L_2^2 \Psi_2 + \Omega_2 = 0 \tag{2-37}$$

$$L^2 = \frac{1}{H_\xi H_\eta}\left[\frac{\partial}{\partial \xi}\left(\frac{f}{Y}\frac{\partial}{\partial \xi}\right) + \frac{\partial}{\partial \eta}\left(\frac{1}{fY}\frac{\partial}{\partial \eta}\right)\right] \tag{2-38}$$

有关无量纲参数的定义为

$$Re_1 = \frac{2RU_T\rho_1}{\mu_1}, \quad Re_2 = \frac{\xi}{\lambda}Re_1, \quad \lambda = \frac{\mu_2}{\mu_1}, \quad \xi = \frac{\rho_2}{\rho_1}, \quad H_\xi = \frac{h_\xi}{R}, \quad H_\eta = \frac{h_\eta}{R} \tag{2-39}$$

根据流函数可以得到相关的速度量：

$$U_{\xi_1} = -\frac{1}{Y_1 H_{\eta_1}}\frac{\partial \Psi_1}{\partial \eta_1}, \quad U_{\eta_1} = -\frac{1}{Y_1 H_{\xi_1}}\frac{\partial \Psi_1}{\partial \xi_1} \tag{2-40}$$

$$U_{\xi_2} = -\frac{1}{Y_2 H_{\eta_2}}\frac{\partial \Psi_2}{\partial \eta_2}, \quad U_{\eta_2} = -\frac{1}{Y_2 H_{\xi_2}}\frac{\partial \Psi_2}{\partial \xi_2} \tag{2-41}$$

在特定问题中，需要选择合适的边界条件。一般来说，固体壁面上可以选择无滑移边界。对于不可变形液滴，需要在相界面上满足动量连续和切应力平衡。对于可变形液滴，除了需要在相界面上满足动量连续和切应力平衡之外，还需要满足法向应力平衡以调节界面的位置和形状等。在这个过程中，正交贴体坐标系需要根据界面的变化实时更新[7]。

3. 对流扩散方程

在正交贴体坐标体系下进行传质过程求解，需要将式（2-4）在变换域中展开：

$$\frac{\partial c}{\partial t} + \frac{u_\xi}{h_\xi}\frac{\partial c}{\partial \xi} + \frac{u_\eta}{h_\eta}\frac{\partial c}{\partial \eta} = \frac{D}{h_\xi h_\eta y}\left[\frac{\partial}{\partial \xi}\left(\frac{h_\eta y}{h_\xi}\frac{\partial c}{\partial \xi}\right) + \frac{\partial}{\partial \eta}\left(\frac{h_\xi y}{h_\eta}\frac{\partial c}{\partial \eta}\right)\right] \tag{2-42}$$

通常在数值计算过程中，先对控制方程进行无量纲化处理。为此，定义以下无量纲参数：

$$C_1 = \frac{c_1}{c_1^\infty}, \quad H_{\xi_1} = \frac{h_{\xi_1}}{R}, \quad H_{\eta_1} = \frac{h_{\eta_1}}{R}, \quad Y_1 = \frac{y_1}{R}, \quad Pe_1 = \frac{2RU}{D_1} \qquad (2\text{-}43)$$

式中　U——特征速度，m/s；

　　　R——液滴特征尺度（例如等价半径），m；

　　　Pe——表征了对流传质和分子扩散传质的强度之比。

下标：1代表滴外区域。采用式（2-43）对式（2-42）进行无量纲化后，并将式（2-40）代入，得：

$$\left(\frac{Pe_1}{2} H_{\xi_1} H_{\eta_1} Y_1\right)\frac{\partial C_1}{\partial \theta} + \frac{Pe_1}{2}\left[\frac{\partial}{\partial \xi_1}\left(-\frac{\partial \Psi_1}{\partial \eta_1} C_1\right) + \frac{\partial}{\partial \eta_1}\left(\frac{\partial \Psi_1}{\partial \xi_1} C_1\right)\right] \\ = \left[\frac{\partial}{\partial \xi_1}\left(f_1 Y_1 \frac{\partial C_1}{\partial \xi_1}\right) + \frac{\partial}{\partial \eta_1}\left(\frac{Y_1}{f_1}\frac{\partial C_1}{\partial \eta_1}\right)\right] \qquad (2\text{-}44)$$

式中　θ——无量纲时间，$\theta = Ut/R$。

同理可得液滴内部的对流传质扩散方程：

$$\left(\frac{Pe_2}{2} H_{\xi_2} H_{\eta_2} Y_2\right)\frac{\partial C_2}{\partial \theta} + \frac{Pe_2}{2}\left[\frac{\partial}{\partial \xi_2}\left(-\frac{\partial \Psi_2}{\partial \eta_2} C_2\right) + \frac{\partial}{\partial \eta_2}\left(\frac{\partial \Psi_2}{\partial \xi_2} C_2\right)\right] \\ = \left[\frac{\partial}{\partial \xi_2}\left(f_2 Y_2 \frac{\partial C_2}{\partial \xi_2}\right) + \frac{\partial}{\partial \eta_2}\left(\frac{Y_2}{f_2}\frac{\partial C_2}{\partial \eta_2}\right)\right] \qquad (2\text{-}45)$$

正交贴体坐标方法适用于低雷诺数下浮力驱动的液滴运动过程，该过程液滴变形程度小。但不适合经历复杂或严重变形的界面处理，这种情况下很难构建正交贴体网格体系。当需要计算大变形或剧烈变化的界面时，可以采用原始变量法结合界面处理技术，比如水平集方法[13-15]。

4. 数值求解过程

数值计算过程可按照以下步骤展开：①以适当的界面条件进行封闭，数值离散并计算方程组[式（2-34）～式（2-37）]得到流场。如果是采用稳态的N-S方程，则需要一定的亚松弛保证计算稳定性和效率。也可以采用非稳态的N-S方程，经过足够长的时间直至流动达到稳态。②以求解得到的流场（速度场或流函数）为基础，离散求解式（2-44）和式（2-45），得到瞬态的溶质传质过程。该过程必须在实时的时间域中执行，也就是在极小的时间步长内准确求解流场和浓度场。在此基础上可以通过式（2-10）准确求解 Sh 数，得到传质过程的瞬时传质速率。

二、水平集方法

水平集方法（level set method，LSM）是用于捕捉移动界面的数值计算方法，该方法具有操作容易、准确度高、可用于欧拉网格等多个优点，已被广泛应用于图像处理和识别以及两相流计算等领域。水平集法的主要思想是采用水平集函数数值为 0 的一组集合来描述界面，这样就可以在整个流场中准确地定义界面以及流场中每一个质点与界面的相对位置。水平集函数光滑可导，因此可以准确计算出界面曲率等几何参数，为后续界面力的准确估值奠定重要的基础。但是水平集方法的缺点也非常明显，即水平集函数在流场中的演化导致流体质量不守恒，需要采用重新初始化等手段保证质量守恒。

在本小节中，以液液萃取中单液滴传质过程作为研究对象，介绍水平集方法在两相流及传质过程中的应用以及需要注意的问题。我们将液滴运动及传质过程模型限制为简单的二维轴对称，并且采用运动坐标系，将液滴质心作为坐标原点。同样地，采用研究对象是不可压缩流动、牛顿流体等假定。

1. 水平集方法计算两相流

我们直接给出二维柱坐标系下，水平集方法计算两相流的无量纲化连续性方程和动量方程[13]：

$$\frac{\partial u}{\partial X} + \frac{1}{r}\frac{\partial}{\partial Y}(rv) = 0 \quad (2\text{-}46)$$

$$\begin{aligned}
&\frac{\partial}{\partial \theta}(\rho u) + \frac{\partial}{\partial X}\left(\rho uu - \frac{\mu}{Re}\frac{\partial u}{\partial X}\right) + \frac{1}{r}\frac{\partial}{\partial Y}\left(r\rho vu - r\frac{\mu}{Re}\frac{\partial u}{\partial Y}\right) \\
&= -\frac{\partial p}{\partial X} + \frac{1}{Fr}\rho g_X - [\rho_r a] - \frac{1}{We}\kappa(\phi)\delta_\varepsilon(\phi)\frac{\partial \phi}{\partial X} \\
&\quad + \frac{1}{Re}\frac{\partial}{\partial X}\left(\mu\frac{\partial u}{\partial X}\right) + \frac{1}{Re}\frac{1}{r}\frac{\partial}{\partial Y}\left(r\mu\frac{\partial v}{\partial X}\right)
\end{aligned} \quad (2\text{-}47)$$

$$\begin{aligned}
&\frac{\partial}{\partial \theta}(\rho v) + \frac{\partial}{\partial X}\left(\rho uv - \frac{\mu}{Re}\frac{\partial v}{\partial X}\right) + \frac{1}{r}\frac{\partial}{\partial Y}\left(r\rho v^2 - r\frac{\mu}{Re}\frac{\partial v}{\partial Y}\right) \\
&= -\frac{\partial p}{\partial Y} + \frac{1}{Fr}\rho g_Y - \frac{1}{We}\kappa(\phi)\delta_\varepsilon(\phi)\frac{\partial \phi}{\partial Y} \\
&\quad + \frac{1}{Re}\frac{\partial}{\partial X}\left(\mu\frac{\partial u}{\partial Y}\right) + \frac{1}{Re}\frac{1}{r}\frac{\partial}{\partial X}\left(r\mu\frac{\partial v}{\partial Y}\right) - \left\{\frac{2}{Re}\frac{\mu v}{r^2}\right\}
\end{aligned} \quad (2\text{-}48)$$

该方程组对笛卡儿坐标系（令上式中 $r \equiv 1$）和柱坐标系（令上式中 $r \equiv Y$）都通用，大括号里的项是在柱坐标系中独有的。方括号中的项代表了液滴加速运动所受的力，这是由于在运动坐标系中将液滴质心稳定在坐标原点上的缘故，在惯性参考系中则不需要考虑此项。式中 $\rho_r = \rho_2/\rho_1$，a 是液滴的轴向运动加速度。与水平集函数 ϕ 相关的量则在后面展开介绍。无量纲数 Re、Fr 和 We 分别定义为

$$Re \equiv \frac{\rho dV}{\mu}, \quad Fr \equiv \frac{V^2}{dg}, \quad We \equiv \frac{d\rho V^2}{\sigma} \quad (2\text{-}49)$$

式中　$V = \sqrt{dg}$ ——特征速度，m/s；

d——液滴直径，m。

水平集函数引入到多相流和传质过程的控制方程中，用于描述和捕捉两相界面。水平集函数 ϕ 是符号距离函数，其代数值为流体质点到界面的最短距离，在连续相中为正、液滴内部为负，界面即为水平集函数 ϕ 的零集。

描述水平集函数在两相流动过程中演化的控制方程为

$$\frac{\partial \phi}{\partial \theta} + \frac{\partial (u\phi)}{\partial X} + \frac{1}{r}\frac{\partial}{\partial Y}(rv\phi) = 0 \tag{2-50}$$

式（2-47）和式（2-48）中的 $\kappa(\phi)$ 代表界面曲率，定义为

$$\kappa(\phi) = -\nabla \cdot \boldsymbol{n} = -\nabla \cdot \left(\frac{\nabla \phi}{|\nabla \phi|} \right) \tag{2-51}$$

式中　$\boldsymbol{n}$——界面单位法向量，方向指向连续相。

$\delta_\varepsilon(\phi)$ 是磨光的 Delta 函数，定义为

$$\delta_\varepsilon(\phi) = \begin{cases} \dfrac{1}{2\varepsilon}\left[1 + \cos\left(\dfrac{\pi\phi}{\varepsilon}\right)\right] & |\phi| < \varepsilon \\ 0 & |\phi| \geqslant \varepsilon \end{cases} \tag{2-52}$$

式中　ε——界面有限厚度的一半。

为了提高数值算法的稳定性，水平集方法将界面处理成一个有限厚度的区域，如图 2-4 所示。通常使 $\varepsilon = 1.5\Delta X$，其中 ΔX 是近界面区域的无量纲化网格尺寸。在有限的界面厚度内，采用磨光的 $H_\varepsilon(\phi)$ 函数对密度和黏度等流体物性进行光滑处理。$H_\varepsilon(\phi)$ 函数定义为

$$H_\varepsilon(\phi) = \begin{cases} 0 & \phi < -\varepsilon \\ \dfrac{1}{2}\left[1 + \dfrac{\phi}{\varepsilon} + \dfrac{\sin\left(\dfrac{\pi\phi}{\varepsilon}\right)}{\pi}\right] & |\phi| \leqslant \varepsilon \\ 1 & \phi > \varepsilon \end{cases} \tag{2-53}$$

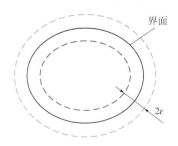

图 2-4　水平集方法描述有限厚度的界面示意图

经过光滑处理的流体密度和黏度可以表示为

$$\rho_\varepsilon(\phi) = \rho_2/\rho_1 + (1-\rho_2/\rho_1)H_\varepsilon(\phi) \quad (2\text{-}54)$$

$$\mu_\varepsilon(\phi) = \mu_2/\mu_1 + (1-\mu_2/\mu_1)H_\varepsilon(\phi) \quad (2\text{-}55)$$

由于 ϕ 定义为距离函数，在任意时刻应满足 $|\nabla\phi|=1$ 的条件。一般情况下，ϕ 经过几个时间步的演化，就不能保持距离函数的性质（$|\nabla\phi|\neq 1$），这是水平集方法本身的缺陷导致的。而保持 ϕ 距离函数的性质是准确计算 $\boldsymbol{n}$、$\kappa(\phi)$ 和速度场的前提。因此，为了使 ϕ 在计算过程中维持距离函数的性质、限定界面的虚拟厚度和保持质量守恒，需要对水平集 ϕ 函数重新初始化，方法为求解以下方程直至稳态：

$$\frac{\partial \phi}{\partial \tau} = \mathrm{sgn}(\phi_0)(1-|\nabla\phi|) \quad (2\text{-}56)$$

$$\phi(X,0) = \phi_0(X) \quad (2\text{-}57)$$

式中　τ——虚拟时间，无量纲；

$\phi_0(X)$——当前时间下的水平集函数，$\mathrm{sgn}(\phi_0)$ 为符号函数，即 $\mathrm{sgn}(\phi_0) = \phi_0/\sqrt{\phi_0^2+\alpha^2}$，$\alpha = O(\Delta X)$。

式（2-56）可以使 ϕ 在界面上保持不变，而远离界面位置的 ϕ 将收敛于 $|\nabla\phi|=1$。另外，为了保证质量守恒，Chang 等[16]提出了以下摄动 Hamilton-Jacobi 方程：

$$\frac{\partial \phi}{\partial \tau} + [A_0 - A(\tau)][-Q + \kappa(\phi)]|\nabla\phi| = 0 \quad (2\text{-}58)$$

式中　A_0——流体总体积，m³；

$A(\tau)$——虚拟时刻水平集函数 $\phi(\tau)$ 定义下的流体总质量；

Q——参数，是正的常数，可设定为 1。

Yang 和 Mao[13]发现即使采用了式（2-58），可以保证总体质量守恒，但是液滴的质量仍然在逐渐减少，因此他们建议将 $A(\tau)$ 修正为虚拟时刻水平集函数 $\phi(\tau)$ 下液滴内的质量：

$$A(\tau) = \sum_{\phi_{ij}\leqslant\varepsilon}\rho_\varepsilon(\phi_{ij})R_j\Delta X\Delta Y \quad (2\text{-}59)$$

式中　ϕ_{ij}——液滴内部区域以及具有虚拟厚度 2ε 的界面区域，$\phi_{ij}\leqslant\varepsilon$。

将式（2-59）代入到式（2-58）中得到修正的重新初始化方程，经此方程的迭代可以保证液滴的质量守恒，在涉及液滴两相流研究中，液滴质量守恒是需要优先得到保证的。

除了采用重新初始化的方法，还可以采用人工调整界面的方法以严格保证质量守恒[15]。假定流体是不可压缩的，那么质量守恒等效于体积守恒。因此，体积修正法提出可以在水平集函数的重新初始化［通过迭代式（2-56）实现］之后增加界面调整的程序，界面调整可依据液滴体积 [$V = \sum_{\phi\leqslant 0}H(\phi)R\Delta X\Delta Y$] 的损失或增加：

$$\Delta V = \frac{V(t) - V_0}{V_0} \tag{2-60}$$

假定液滴是球形的,依据液滴体积变化,可计算出液滴直径的变化:

$$\Delta R = R - R_0 = [(1 + \Delta V)^{1/\alpha} - 1]R_0 \tag{2-61}$$

式中,α 是模型的维度,$\alpha = 2$ 代表二维或者轴对称三维模型,$\alpha = 3$ 代表三维模型。当液滴体积发生变化时,即相应的界面离液滴中心的距离发生变化,因此,ϕ 的修正值与 ΔR 成正比,可建立以下修正关系:

$$\delta\phi = \beta[(1 + \Delta V)^{1/\alpha} - 1] \tag{2-62}$$

式中,β 为松弛修正因子,无量纲;β 过大时容易导致重新初始化的发散,β 过小时则会影响计算效率,通常可以选定 β 在 0.01~0.1 之间。至此,体积修正方程可写为

$$\phi = \phi_0 + \delta\phi = \phi_0 + \beta[(1 + \Delta V)^{1/\alpha} - 1] \tag{2-63}$$

2. 水平集方法计算传质过程

水平集方法用于计算相间传质过程时,还涉及溶质在两相间浓度的热力学平衡。溶质的分配系数 m 等于 1 时,跨越传质界面的溶质浓度是连续函数,但两相的分子扩散系数可能是不连续的,此时可以通过类似光滑处理密度和黏度的方式[式(2-54)和式(2-55)]解决这个问题,利用水平集函数可以方便地通过式(2-4)计算两相传质问题。但是,溶质分配系数 m 通常不为 1,此时穿越界面的溶质浓度和浓度梯度都是间断的,需要特殊的处理才能避免数值不稳定和保证计算结果的准确性。为了解决这个问题,Yang 和 Mao[14] 提出浓度变换法,经过简单的参数变换,例如 $\hat{c}_1 = c_1\sqrt{m}$ 和 $\hat{c}_2 = c_2/\sqrt{m}$,可使界面处浓度连续,即 $\hat{c}_1 = \hat{c}_2$。此时,式(2-4)可改写为

$$\frac{\partial \hat{c}_1}{\partial(\sqrt{m}t)} + \frac{1}{\sqrt{m}}\boldsymbol{u} \cdot \nabla\hat{c}_1 = \frac{1}{\sqrt{m}}D_1\nabla^2\hat{c}_1 \tag{2-64}$$

$$\frac{\partial \hat{c}_2}{\partial\left(\frac{1}{\sqrt{m}}t\right)} + \sqrt{m}\boldsymbol{u} \cdot \nabla\hat{c}_2 = \sqrt{m}D_2\nabla^2\hat{c}_2 \tag{2-65}$$

若其中时间 t、速度 $\boldsymbol{u}$ 和分子扩散系数 D 都进行如下变换:

$$\hat{t}(\phi) = \begin{cases} \sqrt{m}t, & \phi \geqslant 0 \\ \dfrac{1}{\sqrt{m}}t, & \phi < 0 \end{cases} \tag{2-66}$$

$$\hat{\boldsymbol{u}}(\phi) = \sqrt{m}\boldsymbol{u} + \left(\frac{1}{\sqrt{m}}\boldsymbol{u} - \sqrt{m}\boldsymbol{u}\right)H_\varepsilon(\phi) \tag{2-67}$$

$$\hat{D}(\phi) = \sqrt{m}D_2 + \left(\frac{1}{\sqrt{m}}D_1 - \sqrt{m}D_2\right)H_\varepsilon(\phi) \qquad (2\text{-}68)$$

就可最终将式（2-64）和式（2-65）整理成为一个方程，即

$$\frac{\partial \hat{c}}{\partial \hat{t}} + \hat{\boldsymbol{u}} \cdot \nabla \hat{c} = \nabla \cdot (\hat{D}\nabla \hat{c}) \qquad (2\text{-}69)$$

用水平集法来求解。同样地，将相间传质方程无量纲化，并在柱坐标系下展开，得：

$$\frac{\partial C}{\partial \theta} + u\frac{\partial C}{\partial X} + v\frac{\partial C}{\partial Y} = \frac{1}{Pe}\left[\frac{\partial}{\partial X}\left(\frac{\partial C}{\partial X}\right) + \frac{1}{Y}\frac{\partial}{\partial Y}\left(r\frac{\partial C}{\partial Y}\right)\right] \qquad (2\text{-}70)$$

式中，Pe 定义为 $Pe = dV/D$。

浓度变换法的形式有很多，还可以选 $\hat{c}_1 = mc_1$ 和 $\hat{c}_2 = c_2$，或 $\hat{c}_1 = c_1$ 和 $\hat{c}_2 = c_2/m$。经过测试，变换形式不影响最终结果。

3. 数值计算过程

水平集方法计算两相流和相间传质过程的步骤如下：①以静止液滴为对象，初始化流场、两相流体的物性参数（密度、黏度、表面张力和分子扩散系数）、浓度场以及符号距离函数 ϕ。②计算速度及压力至收敛；如果采用运动坐标系计算非稳态运动过程，那么式（2-47）需要进一步迭代直至流场和加速度值都稳定。③更新水平集函数。④计算非稳态传质过程，所得数据可以计算瞬时传质系数 k 和 Sh 等参数。

三、镜像流体法

在数值模拟固体颗粒在流体中沉降过程中，通常是分别对固体颗粒和流体建立控制方程，并通过流-固界面条件耦合求解，这时流-固界面的处理就成为焦点。Yang 和 Mao[6] 提出了一种新的计算液固两相流的方法，即镜像流体法（mirror fluid method，MFM），模拟了单颗粒在牛顿流体中的沉降过程。此后，被发展运用到计算固液搅拌槽反应器中[17]。求解液固耦合问题时，镜像流体法和虚拟区域法[18] 具有同样的优势，即在整个计算域中使用固定的规则网格，无需实时更新网格或者使用复杂的贴体网格。但是镜像流体法可以采用简单的差分算法，而不是虚拟区域法中的有限元方法和弱解方程[19]。镜像流体法的核心是利用固体-流体界面的镜像关系，使相界面无滑移边界条件得到隐含满足。因此，在界面两侧上需要满足剪切速率具有相同的数值但相反的方向。如图 2-5 所示，可以指定固体所占区域的虚拟流场和压力场，为与其对应的外部真实流体的流场和压力场的镜像，即将流体流场（$\boldsymbol{u}-\boldsymbol{U}$）和压力场绕界面旋转 180°。

镜像流体法的关键步骤是精确地指定固体所占用区域的流体力学参数，也就是说，根据真实流体中质点的镜像关系确定固体相中每一个点的流动变量（$\boldsymbol{u}$ 和 p）。

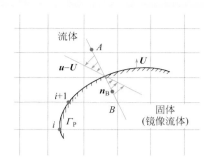

图 2-5 镜像流体法表示液固边界示意图

下面以二维笛卡儿坐标系或柱坐标系中一个固体颗粒在流体中的运动过程为例。该过程可以直接拓展到三维空间或者多颗粒体系。

如图 2-5 所示，$A(x_A, y_A)$ 是真实流体中的某一个质点，$B(x_B, y_B)$ 是与 A 有镜像关系的固体相中的网格节点。A、B 到界面的距离类似水平集函数的定义，为符号距离函数 ϕ。在连续相中为正，在固体相中为负，在界面上为零，这样的定义有利于镜像关系的计算。但是与水平集函数不同的是，当颗粒运动计算经历一个时间步长后，需要根据颗粒的新位置重新定义 ϕ。此时，可以根据 ϕ 写出界面的单位法向量的表达式：

$$\boldsymbol{n} = \begin{pmatrix} n_x \\ n_y \end{pmatrix} = \begin{pmatrix} \dfrac{\partial \phi/\partial x}{\sqrt{(\partial \phi/\partial x)^2 + (\partial \phi/\partial y)^2}} \\ \dfrac{\partial \phi/\partial y}{\sqrt{(\partial \phi/\partial x)^2 + (\partial \phi/\partial y)^2}} \end{pmatrix} \tag{2-71}$$

上式同样可以在邻近固液界面的点上进行计算。因此单位法向量通过 B 点的表达形式为

$$\boldsymbol{n}_B = \begin{pmatrix} n_{x_B} \\ n_{y_B} \end{pmatrix} = \left(\dfrac{\nabla \phi}{|\nabla \phi|} \right)_B \tag{2-72}$$

在图 2-5 中与单位法向量 $\boldsymbol{n}_B$ 平行的直线同时穿过 B 和镜像点 A，它们的坐标满足以下关系：

$$\dfrac{x_A - x_B}{n_{x_B}} = \dfrac{y_A - y_B}{n_{y_B}} \tag{2-73}$$

$$(x_A - x_B)^2 + (y_A - y_B)^2 = (2\phi_B)^2 \tag{2-74}$$

$$\phi_A \phi_B \leqslant 0 \tag{2-75}$$

通过求解以上方程组可以得到网格点 B 的镜像点 A 的坐标。图 2-6 显示了所得到的一一对应的镜像关系。则网格点 B 上的虚拟速度和压力可以表示为

$$u_B = -(u_A - U) + U = 2U - u_A \qquad (2\text{-}76)$$
$$p_B = p_A \qquad (2\text{-}77)$$

须知对于一个可旋转的固体颗粒,固液界面的速度(U)应表达为 $U + \omega \times (x - x_p)$。这可以保证在固液界面两侧的流体具有绝对值相同但方向相反的切应力和正应力。镜像流体的密度和黏度数据也等同于真实流体。

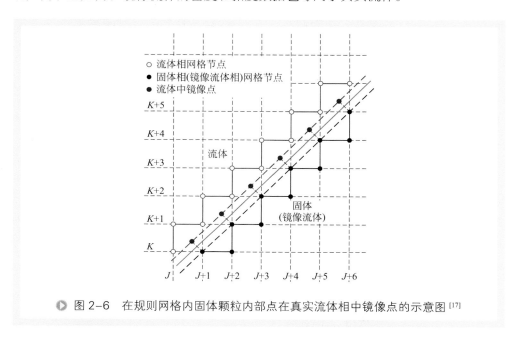

图 2-6 在规则网格内固体颗粒内部点在真实流体相中镜像点的示意图[17]

应用镜像流体法计算固液两相流的主要步骤为:①初始化流体物性参数(密度和黏度)、流场(u、U 和 p)、加速度 a 和 ϕ。②假定固体颗粒在某时间步终点时的速度为 U,那么, $U = U_0 + a_0 \Delta t$,其中 U_0 和 a_0 分别是该时间步起始点的速度和加速度。③利用镜像关系确定固体所占区域内网格点的速度和压力。④采用 SIMPLE 算法对整个区域的连续性方程和动量守恒方程进行求解。⑤计算流体对颗粒的作用力 F 和其他体积力 G,求出加速度 a。⑥估算出该时间步的颗粒运动速度: $U^* = U_0 + \frac{1}{2}(a_0 + a)\Delta t$。⑦如果 $U^* = U$,即 $a = a_0$,则转入下一时间步计算,否则令 $a_0 = a_0 + \frac{1}{2}(a - a_0)$,返回步骤②。⑧利用新的速度场更新颗粒位置,重新确定 ϕ。⑨令 $U_0 = U$, $u_0 = u$ 和 $a_0 = a$,返回步骤②进行下一时间步的计算。

第四节　单颗粒的浮力驱动运动和传质过程

在多相流领域中，含有可变形界面的气泡或液滴运动是典型的非稳态运动，在过去的几十年已经有许多经典的实验研究，但是大部分局限于宏观特征的观测[20-25]。近年来，随着数值模拟和高端光学测量设备的发展，使详细的局部速度场和浓度场信息的获取成为可能，多相流和传递的研究进入了一个飞速发展的时代。本小节将以浮力驱动的单颗粒运动和传质过程的数值模拟为例，介绍近期的研究进展。

一、气泡和液滴运动

根据运动形态的不同，一般分别从生成、非稳态运动、稳态运动、聚并和破碎等多方面研究单个气泡或液滴的运动行为。为了获得更好的数值稳定性，大多数早期的数值研究都将两相流的物性做一定的简化。比如，Ryskin & Leal[12,21,26]仅仅考虑液相，而忽略气相的作用，采用有限差分方法计算了在平衡条件下单个自由气泡的上升过程。Unverdi & Tryggvason[27]采用 VIC 方法（vortex-in-cell method）模拟了单个运动气泡的变形和两个气泡的聚并过程。

1. 气泡/液滴的生成

液滴或气泡在针头、微孔或毛细孔上生成、脱落并释放到另一不互溶连续相的过程在很多工程应用都很常见，比如溶剂萃取、废气处理、喷雾打印、喷雾干燥以及表面张力测量等。液滴或气泡在孔口处生长是一个复杂的物理现象，涉及多个参数，比如平均流速、流体物性、孔口的几何结构和材质等。如图 2-7 所示，Chen 等[28]采用水平集方法模拟了孔板上轴对称气泡的生长过程，表明了气泡的生成很大程度上依赖于孔口板的润湿性质。当气泡生长时，表观接触角和三相接触线以非常复杂的方式在变化。

从目前的报道来看，液滴生长阶段的传质量在整个萃取过程中占很大比例。该

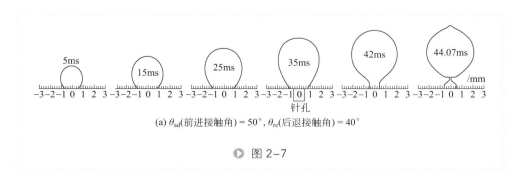

(a) θ_{ad}(前进接触角) = 50°，θ_{re}(后退接触角) = 40°

图 2-7

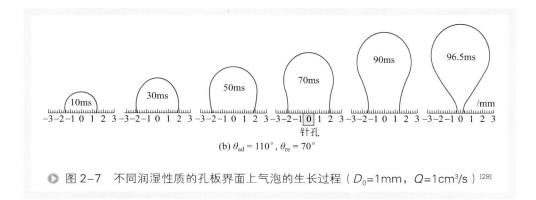

图 2-7　不同润湿性质的孔板界面上气泡的生长过程（D_0=1mm，Q=1cm³/s）[28]

过程耦合了界面生长、界面更新、界面对流和界面断裂等，是非常值得研究的课题之一。如图 2-8 所示，采用水平集方法模拟了在垂直毛细管中液滴的生长和释放过程，不同时间（θ）的液滴形状的实验结果以及 VOF 方法预测的结果几乎一致。图 2-9 则显示了液滴在生长过程中的流场和流线分布。当液滴的体积超过某一临界值时，浮力作用增大超过一临界值，表面张力无法将液滴稳定在孔口上，液滴就脱离孔口并在浮力作用下向上运动。当液滴脱离的瞬间，拉长的液体柱会破碎成二级小液滴同时上升，并且孔口处仍留有一小部分的液体呈现出较平的界面，继续下一个液滴的生长。

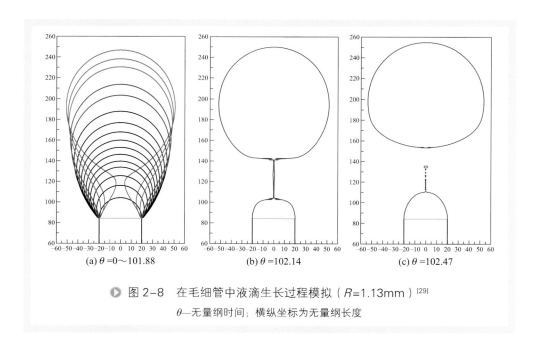

图 2-8　在毛细管中液滴生长过程模拟（R=1.13mm）[29]

θ—无量纲时间；横纵坐标为无量纲长度

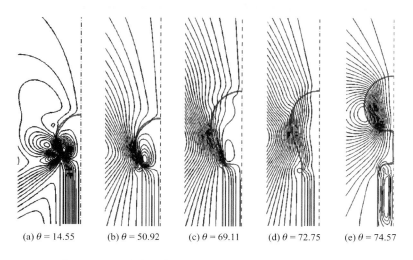

(a) $\theta=14.55$　(b) $\theta=50.92$　(c) $\theta=69.11$　(d) $\theta=72.75$　(e) $\theta=74.57$

图2-9　液滴生长过程的流线分布（$R=1.98$mm）[29]

2. 非稳态运动和稳态运动

在液滴或气泡的非稳态运动以及稳态运动中，颗粒的形状和终端速度是工程应用所需的关键参数。图2-10和图2-11分别展示了在不同黏度的蔗糖溶液中气泡的上升过程，连续相的黏度严重影响了气泡的形状[15]。水平集方法预测这两个气泡的终端速度分别为0.181m/s和0.317m/s，这和实验测定值0.190m/s和0.306m/s基本相符。数值模拟显示了气泡在高黏流体中更容易保持形状，接近球形。在低黏液体中则发生严重变形成为帽状，这也和实验现象保持一致。

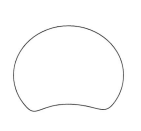 

(a) 数值计算预测的气泡形状　　　　　(b) 实验测量的气泡形状

图2-10　气泡在高黏蔗糖溶液中的运动过程[15]

（$\rho_c=1390$kg/m^3，$\rho_b=1.226$kg/m^3，$\mu_c=2.786$Pa·s，$\mu_b=1.78\times10^{-5}$Pa·s，$\sigma=0.0794$N/m，$R=0.013$m）

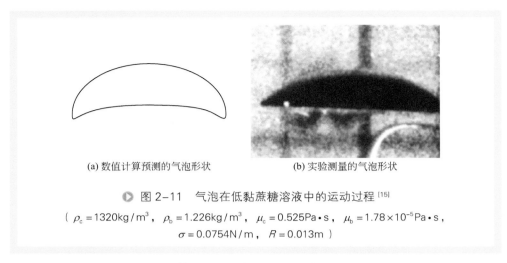

(a) 数值计算预测的气泡形状　　　　(b) 实验测量的气泡形状

▶ 图 2-11　气泡在低黏蔗糖溶液中的运动过程 [15]

($\rho_c = 1320 \text{kg/m}^3$，$\rho_b = 1.226 \text{kg/m}^3$，$\mu_c = 0.525 \text{Pa·s}$，$\mu_b = 1.78 \times 10^{-5} \text{Pa·s}$，$\sigma = 0.0754 \text{N/m}$，$R = 0.013 \text{m}$)

图 2-12 展示了不同 Mo 数和 Eo 数条件下，单个气泡在牛顿流体中运动时的流线分布[27]。结果显示在高 Mo 数下绕气泡的流体近乎是 Stokes 流，并且在液滴内部

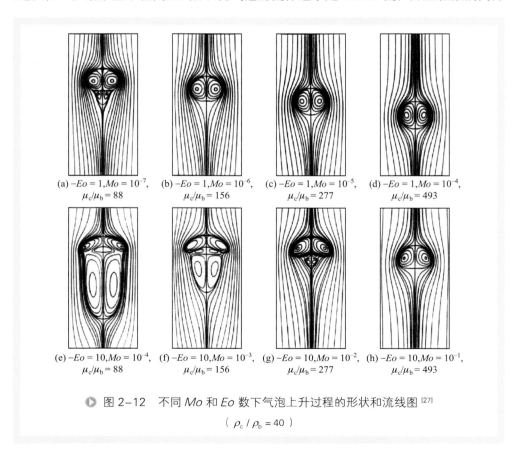

(a) $-Eo = 1, Mo = 10^{-7}$, $\mu_c/\mu_b = 88$
(b) $-Eo = 1, Mo = 10^{-6}$, $\mu_c/\mu_b = 156$
(c) $-Eo = 1, Mo = 10^{-5}$, $\mu_c/\mu_b = 277$
(d) $-Eo = 1, Mo = 10^{-4}$, $\mu_c/\mu_b = 493$

(e) $-Eo = 10, Mo = 10^{-4}$, $\mu_c/\mu_b = 88$
(f) $-Eo = 10, Mo = 10^{-3}$, $\mu_c/\mu_b = 156$
(g) $-Eo = 10, Mo = 10^{-2}$, $\mu_c/\mu_b = 277$
(h) $-Eo = 10, Mo = 10^{-1}$, $\mu_c/\mu_b = 493$

▶ 图 2-12　不同 Mo 和 Eo 数下气泡上升过程的形状和流线图 [27]

($\rho_c / \rho_b = 40$)

形成了典型的内环流结构。当降低 Mo 数时，气泡尾部形成了尾涡结构。气泡的形状则严重依赖于 Eo 数，随着 Eo 数的增加，气泡呈现了球形、椭球形、球帽状和帽状等形状。同时尾涡的尺寸也在增加，并逐渐在尾涡和气泡尾部之间出现二次涡结构，二次涡的强度要远远小于尾涡。

3. 聚并

图 2-13 展示了采用水平集方法计算的三维气泡的聚并过程[15]。两个气泡的半径比为 1.5，初始时刻气泡的相对位置具有一定的偏移角度。除了两个气泡的相对距离，其他重要条件（比如 $We \approx 50$ 和 $Re \approx 5 \times 10^{-3}$）均与 Manga & Stone[30] 的实验保持一致。在上升过程中，两个气泡均有明显的变形，但是形状却不同，数值预测结果与实验基本一致。领先气泡首先变形成类似一个自由气泡在连续相中稳态运动的形状，尾随气泡则只有微弱变形。之后，领先气泡的尾部内陷，同时对应的尾随气泡顶部凸出。两个气泡的距离在上升过程中逐渐减小，最终发生聚并。

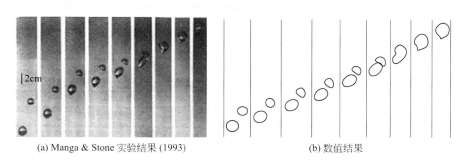

(a) Manga & Stone 实验结果 (1993)　　　　(b) 数值结果

▶ 图 2-13　玉米糖浆中两个气泡聚并的实验结果和数值结果[15]

4. 非牛顿流体中的气泡和液滴

由于化工、发酵和冶金等行业中涉及的流体常表现出非牛顿流体的性质，而非牛顿流体本身表现出假塑性、胀塑性和黏弹性等多种复杂的性质。因此需要对非牛顿流体中的气泡和液滴的运动行为进行针对性的研究，以满足对工业中涉及非牛顿流体的反应器和单元操作的优化设计及工程放大的需求。关于此方面的理论和实验研究已经有很多综述文章或专著供读者参考[31,32]，这里主要探讨数值模拟方面的若干进展。

在非牛顿流体的数值计算中，关键是采用合适的黏度模型。比如采用 Carreau 模型描述剪切变稀流体，则可以采用 VOF 或水平集方法对剪切变稀流体中单颗粒的运动过程进行模拟[33,34]。如图 2-14 所示，当一个牛顿流体的液滴在非牛顿流体中运动时，随着 Eo 数增加，液滴逐渐变形，数值模拟预测的液滴形状与实验值接近。由数值模拟对黏度的预测可以看出，发生相对运动的两相界面附近剪切速率相对较大，黏度急剧下降，但是在液滴尾部位置形成一个较高黏度区。随着液滴运动速度的增加，液滴尾部的高黏区逐渐脱离液滴。图 2-15 是采用水平集方法对剪切变稀流体中的气泡运动进行的计算算例，参数如表 2-1 所列。算例 1 中的流体呈牛顿流体的性质，因此连续相黏度为常数。算例 2～6 显示了随着剪切变稀性质的增加，气泡形状以及周围的黏度分布随着变化。同样在气泡尾部也出现了高黏区，并且随着剪切变稀性质的增强，高黏区逐渐远离液滴尾部表面，终端速度 U_T 也随着

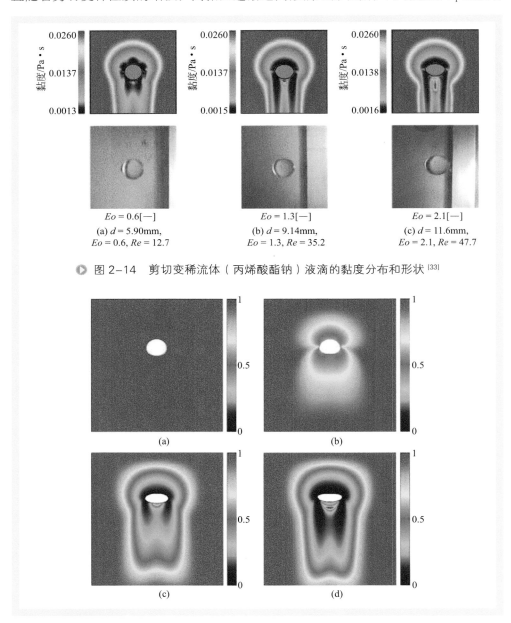

图 2-14 剪切变稀流体（丙烯酸酯钠）液滴的黏度分布和形状[33]

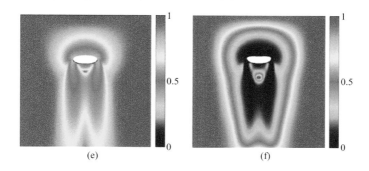

图 2-15 剪切变稀流体中上升气泡的黏度分布和气泡形状[34]

增加。另外，随着剪切变稀性质的增强，气泡逐渐变形成细长的扁球形，并且气泡顶端界面比尾端界面更平。

表 2-1 Carreau 模型参数和气泡运动的数值模拟结果（d_e=1cm）[34]

算例	μ_0 / Pa·s	λ / s	n	U_T /(cm/s)	$2\lambda U_T/d_e$	Re_M
1	0.5	—	1.0	11.2	—	2.24
2	0.5	1.00	0.8	16.5	33.0	6.65
3	0.5	1.00	0.5	22.7	45.4	30.69
4	0.5	1.00	0.4	23.9	47.8	48.8
5	0.1	1.00	0.8	25.3	50.6	55.5
6	0.5	1.00	0.3	25.6	51.2	80.85

对剪切变稀流体，表观黏度是剪切速率的线性函数。因此剪切速率的分布也可以量化黏度的剪切变稀特征。图 2-16（a）和图 2-16（b）对比，由于剪切变稀行为和 Re_M 较大的共同影响，气泡周围的局部剪切程度比牛顿流体更大。气泡的尾部形成一个非常低的剪切速率区域（深蓝色区域），对应着图 2-16（c）中气泡尾部的高黏度区域（红色区域）。图 2-16（d）～图 2-16（f）中，深蓝色的低剪切速率区并没有紧贴在气泡的下方，而是随着雷诺数的增大，沿着尾流方向向下延伸。图 2-16（e）和图 2-16（f）中，紧贴气泡的下方形成红色的高剪切速率区域，对应图 2-15（e）和图 2-15（f）中气泡尾部的低黏度区域（深蓝色区域）。总的说来，剪切速率的分布（图 2-16）与黏度的分布（图 2-15）的对应性很好：高剪切速率区域对应着低黏度区，低剪切速率区对应高黏度区。在气泡的上方以及气泡尾部附近存在两个分离的高剪切速率区，在这些区域中，气泡的黏度变稀程度非常大。

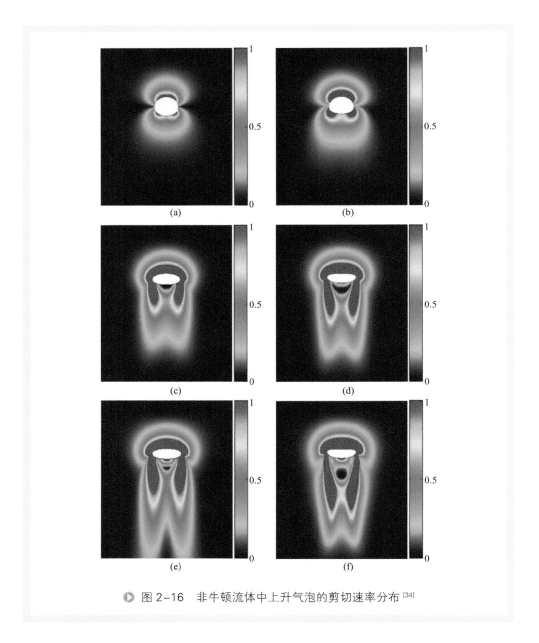

图 2-16 非牛顿流体中上升气泡的剪切速率分布 [34]

5. 镜像流体法模拟固体颗粒运动

当采用镜像流体法处理固液两相流时，可以在整个流场中采用欧拉网格，用拉格朗日方法追踪固体颗粒。根据镜像关系在固体颗粒相内配置合适的流动参数，以满足固液界面速度无滑移的边界条件。图 2-17 和图 2-18 显示了采用镜像流体法可以准确地预测 Re、曳力系数以及单个球形颗粒的尾涡长度。在图 2-19 中也展示了一个椭球

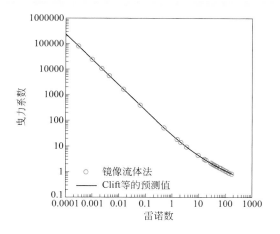

图 2-17　固体颗粒的曳力系数和 Re 的关系[6]

($\rho_c = 1000 \text{kg/m}^3$，$\rho_s = 2000 \text{kg/m}^3$，$\mu_c = 1.0 \times 10^{-3} \text{Pa·s}$，$R = 0.21 \text{mm}$)

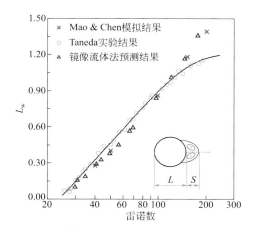

图 2-18　尾涡长度预测值与实验值比较（$L_w = S/L$）[6]

形颗粒在牛顿流体中运动时的振荡轨迹和朝向角度，与文献结果都非常吻合。这些结果证明镜像流体法是一个易实现、鲁棒性好且有效的计算固液两相流的数值方法。

二、传质过程的数值计算

两相流中的相间传质过程往往是一个非稳态的过程，因此在数值模拟中，需要同时耦合求解动量方程、传质方程以及追踪自由界面的变化过程。数值计算方法必须保证对界面位置和浓度场的描述有足够好的精确度，才能准确地预测传质过程[35]。Wang 等[36]采用水平集方法模拟了单液滴在非稳态运动时的相间传质过程。图 2-20

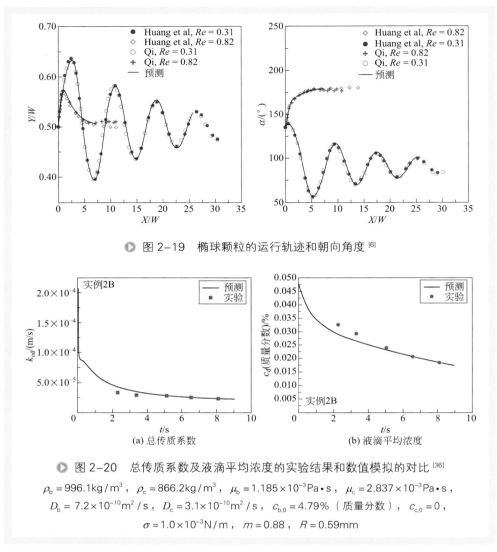

图 2-19 椭球颗粒的运行轨迹和朝向角度 [6]

(a) 总传质系数

(b) 液滴平均浓度

图 2-20 总传质系数及液滴平均浓度的实验结果和数值模拟的对比 [36]

$\rho_b = 996.1 \text{kg}/\text{m}^3$，$\rho_c = 866.2 \text{kg}/\text{m}^3$，$\mu_b = 1.185 \times 10^{-3} \text{Pa} \cdot \text{s}$，$\mu_c = 2.837 \times 10^{-3} \text{Pa} \cdot \text{s}$，
$D_b = 7.2 \times 10^{-10} \text{m}^2/\text{s}$，$D_c = 3.1 \times 10^{-10} \text{m}^2/\text{s}$，$c_{b,0} = 4.79\%$（质量分数），$c_{c,0} = 0$，
$\sigma = 1.0 \times 10^{-3} \text{N}/\text{m}$，$m = 0.88$，$R = 0.59 \text{mm}$

展示了总传质系数以及液滴平均浓度的预测值，数值模拟与实验结果吻合良好。图 2-21 显示了溶质浓度分布以及单液滴非稳态运动的速度矢量图，结果显示，在内环流的作用下，液滴轴线处的溶质迅速带到液滴表面并传递到连续相中，继而在绕液滴流动作用下扫至尾涡中。在传质初期，液滴尾涡部的溶质浓度较高，随着传质的进行逐渐降低。

前文在液滴或气泡生长阶段的讨论中提到，生长阶段的传质效率很高，对整个传质过程都有重要的影响。因此，在非稳态运动阶段传质效率与实验值的偏差有可能是忽略生长阶段的传质导致的。假定在生长阶段的萃取率为 5%，并将这个因素考虑到非稳态运动阶段。如图 2-22 所示，考虑了生长阶段传质过程的模拟结果与实验更加吻合；并且生长阶段的传质过程对初期的传质系数影响比较大，几乎不影响进入传质稳定期的传质效率。

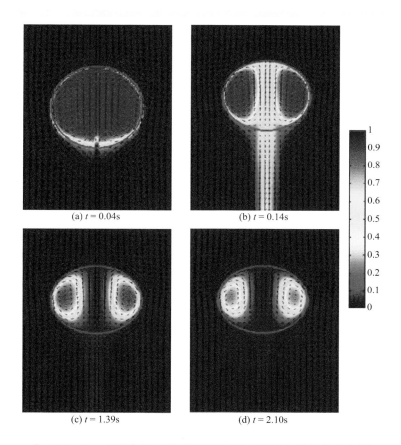

图 2-21　非稳态运动液滴溶质浓度场和速度矢量场的分布[36]

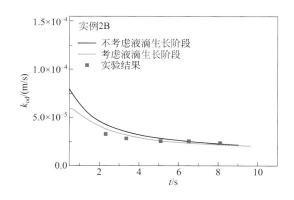

图 2-22　整体传质系数的数值模拟结果和实验值[36]

第五节 传质引起的Marangoni效应

在研究相间传质和界面现象等问题时，常常会遇到亚颗粒尺度的Marangoni效应。这种由于界面张力梯度引发的不稳定性流动，会产生垂直于界面的速度和临近界面的小对流涡，进而显著促进界面附近的对流传质，提高了传质效率。对传质Marangoni效应进行数学建模，必须同时耦合流动和传质过程，研究中发现Marangoni效应还会促使界面发生形变。因此，准确地模拟Marangoni效应需要同时耦合可变形界面的计算。通过数值计算可以认识Marangoni效应的发生、发展和消退，并预测该效应对传质系数的影响。

一、溶质引起的Marangoni效应

Mao & Chen[37]采用轴对称的正交极坐标对不可变形的球形液滴建立了数学模型，考察了液滴在稳态运动过程中伴随发生非稳态传质引起的Marangoni效应。在界面不稳定性流动的作用下，受力不平衡会引起界面明显的形变。正如前面第二节中介绍的，水平集、VOF、Front-tracking等方法在处理界面时将其作为具有有限厚度的一个区域，因此在离散计算中，界面曲率计算不准确容易导致界面区域本身存在界面张力梯度，从而引发假紊流的现象。

Wang等[38]建议采用权重积分法，采用更多的格点计算界面曲率，从而提高计算界面张力的精度。利用这种方法对非稳态运动中的可变形液滴伴随传质Marangoni效应的过程进行了数值计算。与经典的Sternling & Scriven（S&S）[39]理论进行了定性对比，当溶质从连续相传递进入分散相时，数值模拟与S&S理论都预测会发生Marangoni效应；但是当传质方向相反时，两种方法预测结果不一致。原因可能是S&S理论是采用了线性理论对液膜传质建模，界面为平面并且没有考虑两相存在非稳态的相对运动；而数值模拟是对可变形的曲界面进行了非线性的计算。图2-23展示了两个不同传质方向的算例的传质系数随无量纲传质时间的变化情况，在溶质从连续相传递到分散相时，发生Marangoni效应时的传质效率明显高于没有发生Marangoni效应的体系；当传质方向相反时，在传质初期Marangoni效应仍然大幅促进了传递效率，但是后期并没有明显影响。

MIBK-醋酸-水体系是一个会发生剧烈Marangoni效应的典型萃取体系。Wang等[40]分别通过实验测量和数值模拟对这个体系进行了研究，研究发现，液滴的振荡可以作为Marangoni效应发生的间接证据；在传质初期溶质浓度梯度大，Marangoni对流强度大，使得液滴受力不平衡，发生剧烈的振荡；随着传质的进行，溶质浓度梯度变小，Marangoni效应逐渐消退，液滴运动也逐渐趋于平稳。图2-24

显示了这个过程液滴内外的流线图，Marangoni效应导致瞬时流线发生剧烈的变化，在这个过程中，液滴的变形情况也与没有发生Marangoni效应时不同。Wegener等[41]在甲苯-水体系中同样发现了类似的不规则变形，他们认为界面附近亚液滴尺度的涡流使得有垂直于界面的流动发生，导致界面发生变形；并且伴随着涡流的聚并破碎，涡流的位置不断发生变化，因此液滴的变形振荡也比较明显。界面变形的这种不规则性取决于Marangoni效应非稳态的特性。

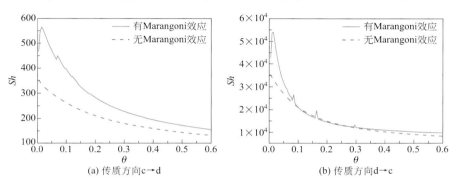

图 2-23　Marangoni效应对可变形液滴传质过程 Sh 数的影响[38]

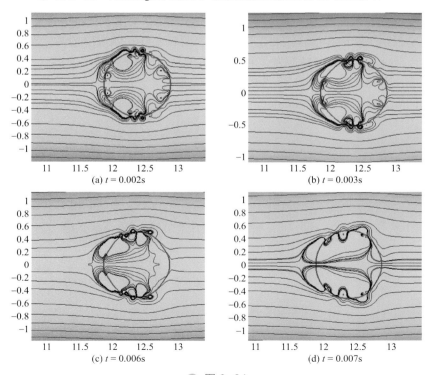

图 2-24

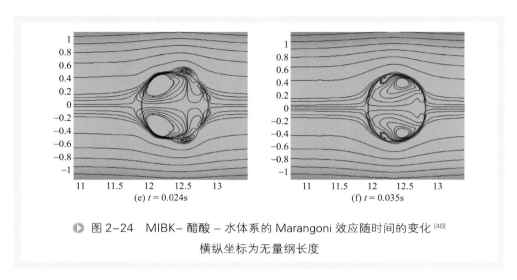

图 2-24　MIBK-醋酸-水体系的 Marangoni 效应随时间的变化 [40]
横纵坐标为无量纲长度

由于 Marangoni 效应实质上是三维空间的流体力学现象，因此三维模型的建立有助于进一步研究 Marangoni 效应在空间上的发展过程。Wegener 等 [41] 模拟了三维的单个球形液滴的萃取过程（甲苯-丙酮-水，其中甲苯是液滴相，丙酮是溶质），利用 STAR-CD 软件对非稳态运动的液滴及传质过程进行数值计算，同时耦合了依赖于溶质浓度的表面张力。模拟结果显示，对比没有发生 Marangoni 效应的算例，传质效率强化了 2~3 倍。图 2-25 也显示了两种不同初始浓度的液滴传质进行的情况，在没有 Marangoni 效应发生时，液滴内环流作用下使得溶质浓度分布呈现相同的环状；当 Marangoni 效应发生时，内环流被破坏，溶质在内部的分布也随着变得混乱；溶质浓度越高，Marangoni 效应发生的时间越早，强度也越大。以上讨论

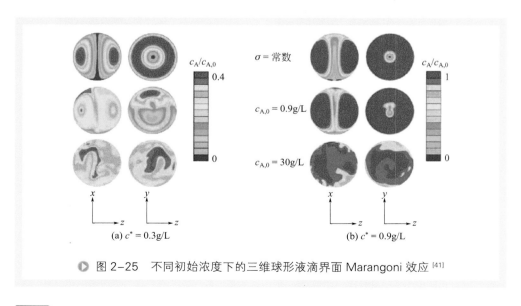

图 2-25　不同初始浓度下的三维球形液滴界面 Marangoni 效应 [41]

说明 Marangoni 效应强烈依赖于体系物性以及溶质的浓度。

二、表面活性剂对运动及传质的影响

在大部分的工业萃取体系中，表面活性剂的存在不可避免，即使痕量的表面活性剂也会对液滴的运动和传质行为产生重大的影响。表面活性剂吸附在界面上，会导致内环流的消失、曳力的增加，并降低传质效率。采用数值模拟的方法可以定量地计算出表面活性剂是如何影响流体流动及传质行为。

1. 表面活性剂对液滴运动的影响

表面活性剂吸附在界面上会改变液滴表面的力平衡，本小节将讨论表面活性剂浓度对液滴运动的影响。引入无量纲参数 K，表示吸附和脱附能力之比。当主体相中浓度大时，表面活性剂容易在界面上吸附，在流动作用下，表面活性剂在界面上由液滴前端输运到尾部，积累在尾部使表面活性剂浓度升高，因此在界面上形成表面张力梯度。这个表面张力往往是与液滴的运动方向相反。当 $K \ll 1$，界面上的整体吸附量较低，几乎与主体相处于平衡状态，此时的表面张力梯度小，对液滴的运动影响也非常小。图2-26给出了 $K=0 \sim 0.1$ 的流场变化[1]。对于纯净体系（$K=0$），液滴在内部有内环流，没有尾涡，表面都在运动；当 K 增加到 0.005 时，液滴尾部出现了尾涡，且尾涡与界面不接触；当 K 继续增加，尾部界面开始停滞，尾涡的尺寸越来越大，而且也越来越贴近界面；最终当 $K=0.1$ 时，尾涡几乎附在液滴尾部。同时，图2-26也显示了尾涡的尺寸取决于 K。根据 Leal 的报道[42]，尾涡的体积是由液滴顶端处的涡量及其向下游传递决定的。但是从图2-27（b）中界面涡度分布

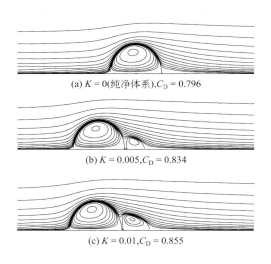

(a) $K = 0$(纯净体系),$C_D = 0.796$

(b) $K = 0.005,C_D = 0.834$

(c) $K = 0.01,C_D = 0.855$

▶ 图 2-26

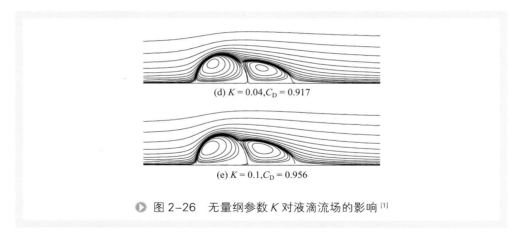

图 2-26 无量纲参数 K 对液滴流场的影响[1]

来看，随着界面流动性的减弱，涡量是增加的。当 K 增加，在液滴尾部会出现负的涡量，导致尾流中涡度的增加。因此随着 K 增加，尾涡体积的增加更像是涡度累计的自然结果。由于 K 增大时，尾部表面运动停滞的面积越来越大 [图 2-27（a）]，液滴运动的阻力系数 C_D 也逐渐增大。

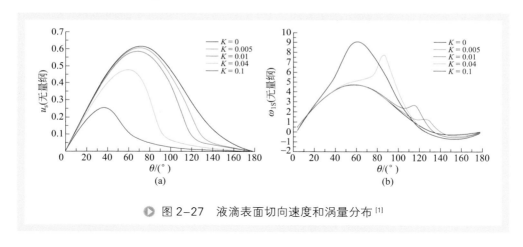

图 2-27 液滴表面切向速度和涡量分布[1]

一个有 SDS（十二烷基硫酸钠）污染的 MIBK（甲基异丁基酮）液滴的曳力变化情况，如图 2-28 所示[43]，对于相同尺寸的液滴，随着表面活性剂浓度的增加，曳力系数明显增加。液滴尺寸越小，表面积越小，受表面活性剂的影响就越明显。

2. 表面活性剂对传质的影响

研究表明，表面活性剂通常会阻碍溶质传递，形成一定的界面传质阻力。此时，界面两侧溶质浓度不处于热力学平衡，也就是式（2-6）不再适用，在界面上 $mc_1^s - c_2^s$ 会大于零，这个阻力可以通过近界面区域的溶质浓度来估算。另一方面，当液滴表面被吸附的表面活性剂所覆盖，那么传质的通道面积减小，可记为 $(1-\bar{\varGamma})$。

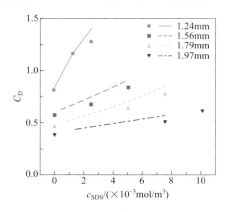

图 2-28　SDS 浓度对不同直径液滴的曳力影响情况 [43]

（点为实验值，线为模拟值）

那么总的传质通量则可写为

$$N = k_s(1-\bar{\Gamma})(mc_1^s - c_2^s) \quad (2\text{-}78)$$

在这个方程中，引入了界面传质系数 k_s，可通过最小二乘法从实验测定数据来估算。那么在表面活性剂存在时，界面通量守恒的界面条件可写为

$$\frac{D_1}{h_{\xi_1}}\frac{\partial c_1}{\partial \xi_1} = -\frac{D_2}{h_{\xi_2}}\frac{\partial c_2}{\partial \xi_2} = k_s(1-\bar{\Gamma})(mc_1^s - c_2^s) \quad (2\text{-}79)$$

以上述界面条件耦合式（2-42），可以计算表面活性剂引起的流体力学效应和能量壁垒对传质造成的影响。

同样以 MIBK-SDS 体系考察表面活性剂对传质过程的影响。从图 2-29 可以看

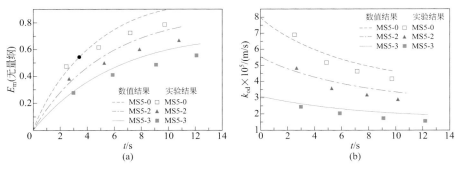

图 2-29　SDS 浓度对瞬时传质过程的影响（$d=1.56\text{mm}$）[43]

（MS5-0：$c_{SDS}=0\text{mol/m}^3$；MS5-2：$c_{SDS}=2.52\times10^{-3}\text{mol/m}^3$；
MS5-3：$c_{SDS}=5.04\times10^{-3}\text{mol/m}^3$）

出，实验结果和数值模拟都显示了萃取效率（E_m）和整体传质系数（k_{od}）都随着 SDS 主体相浓度的增加而降低。当 SDS 主体相浓度达到 $5.04 \times 10^{-3} \text{mol/m}^3$ 时，k_{od} 仅为纯净体系的 1/3。从液滴界面局部传质系数随位置变化可以进行更细致的分析，如图 2-30 和图 2-31 所示。局部 Sh 在液滴顶端（$\theta = 0°$）远远高于在液滴尾部处（$\theta = 180°$）的数值。当 MIBK 液滴被严重污染时，切向速度的分布（图 2-31）显示了在液滴尾部，界面几乎为静止，界面流动性远远低于纯净液滴。因此，Sh_{loc} 在静止界面上急剧下降，整体传质系数随之降低。

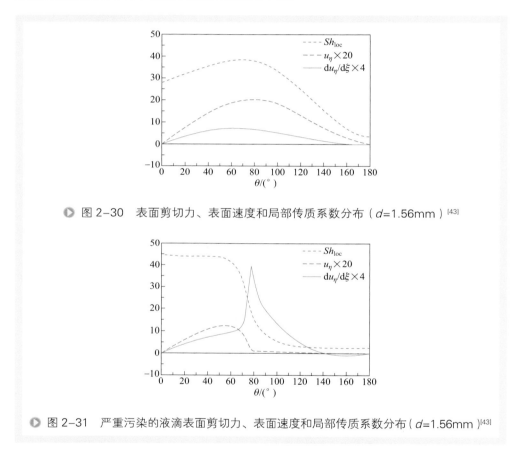

图 2-30　表面剪切力、表面速度和局部传质系数分布（$d=1.56\text{mm}$）[43]

图 2-31　严重污染的液滴表面剪切力、表面速度和局部传质系数分布（$d=1.56\text{mm}$）[43]

为了定量地讨论吸附表面活性剂对传质过程造成的界面阻力，对 MIBK-Tween 80（聚山梨酯 80）体系进行了数值模拟。在计算中同时考虑了流体力学效应和能垒效应。结果发现对于纯净的萃取体系，数值模拟的萃取效率比实验结果高 12%（图 2-32）。而对于 Tween 80 污染的体系，数值模拟的萃取效率比实验结果高 30%（图 2-33）。对比数值模拟结果，可以推断 Tween 80 分子吸附在界面上具有明显的传质阻力，这可以通过最小二乘法回归实验数据。可知，对比纯净体系，表面活性剂单分子层会和溶质分子相互作用，会极大地增加传质阻力。

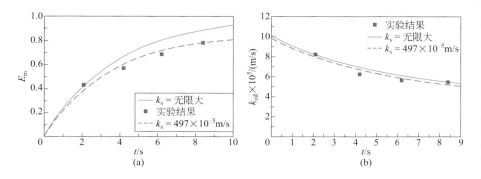

图 2-32 纯净液滴传质系数的实验值和数值模拟结果对比（d=1.79mm）[43]

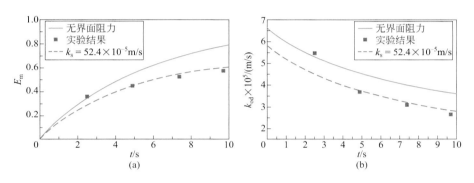

图 2-33 严重污染液滴传质系数的实验值和数值模拟结果对比 [43]

（d=1.56mm，$c_{\text{Tween 80}}$=0.005mol/m³）

通过数值模拟的研究，表面活性剂对传质过程的影响一般通过两种机制实现。第一种是流体力学效应，表面活性剂在液滴界面上吸附，表面的流动性减低，阻碍了对流对传质的促进作用，使得界面附近溶质浓度梯度降低，减小了传质推动力；另外，表面活性剂分子吸附在液滴界面上，影响了有效传质面积。第二种机制是吸附的表面活性剂分子与溶质之间相互作用，提高了溶质穿透界面的能垒，这种机理强烈依赖于体系的物理化学性质。因此，在利用 CFD 研究表面活性剂与溶质传递过程还需要考虑溶质-表面活性剂耦合的物理化学性质研究。

三、表面活性剂引发 Marangoni 效应

表面活性剂对传质过程的影响，除了流体力学效应和能垒效应之外，还有一个重要的方面，即表面活性剂也可能引发 Marangoni 效应，这使得这种体系的界面现象更加复杂 [44]。通过纹影仪观测 MIBK-醋酸/丙酮-水体系的传质过程，添加不

同的表面活性剂，比如 SDS、Triton X-100 和 Tween 80，可以发现表面活性剂可以通过抑制 Marangoni 效应或者激发更强烈的 Marangoni 效应，从而抑制或者促进传质过程[45]。

实验结果表明，对于离子型和非离子型表面活性剂都会在较低的浓度范围抑制由溶质引发的界面对流，从而使在正己醇-水体系中乙酸的萃取效率变低[如图2-34 和图 2-35（a）所示]。但是，当离子型表面活性剂 SDS 的浓度继续增加至低于临界胶束浓度下某适宜浓度范围时，SDS 会引发新的不稳定性流动，而非离子Triton X-100 在浓度小于 0.5g/L 的范围内均观测不到 Marangoni 效应。当 SDS 浓度比较高时，强烈的 Marangoni 效应伴随着液滴振荡，此时，萃取效率反而比纯净体系更高[如图 2-35（b）所示]。

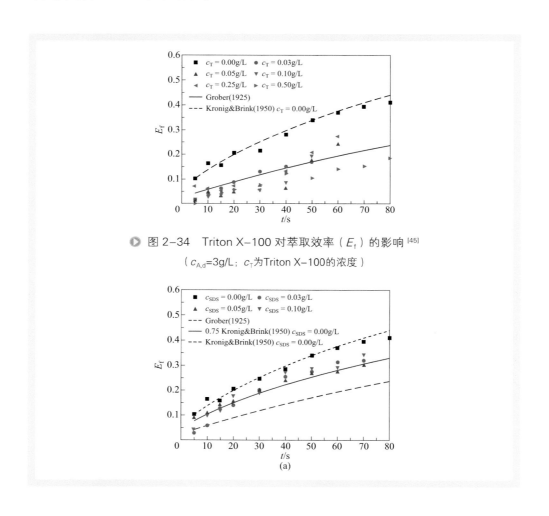

图 2-34　Triton X-100 对萃取效率（E_f）的影响[45]
（$c_{A,d}$=3g/L；c_T 为 Triton X-100 的浓度）

(a)

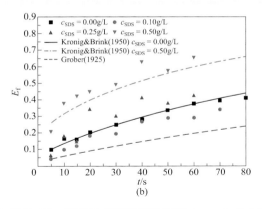

图 2-35　SDS 对萃取效率的影响（$c_{A,d}=3g/L$）[45]

第六节　颗粒群行为研究

在实际多相体系中，分散相往往是以大量的小颗粒组成，形成很高的比表面积，从而得到高的相间传递速率。为了提高反应器或分离设备的处理量，分散相的相含率通常比较高，因此在实际过程中，必须考虑分散相间的相互作用，亟须建立颗粒群体的曳力模型和传质效率模型来指导实际生产[46]。但是由于计算量大大增加，相对于单颗粒的直接数值模拟研究，这方面的直接数值模拟研究难度大、相对较少[47]。当然，如果可以找到单颗粒与颗粒群之间简单而准确的定量关系，就可以在单颗粒的研究基础上，提出适用于颗粒群的修正。

图 2-36 显示了三种不同的对颗粒群的数值计算研究。第一种是直接数值模拟，现在计算规模可以达到几千个颗粒[48]甚至数百万个不变形的颗粒。第二种是采用欧拉-拉格朗日算法，在欧拉网格上计算连续相，并且耦合拉格朗日方法追踪颗粒[49,50]，这种方法多见于气固反应器或液固反应器。第三种方法是欧拉-欧拉两流体方法，弱化界面的存在，更加简单且具有工业级反应器尺度的计算效率。这种方法适用于低相含率的反应器计算，当相含率升高时，颗粒间的相互作用、聚并及破碎等行为不可以忽略，需要耦合考虑特殊的模型，如 PBE（population balance equations，粒数衡算方程）模型[51]。为了提高计算效率和精确度，Zhang 等[52]发展了大涡模拟耦合两流体模型的计算方法，用于计算气液搅拌槽反应器。除了以上三种，还有一种单元胞模型法[53,54]，可用于计算颗粒间的相互作用，从而将结果从单颗粒扩展到颗粒群尺度。单元胞的思想是处理颗粒群中的一个典型颗粒，它包括

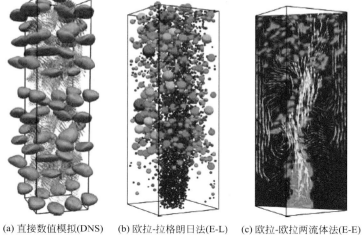

(a) 直接数值模拟(DNS)　　(b) 欧拉-拉格朗日法(E-L)　　(c) 欧拉-欧拉两流体法(E-E)

图 2-36　多尺度气液两相流 [55]

一个位于中心的颗粒和周围流体，单元胞内的相含率与其代表的两相体系相等，如图 2-37 所示。由于只需要处理一个典型颗粒，单元胞模型拥有简单而且计算量需求小的优点。但是它采用了一种平均化的处理方法，因此很难准确地描述颗粒间的相互作用也不能考察分散相的非均匀性。

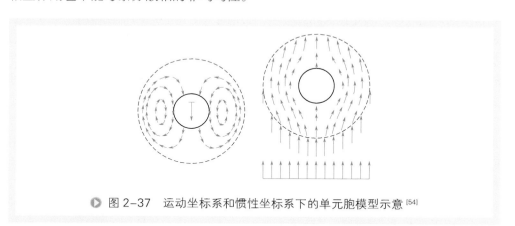

图 2-37　运动坐标系和惯性坐标系下的单元胞模型示意 [54]

当相含率增加，颗粒的聚并和破碎行为对整体流体力学行为有重要的影响，而且颗粒尺寸通常是不均匀的。在这种情况下，需要在 CFD 中耦合 PBM 模型（population balance model，粒数衡算模型）[51]，该模型用于预测化工多相流的分散相尺寸分布，可以考察颗粒行为对分散相尺寸分布的影响，并深入研究多相流体动力学的机理。最近，随着计算技术的发展，PBM 已经广泛应用在结晶、聚合反应以及颗粒制备等过程。图 2-38 展示了基于 PBM 方法计算不同表观气速下的气泡尺寸分布。可以看出在鼓泡塔中表观气速对气泡尺寸径向分布有重要的影响；尤其是在高表观气速下，中心区域大尺寸气泡数量增加，但是几乎不影响壁面区域。在表观气速较高的情况下，实验很难测准气泡尺寸分布，所以可通过低表观气速的数值结果与实验结果相比较、验证数值模型，然后采用数值模拟方法研究高表观气速下的气泡尺寸分布问题。

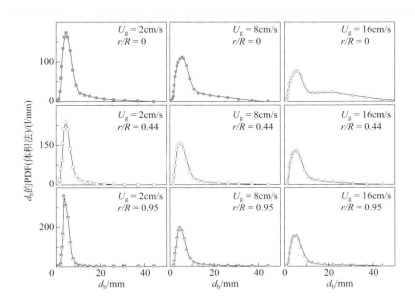

图 2-38　不同气速下气泡尺寸的径向分布 [56]

一、单颗粒上的受力分析

多相流研究中，颗粒间及连续相间的相互作用是至关重要的课题之一，包含曳力、升力、虚拟质量力、Basset 力、湍流耗散力、壁面润湿力、压力梯度力等（如图 1-2 所示）[57]。在欧拉 - 拉格朗日方法或者欧拉 - 欧拉方法中，相间作用力可以作为体积力源项加入 N-S 方程中。在上述作用力中有些有坚实的理论基础，可以通过数学模型进行描述；但是有一些没有理论基础，目前也没有统一的定义或者数学表达式，还需要更深入的研究。

1. 曳力

在连续相中稳态运动的颗粒会受到曳力：

$$F_D = -\frac{1}{2} C_D \rho_c \left(\frac{\pi d_p^2}{4} \right) | u_p - u_c | (u_p - u_c) \qquad (2\text{-}80)$$

事实上，上述方程也是曳力系数 C_D 的定义。尽管这个定义的对象是单个颗粒，但是也常应用于复杂流体中的颗粒群。其中，关于单个固体颗粒在稳态运动中的曳力研究是相对最充分的。

对于轴对称爬流中稳态运动的球形颗粒（颗粒雷诺数 $Re_p \ll 1$），可以从 Hadamard-Rybczynski 解析解中得到颗粒曳力系数的值：

$$C_D = \frac{8}{Re_p} \frac{2+3\lambda}{1+\lambda}, \quad \lambda = \frac{\mu_p}{\mu_c} \quad （2-81）$$

对固体颗粒，黏度比 $\lambda \to \infty$，上式简化为 $C_D = 24/Re_p$；对于气泡 $\lambda \to 0$，$C_D = 16/Re_p$；液滴的曳力系数则介于二者之间。

当 Re_p 大于 0.1 时，流动不能假定为爬流，目前也没有关于此方面的解析解，只能采用实验测量并得到相应的经验关联式。对于固体颗粒，简便且常用的是 Schiller-Naumann 关联式[58]：

$$C_D = \begin{cases} \dfrac{24}{Re_p}(1+0.15 Re_p^{0.687}) & (Re_p < 1000) \\ 0.44 & (Re_p \geqslant 1000) \end{cases} \quad （2-82）$$

有研究报道采用分段拟合的关联式，但在模拟固体颗粒多相流时，尤其是采用时均流场时，并未发现有明显改善。

在实际应用中，会涉及大量的异形颗粒，而文献表明曳力系数与颗粒的取向明显相关[59]。比如，大长径比的细长颗粒的曳力系数和倾角余弦的积（$C_D \cos\alpha$）与雷诺数 Re 可以进行很好的关联[59]。

气泡的曳力系数则是 Re_p 与气泡形状的函数，而且后者也是严重受 Re_p 影响的。Tomiyama[60] 提出的一个适用所有流动区域的统一的关联式，对轻微污染体系有：

$$C_D = \max\left\{\min\left[\frac{24}{Re_p}(1+0.15 Re_p^{0.687}), \frac{72}{Re_p}\right], \frac{8}{3}\frac{Eo}{Eo+4}\right\} \quad （2-83）$$

对于污染体系，则有：

$$C_D = \max\left\{\frac{24}{Re_p}(1+0.15 Re_p^{0.687}), \frac{8}{3}\frac{Eo}{Eo+4}\right\} \quad （2-84）$$

适用范围是 $10^{-3} < Re_p < 10^6$，$10^{-2} < Eo < 10^3$，$10^{-14} < Mo < 10^7$。

同样地，液滴变形也是影响曳力系数的重要因素。当界面张力较大时，液滴在 $Re_p < 600$ 时基本保持球形或椭球形；当 $600 < Re_p < 900$，液滴速度达到最大值，此时 C_D 最小；当 Re_p 继续增加，会发生严重变形且液滴发生振荡，此时随着 Re_p 的增加，C_D 急剧增加；当 $Re_p > 1000 \sim 3000$ 时，液滴会因为流体力学不稳定性而破裂。Hu & Kintner[61] 基于大量实验数据上提出关联式：

$$C_{\mathrm{D}}WeE^{0.15} = \begin{cases} \dfrac{4}{3}\left(\dfrac{Re_{\mathrm{p}}}{E^{0.15}} + 0.75\right)^{1.275}, & 2 < C_{\mathrm{D}}WeE^{0.15} < 70 \\ 0.045\left(\dfrac{Re_{\mathrm{p}}}{E^{0.15}} + 0.75\right)^{2.37}, & C_{\mathrm{D}}WeE^{0.15} \geqslant 70 \end{cases} \quad (2\text{-}85)$$

式中，$E = \rho_c^2 \sigma^3 / (\mu_c^4 g \Delta \rho)$，$We = u^2 d_p \rho_c / \sigma$。

在均匀多相流的数值模拟中发现，相比静止流体中的曳力，湍流会改变颗粒的尾迹，而且湍流还使颗粒不断地加速和减速，改变了边界层的状态，所以湍流特性对颗粒的曳力系数有明显的影响。Brucato 等[62]提出了用湍流耗散涡团的 Kolmogorov 尺度和层流状态的 C_{D0} 来关联固体颗粒沉降的曳力系数 C_{D}：

$$\frac{C_{\mathrm{D}}}{C_{\mathrm{D0}}} = 1 - 8.76 \times 10^{-4}\left(\frac{d}{\lambda}\right)^3 \quad (2\text{-}86)$$

Lane 等[63]改进了此式中的系数为 6.5×10^{-6}，研究了搅拌槽中的气液流动。Zhang 等[52]也采用了此式成功对气液搅拌槽进行了欧拉-欧拉大涡模拟。Lane 等[64]考虑了湍流积分时间尺度和颗粒松弛时间，提出了一个更精细的关联式。总之，湍流对颗粒行为的影响是数值模拟中必不可少的组成部分，也是值得继续深入研究的。

2. 非稳态作用力

虚拟质量力和 Basset 力均是在颗粒加速运动时出现的作用力，都具有明确的物理意义。虚拟质量力是指当颗粒稳态运动时，它同时使周围流体也做加速或减速运动，好像是颗粒的质量增大了。因此，采用下式表达虚拟质量力：

$$\boldsymbol{F}_{\mathrm{A}} = -C_{\mathrm{A}} V_{\mathrm{p}} \rho_c \frac{\mathrm{D}\boldsymbol{u}_{\mathrm{slip}}}{\mathrm{D}t} \quad (2\text{-}87)$$

式中　$\boldsymbol{u}_{\mathrm{slip}}$——颗粒对连续相的滑移速度，m/s；

　　　V_{p}——颗粒体积，m³；

　　　C_{A}——虚拟质量力系数，无量纲。

对理想（无黏）流体中的颗粒，一般取 $C_{\mathrm{A}} = 0.5$。对于气液两相流，气体密度远远小于液相，因此虚拟质量力往往不能忽略。

Basset 力又称为历史力，也是在颗粒加速（或减速）运动时额外需要的推动力。Basset 在研究简谐振荡的均匀爬流中固体颗粒的运动时，发现颗粒也受到一个涉及颗粒过去加速度历史的用积分表示的非稳态力[65]：

$$\boldsymbol{F}_{\mathrm{H}} = -\frac{3d_{\mathrm{p}}^2 \mu_c}{2}\sqrt{\frac{\pi}{\nu}}\int_0^t \frac{\mathrm{d}\boldsymbol{u}_{\mathrm{p}}/\mathrm{d}\tau}{\sqrt{t-\tau}}\mathrm{d}\tau \quad (2\text{-}88)$$

式中　　v——运动黏度，m²/s；
　　　　τ——瞬时时刻，s；
　　　　t——当前时刻，s。

非稳态力的产生是因为颗粒表面产生的涡度向周围流体扩散的滞后，但颗粒加速度值大时，它与稳态曳力相比就不可忽略了。Basset 力的计算公式比较复杂，而且对它的认识还不足以用于工程应用，因此探索简化的 Basset 力是非常有意义的。

张丽[66]通过测量单个气泡在高黏牛顿流体中加速到稳态的上升运动过程，并通过引入加速度数 Ac，获得了非稳态曳力系数（考虑了附加质量力和 Basset 力）与 Re 之间的无量纲关联式。

3. 升力

升力是指流体绕流时，流场不对称产生了垂直于前进方向的横向作用力。文献中根据升力产生的机理将其分为两种：由于流场的剪切而产生的称为 Saffman 力，由于颗粒自身的旋转而产生的升力称为 Magnus 力。Drew 等[67]给出了理想流动中 Saffman 升力的一般表达式：

$$F_l = C_l \rho_c (\boldsymbol{u}_p - \boldsymbol{u}_c) \times (\nabla \times \boldsymbol{u}_c) \tag{2-89}$$

影响升力系数的因素有很多，目前还没有一个适用范围较广的数学表达式。所以，相比较曳力，升力往往是被忽略的，或者只是作为调节气含率在径向的分布并使之与实验结果更吻合。

还有一些作用力缺乏公认、坚实的物理基础，有时只是作为数值模拟中的调节参数出现。比如气液两相流动模拟中的湍流耗散力，用于描述由于湍流作用而导致的气泡分散；壁面润滑力则被认为是由于流体在颗粒与壁面间流动而阻碍颗粒接近固体壁面的阻力，尽管对壁面润滑力有不同的表达形式和验证，但是目前仍然没有统一的关系式。这两种力有时作为升力的补偿，用于计算气含率的分布。很显然，还需进一步研究这些作用力的物理机制，并在此基础上建立模型，以确定经验常数较少且适用范围更广的本构方程。

另外，当将单颗粒的曳力系数应用到颗粒群的数值模拟中时，常常在曳力系数的表达式前乘以特定的系数，以表达相含率或空隙率的影响。在液滴群和气泡群的应用中还需要考虑聚并和破碎的作用。具体内容可参考相关文献[46]。

二、单元胞模型

单元胞模型的准确程度直接取决于外边界条件的合理程度。在文献中已报道的有：①均匀流动；②自由剪切条件（H 模型）；③零涡度条件（K 模型）；④改进单元胞模型四种。单元胞模型最早用于计算固体颗粒聚集，包括流体力学特性和传质特性。LeClair & Hamielec[68]将其扩展到球形气泡的相关计算（$Re<1000$，相

含率 $\varepsilon = 0.4 \sim 1$），发现在低雷诺数下和实验结果吻合较好。Sankaranarayanan & Sundaresan[69]采用格子玻尔兹曼方法耦合 VOF 方法，研究了 3D 立方空间中单气泡在水相中的运动和升力，这实际上就是一种立方形的单元胞计算。Mao & Wang 将单元胞模型用于研究液滴群的传质过程[70]，图 2-39 表明，当 $Re < 100$ 时，曳力系数预测值和 Kumar-Hartland 关联预测值非常吻合[71]。

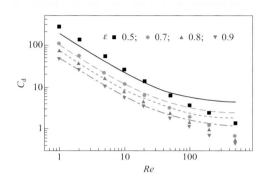

图 2-39 单元胞 H 模型计算所得曳力系数和经验关联式的对比[71]

体系的物性参数往往对颗粒群的传质过程有重要的影响。因此，建议采用以下修正传质因子 j'_D 代替 j_D 的定义，将 Pe（对流传质和扩散传质之比）的影响包含到定义式中。修正后的传质因子可以基本保持为常数：

$$j'_D = j_D \bigg/ \left(1 + \frac{1}{\varepsilon Pe^{2/3}}\right),\ j_D = \frac{Sh}{ReSc^{1/3}} \quad (2\text{-}90)$$

式中，$Sc = \nu/D$ 是黏度系数和扩散系数之比。在图 2-40 的数值结果中可以看出，Pe 和 Re 都影响传质因子，尤其在较小 Pe 范围内，此时传质因子的定义将不能表

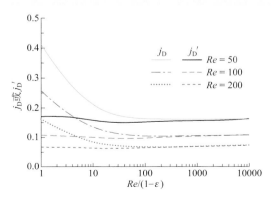

图 2-40 H 模型计算不同 Re 下的传质因子和 Peclet 数的关系（$\varepsilon = 0.7$）[70]

达出 Pe 数的整体影响。Pe 较小时，传质过程的扩散系数较大，因此浓度梯度或者说传质推动力就比较小。浓度边界层发生扩散，甚至延伸到外单元边界，而外单元边界的浓度是指定的常数。由于传质距离到颗粒中心是有限的，因此 j_D 自然会增加。小 Re 也容易使浓度边界层向各个方向扩散，尤其是往上游方向，这也将导致 j_D 的增加。

空隙率的影响一般也不包含在经典的经验关联式中。但是 j_D' 的定义中同时表达了 Pe 和 ε 的影响，使得计算结果更容易拟合（图 2-41）。可以看出，通过数值模拟可以在已有的经验关联式的基础上，修正得到一个更加准确可靠的关联式。

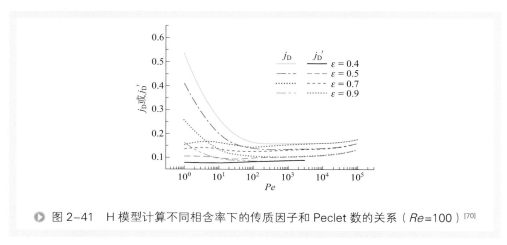

图 2-41　H 模型计算不同相含率下的传质因子和 Peclet 数的关系（Re=100）[70]

在图 2-42（a）中，在 Pe=1～3000 范围内，H 模型模拟结果和两个经验关联式预测值进行了对比，吻合度很好。从图中可以看出 Sen Gupta & Thodos[72] 对于空隙率影响拟合更好一些。由于他们的数据是在小 Sc 下的水蒸气-空气体系测得的，

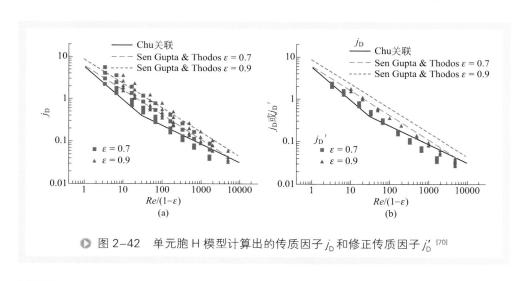

图 2-42　单元胞 H 模型计算出的传质因子 j_D 和修正传质因子 j_D' [70]

所得关联式在低 Pe 范围内对 j_D 的预测比较准确。当采用修正传质因子 j_D' 进行作图时，数据点变得更加集中，吻合度更好［图 2-42（b）］。

Mao & Chen[73] 认为 H 模型比 K 模型更接近实际，建议使用 H 模型基础上修正的 M2 模型。在 M2 模型中，保留了自由表面边界条件，但增加了两处修正：①中心颗粒的绕流量须适当调低；②在外边界上使涡量首尾对称。采用 M2 模型可以对固体颗粒群的曳力系数有准确的预测。Mao & Chen[74] 尝试通过准湍流模型作为修正因子加到颗粒外相，以模拟较高的表观速度，将单元胞模型应用范围从中等 Re 提高到 500。但是如何采用单元胞模型模拟湍流中的颗粒群行为仍然值得继续研究。

第七节　拉伸流和剪切流中的单颗粒行为

前面讨论的对象均为无限大连续相中受浮力驱动的颗粒运动和传递过程。然而在实际生产中，存在大量的拉伸和剪切流动。另外，当两相密度差很小，或者面对悬浊液、胶体以及乳液等对象，此时浮力比较小，也需要考虑起主导作用的拉伸和剪切的影响 [75-77]。

一、拉伸流场中颗粒的传热传质

对于一个中性悬浮的颗粒，浸没在另一无限不互溶牛顿流体中。将坐标原点设置在颗粒的中心，在远离颗粒的区域是未扰动的简单拉伸流场，即 $u^\infty = (-ex/2, -ey/2, ez)$，其中 e 表示拉伸强度，$e > 0$ 对应着单轴拉伸流动，$e < 0$ 对应着双轴拉伸流动。在靠近颗粒的区域，颗粒的存在改变了原来线性变化的拉伸流场。针对无限大流场中的绕球流动问题，文献中已有适用于低 Re 数下的 Stokes 流动的解析解；在此基础上，可以利用有限差分方法对传热传质问题进行研究。

1. 球形颗粒的稳态传递

近年研究表明 [78]，Pe 数是颗粒外部的稳态传递速率的关键影响因素。Sh 随着 Pe 数增长而增长，但是对 Pe 的依赖程度和颗粒的物性相关。在高 Pe 时，对于固体球颗粒，Sh 正比于 $Pe^{1/3}$；而对于球形液滴，Sh 正比于 $Pe^{1/2}$。对于球形颗粒，两相黏度比 λ 会影响流场速度，因此也会对传热传质有影响。在数值实验的基础上，给出以下预测传递 Sh 数的关联式：

$$Sh_{ex} = \frac{1}{\lambda+1}(0.207 Pe_1^{1/2} - 0.201) + 0.467 Pe_1^{1/2} + 1.053 \ (1 \leqslant Pe_1 \leqslant 10) \quad (2\text{-}91)$$

$$Sh_{ex} = \frac{1}{\lambda+1}[0.6 + (0.16 + 0.48Pe_1)^{1/2}] + \frac{\lambda}{\lambda+1}[0.5 + (0.125 + 0.745Pe_1)^{1/3}] \quad (Pe_1 > 1000)$$
$$+ f_1 + f_2 \exp(-Pe^{1/6}/f_3)$$

（2-92）

式中，f_1、f_2 和 f_3 是和黏度比 λ 有关的参数，具体计算式是：

$$f_1 = -19.844 + 17.846\frac{1}{\lambda+1} + 19.491\exp\left(\frac{-2.174}{\lambda+1}\right) \quad （2-93）$$

$$f_2 = -1.781 + 2.746\exp\left[-\left(\frac{1.336}{\lambda+1} - 0.664\right)^2\right] \quad （2-94）$$

$$f_3 = -1.478 - 0.371\exp(-0.274\lambda) - 0.251\exp(-0.072\lambda) \quad （2-95）$$

2. 球形颗粒的非稳态传递

球形液滴内部的非稳态传递过程中，Sh 数与修正 Pe 数，即 $Pe' = Pe/(1+\lambda)$，成正相关关系。并且当 Pe' 无限大时，Sh 数会趋近于一个极限值 $Sh_\infty \to 15$。如图 2-43 所示，随时间发展的传递过程可以分为：扩散控制、过渡态和假稳态传递三个阶段。

根据数值计算结果，Zhang 等[78] 提出了一个相对误差小于 3% 的经验关联式：

$$Sh_{in,\infty} = 14.09 - \frac{10.87}{1 + \left[\dfrac{Pe/(\lambda+1)}{45.81}\right]^{1.83}} \quad （2-96）$$

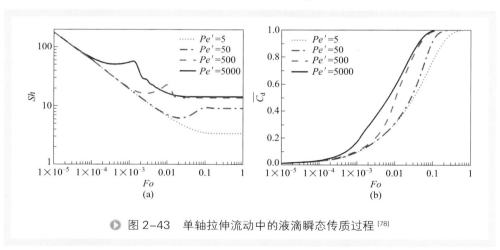

图 2-43　单轴拉伸流动中的液滴瞬态传质过程[78]

计算表明，液滴的瞬态耦合传质过程中，由于外面连续相速度并非直接与 $1/(\lambda+1)$ 成正比，仍然分别考虑 Pe_1 数和黏度比 λ 是可取的办法。此时还需要考虑滴内外的扩散系数比 K 和分配系数 m。这两个分别代表了两相中传质阻力的相对大小。一般来说，经历足够长的时间后，Sh_i 会趋近于某一渐近值 $Sh_{i,\infty}$，即传质过程达到了某个准稳态阶段。$Sh_{i,\infty}$ 通常被用来粗略地表征一个非稳态传质过程的传递效率。如前所述，$Sh_{i,\infty}$ 的值受到 Pe_i、λ、K 和 m 的影响，难以准确地预测。可以采用以下简单的叠加原理进行估算：

$$\frac{1}{Sh_{i,\infty}} = \frac{D_i}{D_1}\left(\frac{m}{Sh_{\mathrm{ex}}} + \frac{1}{KSh_{\mathrm{in},\infty}}\right) \quad (2\text{-}97)$$

3. 可变形液滴的传热传质问题

与固体颗粒不同，液滴在另一流体拉伸作用下往往发生变形。采用 Ca 数（毛细管数），可以表征液滴的变形程度。Liu 等[79,80]针对可变形液滴在拉伸流下的传质问题进行了系统的研究。在 $0 < Ca < 0.5$，$1 \leqslant Pe \leqslant 10000$ 和 $0.01 \leqslant \lambda \leqslant 100$ 的范围内，针对球形液滴的内部传质问题得到以下的经验关联式[81]。

单轴拉伸：

$$Sh_{2,\infty} = 3.223(1+Ca^2) + \frac{11.06(1-0.5Ca)}{1+\left[\dfrac{Pe'}{48.41/(1+4Ca)}\right]^{-1.671/(1+Ca)}} \quad (2\text{-}98)$$

双轴拉伸：

$$Sh_{2,\infty} = 3.27(1+Ca^2) + \frac{10.96(1+Ca)}{1+\left[\dfrac{Pe'}{47.47/(1+Ca)}\right]^{-1.830/(1+Ca)}} \quad (2\text{-}99)$$

二、剪切流场中球形颗粒的传质

1. 流场

在剪切流场下，固体球会发生旋转。数值模拟和理论解析解在小 Re 数下对旋转速度的预测是比较一致的。图 2-44 显示了不同 Re 数下固体球周围流场在流动平面上的流线图。当 $Re = 0$ 时，由于球形颗粒的自由旋转，颗粒周围流场呈现出闭合的曲线。当 $Re = 1$ 时，由于惯性力的作用，颗粒附近的流线绕颗粒盘旋而非闭合曲线，在远离颗粒的流动方向上会形成对称的涡流结构。

2. 传递过程

Yang 等[82]通过边界层分析理论结合数值模拟，针对足够大 Pe 和 $Re = O(1)$ 下颗粒传递进行了计算。在 $Re \ll 1$ 时，数值模拟结果在 $Re \ll 1$ 且 $PeRe \gg 1$ 时，与 Subramannian & Koch[83]所推导的关联式吻合。

$$Nu = (0.325 - 0.126Re^{1/2})(RePe)^{1/3} + O(1)$$

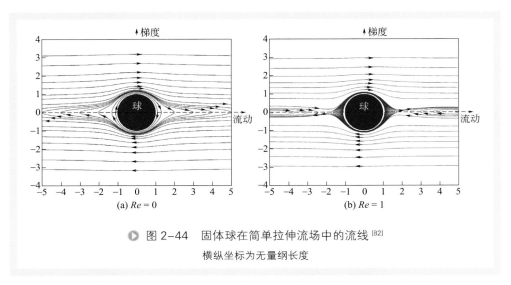

图 2-44　固体球在简单拉伸流场中的流线[82]
横纵坐标为无量纲长度

如图 2-45 所示，在 $Re = 0$ 时，预测的 Nu 随着 Pe 增加而增加，最终达到渐近值约为 4.5，这和 Acrivos & Goddard[84] 的渐近分析是一致的。在有限的 Re 下，Nu 数随着 Pe 的增加一直增加，而没有一个渐近值，这是由于惯性作用所导致的非闭合流线的流场结构有利于传质速率的提高。

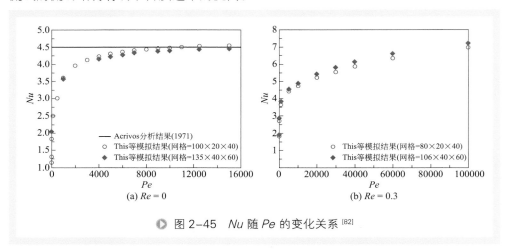

图 2-45　Nu 随 Pe 的变化关系[82]

图 2-46 显示了中性悬浮颗粒在不同 Schmidt 数和 Re 数的剪切流场下的浓度分布。可以看出，随着 Re 数的增大，固体球周围的浓度等值线将产生越来越强烈的扭曲，甚至会在流动方向上产生一系列等浓度涡结构；随着 Pe 数的增大，靠近固体球表面的浓度边界层逐渐变薄，其内的浓度梯度越来越大。

Li 等研究了低雷诺数到中等雷诺数下简单剪切流场下的颗粒传质行为[85,86]。在 Stokes 流动中，连续相阻力控制时，由于颗粒表面存在封闭的流面，导致 Sh 随着

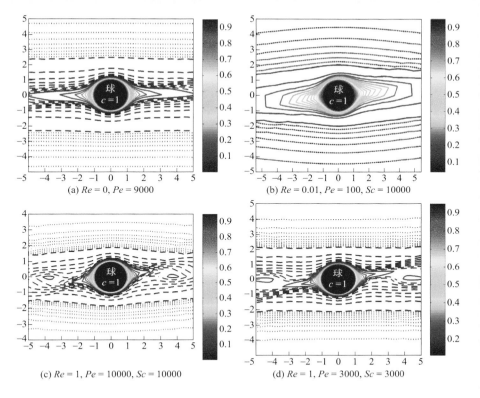

图 2-46　中性悬浮颗粒在简单剪切流中的浓度分布 [82]

横纵坐标为无量纲长度

Pe 的增大趋向一个渐近值。而在中等雷诺数下，Sh 随着 Re 的增加而增大，并且随着 Pe 数的增加而不断增加。

第八节　小结和展望

一、小结

经典的流体力学和传递理论已经为涉及颗粒相的多相流和传递问题提供了有力的指导。但是对于非线性非常强的偏微分方程组，在很多实际情况下都无法得到解析解；或者由于实验条件达不到，而无法测得准确且广泛适用的数据。因此计算机辅助模拟在现今强大的计算能力的支持下，已经广泛地被作为研究两相流及传递的有力工具。本章中重点介绍的正交贴体坐标法、水平集方法、镜像流体法和单元胞模型等，仅仅是众多数值计算方法中的几个典型。我们借这几种方法说明针对特定的问题选择合适方法的重要性，以及在运用过程中可能遇到的问题。

水平集方法常用于捕捉可移动可变形界面，计算曲率等界面几何参数的准确度高。但是由于水平集方法无法保证质量守恒，因此需要采取一些重新初始化技术对水平集函数进行校正或者采用体积校正的方法，以满足质量守恒的要求。当用于计算相间传质等问题时，采用浓度变换法可以使两相传质计算模型转换为统一的传质方程。在计算 Marangoni 效应时，水平集方法由于可以准确地计算曲率等影响界面作用力和形状精度的必要参数，适用性较好。

正交贴体坐标系适用于求解二维或者三维轴对称的小变形两相流，对界面的描述准确且不存在界面假寄流，适合于必须要求清晰界面存在以及严格计算界面区域变量的问题。结合没有显式压力的流函数 - 涡量方程，数值计算可以得到很高的效率和准确度。但是这样的耦合方法难以拓展到三维空间，因此现在使用较少。可以考虑在正交贴体坐标系上采用原始变量法求解三维 N-S 方程。

镜像流体法在涉及异形固体颗粒的问题上非常有优势，在这种方法中，无滑移边界条件是隐式满足的。该方法已经应用于层流牛顿流体中的球形颗粒、非牛顿流体中的复杂边界以及液固搅拌槽中。可以预见，这种方法在涉及非规则内构件和桨叶等反应器的模拟计算中有重要的应用价值。

二、展望

颗粒以及颗粒群在静止、均匀流动、剪切或拉伸等流场中的流体力学特性和传质特性研究，属于高度非线性耦合的问题，且存在各种各样的约束条件，使得此类研究涉及多个领域，对象十分庞杂。本章节只是讨论了问题的冰山一角，还有更多研究内容值得读者去探索和思考。在数值模拟方面，准确度和计算效率是衡量算法优劣的重要指标。通过与实验和理论结果的对比，可以验证算法的准确性。随着研究内容的深入，仍然需要继续改进算法或者提出新的算法以满足计算需求。

无论采用哪种数值方法来计算两相流，都需要准确的相间作用力本构方程。本构方程需要较大的适用范围，能包括湍流、颗粒的加速运动、颗粒破碎和聚并等。因此，有必要在颗粒尺度进行系统的实验、理论和仿真等各方面的研究。

目前构造相间作用力的方法是将不同物理机制对应的力线性相加。因此，在研究论文中经常看到的公式如下：

$$F = F_{gravity} + F_{drag} + F_{virtual\ mass} + F_{Basset} + F_{Magnus} + F_{Saffman} + F_{lubrication} + \cdots \quad (2\text{-}100)$$

但是，这种线性分解假设会导致不确定的偏差。比如，在实际流动中，Magnus 力和 Saffman 力是同时存在而无法区分的，从理论上讲，无法做到对其单独测量和计算，因此也无法进行线性叠加。因此，确实有必要针对每一种力和/或合力进行数值研究。在这方面，单颗粒的数值模拟结果已经在许多实验中得到验证，对这两种力的数值计算被认为是可靠的。因此，通过对数值模拟结果的深入分析，有望得到一个可靠的升力关联式。

可以用同样的思路研究不同环境下颗粒流的本构方程。其中，均匀分散的颗粒流的研究相对容易。单元胞模型和直接数值模拟都有助于构建更完善的本构方程。目前来看，相含率分布的不均匀性对本构方程的影响是非常值得深入研究的课题之一。

非牛顿流体是在化工中广泛用作反应物、添加剂或者反应分离环境的介质，其与颗粒耦合的流体运动和传递现象是科学设计、放大和运行相关工业设备的重要基础理论。虽然目前的牛顿流体的数值计算方法，加上非牛顿流体的本构方程后可以直接应用，但是由于非牛顿流体的复杂流变性质（比如黏弹性等），会使计算变得非常复杂，计算量剧增甚至难以收敛。因此需要研究合理的简化模型，既可以描述非牛顿流体的基本特征，又可以适当降低计算量。

需要关注界面的真实性质，而非理想化的界面。相比固体颗粒，液滴或气泡由于涉及自由界面而更加复杂。传统的研究中，自由界面往往假定为理想的，没有质量和厚度，仅仅用表面张力等有限的物理量描述界面的性质。然而，这样的简化假定无法准确解释自由界面的振荡、吸附等界面现象，需要进一步从化学工程师的角度考虑表面黏度或弹性等多种性质来深入研究界面传递现象。

颗粒行为和过程强化是近年来的研究热点。尤其是随着颗粒尺寸的减小，尺度效应对传热传质过程的影响是非常显著的。比如，微通道中气液或液液两相流中，虽然常在层流状态下操作，但是分散相和连续相均显现出更强的内部循环，促进了传递过程；将难溶的药物成分制备成纳米颗粒，可以提高其溶解度和生物利用率；金属纳米颗粒与流体混合制备成纳米流体，显著提高了流体的传热性能；等等。

单颗粒和颗粒群的行为研究，有助于提高对多相流的基本认识，有利于进一步改善宏观多相设备模拟不够精确的现状。在此基础上实现多相反应器等工业设备的准确而且快速的数值模拟，最终实现从实验室到工厂的"一步放大"，以降低研究和试错成本，加速新工艺的产业化。

参考文献

[1] Li X J, Mao Z-S. The effect of surfactant on the motion of a buoyancy-driven drop at intermediate Reynolds numbers: A numerical approach[J]. Journal of Colloid and Interface Science, 2001, 240(1): 307-322.

[2] Thames F C, Thompson J F, Mastin C W, et al. Numerical solutions for viscous and potential flow about arbitrary two-dimensional bodies using body-fitted coordinate systems[J]. Journal of

Computation Physics, 1977, 24(3): 245-273.

[3] Shyy W, Tong S S, Correa S M. Numerical recirculating flow calculation using a body-fitted coordinate system[J]. Numerical Heat Transfer, 1985, 8(1): 99-113.

[4] Kim J, Kim D, Choi H. An immersed-boundary finite-volume method for simulations of flow in complex geometries[J]. Journal of Computation Physics, 2001, 171(1): 132-150.

[5] Peskin C S. The immersed boundary method[J]. Acta Numerica, 2002, 11: 479-517.

[6] Yang C, Mao Z-S. Mirror fluid method for numerical simulation of sedimentation of a solid particle in a Newtonian fluid[J]. Physical Review E, 2005, 71: 036704.

[7] Ryskin G, Leal L G. Orthogonal mapping[J]. Journal of Computation Physics, 1983, 50(1): 71-100.

[8] Dandy D S, Leal L G. Buoyancy-driven motion of a deformable drop through a quiescent liquid at intermediate Reynolds number[J]. Journal of Fluid Mechanics, 1989, 208: 161-192.

[9] 李天文, 孙长贵, 毛在砂, 陈家镛. 畸变函数对变形单液滴运动数值模拟精度的影响[J]. 化工冶金, 1999, 20(1): 29-37.

[10] Mao Z-S, Chen J Y. Numerical solution of viscous flow past a solid sphere with the control volume formulation[J]. Chinese Journal of Chemical Engineering, 1997, 5(2): 105-116.

[11] Mao Z-S, Li T W, Chen J Y. Numerical simulation of steady and transient mass transfer to a single drop dominated by external resistance[J]. International Journal of Heat and Mass Transfer, 2001, 44(6): 1235-1247.

[12] Ryskin G, Leal L G. Numerical solution of free boundary problems in fluid mechanics: Part 1. The finite-difference technique[J]. Journal of Fluid Mechanics, 1984, 148: 1-17.

[13] Yang C, Mao Z-S. An improved level set approach to the simulation of drop and bubble motion[J]. Chinese Journal of Chemical Engineering, 2002, 10(3): 263-272.

[14] Yang C, Mao Z-S. Numerical simulation of interphase mass transfer with the level set approach[J]. Chemical Engineering Science, 2005, 60(10): 2643-2660.

[15] Li X Y, Wang Y F, Yu G Z, et al. A volume-amending method to improve mass conservation of level approach for incompressible two-phase flows[J]. Science in China Series B-Chemistry, 2008, 51(11): 1132-1140.

[16] Chang Y C, Hou T Y, Merriman B, et al. A level set formulation of Eulerian interface capturing methods for incompressible fluid flows[J]. Journal of Computational Physics, 1996, 124: 449-464.

[17] Wang T, Cheng J C, Li X Y, et al. Numerical simulation of a pitched-blade turbine stirred tank with mirror fluid method[J]. The Canadian Journal of Chemical Engineering, 2012, 91(5): 1-13.

[18] Glowinski R, Pan T W, Hesla T I, et al. A fictitious domain approach to the direct numerical simulation of incompressible viscous flow past moving rigid bodies: application to particulate flow[J]. Journal of Computational Physics, 2001, 169(2): 363-426.

[19] Glowinski R, Pan T W, Hesla T I, et al. Experimental investigation of transverse flow through aligned cylinders[J]. International Journal of Multiphase Flow, 1999, 25(5): 755-794.

[20] Bhage D, Webber M E. Bubbles in viscous liquids: Shapes, wakes and velocities[J]. Journal of Fluid Mechanics, 1981, 105(1): 61-85.

[21] Ryskin G, Leal L G. Numerical solution of free boundary problems in fluid mechanics: Part 2. Buoyancy-driven motion of a gas bubble, through a quiescent liquid[J]. Journal of Fluid Mechanics, 1984, 148(1): 19-35.

[22] Tomiyama A, Zun I, Sou A. Numerical analysis of bubble motion with the VOF method[J]. Nuclear Engineering and Design, 1993, 141(1-2): 69-82.

[23] Lin T J, Reese J, Hong T, et al. Quantitative analysis and computation of two-dimensional bubble columns[J]. AIChE Journal, 1996, 42(2): 301-318.

[24] Oka H, Ishii K. Numerical analysis on the motion of gas bubbles using level set method[J]. Journal of the Physical Society of Japan, 1999, 68(3): 823-832.

[25] Sankaranarayanan K, Shan X, Kevrekidis I G, et al. Bubble flow simulation with the lattice Boltzmann method[J]. Chemical Engineering Science, 1999, 54(21): 4817-4823.

[26] Ryskin G, Leal L G. Numerical solution of free boundary problems in fluid mechanics: Part 3. Bubble deformation in an axisymmetric straining flow[J]. Journal of Fluid Mechanics, 1984, 148(1): 37-43.

[27] Unverdi S O. Tryggvason G. A front-tracking method for viscous, incompressible, multi-fluid flows[J]. Journal of Computational Physics, 1992, 100(1): 25-37.

[28] Chen Y, Mertz R, Kulenovic R. Numerical simulation of bubble formation on orifice plates with a moving contact line[J]. Internation Journal of Multiphase Flow, 2009, 35(1): 66-77.

[29] Yang C, Lu P, Mao Z-S, et al. Numerical simulation of two-phase flow during drop formation stages[C]. Beijing: International Solvent Extraction Conference (ISEC'2005), 2005.

[30] Manga M, Stone H A. Buoyancy-driven interactions between two deformable viscous drops[J]. Journal of Fluid Mechanics, 1993, 256(3): 647-683.

[31] Chhabra R P. Bubbles, drops, and particles in non-Newtonian fluids[M]. Boca Raton, FL: CRC Press, 1993.

[32] Kulkarni A A, Joshi J B. Bubble formation and bubble rise velocity in gas-liquid system: A review[J]. Industry & Engingeering Chemistry Research, 2005, 44(16): 5873-5931.

[33] Ohta M, Iwasaki E, Obata E, et al. Dynamic processes in a deformed drop rising through shear-thinning fluids[J]. Journal of Non-Newtonian Fluid Mechanics, 2005, 132(1-3): 100-107.

[34] Zhang L, Yang C, Mao Z-S. Numerical simulation of a bubble rising in shear-thinning fluids[J]. Journal of Non-Newtonian Fluid Mechanics, 2010, 165(11-12): 555-567.

[35] Petera J, Weatherley L R. Modeling of mass transfer from falling drops[J]. Chemical Engineering Science, 2001, 56(19): 4929-4947.

[36] Wang J F, Lu P, Wang Z H, et al. Numerical simulation of unsteady mass transfer by the level set method[J]. Chemical Engineering Science, 2008, 63: 3141-3151.

[37] Mao Z-S, Chen J Y. Numerical simulation of the Marangoni effect on mass transfer to single slowly moving drops in the liquid-liquid system[J]. Chemical Engineering Science, 2004, 59(8-9): 1815-1828.

[38] Wang J F, Yang C, Mao Z-S. A simple weighted integration method for calculating surface tension force to suppress parasitic flow in the level set approach[J]. Chinese Journal of Chemical Engineering, 2006, 14(6): 740-746.

[39] Sternling C V, Scriven L E. Interfacial turbulence: Hydrodynamic instability and the Marangoni effect[J]. AIChE Journal, 1959, 5(4): 514-523.

[40] Wang J F, Wang Z H, Lu P, et al. Numerical simulation of the Marangoni effect on transient mass transfer from single moving deformable drops[J]. AIChE Journal, 2011, 57(10): 2670-2683.

[41] Wegener M, Eppinger T, Bäumler K, et al. Transient rise velocity and mass transfer of a single drop with interfacial instabilities: numerical investigations[J]. Chemical Engineering Science, 2009, 64(23): 4835-4845.

[42] Leal L G. The stability of drop shapes for translation at zero Reynolds number through a quiescent fluid[J]. Physics of Fluids, 1989, 1(8): 1309-1313.

[43] Li X J, Mao Z-S, Fei W Y. Effect of surface-active agents on mass transfer of a solute into single buoyancy driven drops in solvent extraction systems[J]. Chemical Engineering Science, 2003, 58(19): 3793-3806.

[44] Liang T B, Slater M J. Liquid-liquid extraction drop formation: mass transfer and the influence of surfactant[J]. Chemical Engineering Science, 1990, 45(1): 97-105.

[45] Wang Z H, Lu P, Zhang G J, et al. Experimental investigation of Marangoni effect in 1-hexanol/water system[J]. Chemical Engineering Science, 2011, 66: 2883-2887.

[46] 毛在砂. 颗粒群研究：多相流多尺度数值模拟的基础 [J]. 过程工程学报, 2008, 8(4), 645-659.

[47] 查露, 栗晶, 曹传胜等. 三维颗粒群沉降的格子 Boltzmann 模拟 [J]. 中国科学院大学学报, 2016, 33(2): 240-246.

[48] Pan T W, Joseph D D, Bai R, et al. Fluidization of 1204 spheres: Simulation and experiment[J]. Journal of Fluid Mechanics, 2002, 451: 169-191.

[49] Portela L M, Oliemans R V A. Eulerian-Lagrangian DNS/LES of particle-turbulence interactions in wall-bounded flows[J]. International Journal for Numerical Methods in Fluids, 2003, 43: 1045-1065.

[50] Chiesa M, Mathiesen V, Melheim J A, et al. Numerical simulation of particulate flow by the Eulerian-Lagrangian and the Eulerian-Eulerian approach with application to a fluidized bed[J]. Computers & Chemical Engineering, 2005, 29: 291-304.

[51] Hulburt H M, Katz S. Some problems in particle technology: A statistical mechanical formulation[J]. Chemical Engineering Science, 1964, 19(8): 555-574.

[52] Zhang Y H, Yang C, Mao Z-S. Large eddy simulation of the gas-liquid flow in a stirred tank[J]. AIChE Journal, 2008, 54(8): 1963-1974.

[53] Happel J. Viscous flow in multiparticle systems: slow motion of fluids relative to beds of spherical particles[J]. AIChE Journal, 1958, 4(2): 197-201.

[54] Happel J, Brenner H. Low Reynolds number hydrodynamics[M]. 2nd ed. Leydon: Noordhoff, 1973.

[55] Roghair I, Lau Y M, Deen N G, et al. On the drag force of bubbles in bubble swarms at intermediate and high Reynolds numbers[J]. Chemical Engineering Science, 2011, 66(14): 3204-3211.

[56] Wang T. Simulation of bubble column reactors using CFD coupled with a population balance model[J]. Frontiers of Chemical Science and Engineering, 2011, 5(2): 162-172.

[57] Mao Z-S, Yang C. Challenges in study of single particles and particle swarms[J]. Chinese Journal of Chemical Engineering, 2009, 17(4): 535-545.

[58] 郭慕孙, 李洪钟. 流态化手册[M]. 北京: 化学工业出版社, 2008: 106.

[59] 范茏, 杨超, 禹耕之等. 大长径比细长颗粒的沉降实验和曳力系数的关联[J]. 化工学报, 2003, 54(10): 1501-1503.

[60] Tomiyama A. Struggle with computational bubble dynamics[J]. Multiphase Science and Technology, 1998, 10(4): 369-405.

[61] Hu S, Kintner R C. The fall of single liquid drops through water[J]. AIChE Journal, 1955, 1(1): 42-48.

[62] Brucato A, Grisafi F, Montante G. Particle drag coefficients in turbulent fluids[J]. Chemical Engineering Science, 1998, 53: 3295-3314.

[63] Lane G L, Schwarz M P, Evans G M. Modeling of the interaction between gas and liquid in stirred vessels[C]. Delft: Proceedings of the 10th European Conference on Mixing, 2000: 197-204.

[64] Lane G L, Schwarz M P, Evans G M. Numerical modeling of gas-liquid flow in stirred tanks[J]. Chemical Engineering Science, 2005, 60: 2203-2214.

[65] Zapryanov Z, Tabakova S. Dynamics of bubbles, drops and rigid particles[M]. Dordrecht: Kluwer Academic, 1999: 338-343.

[66] 张丽. 高黏度牛顿流体和剪切变稀非牛顿流体中单气泡运动和传质的研究[D]. 北京: 中国科学院过程工程研究所, 2008.

[67] Drew D A, Lahey R T Jr. The virtual mass and lift force on a sphere in rotating and straining flow[J]. International Journal of Multiphase Flow, 1987, 13(1): 113-121.

[68] LeClair B P, Hamielec A E. Viscous flow through particle assemblages at intermediate Reynolds

numbers: A cell model for transport in bubbles swarms[J]. Canadian Journal of Chemical Engineering, 1971, 49(6): 713-720.

[69] Sankaranarayanan K, Sundaresan S. Lift force in bubbly suspensions[J]. Chemical Engineering Science, 2002, 57(17): 3521-3542.

[70] Mao Z-S, Wang Y F. Numerical simulation of mass transfer in a spherical particle assemblage with the cell model[J]. Powder Technology, 2003, 134(1-2): 145-155.

[71] Kumar A, Hartland S. Gravity settling in liquid/liquid dispersions[J]. Canadian Journal of Chemical Engineering, 1985, 63(3): 368-376.

[72] Sen Gupta A, Thodos G. Direct analogy between mass and heat transfer to beds of spheres[J]. AIChE Journal, 1963, 9: 751-754.

[73] Mao Z-S, Chen J Y. Numerical simulation of viscous flow through spherical particle assemblage with the modified cell model[J]. Chinese Journal of Chemical Engineering, 2002, 10(2): 149-162.

[74] Mao Z-S, Chen J Y. An attempt to improve the cell model for motion and external mass transfer of a drop in swarms at intermediate Reynolds numbers[C]. Beijing: International Solvent Extraction Conference (ISEC'2005), 2005: A417.

[75] 苏敬宏，陈晓东，胡国庆. 柱状颗粒在矩形微通道内的惯性迁移效应[C]. 北京：北京力学会第二十四届学术年会会议论文集, 2018: 918-920.

[76] 郭宇，凡凤仙，白鹏博等. 颗粒物质在竖直振动U形管中迁移的离散元方法模拟[J]. 上海理工大学学报, 2019, 41(5): 409-416

[77] 张文博. 纳米颗粒团聚体的分形凝聚和分散行为数值模拟研究[D]. 广州：华南理工大学, 2018.

[78] Zhang J S, Yang C, Mao Z-S. Mass and heat transfer from or to a single sphere in simple extensional creeping flow[J]. AIChE Journal, 2012, 58(10): 3214-3223.

[79] Liu A J, Chen J, Wang Z Z, et al. Unsteady conjugate mass and heat transfer from/to a prolate spheroidal droplet in uniaxial extensional creeping flow[J]. International Journal of Heat and Mass Transfer, 2019, 134: 1180-1190.

[80] Liu A J, Chen J, Wang Z Z, et al. Unsteady conjugate mass transfer of a 2D deformable droplet in a modest extensional flow in a cross-slot[J]. The Canadian Journal of Chemical Engineering, 2020, 98: 804-817.

[81] Liu A J, Chen J, Wang Z Z, et al. Internal mass and heat transfer between a single deformable droplet and simple extensional creeping flow[J]. International Journal of Heat and Mass Transfer, 2018, 127: 1040-1053.

[82] Yang C, Zhang J S, Koch D L, et al. Mass/heat transfer from a neutrally buoyant sphere in simple shear flow at finite Reynolds and Peclet numbers[J]. AIChE Journal, 2011, 57(6): 1419-1433.

[83] Subramanian G, Koch D L. Inertial effects on the transfer of heat or mass from neutrally buoyant spheres in a steady linear velocity field[J]. Physics of Fluids, 2006, 18: 073302.

[84] Acrivos A, Goddard J D. Asymptotic expansions for laminar forced-convection heat and mass transfer[J]. Journal of Fluid Mechanics, 1965, 23: 273-291.

[85] Li R, Zhang J S, Yang C, et al. Numerical study on steady and transient mass/heat transfer involving a liquid sphere in simple shear creeping flow[J]. AIChE Journal, 2014, 60: 343-352.

[86] Li R, Zhang J S, Yong Y M, et al. Numerical simulation of steady flow past a liquid sphere immersed in simple shear flow at low and moderate Re[J]. Chinese Journal of Chemical Engineering, 2015, 23(1): 15-21.

第三章

多相搅拌反应器

第一节 引言

搅拌槽是过程工业中应用最广泛的反应器类型。搅拌槽通常包含一个或多个安装在轴上的搅拌桨叶轮，有时还包括挡板和其他内部构件，如分布器、换热管和导流筒等。许多参数，如搅拌槽和搅拌桨的形状、槽体高径比、叶轮数量、类型、位置和尺寸、挡板等，为搅拌反应器的操作性能提供了无与伦比的灵活性和可控性，但也对搅拌反应器的设计和放大提出了巨大的挑战。因此，理解搅拌反应器内在的基本原理和反应器参数与设计目标之间的定量关系是必要的。

尽管围绕多相反应器实验研究已经开发了多种测量技术，包括侵入式和非侵入式，但它们都有一定局限性[1]。例如，侵入式测量技术会干扰流场；而非侵入式测量技术应用限制多，特别是在很多物理化学特性的限制、不透明壁面、高气含率或固含率等条件下变得无效，而且往往成本过高。计算流体力学（CFD）是在计算机上求解流体力学模型的一门学科和技术，计算流体力学被认为是推动化学工业发展的关键技术之一。搅拌反应器的CFD模拟的应用包括：①解决工艺要求间的相互冲突；②处理连续反应器的批次数据；③反应器放大的分析；④探索新概念的反应器；⑤发展传热和传质理论[2]。

目前为止，CFD在单相液体流动模拟方面已经非常成熟。但对于搅拌槽内的多相流动和输运，由于其在工业上的应用越来越重要和复杂，多相搅拌槽的设计难度也越来越大。在大多数工程应用中，通常采用欧拉多流体方法和 k-ε 湍流模型［标准、重整化群（RNG）或可实现的 k-ε 模型］来数值模拟多相流[3]。基于各向同性的 k-ε 湍流模型（Boussinesq 假设），在预测桨叶区域的流动特性方面不够精确。实际上湍流黏性应力是各向异性的，应该用雷诺应力模型来计算应力的各个分量。对于二维模型，这需要四个附加控制方程；对于三维流动，需要六个附加控制方程。随着计算机容量和速度的快速增长，雷诺应力湍流模型的使用变得越来越广泛，与其他基于雷诺平均（Reynolds average Navier-Stokes, RANS）的湍流模型相比，它的精度更高，由此得到的模拟结果与实验测量更接近。大涡模拟（large eddy simulation, LES）的基础是：在一个流场中，湍流涡流发生在多个尺度上，通过滤波方法将瞬时变量分解成大尺度和小尺度两部分。大尺度量通过数值求解运动微分方程直接计算出来；小尺度运动对大尺度运动的影响将在运动方程中表现为类似于雷诺应力一样的应力项，通过建立模型来模拟。利用 LES 模型，对连续性方程和动量方程进行滤波，然后进行动态求解。由于在空间和时间域中投入了更精细的分辨率，搅拌槽内湍流 LES 数值模拟的精度得到进一步提高。

在本章中，首先给出多相流体力学控制方程、相间动量交换、k-ε 模型和显式代数应力模型（explicit algebraic stress model, EASM）、LES 模型、搅拌桨处理、轴流桨处理方法等数学模型和数值方法，以及相关的数值计算细节。然后，介绍现有搅拌槽内多相流 CFD 模拟工作，包括两相系统（固-液、气-液和液-液）和三相系统（液-液-固、气-液-液、液-液-液和气-液-固）。最后，总结搅拌槽内多相流 CFD 模拟的现状，并对搅拌反应器 CFD 模拟的未来工作提出建议。

第二节　数学模型和数值方法

两相流是多相体系中相对简单而典型的情况。与单相体系相比，如果引入第二相，流动将变得更加复杂。相应地，特别是在高相含率情况下，多相流的数学处理变得更复杂，涉及描述分散相动力学、压力场共享等许多关键问题。一般来说，有两种方法来模拟多相流：欧拉-欧拉方法和欧拉-拉格朗日方法。欧拉-欧拉方法，也称为两流体模型，将连续相和分散相看作相互作用、且在流场空间内可共存的连续介质，连续相和分散相均在欧拉坐标系下求解。而欧拉-拉格朗日方法则用欧拉方程描述连续相，但将分散相作为粒子来处理，用牛顿第二运动定律对每一个粒子进行拉格朗日跟踪；此法可以较准确地处理两相之间的相互作用或粒子间的相互作用。然而，粒子跟踪方法的计算量，很大程度上取决于粒子的数量；因为工业反应器体积大、分散相粒子众多，准确模拟数量庞大的粒子需要巨大的计算资源，这限制了该类方法仅用于低分散相相含率的体系。因此，欧拉-欧拉方法因其计算量小、数值分辨率高，特别是在高分散相载荷条件下的处理能力，而更受欢迎。

对于湍流的计算模型，主要有直接数值模拟（direct numerical simulation, DNS）、大涡模拟（LES）和雷诺平均（RANS）模型，它们对能量谱上不同的区段采用了不同的准确模拟和近似处理的方法，如图 3-1 所示[2]。DNS 或 LES 是了解湍流详细信息的直接方法。DNS 直接求解全长尺度的 Navier-Stokes 方程，不需要任何模型或假设，精确的流场和随时间变化的流动信息可以通过巨大的计算成本获得；随着雷诺数的增加，计算量迅速增加，目前 DNS 方法的适用性仅限于中低雷诺数的流动。LES 模型通过对 Navier-Stokes 方程的滤波，将湍流运动分解为大尺度涡和小尺度涡；大尺度运动直接求解，而小尺度运动的作用则通过网格尺度的应力模型来解决；与 DNS 相比，LES 可以用来模拟高雷诺数的流场，因为 LES 避免了 DNS 中模拟小尺度运动所需的巨大计算成本；但与 RANS 模型相比，LES 的巨大计算成本仍然是其工业应用的一个限制。RANS 模型通过在时间域中对非定常方程进行平均，得到较大时间尺度上的流场平均特征，但同时产生一些未知的波动项（雷诺应力）；为了封闭雷诺平均的控制方程，需要采用一些假设或模型；在实际工程应用中，更侧重于平均流动特性，而非湍流的详细产生和演变过程。因此，结合欧拉方法的 RANS 模型是工业反应器多相流动模拟的最常用方法。

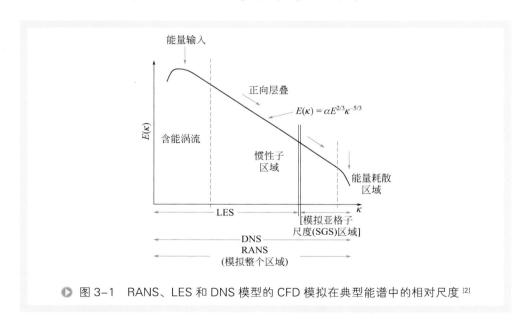

图 3-1　RANS、LES 和 DNS 模型的 CFD 模拟在典型能谱中的相对尺度[2]

一、控制方程

基于欧拉-欧拉两流体模型，将 k 相的雷诺平均后的连续性方程和动量方程写成：

$$\frac{\partial(\rho_k \alpha_k)}{\partial t} + \frac{\partial(\rho_k \alpha_k u_{kj} + \rho_k \overline{\alpha'_k u'_{kj}})}{\partial x_j} = 0 \quad (3\text{-}1)$$

$$\frac{\partial(\rho_k \alpha_k u_{ki})}{\partial t} + \frac{\partial(\rho_k \alpha_k u_{ki} u_{kj})}{\partial x_j} = -\alpha_k \frac{\partial P}{\partial x_i} + \frac{\partial(\alpha_k \overline{\tau_{kij}})}{\partial x_j} + F_{ki} + \rho_k \alpha_k g_i - $$
$$\rho_k \frac{\partial}{\partial x_j}(\alpha_k \overline{u'_{kj} u'_{ki}} + u_{ki} \overline{\alpha'_k u'_{kj}} + u_{kj} \overline{\alpha'_k u'_{ki}} + \overline{\alpha'_k u'_{kj} u'_{ki}}) \quad (3\text{-}2)$$

$$\sum \alpha_k = 1.0 \quad (3\text{-}3)$$

式中　x——笛卡儿坐标，m；
　　　F——体积力，N/m³；
　　　P——压力，Pa；
　　　t——时间，s；
　　　u——速度，m/s；
　　　u'——脉动速度，m/s；
　　　g_i——重力加速度，m/s²；
　　　α——相含率，无量纲；
　　　α'——脉动相含率，无量纲；
　　　ρ——密度，kg/m³；
　　　τ_{kij}——Reynolds 应力张量，Pa。

下标：i,j 表示坐标方向；k 表示相。上横线表示时均值。

连续性方程和动量方程中的相含率和速度波动的相关项 $\overline{\alpha'_k u'_{ki}}$，表示分散相含率导致的质量和动量传递。由于分散相对湍流结构的影响机制还不太清楚，可以采用一个简单的梯度假设来建立 $\overline{\alpha'_k u'_{ki}}$ 模型，其公式如下：

$$\overline{\alpha'_k u'_{ki}} = -\frac{\nu_{k,t}}{\sigma_t} \frac{\partial \alpha_k}{\partial x_i} \quad (3\text{-}4)$$

式中　σ_t——分散相的湍流施密特数，无量纲；
　　　ν_t——湍流黏度，m²/s。

σ_t 数值取决于分散相的尺寸和湍流的尺度。计算结果表明，在固-液两相流模拟中模拟结果对 σ_t 较为敏感，建议其应在 1.0 和 2.0 之间取值[4]。在气-液系统中，建议 σ_t 值为 1.0[5]，但 Wang 和 Mao 建议 σ_t 值为 1.6 更合适[6]。

二、相间动量交换

相间耦合项是多相流与单相流间最大的区别。对于两相流，应考虑四种相间力，即曳力、虚拟质量力、Bassset 力（历史力）和升力。由于颗粒周围边界层的发展，产生了 Bassset 力，它与颗粒的运动经历直接相关。在大多数情况下，Bassset 力的大小比相间曳力小得多。升力是由连续流场中的涡量和剪切引起的，它与滑移速度和连续相旋度的矢量积成正比。如果速度梯度较大，则升力亦较大；量级分析表明，升力也比曳力小得多。因此，在两相流模拟中，Bassset 力和升力通常被忽略。

当颗粒相对于连续相加速时，需要考虑虚拟质量力。在气液搅拌槽中，对于气相密度远小于液相密度的情况，虚拟质量力的影响变得非常重要。大量报告表明，虚拟质量力对整体流场影响不大[7]，但在搅拌桨边缘附近区域不可忽略[8]。虚拟质量力模型如下：

$$F_{VM} = -C_V \rho_c \alpha_d \left(\frac{Du_d}{Dt} - \frac{Du_c}{Dt} \right) \quad (3\text{-}5)$$

式中　C_V——虚拟质量系数，无量纲，通常设为 0.5；

　　　F_{VM}——虚拟质量力，N。

下标：c 为连续相；d 为分散相。

曳力是由连续相和分散相之间的速度滑移引起的。在一些早期的工作中，通常采用一个简单的表达式[9]：

$$F_{di,\text{drag}} = -F_{ci,\text{drag}} = C_f \alpha_c \alpha_d (u_{di} - u_{ci}) \quad (3\text{-}6)$$

式中　C_f——曳力经验系数，无量纲，由实验方法获得，可取值为 5×10^4 [10]。

一般情况下，曳力表达式应为：

$$F_{ci,\text{drag}} = \frac{3\rho_d \alpha_c \alpha_d C_D |\boldsymbol{u}_d - \boldsymbol{u}_c|(u_{ci} - u_{di})}{4d_d} \quad (3\text{-}7)$$

式中　C_D——曳力系数，无量纲；

　　　d——当量直径，m。

下标：d 为分散相（气泡或液滴）。

由于实验系统、方法和参数范围等的不同，有多种曳力系数经验关联式，因此恰当的曳力关联模型对于多相流的模拟精度至关重要。

Clift 等提出了一个静止流体中 C_D 的经典模型[11]：

$$C_D = \begin{cases} \dfrac{24(1+0.15Re_d^{0.687})}{Re_d} & (Re_d < 1000) \\ 0.44 & (Re_d \geqslant 1000) \end{cases} \quad (3\text{-}8)$$

式中　Re——Reynolds 数，无量纲，$Re_d = d_d|\boldsymbol{u}_d - \boldsymbol{u}_c|\rho_c/\mu_c$；

　　　μ——黏度，Pa·s。

这个模型广泛应用在液-固[12-14]、气-液[15]、液-液[16] 和气-液-固[17] 搅拌槽的模拟。

在湍流两相搅拌反应器中，主体湍流对曳力系数有很大的影响。Bakker 和 van den Akker 采用修正的雷诺数将湍流对静止流体中曳力系数的影响联系起来，关联式表示为[18]：

$$C_D = \frac{24[1+0.15(Re^*)^{0.687}]}{Re^*} \quad (3\text{-}9)$$

式中，$Re^* = \rho_c U_{slip} d_d / (\mu_c + a\mu_t)$，通过加入部分的湍流黏度来计算有效黏度。

式中　Re^*——修正的 Reynolds 数，无量纲；

　　　a——可调参数，无量纲，建议值为 2/9；

　　　U——速度，m/s。

下标：slip 表示滑移。

在另一种湍流效应的方法中，Brucato 等发现，主体湍流的影响程度随着颗粒尺寸和平均湍流能量耗散率的增加而增加[19]。考虑到这种影响，曳力系数修正系数由下式确定：

$$\frac{C_D - C_{D0}}{C_{D0}} = K\left(\frac{d_d}{\lambda}\right)^3, \quad \lambda = \left(\frac{v_c^3}{\varepsilon_c}\right)^{0.25} \quad (3\text{-}10)$$

式中　C_{D0}——静止流体中的曳力系数，无量纲；

　　　K——修正系数，无量纲；

　　　λ——Kolmogorov 长度尺度，m；

　　　v——动力学黏度，m²/s；

　　　ε——湍流动能耗散率，m²/s³。

Brucato 等[19]的实验数据表明，只有微尺度湍流影响粒子曳力，建议修正系数 K 为 8.76×10^{-4}。Khopkar 等[20]认为 Brucato 等[19]提出的相关性不是普遍存在的，因为它是在 Taylar-Couette 装置中获得的，在该装置中能量耗散率的分布与搅拌槽中的分布差异很大。为了研究湍流对曳力系数的影响，他们发展了一种单元胞方法来模拟流过规则排列圆柱体的单相流。对于固-液系统，修正参数 K 要小得多，为 $8.76 \times 10^{-5[20]}$。气-液流动的修正参数 K 为 $6.5 \times 10^{-6[21]}$。Lane 等[22]使用了另一种方法，将湍流中粒子的设定速度和气泡上升速度的可用数据，与粒子松弛时间 (τ_p) 和湍流积分时间尺度 (T_L) 关联为：

$$\frac{C_D}{C_{D0}} = \left[1 - 1.4\left(\frac{\tau_p}{T_L}\right)^{0.7} \exp\left(-0.6\frac{\tau_p}{T_L}\right)\right]^{-2} \quad (3\text{-}11)$$

式中　τ_p——粒子松弛时间，s；

　　　T_L——湍流积分时间尺度，s。

三、RANS 模型方法

当采用 RANS 模型方法时，会出现速度波动关联项 $\overline{u'_{ki} u'_{kj}}$，即雷诺应力。对于动量方程的封闭，应通过与已知或可计算的量关联来处理该项。这是通过各种湍流模型完成的。

1. k-ε 模型

k-ε 模型被广泛应用于单相流动。参照单相 k-ε 模型，两相流中的雷诺应力也根据 Boussinesq 梯度假设进行处理：

$$\overline{u'_{ki}u'_{kj}} = \frac{2}{3}k\delta_{ij} - \nu_{k,t}\left(\frac{\partial u_{kj}}{\partial x_i} + \frac{\partial u_{ki}}{\partial x_j}\right) \tag{3-12}$$

式中　δ_{ij}——Kronecker 函数，无量纲。

根据湍流黏度、湍流动能和耗散率计算的不同，常遇到三种标准 k-ε 模型向多相流的扩展方法，即各相模型、混合模型和分散模型。

在处理多相湍流时，各相模型都是严格而复杂的。基于欧拉-欧拉方法，将分散相视为具有拟流体性质的连续流体。因此，根据单相理论推导 k 和 ε 的湍流方程是合理的。通过求解两相的 k 和 ε 控制方程，计算出湍流黏度。由于连续相与分散相的界面不明显，该模型更适用于稠密的多相体系。例如，k-ε-k_p 模型是一种各相模型[23]，分散相的湍流黏度写为：

$$\nu_{pt} = C_{\mu p}\alpha_p \frac{k_p^2}{\varepsilon_p} \tag{3-13}$$

式中　C_μ——k-ε 模型常数，无量纲；
　　　k——湍流动能，m²/s²。

下标：p 为分散相。

分散相的 k 和 ε 方程为：

$$\frac{\partial}{\partial x_j}(\rho_p\alpha_p u_{pj}k_p) = \frac{\partial}{\partial x_j}\left(\frac{\nu_{pt}\rho_p}{\sigma_{kp}}\frac{\partial k_p}{\partial x_j}\right) + G_{kp} - \rho_p\alpha_p\varepsilon_p \tag{3-14}$$

$$\varepsilon_p = -\frac{2}{\tau_{rg}}\left[(C_g^k\sqrt{kk_p} - k_p) - (u_{1i} - u_{pi})\frac{\nu_{pt}}{\sigma_{kp}}\frac{\partial\alpha_p}{\partial x_i}\right] \tag{3-15}$$

式中　G_k——湍流动能源项，kg/(m·s³)；
　　　u——速度，m/s。

下标：g 为气相；l 为液相。

混合（mixture）模型也称为均一模型，其中连续相和分散相的湍流量相同。采用混合物的速度和物性进行计算，混合物的 k 和 ε 方程可以写成：

$$\frac{\partial}{\partial t}(\rho_m k) + \nabla\cdot(\rho_m \boldsymbol{u}_m k) = \nabla\cdot\left(\frac{\mu_{t,m}}{\sigma_k}\nabla k\right) + G_m - \rho_m\varepsilon \tag{3-16}$$

$$\frac{\partial}{\partial t}(\rho_m\varepsilon) + \nabla\cdot(\rho_m \boldsymbol{u}_m\varepsilon) = \nabla\cdot\left(\frac{\mu_{t,m}}{\sigma_\varepsilon}\nabla\varepsilon\right) + (C_1 G_m - C_2\rho_m\varepsilon)\frac{\varepsilon}{k} \tag{3-17}$$

式中　C_1, C_2——k-ε 模型常数，无量纲；
　　　$\boldsymbol{u}$——速度，m/s。

下标：m 为混合物。

混合物的速度和密度为：

$$\boldsymbol{u}_\text{m} = \frac{\sum_{k=1}^{N} \alpha_k \rho_k \boldsymbol{u}_k}{\sum_{k=1}^{N} \alpha_k \rho_k} \tag{3-18}$$

$$\rho_\text{m} = \sum_{k=1}^{N} \alpha_k \rho_k \tag{3-19}$$

式中　N——物相数目，无量纲。

混合物的湍流黏度和湍流生成量为：

$$\mu_\text{t,m} = \rho_\text{m} C_\mu \frac{k^2}{\varepsilon} \tag{3-20}$$

$$G_\text{m} = \mu_\text{t,m} (\nabla \boldsymbol{u}_\text{m} + \nabla \boldsymbol{u}_\text{m}^\text{T}) : \nabla \boldsymbol{u}_\text{m} \tag{3-21}$$

上标：T 为矩阵转置。

分散模型的复杂程度介于各相模型和混合模型之间，这种方法求解两个相共享的 k 和 ε 方程。不同的是，分散相的湍流黏度是由连续相的湍流黏度确定。此外，考虑到分散相对连续相湍流的影响，在湍流方程中引入一个源项。基于 Hinze-Tchen 理论，可以得到一个简单的分散相湍流黏性系数模型，即 k-ε-A_p 模型[24]：

$$\frac{v_\text{dt}}{v_\text{ct}} = \left(\frac{k_\text{d}}{k_\text{c}}\right)^2 = \left(1 + \frac{\tau_\text{p}}{\tau_1}\right)^{-1} \tag{3-22}$$

$$\tau_1 = \frac{k}{\varepsilon} \tag{3-23}$$

$$\tau_\text{p} = \frac{\rho_\text{d} d_\text{d}^2}{18 \mu_\text{c}} \tag{3-24}$$

式中　τ_1——平均涡流寿命，s；

　　　μ_c——平均涡流黏度，Pa·s。

另一种方法以各相的速度波动来表征分散相湍流黏度[25]：

$$\mu_\text{d,t} = \mu_\text{c,t} \frac{\rho_\text{d} \overline{u'_{\text{d},i} u'_{\text{d},i}}}{\rho_\text{c} \overline{u'_{\text{c},i} u'_{\text{c},i}}} \tag{3-25}$$

Gosman 等通过分析颗粒随流体涡的运动得出了分散相的脉动速度，考虑了分散相与连续相间的动量传递对连续相湍流的影响，对分散相湍流脉动速度进行了模化，从而避免了分散相湍流黏性系数的求取[26]。基于颗粒追随气体脉动的理论，得出 u'_d 到 u'_c 的关联：

$$u'_{\text{d},i} = u'_{\text{c},i} \left[1 - \exp\left(-\frac{\tau_1}{\tau_\text{p}}\right)\right] \tag{3-26}$$

式中，$\tau_l=0.41k/\varepsilon$；τ_p 为通过对给定速度分布的流体涡流运动方程的拉格朗日积分所得到的粒子响应时间，表达式为

$$\tau_p = \frac{4\rho_d d_d}{3\rho_c C_D \alpha_d |\boldsymbol{u}_d - \boldsymbol{u}_c|} \quad (3\text{-}27)$$

式中 τ_p——粒子响应时间，s。

此外，还有一些简化的方法来描述分散相的湍流黏度，例如，Schwarz 和 Turner 在对气液泡状流的模拟中，将气相湍流动力黏度设定为与液相湍流动力黏度相等[10]：

$$\nu_{gt} = \nu_{lt} \quad (3\text{-}28)$$

或

$$\mu_{gt} = \mu_{lt} \frac{\rho_g}{\rho_l} \quad (3\text{-}29)$$

为了严格地处理湍流两相流，所采用的湍流模型，应包括由于存在分散相而引起的湍流增强或阻尼的相间湍流传递项。然而，目前还没有关于这些传递项的可靠资料，也没有合适的多相湍流模型。在多相搅拌槽中，湍流主要是由于液相的速度波动引起的，虽然分散相会通过相间动量交换影响体系的湍流，但在反应器的大部分区域影响较小。对于分散相的 k-ε 模型，k 和 ε 方程可以用一般形式写成：

$$\frac{\partial}{\partial t}(\rho_c \alpha_c k) + \frac{\partial}{\partial x_i}(\rho_c \alpha_c u_{ci} k) = \frac{\partial}{\partial x_i}\left(\alpha_c \frac{\mu_{ct}}{\sigma_k}\frac{\partial k}{\partial x_i}\right) + \frac{\partial}{\partial x_i}\left(k \frac{\mu_{ct}}{\sigma_k}\frac{\partial \alpha_c}{\partial x_i}\right) + S_k \quad (3\text{-}30)$$

$$\frac{\partial}{\partial t}(\rho_c \alpha_c \varepsilon) + \frac{\partial}{\partial x_i}(\rho_c \alpha_c u_{ci} \varepsilon) = \frac{\partial}{\partial x_i}\left(\alpha_c \frac{\mu_{ct}}{\sigma_\varepsilon}\frac{\partial \varepsilon}{\partial x_i}\right) + \frac{\partial}{\partial x_i}\left(\varepsilon \frac{\mu_{ct}}{\sigma_\varepsilon}\frac{\partial \alpha_c}{\partial x_i}\right) + S_\varepsilon \quad (3\text{-}31)$$

式中 σ_k, σ_ε——k-ε 模型常数，$\sigma_k=1.3$，$\sigma_\varepsilon=1.0$；

S_k, S_ε——k-ε 模型中源项，$kg/(m \cdot s^3)$。

上述方程中的源项为：

$$S_k = \alpha_c[(G+G_e) - \rho_c \varepsilon] \quad (3\text{-}32)$$

$$S_\varepsilon = \alpha_c \frac{\varepsilon}{k}\left[C_1(G+G_e) - C_2 \rho_c \varepsilon\right] \quad (3\text{-}33)$$

式中 G_e——由分散相产生的额外生成项，$kg/(m \cdot s^3)$。

基于 Kataoka 等[27] 的分析，G_e 主要依赖于连续相和分散相之间的曳力：

$$G = -\rho_c \alpha_c \overline{u'_{ci} u'_{cj}} \frac{\partial u_{ci}}{\partial x_j} \quad (3\text{-}34)$$

$$G_e = \sum_d C_b |\boldsymbol{F}|\left[\sum(u_{di} - u_{ci})^2\right]^{0.5} \quad (3\text{-}35)$$

式中 C_b——经验系数，无量纲。

当 $C_b=0$ 时，分散相诱导的能量在界面处消散，对连续相的湍流动能没有影响。

根据文献分析，C_b 的值一般设定为 0.02。其他模型常数广泛采用的是：C_μ=0.09，C_1=1.44，C_2=1.92。

2. EASM

虽然 k-ε 模型被证明有预测能力、计算效率高，多年来为工程界广泛采用，但不推荐用于强旋流流动，如搅拌槽中的强旋转流动。为了考虑湍流的各向异性，常使用雷诺应力模型（RSM）和代数应力模型（ASM），已在单相流动中得到很好的应用。由于雷诺应力分量由微分方程或代数方程直接求解，而不是由 k-ε 模型等各向同性假设进行建模，因此可以成功地预测各向异性湍流。但是 RSM 和 ASM 在实际计算中使用不太方便，很难得到收敛的解。Pope 提出了二维流动的显式代数应力模型，该模型是利用张量多项式展开理论从 RSM 推导而来的[28]。雷诺应力分量表示为平均应变率张量、旋转率张量和湍流特征量的显式代数关系，从而提高了计算稳定性，大大降低了计算成本。根据 Pope 的理论，Gatski & Speziale[29] 以及 Wallin & Johansson[30] 开发了三维流动的 EASM。最近，Feng 等[31] 成功地利用 Wallin & Johansson[30] 的 EASM 模拟了搅拌槽内的单相湍流流动，并将 EASM 预测结果与实验数据及 k-ε 模型、ASM、RSM 和 LES 等不同湍流模型结果进行了定量比较。结果表明，EASM 模拟结果与实验数据吻合优于 k-ε 模型，证明了 EASM 在湍流模拟中的优越性，可以成为工业搅拌反应器湍流模拟的有效替代工具。

对于多相流的各向异性湍流模型，通常采用两相雷诺应力模型，即二阶矩模型。在该模型中，各相的湍流黏度是张量而不是常数，需要建立雷诺应力微分方程，直接求解各相的雷诺应力。此外，微分方程中出现的相间相互作用项也需要封闭，这是一个比单相模型复杂得多的问题。然而，两相 RSM 非常复杂，特别是在三维模拟中，需要巨大的计算成本。基于两相 RSM，Feng 等开发了一种两相 EASM 来模拟搅拌槽中的固液流动[32]。

通过定义雷诺应力各向异性张量 a_{qij}，可以首先简化两相系统的雷诺应力张量：

$$a_{qij} = \frac{\overline{u'_{qi}u'_{qj}}}{k} - \frac{2}{3}\delta_{ij} \quad (3\text{-}36)$$

式中　a_{qij}——q 相的各向异性雷诺应力张量，m²/s²。

然后，雷诺应力各向异性张量可以表示为扩展基的和，再乘以扩展系数。根据 Wallin 和 Johansson 的理论，给出了惯性参考系中的 a_{qij}：

$$a_{qij} = \beta_1 S_{ij} + \beta_3(\omega_{il}\omega_{lj} - \frac{1}{3}\eta_2 I) + \beta_4(S_{il}\omega_{lj} - \omega_{il}S_{lj}) +$$
$$\beta_6(S_{il}\omega_{lm}\omega_{mj} + \omega_{il}\omega_{lm}S_{mj} - \frac{2}{3}\eta_4 I) + \beta_9(\omega_{il}S_{lm}\omega_{mn}\omega_{nj} - \omega_{il}\omega_{lm}S_{mn}\omega_{nj}) \quad (3\text{-}37)$$

式中　S_{ij}——归一化平均应变率张量，无量纲；

　　　ω_{ij}——归一化平均转动率张量，无量纲；

$\beta_1, \beta_3, \beta_4, \beta_6, \beta_9$——EASM 模型系数，无量纲；

η_2, η_4——独立不变量，无量纲；

I——为单位张量，无量纲。S_{ij} 和 ω_{ij} 分别定义为两相形式：

$$S_{ij} = \frac{1}{2}\frac{k}{\varepsilon}\left(\frac{\partial u_{qi}}{\partial x_j} + \frac{\partial u_{qj}}{\partial x_i}\right), \quad \omega_{ij} = \frac{1}{2}\frac{k}{\varepsilon}\left(\frac{\partial u_{qi}}{\partial x_j} - \frac{\partial u_{qj}}{\partial x_i}\right) \tag{3-38}$$

式中 k, ε——两相的共享值。

对于非惯性系，雷诺应力各向异性张量可以写成

$$\begin{aligned}a_{qij} = &\beta_1 S_{ij} + \beta_3\left(W_{il}W_{lj} - \frac{1}{3}\eta_2 I\right) + \beta_4(S_{il}W_{lj} - W_{il}S_{lj}) + \\ &\beta_6\left(S_{il}W_{lm}W_{mj} + W_{il}W_{lm}S_{mj} - \frac{2}{3}\eta_4 I\right) + \beta_9(W_{il}S_{lm}W_{mn}W_{nj} - W_{il}W_{lm}S_{mn}W_{nj})\end{aligned} \tag{3-39}$$

式中 W_{ij}——绝对转动率张量，无量纲。

$$W_{ij} = \omega_{ij} + \frac{k}{\varepsilon}c_w \varepsilon_{jil}\mathbf{\Omega}_l \tag{3-40}$$

式中 c_w——与压力应变率模型直接相关的参数，无量纲；

$\mathbf{\Omega}_l$——非惯性系的转动矢量，rad/s。

当采用 Launder-Reece-Rodi（LRR）模型[33]时，c_w 等于 3.25[30]。$\mathbf{\Omega}_l$ 是非惯性系的恒定角速率矢量，膨胀 β 系数是 S_{ij} 和 W_{ij} 的 5 个独立不变量的函数：

$$\eta_1 = S_{ij}S_{ji}, \quad \eta_2 = W_{ij}W_{ji}, \quad \eta_3 = S_{ij}S_{jl}S_{li}, \quad \eta_4 = S_{ij}W_{jl}W_{li}, \quad \eta_5 = S_{ij}S_{jl}W_{lm}W_{mi} \tag{3-41}$$

对三维流动，β 系数为

$$\begin{aligned}\beta_1 = -\frac{N_c(2N_c^2 - 7\eta_2)}{Q}, \quad \beta_3 = -\frac{12N_c^{-1}\eta_4}{Q}, \quad \beta_4 = -\frac{2(N_c^2 - 2\eta_2)}{Q}, \\ \beta_6 = -\frac{6N_c}{Q}, \quad \beta_9 = \frac{6}{Q}, \quad Q = \frac{5}{6}(N_c^2 - 2\eta_2)(2N_c^2 - \eta_2)\end{aligned} \tag{3-42}$$

式中 N_c——产生耗散比，无量纲。

N_c 求解非常复杂，涉及三维流动的六阶方程。为了简化计算，首先在二维框架内通过求解一个三次非线性方程，对 N_c 进行计算。然后通过扰动解对 N_c 进行修正，详细的求解程序可参考文献 [30]。

对于两相 EASM，与"分散"k-ε 模型类似，k 和 ε 的控制方程也只适用于连续相，其公式写为

$$\frac{\partial}{\partial t}(\rho_c \alpha_c \phi) + \frac{\partial}{\partial x_i}(\rho_c \alpha_c u_{ci}\phi) = \frac{\partial}{\partial x_i}\left(\rho_c \alpha_c c_\phi \frac{k^2}{\varepsilon}\frac{\partial \phi}{\partial x_i}\right) + S_\phi \tag{3-43}$$

式中 c_ϕ——EASM 模型参数，无量纲，当 $\phi = k$ 时，$c_k = 0.25$；当 $\phi = \varepsilon$ 时，$c_\varepsilon = 0.15$[33]；

ϕ——一般变量；

S_ϕ——源项，与 k-ε 模型相同。

四、LES模型

最初，计算研究的目标是宏观流体力学，如总流量参数和时间平均场。然而，在过去的 10 多年中，为了获得理想的流场，人们对湍流特性、流动不稳定性、搅拌器设计等方面的认识也不断加深。早期的 k-ε 模型以假定各向同性湍流为前提，而近年来采用 RSM 和 LES 等各向异性模型来模拟复杂三维流动的越来越多。但与 k-ε 模型相比，RSM 有模型参数非通用和数值计算困难等缺点，计算量也要高出一个数量级。此外，RSM 模型无法捕捉到瞬时流动特性，这一限制可用 LES 方法克服。LES 仅在计算网格上对更趋近各向同性的湍流最小尺度建模，同时在其他的大尺度上直接求解湍流，从而得到更精确的模拟结果。

Murthy & Joshi 在安装了不同型式搅拌桨的搅拌槽中，通过模拟评估了标准 k-ε 模型、RSM 和 LES 湍流模型[34]。结果发现，当非定常相干流结构控制流动时，标准 k-ε 模型和各向异性 RSM 模型都无法正确预测搅拌桨区域湍流动能分布；然而，LES 模型提供了与测量结果较一致的预测，并捕获了许多其他的流动特征。标准的 Smagorinsky 模型[35]虽然比更先进的亚格子网格湍流模型（如动态模型和尺度相似性 SGS 模型）显得粗糙，但被证明可以准确定性和定量地模拟流体现象。因此，到目前为止，标准的 Smagorinsky 模型仍然是搅拌槽大涡模拟中的重要模型。

在 LES 中，直接求解大尺度涡的运动，采用亚格子网格尺度模型描述各向同性的小尺度涡。亚格子网格模型的主要作用是为从大尺度到小尺度的能量传递提供适当的耗散。不可压缩牛顿流体的质量和动量守恒方程经空间过滤后可以写成：

$$\rho_m \frac{\partial(\overline{\alpha_m})}{\partial t} + \rho_m \frac{\partial}{\partial x_j}(\overline{\alpha_m u_{mi}}) = 0 \quad (3\text{-}44)$$

$$\frac{\partial}{\partial t}(\rho_m \overline{\alpha_m u_{mi}}) + \left(\frac{\partial}{\partial x_j}(\rho_m \overline{\alpha_m u_{mi} u_{mj}})\right) = -\frac{\partial(\overline{p})}{\partial x_i} + \rho_m \overline{\alpha_m} g_i + \overline{F}_{mi}$$
$$+ \frac{\partial}{\partial x_j}\left(\mu_m \frac{\partial(\overline{\alpha_m u_{mj}})}{\partial x_i} + \frac{\partial(\overline{\alpha_m u_{mi}})}{\partial x_j}\right) \quad (3\text{-}45)$$

流场被分解为大尺度或解析分量，以及小尺度或亚格子网格尺度分量：

$$\phi = \overline{\phi} + \phi' \quad (3\text{-}46)$$

式中　$\overline{\phi}$（$\phi = u_{mj}, \alpha_m, p$）——模拟中被求解部分；

ϕ'——亚格子网格尺度分量。

这样，式（3-44）和式（3-45）可改写为

$$\frac{\partial(\rho_m\bar{\alpha}_m)}{\partial t}+\frac{\partial}{\partial x_j}(\rho_m\bar{\alpha}_m\bar{u}_{mj})+\frac{\partial}{\partial x_j}(\rho_m\overline{\alpha'_m u'_{mj}})+\frac{\partial}{\partial x_j}(\rho_m\overline{\alpha'_m}\bar{u}_{mj})+\frac{\partial}{\partial x_j}(\rho_m\bar{\alpha}_m\overline{u'_{mj}})=0 \quad (3\text{-}47)$$

$$\frac{\partial}{\partial t}(\rho_m\bar{\alpha}_m\bar{u}_{mi})+\frac{\partial}{\partial t}(\rho_m\overline{\alpha'_m u'_{mi}})+\frac{\partial}{\partial t}(\rho_m\overline{\alpha'_m}\bar{u}_{mi})+\frac{\partial}{\partial t}(\rho_m\bar{\alpha}_m\overline{u'_{mi}})$$
$$+\frac{\partial}{\partial x_j}(\rho_m\bar{\alpha}_m\overline{u_{mi}u_{mj}}+\rho_m\overline{\alpha'_m u_{mi}u_{mj}})=-\frac{\partial(\bar{p})}{\partial x_i}+\rho_m\bar{\alpha}_m g_i+\bar{F}_{mi} \quad (3\text{-}48)$$
$$+\mu_m\frac{\partial}{\partial x_j}\left[\frac{\partial(\bar{\alpha}_m\bar{u}_{mj})}{\partial x_i}+\frac{\partial(\bar{\alpha}_m\bar{u}_{mi})}{\partial x_j}\right]+\mu_m\frac{\partial}{\partial x_j}\left[\frac{\partial(\overline{\alpha'_m}\bar{u}_{mj}+\bar{\alpha}_m\overline{u'_{mj}})}{\partial x_i}+\frac{\partial(\overline{\alpha'_m}\bar{u}_{mi}+\bar{\alpha}_m\overline{u'_{mi}})}{\partial x_j}\right]$$

数值模拟中未解决的问题是速度和相含率的波动项，由于目前还没有合适的封闭方法，因此不得不暂时忽略这些问题。平均速度和波动速度是通过滤波运算得到的网格尺度和亚格子网格尺度项。$\overline{u_{mi}u_{mj}}$ 由一个 LES 子网格模型确定，忽略 α'_m 和 u'_{mi} 的时均值后，则上述方程将变为：

$$\frac{\partial(\rho_m\bar{\alpha}_m)}{\partial t}+\frac{\partial}{\partial x_j}(\rho_m\bar{\alpha}_m\bar{u}_{mj})=0 \quad (3\text{-}49)$$

$$\frac{\partial}{\partial t}(\rho_m\bar{\alpha}_m\bar{u}_{mi})+\frac{\partial}{\partial x_j}(\rho_m\bar{\alpha}_m\bar{u}_{mi}\bar{u}_{mj})=-\frac{\partial(\bar{p})}{\partial x_i}+\rho_m\bar{\alpha}_m g_i+\bar{F}_{mi}$$
$$+\mu_m\frac{\partial}{\partial x_j}\left[\frac{\partial(\bar{\alpha}_m\bar{u}_{mj})}{\partial x_i}+\frac{\partial(\bar{\alpha}_m\bar{u}_{mi})}{\partial x_j}\right]-\frac{\partial(\rho_m\bar{\alpha}_m\tau_{mij})}{\partial x_j} \quad (3\text{-}50)$$

$$\tau_{mij}=\overline{u_{mi}u_{mj}}-\bar{u}_{mi}\bar{u}_{mj} \quad (3\text{-}51)$$

式中　τ_{mij}——亚格子网格尺度的应力张量，m²/s²。

τ_{mij} 反映了未解析尺度对解析尺度的影响。亚格子网格尺度对大尺度的影响可以用标准 Smagorinsky 模型来模拟[35]：

$$\tau_{lij}-\frac{1}{3}\tau_{lkk}\delta_{ij}=-(c_s\Delta)^2|\bar{S}_l|\bar{S}_{lij} \quad (3\text{-}52)$$

式中　Δ——滤波尺度，m；

　　　S——速度变形张量，s⁻¹。

对柱坐标系

$$\Delta=\sqrt[3]{r\,\delta r\,\delta\theta\,\delta z} \quad (3\text{-}53)$$

式中　r,θ,z——径向、周向、轴向坐标，m。

涡黏度定义为：

$$\mu_{lt}=\rho_l(c_s\Delta)^2\left|\bar{S}_l\right| \quad (3\text{-}54)$$

$$\left|\bar{S}_l\right|=(2\bar{S}_{lij}\bar{S}_{lij})^{\frac{1}{2}} \quad (3\text{-}55)$$

$$\bar{S}_{lij}=\frac{1}{2}\left(\frac{\partial\bar{u}_{li}}{\partial x_j}+\frac{\partial\bar{u}_{lj}}{\partial x_{li}}\right) \quad (3\text{-}56)$$

这里，c_s 值常取为 0.1。有效气体黏度可以通过下式计算：

$$\mu_{g,eff} = \frac{\rho_g}{\rho_l} \mu_{l,eff} \quad (3-57)$$

下标：eff 表示有效的；g、l 分别表示气相和液相。

相间耦合项使气-液两相流与单相流有着根本的区别，F_{mi} 满足以下关系：

$$F_{li} = -F_{gi} \quad (3-58)$$

五、搅拌桨处理

对于无挡板搅拌槽，通常采用合适的旋转坐标系来处理搅拌桨的旋转。对于有挡板的搅拌槽，研究者给出了一些模型和数值方法来处理搅拌桨和固定挡板不能用同一个非惯性坐标系来处理的困难。

1. 黑箱模型

正如 Ranade 所说，当时大多数研究者将搅拌桨及其扫过区域视为"黑匣子"[36]，将平均速度分量和湍流量的实验值作为边界条件，施加在搅拌桨叶片扫过的区域表面上，然后在不包括搅拌桨区域的整个反应器中求解流动方程。这种方法的缺点是，边界条件的描述很大程度上依赖于从实验数据中获得的知识。搅拌桨设计、槽体几何结构、操作条件、物理化学性质等对规定的边界条件有很大影响。因此，这种方法不能用来进行没有可靠实验数据的搅拌流场的预测。

2. 快照法

在搅拌槽中，一旦流动充分发展，流动模式就随搅拌桨的转动而周期性重复。在这种情况下，此种流动的快照可以用来描述特定时刻搅拌桨区内的流动。快照方法的主要思想是在搅拌桨区域用空间导数来对时间相关项进行近似，并忽略桨区之外区域时间相关项。Ranade 及其同事采用这种方法模拟了单向流搅拌槽中轴向流桨[37]、Ruston 桨[38] 和气液两相流[5]。在不需要任何边界条件经验输入的情况下，速度场预测结果与实验数据吻合较好，但是模型预测还没有在整个流场域中对其他重要流动参数进行验证。

3. 内–外迭代法

Daskopoulos & Harris、Brucato 等使用内-外迭代法（inner-outer method, IO）进行了数值模拟[39,40]。这种方法将整个容器分为两个部分重叠的区域，如图 3-2 所示：包含桨区的"内部"区域和包含挡板到器壁和底部的"外部"区域。首先，在桨表面 Σ1 上施加任意边界条件的随桨旋转的参考坐标系中，计算内部区域流动；由此得到了整个桨区的待定流场，包括边界面 Σ2 上的速度和湍流量分布。其次，

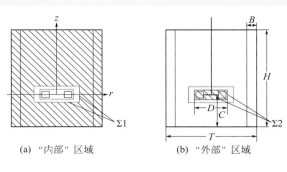

(a) "内部"区域　　(b) "外部"区域

▶ 图 3-2　"内部"和"外部"计算区域

（阴影区域在对应部分计算时不做计算；Σ1和Σ2为控制体积边界，
在该边界上边界条件迭代使用）

以表面变量 Σ2 为边界条件，计算惯性坐标系外流场。这样，就获得了包括表面 Σ1 的整个容器内的流场信息。通过对"内部"区域和"外部"区域的多次迭代计算，得到满意的数值收敛性。所有的模拟都是在其自身的参考框架内的稳定假设下进行的。由于两个框架之间的差异，迭代交换的信息应针对相对运动进行修正，并在切向上取平均值。

内 - 外迭代法对黑箱模型的改进，是对搅拌桨区域边界条件的进一步处理。然而，"内部"和"外部"区域表面上的信息在切向上进行平均，忽略了搅拌桨周期性旋转产生的一些重要流动特征。Wang & Mao 提出了一种改进的内 - 外迭代法，其中内外两区没有重叠部分，边界面上不稳定湍流特性在切向上不平均，对单相搅拌槽和气液搅拌槽内的流动模拟表明，用这种方法数值模拟预测有较好的准确性[6]。

4. 多重参考系

多重参考系（multiple reference frame, MRF）方法类似于内 - 外迭代方法，Brucato 等[40]和 Harris 等[41]应用该方法模拟了搅拌槽中的流动，采用两种不同的参考框架分别处理旋转域和静止域，区别在于界面区域的处理。内 - 外迭代方法有一个重叠区域，其宽度和边界的精确位置在很大程度上是任意的。相比之下，在多重参考系方法中，"内部"和"外部"稳态解沿一个封闭的边界曲面匹配。这个表面的选择不是任意的，因为它必须被假定为一个先验的表面，在这个表面上，流动变量不会随着角位置或时间发生明显的变化。由于内部区域和外部区域之间没有重叠，因此多重参考系方法的计算量低于内 - 外迭代方法。

5. 滑移网格

Murthy 等利用滑移网格（sliding mesh, SM）方法模拟了搅拌槽中的叶轮旋转[42]。该方法将计算域划分为两个不重叠的子区域，一个与叶轮一起旋转，另一个与多重参考系方法相同。不同的是，滑移网格方法允许移动网格相对于固定网格沿界面剪切和滑动。计算单元之间沿滑动界面的耦合，是通过每次滑动发生时重新建立单元连接来考虑的。两个子区域耦合，提高了数值稳定性。由于进行了瞬态计算，可以显示搅拌槽内的真实流动。不幸的是，搅拌槽中的流动的全时解使计算成本远高于稳态模拟所需的成本。

6. 轴流桨处理方法

根据产生的流型，搅拌桨分为两大类：①径向流桨和②轴向流桨。然而，后者的模拟显然更为麻烦，因为在用规则网格来处理几何形状不规则的曲面桨叶表面时，特别是在使用"内部"代码时，可能会遇到一些困难。针对斜叶桨，提出了两种处理方法。

（1）矢量距离法（vector distance method） 引入"矢量距离"来确定所考察节点是否位于桨的内部区域[4]。例如，如果点 A 在叶轮外部，如图3-3（a）所示，且其与桨叶两个表面的距离分别用向量 $\boldsymbol{a}_1$ 和 $\boldsymbol{a}_2$ 表示，则其点积 $\boldsymbol{a}_1 \cdot \boldsymbol{a}_2$ 为正；如果点 A 在叶片内部，如图3-3（b）所示，则点积 $\boldsymbol{a}_1 \cdot \boldsymbol{a}_2$ 为负；如果点 A 正好在表面上，则点积为零。利用这样一个简单的几何规则，只要叶轮的所有表面都已指定，就可以识别出流体区域中的所有节点所在位置。因此，光滑的叶片表面被一个粗糙的表面近似，这将对模拟结果产生一些数值误差，但误差将随着网格的细化而减小。

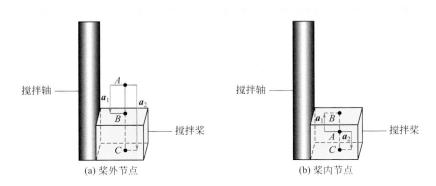

图 3-3　用于识别速度分量和压力计算的激活节点的几何规则[4]

（2）镜像流体法（mirror fluid method，MFM） Yang 和 Mao[43] 提出了镜像流体法，并通过数值模拟牛顿流体中固体颗粒沉降过程对其进行了验证。利用该方法，借助镜像关系处理固体颗粒占据的区域，将具有复杂几何界面的固液流动问题转化为较简单的规则网格域上的问题。其优点是可以采用固定网格（规则网格）进行多相流计算，而无需网格再生或使用复杂的贴体坐标。该方法的基本思想是假设固体所占用的区域为虚拟区域，相应网格点上的流体力学参数利用固体-流体界面的镜像关系线性指定,这样相界面无滑移边界条件得到隐含满足,可以在固定的欧拉坐标系中求解流体运动方程。物理上要求固体-流体边界上的净作用力为零,必须使界面两侧的剪切速率大小相等、方向相反,而这种关系恰好可以通过镜像关系来实现,即将固体颗粒所占据的虚拟区域中的流动视为真实流体区域中的翻转镜像,或者换句话说,通过围绕相界面180°旋转外部流场($u-U$)和压力场来实现。如图2-5所示(见第2章),实际流体中的点 A 对应于位于固体区域中的节点 B 的镜像点。因此,可以很容易地设置一个确定的一对一镜像关系,从而通过以下方式分配节点 B 的虚拟速度矢量(u_B)和压力(p_B)。

$$u_B = -(u_A - U) + U = 2U - u_A \quad (3-59)$$

$$p_B = p_A \quad (3-60)$$

与通常采用线性插值法确定界面速度的浸没边界法相比,该方法没有先验假设等其他约束条件,在不修改物理动量平衡方程的情况下,隐式地满足了无滑移边界条件。镜像流体法已用于处理斜叶桨[44]。当将镜像流体法应用于具有复杂几何形状的搅拌桨的数值处理时(第2章图2-6),搅拌桨所占的区域(实心点)通过上述镜像关系分配合适的流动参数(如速度矢量和压力),从而最终得到界面段(红色实线),保证了在流体侧具有正确的剪切力和法向力。因此,搅拌桨周围实际流体(空心点)产生的实际应力与镜像流体(实心点)对界面段产生的虚拟应力之和保持为零。在镜像流体法中,由实际边界切割的不完整单元上的积分,扩展为覆盖叶轮所占据的固体区域中不完整单元和互补部分的完整单元,就好像边界是浸入扩展域中的虚拟单元一样。因此,包括真实流体和镜像流体在内的整个区域都可以通过一组模型方程来求解。同时,由于镜像流体具有与真实流体相同的密度和黏度,因此在扩展的流体域中求解 Navier-Stokes 方程是很简单的。因此,界面边界条件问题(包括一些跳跃条件)被固体区域中指定给镜像流体的虚拟参数所取代。

六、数值求解方案

1. 偏微分方程的离散

数值求解控制方程的方法,包括有限元法(finite element method,FEM)、有限差分法(finite difference method,FDM)和有限体积法(finite volume method,FVM)等离散化偏微分方程的方法。近年来,有限体积法由于数据结构简单,得到了广泛的应用。在有限体积法中,计算域被划分为若干控制单元,规则或不规则形状的体积。一维问题的计算网格如图3-4所示,采用主变量交错排列的控制体积公式实现了偏微分方程的离散化,并采用 SIMPLE 算法[45]处理压力-速度耦合问题。在大涡模拟中,需要高阶精度来降低数值耗散,以避免物理现象被掩盖。为此,对流项使用了二阶 QUICK 格式[46][如式(3-61)~式(3-64)所示],扩散项用二

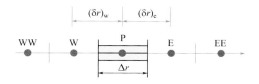

图 3-4 一维问题的计算网格

阶中心方案,时间积分采用 Crank-Nicolson 隐式格式离散。

$$\phi_e = \frac{1}{8}(6\phi_P - \phi_E - \phi_W) + \frac{1}{2}\phi_E^* \qquad u_e > 0 \qquad (3-61)$$

$$\phi_w = \frac{1}{8}(6\phi_W + 3\phi_P) - \frac{1}{8}\phi_{WW}^* \qquad u_w > 0 \qquad (3-62)$$

$$\phi_e = \frac{1}{8}(6\phi_E + 3\phi_P) - \frac{1}{8}\phi_{EE}^* \qquad u_e < 0 \qquad (3-63)$$

$$\phi_w = \frac{1}{8}(6\phi_P - \phi_E - \phi_W) + \frac{1}{2}\phi_W^* \qquad u_w < 0 \qquad (3-64)$$

下标:P,E,W 分别为控制容积中点和东、西面相邻节点。

对于两相流,应同时满足两个连续性方程,且两相共享相同的压力场。Carver 和 Salcudean 将这两个连续性方程结合,并用各自的密度对每个守恒方程进行归一化,得到压力修正公式[47]。这一方案保证了总体质量守恒,数值稳定性/收敛性令人满意,因而得到了广泛的应用,然而理论上它不能保证各相的质量同时守恒。

2. 边界条件

为了求解封闭的控制方程组,需要指定适当的边界条件。对于任何 CFD 问题,都需要选择一个合适的求解域,将所建模的多相系统与周围环境隔离开来。环境对求解域内流动的影响是通过适当的边界条件施加的。常用的 CFD 计算软件中常用的边界条件有入口、出口、对称、周期、壁面等。

对称条件常用于对称求解域问题,以节省计算量。在搅拌槽中,在桨盘下方的中心轴上将强制使用对称条件。在对称面上,法向速度设为零,除法向速度外所有变量的法向梯度设为零,表示为

$$u_{c,r} = u_{c,q} = u_{d,r} = u_{d,q} = 0, \ \partial\phi/\partial r = 0 \ (\phi \neq u_{c,r}, u_{c,q}, u_{d,r}, u_{d,q}) \qquad (3-65)$$

对于圆柱坐标系中的全槽模拟,不应在中心轴强加轴对称条件,因为轴线是流体流动不受任何外部限制的内部点。Zhang 等计算了轴上的速度分量,并将这些值用作圆柱域中的不对称条件[48]。在该方法中,首先更新轴上的非零速度矢量,然后计算如图 3-5 和图 3-6 所示的作为边界的节点处的速度分量。对于交错网格中的径向和角速度分量,水平面上搅拌轴处的速度矢量 $\boldsymbol{u}_{r\theta,0}$,实际上是 r-θ 平面上搅拌

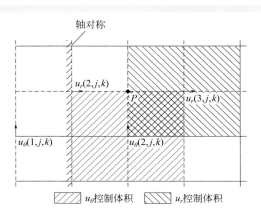

图 3-5　中心轴位置 r-θ 平面上速度分量的控制容积[48]

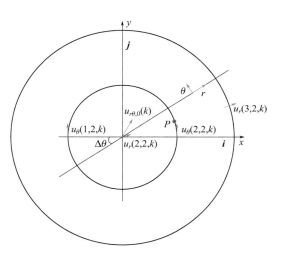

图 3-6　桨盘下方中心轴处 u_r 和 u_θ 分布[48]

轴上所有相邻节点的所有 **u** 矢量的平均值。利用笛卡儿坐标系中的单位矢量 **i** 和 **j**，得到的速度矢量为

$$\begin{aligned}\boldsymbol{u}_{r\theta,0}(k) &= u_{0x}(k)\boldsymbol{i} + u_{0y}(k)\boldsymbol{j} \\ &= \frac{1}{N_\theta}\left\{\begin{array}{l}\sum_j u_r(3,j,k)\left[\cos\left[\theta\left(j+\frac{1}{2}\right)\right]\boldsymbol{i} + \sin\left[\theta\left(j+\frac{1}{2}\right)\right]\boldsymbol{j}\right] + \\ \sum_j u_\theta(2,j,k)\left[\cos\left[\theta(j)+\frac{\pi}{2}\right]\boldsymbol{i} + \sin\left[\theta(j)+\frac{\pi}{2}\right]\boldsymbol{j}\right]\end{array}\right\}\end{aligned} \quad (3\text{-}66)$$

即：

$$u_{0x} = \frac{1}{N_\theta} \left\{ \sum_j u_r(3,j,k)\cos\left[\theta\left(j+\frac{1}{2}\right)\right] + \sum_j u_\theta(2,j,k)\cos\left[\theta(j)+\frac{\pi}{2}\right] \right\} \quad (3\text{-}67)$$

$$u_{0y} = \frac{1}{N_\theta} \left\{ \sum_j u_r(3,j,k)\sin\left[\theta\left(j+\frac{1}{2}\right)\right] + \sum_j u_\theta(2,j,k)\sin\left[\theta(j)+\frac{\pi}{2}\right] \right\} \quad (3\text{-}68)$$

式中 N_θ——θ 方向总网格数，无量纲。

下一步需要将 $u_{r\theta,0}(k)$ 投影到不同方向 [$\theta(j+1/2)$ 或 $\theta(j)$] 的径向坐标轴上，得到 u_r 和 u_θ 的后续解的边界值：

$$u_r(2,j,k) = u_{0x}(k)\cos\left[\theta\left(j+\frac{1}{2}\right)\right] + u_{0y}(k)\sin\left[\theta\left(j+\frac{1}{2}\right)\right] \quad (3\text{-}69)$$

$$u_{0\theta}(j,k) = u_{0x}(k)\cos\left[\theta(j)+\frac{\pi}{2}\right] + u_{0y}(k)\sin\left[\theta(j)+\frac{\pi}{2}\right] \quad (3\text{-}70)$$

$$u_\theta(1,j,k) = 2u_{0\theta}(j,k) - u_\theta(2,j,k) \quad (3\text{-}71)$$

式中 $u_\theta(1,j,k)$——求解 $u_\theta(i,j,k)$ 的扩展边界节点。

下标：0 表示搅拌轴。

结果表明，在不考虑角速度影响的情况下，可以用径向速度分量法来处理轴上的通量。对于其他变量：

$$\phi(0,j,k) = \frac{1}{N_\theta} \sum \phi(2,j,k) \quad (3\text{-}72)$$

更新速度分量的边界值，是保证液体在中心轴上自由流动和湍流三维性的必要条件。

对于槽壁、槽底、挡板、轴、桨和圆盘等固体表面，无滑移条件是适用于速度分量的条件。如采用高雷诺数的 k-ε 或 EASM 湍流模型，壁面函数对于求解固体壁附近节点处的流速和湍流量是必要的。

求解域的上边界（液相自由界面）的处理，对于成功模拟非常重要，特别是对气液或气液固流动体系。对于充气搅拌槽，气体需要入口和出口边界条件。通常，假设上液面是平的，除法向速度外，所有变量的法向梯度都设置为零。为了提高气液体系的数值稳定性，Ranade 提出了另外两种方案[49]。在第一种方法中，如果已知气泡的终端上升速度，可假设气体以此速度离开体系，则上表面可定义为"入口"；槽内无液相加料和卸料时，法向液体速度可以设置为零，而气体法向速度设置为气泡的终端速度；这里的隐含的假设是气泡作为出口从上表面逸出，但上表面的气体体积分数是一个自由变量。另一种方法可以将上表面建模为无剪切壁面，从而自动将液体和气体法向速度设置为零；为了表示逸出的气泡，可以为贴着上表面的所有计算单元定义一个适当的液体区域；这种上表面公式避免了处理气液界面处较大的气含率梯度，在数值计算上更稳定。

第三节　两相流搅拌槽

一、固液体系

工业上广泛使用固液搅拌槽，用于化学反应、结晶等过程。传统的平底搅拌槽适用于单液相和气液系统，而碟形或椭圆底搅拌槽，被广泛用于采用如 Rushton 涡轮桨、斜叶桨和平叶桨等传统搅拌桨，以及如 Lightnin A100、A200 和 A310 等轴流桨搅拌时的固体颗粒悬浮。许多研究都集中在搅拌槽中固含率分布和底部固体临界离底悬浮经验关联式上。近年来，通过激光多普勒测速仪（LDV）、粒子图像测速仪（PIV）和计算机断层扫描（CT）等实验手段，获得了很多关于此类关联式的报道。然而，由于多相流动的复杂性并受测量技术限制，实验测量不足以提供搅拌槽中的固液悬浮机理，或归纳用于设计和放大目的的科学见解。例如，Kohnen 和 Bohnet[50]、Gabriele 等[51] 和 Li 等[52] 使用 LDV 和 PIV 研究固液搅拌槽内速度场时，需要选择合适的固相和液相来匹配两相的折光率，且测量受分散相体积分数的限制，最大能够达到的体积分数为 15%。

近几十年来，对固液悬浮体系进行了广泛的数值模拟研究，开发出多种数学模型和数值计算方法，常用的有欧拉-欧拉和欧拉-拉格朗日两种方法。欧拉-欧拉方法因其较低的计算量，尤其是可以处理高固含率体系而更受欢迎[53]。基于这种方法，文献中报道了大量的模拟工作[7,12,14,20,26,32,53-60]。大多数研究人员用 $k\text{-}\varepsilon$ 模型处理湍流，该模型的主要缺点是假设湍流为各向同性，不能准确预测各向异性湍流流动，然而搅拌反应器内湍流流动的各向异性特征明显。还有另外两种方法，即直接数值模拟（DNS）[61] 和大涡模拟（LES）[62]，也被用于搅拌槽中的固液流动的模拟。然而，若采用欧拉-拉格朗日方法模拟，由于拉格朗日法追踪大量固体颗粒的计算成本非常高，限制了其在中高固含率的液固体系的实际工程应用计算。Feng 等基于欧拉-欧拉方法，建立了两相显式代数应力模型（EASM），对搅拌槽内固液湍流流动进行了数值模拟，比 $k\text{-}\varepsilon\text{-}A_p$ 模型对两相流的预测效果更好[32]。

1. 固体颗粒悬浮

在许多固液搅拌槽中，固体颗粒悬浮状态对产品有着重要的影响。Kraume[63] 和 Bujalski 等[64] 考察了提高搅拌转速时固液搅拌容器中悬浮固体的流动状态（图3-7）。评估固体悬浮搅拌性能的重要参数之一，是反应器内固体完全离底悬浮所需的最小搅拌转速（N_{js}）；超过 N_{js} 后，随着转速的进一步提高，相间传递速率会缓慢增加。

评估 N_{js} 的方法可分为四大类，即直接法、间接法、理论法和基于 CFD 的方

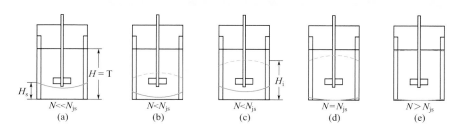

图 3-7 固体悬浮阶段

(蓝实线—底部静态固体，H_s；蓝虚线—悬浮固体–清液层界面，H_i)

法。在基于 CFD 的方法中，Hosseini 等[65]采用了 Mak[66]最先提出的切线交点法。Wang 等采用了基于在最靠近罐底的计算中得到的固体颗粒轴向速度（u_b）代数值的方法，来预测不同桨型对应的 N_{js}[12]。Kee 和 Tan 对固液搅拌槽进行了二维瞬态模拟，并通过监测反应器底附近单元层的固含率 $α_b$ 来进行判断，即所谓的瞬态 $α_b$ 剖面法[67]。Tamburini 等总结了上述方法，分析了它们的优缺点，同时利用滑动网格算法进行了瞬态 RANS 模拟，以评估不同方法预测 N_{js} 是否恰当；引入了一个未悬浮固体颗粒判据（USC）来判断一般控制体积中所含的固体是否应被视为悬浮或未悬浮；在此基础上，提出了充分悬浮转速 N_{ss} 的概念，结果表明，采用充分悬浮转速 N_{ss} 来设计固液反应器比传统的以 N_{js} 为基础更为方便（图 3-8）[68]。

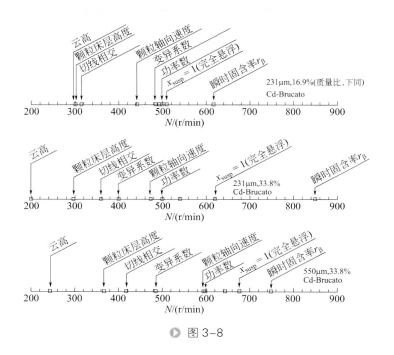

图 3-8

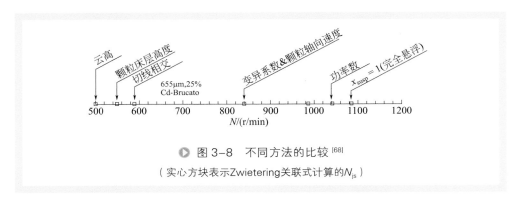

图 3-8　不同方法的比较 [68]

（实心方块表示Zwietering关联式计算的N_{js}）

2. 流场

许多研究的注意力集中在整体流场上。大多数工业搅拌槽在高于 N_{js} 的转速条件下运行。通过观察发现，无论是使用 Rushton 桨[12]还是 70° 斜叶下推桨[4]，固相的流型都与液相的流型相似，这表明细颗粒紧密地跟随着液体流动（图 3-9 和图 3-10）。

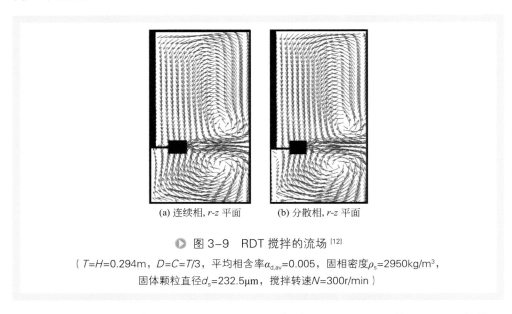

(a) 连续相, r-z 平面　　(b) 分散相, r-z 平面

图 3-9　RDT 搅拌的流场 [12]

（$T=H=0.294$m，$D=C=T/3$，平均相含率 $\alpha_{d,av}=0.005$，固相密度 $\rho_s=2950$kg/m³，
固体颗粒直径 $d_s=232.5$μm，搅拌转速 $N=300$r/min）

Kasat 等对由 11 个转速（$N=2\sim 40$r/s）条件下圆盘式涡轮桨（RDT）搅拌的液固混合过程进行了模拟[56]。如图 3-11 所示，预测的液体流型表明反应器中存在单循环流型。在低转速下，所有固体都沉积在反应器底部（见图 3-12 所示 $N=2$r/s 的固体相含率云图）。反应器底部的固体床层显著降低了搅拌桨的离底高度（即假底部效应），因此即使采用径向流桨，也会导致单循环流型。

随着转速的增加（高于 $N=5$r/s），固体开始从容器底部悬浮（见图 3-12），云高增大，所谓的假底部消失，恢复正常的流动模式（见图 3-12）。在这种模式中，

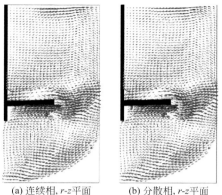

(a) 连续相，r-z平面　　(b) 分散相，r-z平面

▶ 图 3-10　PBTD（下推式斜叶桨）搅拌的反应器流场[4]

（T=300mm，H=420mm，$D=C$=160mm，$\alpha_{d,av}$=0.005，ρ_s=1970kg/m³，d_s=80μm，N=173r/min）

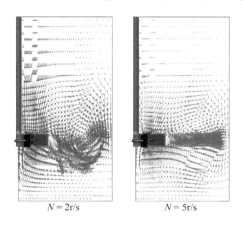

N = 2r/s　　　　　N = 5r/s

▶ 图 3-11　固体颗粒对液相流型的影响[56]

（$T=H$=300mm，$D=C=T/3$，$\alpha_{d,av}$=0.1，d_s=264μm，ρ_s=2470kg/m³）

两个回路之间的交换速率限制了流体整体混合的效率。此外，当固体悬浮在液体中时，部分流体能量在固液界面处耗散，因此由于流体混合的能量减少，混合时间在一定程度上增加。

3. 固体颗粒分布和云高

在固液系统中，根据工艺要求确定储罐内固体的分布是非常重要的。有些工艺仅要求颗粒不沉积在底部，而在某些工艺中则需要固体颗粒完全地离底悬浮。在转速大到使固体颗粒完全离底悬浮时，固体云高度变得非常重要，确定云高的实验以视觉观察法最简单。固相分布均匀性与云高的关系密切（图 3-12），需要对固液相

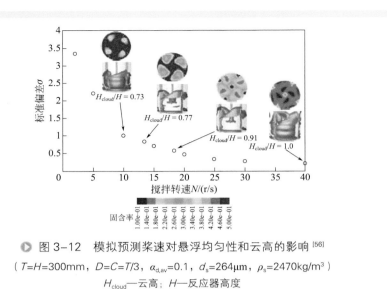

▶ 图 3-12　模拟预测桨速对悬浮均匀性和云高的影响[56]
（$T=H=300mm$，$D=C=T/3$，$\alpha_{d,av}=0.1$，$d_s=264\mu m$，$\rho_s=2470kg/m^3$）
H_{cloud}—云高；H—反应器高度

互作用进行详细的模拟和实验测量。由于实验设备的高成本和技术的局限性，可以采用CFD模拟技术来实现同样的目的。

图3-13中带有径向流桨的搅拌槽内固体颗粒的数值模拟分布表明，最大固体浓度出现在搅拌槽底部的中心，浓度从底部到自由液面逐渐下降。固体浓度等值线图显示，搅拌桨平面下方的一个小的环形区域中浓度较低。在桨平面以上的区域，也有循环流动，但没有低固体浓度的区域。

与Rushton涡轮桨相比，为建立合适的计算网格，轴流式叶轮表面更难处理。Shan等用矢量距离法对一个直径为300mm的无挡板搅拌槽的连续相（水）和分散固体（$\alpha_{av}=0.005$，$\rho_s=1970kg/m^3$，$d_s=80\mu m$）体系进行了数值模拟，采用下推式斜叶开启涡轮桨进行搅拌[4]。从固体颗粒浓度的云图（图3-14）可以看出，桨下方存在浓度相对较高的区域。搅拌槽上部壁面附近的高浓度，是由周向流动的离心力引起的。使用拉格朗日模拟方法也曾得到过类似的结果[62,69]，固体与壁面碰撞从而失去动量，导致液体无法继续携带它们流动。因此颗粒有沉降的倾

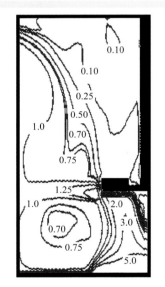

▶ 图 3-13　归一化的固含率云图[12]
（$T=H=0.294m$，$D=C=T/3$，$\alpha_{d,av}=0.005$，$\rho_s=2950kg/m^3$，$d_s=232.5\mu m$，$N=300r/min$）

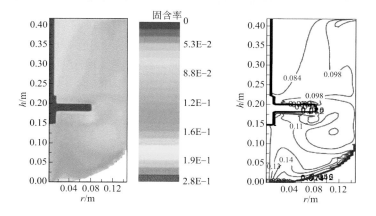

图 3-14 固体颗粒浓度（固含率）分布 [4]

（T=300mm，H=420mm，D=C=160mm，$\alpha_{d,av}$=0.005，ρ_s=1970kg/m³，d_s=80μm，N=173r/min）

向，而不是跟随液相轨迹继续移动。轴附近的浓度很低，这是由中心涡引起的。随着转速的增大，桨下方的浓度也增大，而靠近自由表面和搅拌轴的区域浓度减小。然而，进一步提高速度远超过临界悬浮速度 N_{js} 时，似乎没有办法继续改进搅拌槽内的均匀性。此外，在搅拌桨下方靠近槽底的区域也存在涡流，这可能是由连续相剪切应力较高导致的。

Feng 等基于欧拉-欧拉方法建立了两相显式代数应力模型（EASM），对 Rushton 桨搅拌的固液搅拌槽进行了数值模拟[32]。EASM 预测与 Yamazaki 等的实验数据[70]以及 Wang 等的 k-ε 模型模拟结果[71]进行了比较，如图 3-15 所示。利用现有的 EASM 形式，相较于 k-ε 模型并没有明显的改善。将复杂的相间作用力模型

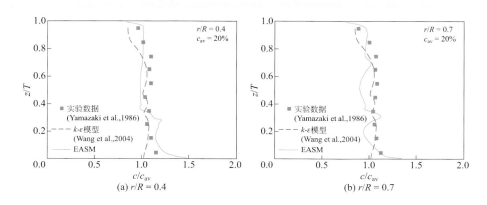

图 3-15 不同径向位置固体浓度的轴向分布 [32]

（T=0.3m，N=800r/min，d_s=87μm，$\alpha_{d,av}$=0.20）

和分散相对雷诺应力的影响纳入 EASM 中，两相 EASM 准确性得到改善。

Maluta 等[72]基于 RANS 方法，研究了湍流模型（k-ε 模型和雷诺应力模型）、相间曳力模型以及湍流耗散力和颗粒动力学模型等对湍流搅拌槽内固体浓度分布等的影响。对于固体颗粒完全离底悬浮的情况，k-ε 模型和雷诺应力模型预测的液相速度场以及流量准数非常接近，固相浓度分布也具有相同的变化趋势，然而雷诺应力模型预测功率数仅为使用 k-ε 模型值的一半；由于完全离底悬浮，固相体积分数不超过 0.2，因此，曳力模型影响可以忽略；但是，在动量方程中添加湍流耗散力后对固相浓度影响非常大，与不考虑湍流耗散力的模拟结果相比，固相浓度沿轴向的分布变化得更加均匀。

一些研究者建立模型来预测固体颗粒云高。在给定的转速下，大部分固体颗粒在流体中被悬浮，形成一个清晰的分界面。Hosseini 等利用 CFD 模型，通过计算垂直平面上的固体浓度等值线估算了云高，同时使用数字摄影技术获得 A310 桨搅拌的随转速变化的归一化云高（图 3-16）[65]。较低转速下，湍流和流体动能将一小部分固体颗粒从槽底悬浮起来。然而，搅拌桨所提供的能量不足以维持固体颗粒一直处于悬浮状态。

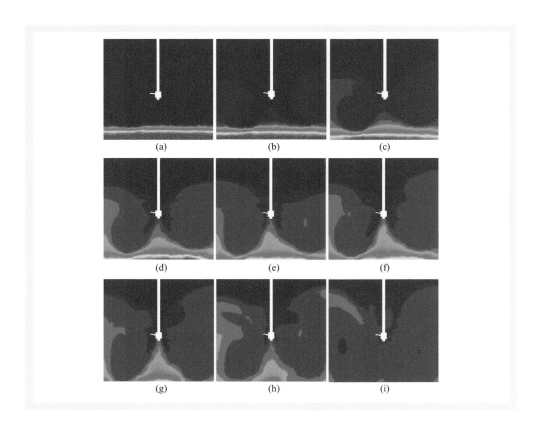

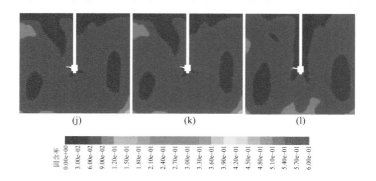

图 3-16　不同叶轮转速下的 CFD 固体浓度分布［A310 桨，$C=T/3$，$X=10\%$
（质量分数），固体颗粒直径 $d_p=210\mu m$］[65]
N（r/min）：（a）150，（b）200，（c）250，（d）280，（e）300，（f）320，
（g）350，（h）400，（i）500，（j）600，（k）700，（l）800

4. 固相运动与液相湍流

在固液搅拌槽中，如果固相浓度很低，则固相与液相流动的轨迹没有太大的差别。Guha 等[14] 采用两种数值方法（即采用 LES 和 $k\text{-}\varepsilon$ 模型）的欧拉方法模拟，并用计算机自动放射粒子追踪法（CARPT）测量数据对稠密固液悬浮液中的模拟结果进行评估[73]。Feng 等也利用这些 CARPT 数据对 EASM 模型评估[32]，图 3-17 给出从 CARPT 实验、LES、$k\text{-}\varepsilon$ 模型和 EASM 模拟得到的搅拌桨平面处固相的平均速度分量和湍流动能的径向分布。从图 3-17（a）和图 3-17（b）中可以看出，尽管所有模型都给出了良好的剖面趋势，EASM 预测的固体速度与 LES 和 $k\text{-}\varepsilon$ 模型预测结果的相比更接近实验数据。同时，所有模型都高估了桨叶外缘处的固体切向速度，但随着离桨距离增大这种差异逐渐减小。$k\text{-}\varepsilon$ 模型的偏差最大，说明各向同性模型不足以处理搅拌槽中的各向异性。图 3-17（c）显示了不同方法对固相湍流动能的比较，可以看出所有模型都高估了固相湍流动能值。然而，EASM 可以很好地预测湍流动能峰值的位置，而 $k\text{-}\varepsilon$ 模型无法描述这一点。值得注意的是，与 $k\text{-}\varepsilon$ 模型相比，LES 模型对湍流动能的预测也没有任何改进。一般来说，即使采用更精确的 LES 模型，数学模型也无法准确预测固体湍流动能。据此推测，现有的模型并没有充分描述颗粒湍流和颗粒-颗粒相互作用。另一方面，对于固液流动，也有可能 CARPT 方法低估了湍流动能，依据之一是 Rammohan 等[74] 曾发现 CARPT 的测量值比 Wu 和 Patterson 的 LDV 数据[75] 低了约 50%。

Feng 等还利用单相和两相 EASM 模型，对固液搅拌槽内的液相湍流进行数值模拟，讨论了颗粒对液相湍流的影响[32]。图 3-18 显示了 EASM 预测值与实验数据在有或无颗粒条件下的轴向平均值和均方根（r.m.s）波动速度的比较。对于单相流

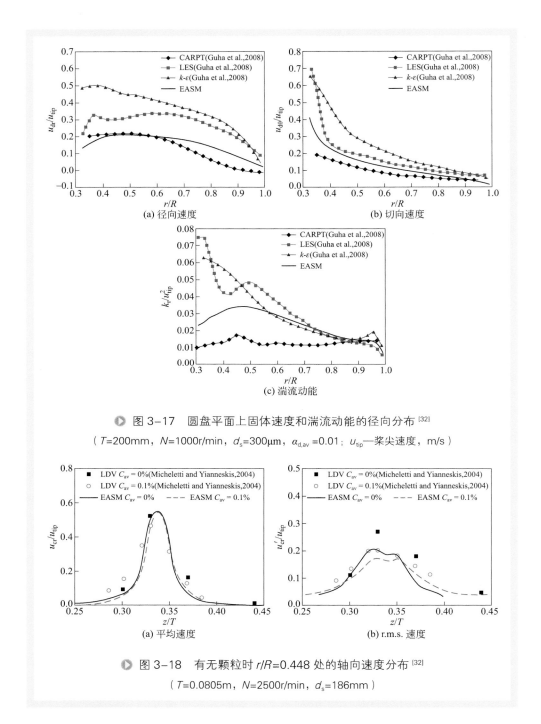

图 3-17 圆盘平面上固体速度和湍流动能的径向分布 [32]

（T=200mm，N=1000r/min，d_s=300μm，$α_{d,av}$=0.01；u_{tip}—桨尖速度，m/s）

图 3-18 有无颗粒时 r/R=0.448 处的轴向速度分布 [32]

（T=0.0805m，N=2500r/min，d_s=186mm）

和固液两相流，EASM 对平均速度的预测与 LDV（激光多普勒测速仪法）数据的一致性很好。然而与实验不同的是，似乎通过数值模拟预测的颗粒存在对平均速度只有很小的影响。对于预测的 r.m.s. 速度，这种影响更为明显，在桨盘平面上可以观察到约 15% 的低估。

二、气液体系

Rushton 圆盘涡轮桨由于能提供强大的剪切力将气泡破碎成较小的气泡，所以常被用于气液搅拌槽中。这里重点讨论 Rushton 圆盘涡轮桨气液搅拌槽内流动的数值模拟研究进展，特别是桨排出流中气含率分布的研究。搅拌槽的气泛指气体没有很好地分散到全槽，而是在浮力的驱使下上升，直接从液相中溢出。为了显示气液搅拌槽的不同气液流动模式，很多研究工作测量了不同搅拌速度、平均气含率条件下局部气含率的空间分布。虽然标准的 k-ε 模型是目前应用最为广泛的模型，但在复杂的应变速率分布下，如强旋流和弯曲线流动，往往会导致计算结果不佳。数值方法和湍流模型的改进对搅拌槽的准确模拟至关重要。

如 Sokolichin 等所述，对研究最多的气泡直径在 2～8mm 之间的空气-水体系，气泡滑移速度相当恒定[76]。由于气液流动结构对滑移速度不太敏感，因此 25 cm/s 左右的恒定滑移速度被证明是空气/水流动的合理近似值，这使在进行数值模拟时不必考虑气泡聚并或破裂，也能得到合理的气、液相流场结构和时均速度场的合理预测。但是涉及搅拌槽反应器中的气液传质时，体积传质系数（$k_L a$）中的局部比表面积 a 取决于 BSD（bubble size distribution），搅拌槽中的 BSD 随操作条件和局部点的不同而变化，因此必须考虑气泡尺寸分布（BSD），不能将气泡直径取为一个固定的常数值。为了对这类过程进行数值预测，通常需要将计算流体力学（CFD）与较精确的粒数衡算模型（PBM）相耦合，也对气泡大小及其空间分布进行预测。

1. 流场和能量耗散

采用两流体模型和 k-ε 双方程模型，Wang 和 Mao 对搅拌槽内气液湍流流动进行了数值模拟，气体和液体速度矢量的典型结果如图 3-19 所示（Rushton 桨，T=450mm，ω=27.8rad/s，Q=1.67×10^{-3}m^3/s）[6]。桨平面上下形成两个大的涡流，类似于单相搅拌槽中的涡流。在右上角由于上升气体的浮力，形成了另一个较小的旋涡。此外，在图 3-19（a）中还观察到，由于气体的浮力作用，叶轮排出的气流有点向上倾斜。在搅拌槽中，气体和液体的运动表现不同。从分布器中冒出的气泡上升到叶轮，由叶轮分散到其他区域。与液相涡流相比，气相涡流区域更小，并且位于不同的位置［图 3-19（b）］。

为了使模拟结果与实验数据相符，对数学模型进行旋流修正是必要的。Zhang 等提出了搅拌槽内气液两相流动的新旋流数 R_s，并将 R_s 引入到能量耗散方程中，对 k-ε 模型进行了相应的修正[77]。图 3-20 显示了由 Rushton 桨搅拌的直径为 288mm 的搅拌槽中沿 r=73mm 和 r=103mm 垂直线的合速度 u 的预测结果与实验数

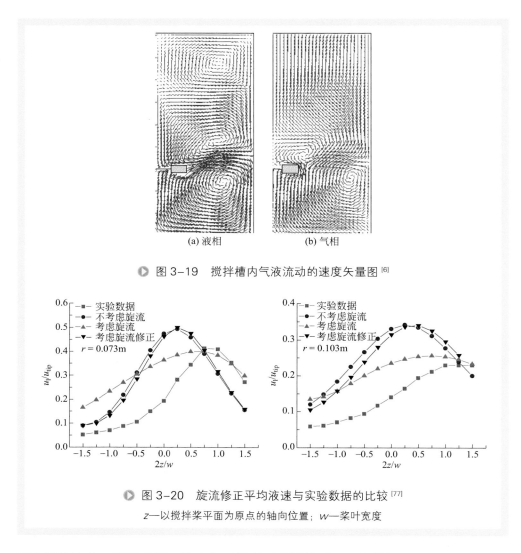

图 3-19 搅拌槽内气液流动的速度矢量图 [6]

图 3-20 旋流修正平均液速与实验数据的比较 [77]

z—以搅拌桨平面为原点的轴向位置；w—桨叶宽度

据之间的比较，结果表明，旋流修正模型可以提供更合理的结果。

近年来，大涡模拟（LES）模型在理解流体流动特性方面显示出巨大的潜力。许多研究尝试将大涡模拟应用于两相流，都采用拉格朗日方法对分散相进行建模 [59,78-81]。但对于计算量大的工程应用，欧拉方法一直是首选。在三维框架中，Zhang 等提出了气液两相流的欧拉 - 欧拉两流体模型，对直径为 288mm 的搅拌槽进行了模拟，图 3-21 给出了位于两个叶片中间的 r-z 平面内气相和液相的瞬时速度矢量图 [82]。很明显，槽内的流型非常复杂，是动态变化的，在气体和液体流场中都有许多小涡，而用 k-ε 模型无法很好地预测这种精细结构。此外在大多数文献中，搅拌槽中的流动是不对称的。图 3-22 显示了不同轴向位置的气体合速度分布与实

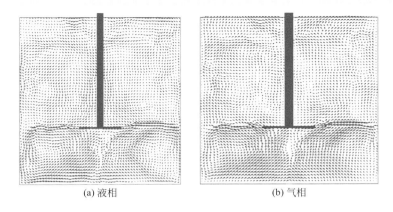

(a) 液相　　　　　　　　　　(b) 气相

▶ 图 3-21　基于 LES 的气液搅拌反应器 r–z 平面瞬时速度场[82]

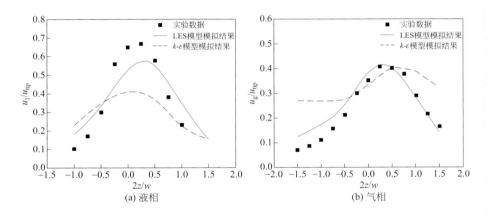

(a) 液相　　　　　　　　　　(b) 气相

▶ 图 3-22　LES 预测的气液搅拌反应器的不同轴直位置速度剖面与实验数据和标准 k-ε 模型预测[83] 的对比（转速 ω=62.8rad/s）[82]

验数据对比，与 k-ε 模型的预测相比，LES 模型的预测更接近实验数据，尤其是在靠近叶轮尖端的位置。这是因为 LES 模型在捕捉叶轮区域和叶轮排出流中湍流各向异性方面更为强大，远优于基于各向同性湍流假设的 k-ε 模型。

能量耗散是搅拌槽中的一个重要特性，因为它可以直接用来衡量搅拌桨向系统输入的能量强度。图 3-23 显示了整个搅拌槽中相邻两个叶片间的垂直截面内单位质量流体的能量耗散分布。液相能量耗散主要集中在搅拌桨的扫过区和排出流区，在叶片边缘和叶片尾迹附近出现极高的耗散率。气液两相体系的液相高能量耗散率区域比单相流的小，说明气泡的存在减少了湍流的产生。值得注意的是，由于气泡的浮力，气体的高能量耗散区域相当大，既在搅拌桨排出流处，也在上部主体涡流区的上部。

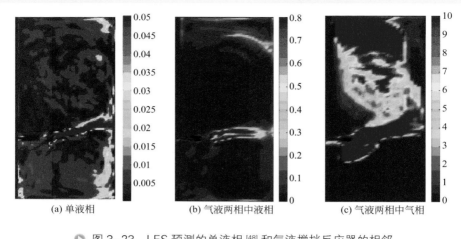

(a) 单液相　　　　　(b) 气液两相中液相　　　　(c) 气液两相中气相

▶ 图 3-23　LES 预测的单液相 [48] 和气液搅拌反应器的相邻两个叶片间 $r\text{-}z$ 平面的液相和气相 [82] 能量耗散（m^2/s^3）

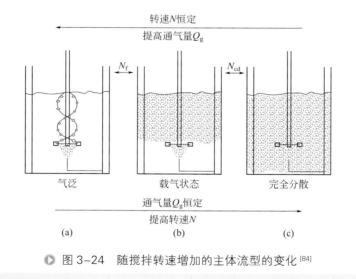

▶ 图 3-24　随搅拌转速增加的主体流型的变化 [84]

2. 气含率和气泛

如图 3-24 所示，气液搅拌槽中有不同的流型，这与通气速率和搅拌桨的泵送能力密切相关 [84]。搅拌反应器一般在完全分散状态或至少在载气状态下运行（气泡能被搅拌桨分散到上部主体循环区）。当气泛发生时，气体的浮力强于叶轮的泵送能力，气泡从分布器垂直上升到反应器的表面。

Wang 等采用气液两相 $k\text{-}\varepsilon$ 模型模拟了安装双层六叶涡轮桨和四个挡板的搅拌槽中流体力学特性，并与粒数衡算模型耦合，确定了气泡尺寸分布 [85]。研究中观测到了通常称为"气泛"的气体模式，如图 3-25 所示 [85]。

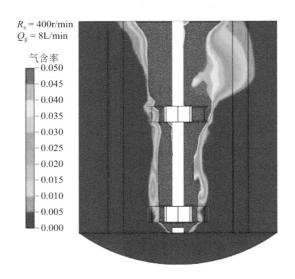

▶ 图 3-25　气液搅拌反应器中被称为"气泛"的气体运行模式的模型预测 [85]

（T=180mm，H=200mm，R_s=400r/min，Q_g=8L/min）

Paglianti 等绘制了气泛/载气转变处的 Froude 数 $Fr=N^2D/g$ 与流量数 $Fl_g=Q_g/(ND^3)$，以关联气泛/载气转变的临界条件 [84]。Wang 等进行了数值模拟预测这种转变 [83]，图 3-26 中的 A 点是气泛到载气状态之间的过渡状态，B 点是在恒定搅拌速度下气体流速增加导致从完全分散到气泛状态过渡的关键条件。模拟数据与 Nienow 等 [86] 和 Paglianti 等 [84] 的数据非常一致，得到的分界线为：

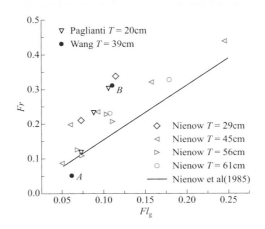

▶ 图 3-26　气泛/载气转换模拟结果与实验数据的比较及修正 [83]

$$Fr = \frac{1}{30}\left(\frac{T}{D}\right)^{3.5} Fl_g \qquad (3\text{-}73)$$

式中 Fr——Froude 数，无量纲；

Fl_g——流量数，无量纲。

然而，图 3-26 中 Fr 和 Fl_g 之间的显著相关性似乎证明了一种典型的非线性关系，而不是线性关系。

Wang 等[83]还实验测量了气含率分布，并与数值预测结果进行了比较，结果如图 3-27 所示。当转速增加时，叶轮排出流中气含率沿径向下降，在桨区附近呈较高水平。模拟结果尽管趋势相同，但数值结果却低得多，这归因于所使用的标准 k-ε 湍流模型，该模型不能解释叶轮附近流动的湍流各向异性。在主流区，由于气液湍流流动更接近是各向同性的，因此模拟结果与实验数据吻合得很好，k-ε-A_p 模型对这种流动的描述也较合理（图 3-28）。

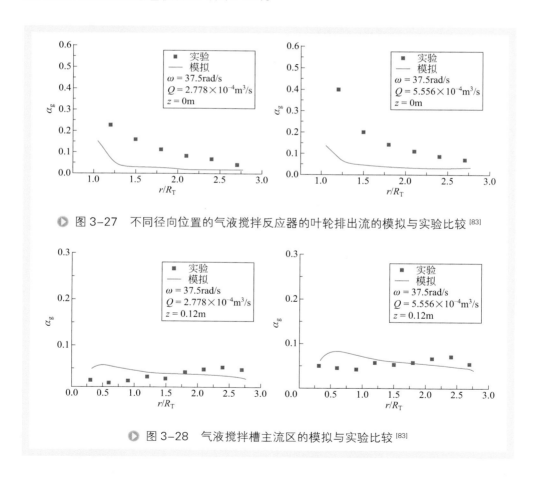

图 3-27　不同径向位置的气液搅拌反应器的叶轮排出流的模拟与实验比较[83]

图 3-28　气液搅拌槽主流区的模拟与实验比较[83]

3. 气泡尺寸分布和传质

局部气泡尺寸分布（BSD）对正确计算曳力和相间耦合模型起着重要作用。气液搅拌反应器中的曳力可写为[87,88]：

$$F_{D,lg} = C_{D,lg} \frac{3}{4} \rho_l \frac{\alpha_g}{d_b} |u_g - u_l|(u_g - u_l) \quad (3-74)$$

下标：b 为气泡；g 为气体；l 为液体。

气泡直径可用面积平均气泡尺寸或 Sauter 直径 d_{32} 计算。当 BSD 分布非常宽时，可将气相按照不同的尺寸范围分为多个分散相，每个分散相都具有特定的体积分数、速度和气泡直径大小。曳力系数 $C_{D,lg}$ 的封闭可以用气泡的终端速度 U_∞ 来表示，例如采用以下方程：

$$C_{D,lg} = \frac{4d_b(\rho_l - \rho_g)g}{3\rho_l U_\infty^2} \quad (3-75)$$

式中，气泡尺寸 d_b 可通过局部平均气泡尺寸（d_{32}）再次评估。

对气泡聚并和破碎引起的 BSD 变化进行建模非常重要，这可能对速度剖面、气体体积分数和相界面面积的局部值产生显著影响。因此，一个完整的二维粒数衡算模型（population balance model, PBM）更可取，其中气泡尺寸 L 和气体成分 ϕ 代表内部坐标。通过数密度函数（number density function, NDF）描述气液系统，定义如下量：

$$n(t, \boldsymbol{x}, \phi, L)\mathrm{d}\phi\mathrm{d}L \quad (3-76)$$

表示单位体积和时间 t 内，大小在 L 和 $L+\mathrm{d}L$ 之间、参数 ϕ 和 $\phi+\mathrm{d}\phi$ 之间气泡的数量。这里的 ϕ 是气泡中化学成分（即氧气）的摩尔绝对量。通过粒数衡算方程（PBE）描述了 NDF 的演变：

$$\frac{\partial n}{\partial t} + \nabla \cdot (\boldsymbol{u}_L n) + \frac{\partial}{\partial L}(Gn) + \frac{\partial}{\partial \phi}(\dot{\phi}n) = h \quad (3-77)$$

式中 G——由于传质而导致的气泡尺寸的连续变化率，s^{-1}；

$\dot{\phi}$——气泡中氧气物质的量，mol；

h——由于不连续事件（如聚并和破碎）而导致的 NDF 的变化率。

Buffo 等[89]利用经典的多流体模型计算了气泡速度，只考虑了曳力、升力和虚拟质量力，其中曳力采用基于表面群气泡终端速度的经验关联式。采用 Higbie 的穿透模型计算传质速率（以及气泡尺寸的变化率），其中平均穿透时间等于 Kolmogorov 时间尺度。采用积分矩方法（QMOM）求解耦合到 CFD 中的 PBE 方程，来预测气液搅拌反应器中的局部气泡尺寸分布[90]。

Petitti 等提出一种将 CFD 和 PBM 耦合起来模拟气液搅拌反应器的方法[90]，采用 QMOM 方法求解粒数衡算方程，其中考虑了聚并和破碎对 BSD 的影响；用两流体欧拉模型描述流场时，采用均匀的气泡终端速度，按局部 Sauter 平均直径（而不是整个 BSD）计算曳力。图 3-29 中报告了 10 个测量点的测量值（点）和预测（连续线）局部 BSD 之间的详细比较。假设 BSD 是两个对数正态分布的总和，由 QMOM 方程的 6 个矩值对局部 BSD 进行重建，然后与实验测定的分布进行比较。总体上，该模型能够定性和定量地描述测量点处气泡直径的变化趋势。较小的气泡位于叶轮（R9）流出区，该位置处湍流更强，气泡破裂的影响更大。相反，气泡最大区域在再循环区（R4，R12），那里的聚并占优势。然而，当涉及 BSD 的详细比较时，很明显预测的 BSD 特征的拖尾比实验结果的长（可能是模型高估了高阶矩）。

Petitti 等[91]研究液相（水）中氧的吸收，对气液搅拌反应器中的传质进行数值模拟。采用多变量总体衡算模型（MPBM），结合欧拉多流体方法，描述了气泡尺寸和成分分布的时空演化。根据湍流耗散率的局部值，用 Lamont 和 Scott 使用的表达式计算传质系数 k_L[92]：

$$k_L = \frac{2}{\sqrt{\pi}} D^{1/2} \left(\frac{\varepsilon_m \rho_L}{\mu_L} \right)^{1/4} \quad (3-78)$$

式中　k_L——气液传质系数，s^{-1}；

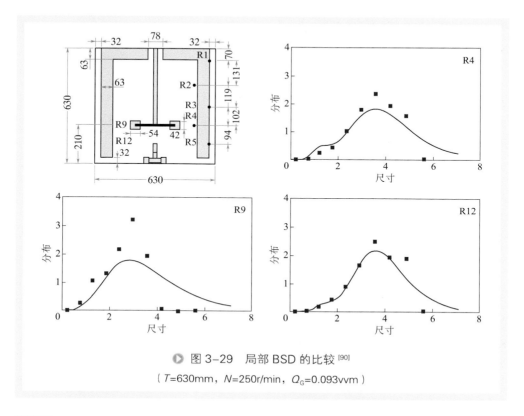

图 3-29　局部 BSD 的比较[90]

（T=630mm，N=250r/min，Q_G=0.093vvm）

D——氧分子扩散系数，m²/s；

ε_m——能量耗散率，m²/s³。

对于氧从气相到液相的传质过程，必须求解液体中氧浓度的对流扩散方程：

$$\frac{\partial(\alpha_c\rho_c\psi_c)}{\partial t}+\nabla\cdot(\alpha_c\rho_c\overline{U}_c\psi_c)-\nabla\cdot(\alpha_c D_c\nabla\psi_c)=S_{\psi_c} \qquad (3\text{-}79)$$

式中 ψ_c——连续液相中溶氧浓度，mol/m³；

$\overline{U}_c$——连续相速度，m/s。

方程式（3-79）右边项是解释气相氧转移的源项，其中按湍流施密特数取值等于0.7来估计湍流扩散对氧在液相中的有效扩散率的贡献。传质方程的源项计算式如下：

$$S_{\psi_c}=\int_{\Omega_L}\int_{\phi_b}n(L,\phi_b)k_L\pi L^2\left(H_{O_2}\frac{\phi_b}{k_v L^3}-\psi_c\right)\mathrm{d}L\mathrm{d}\phi \qquad (3\text{-}80)$$

式中 Ω_L——气泡尺寸区间；

H_{O_2}——O_2的亨利系数。

PBM以NDF的矩为变量来求解，矩的定义如下：

$$M_{k,l}=\int_0^{+\infty}\int_0^{+\infty}n(L,\phi_b)L^k\phi_b^l\mathrm{d}L\mathrm{d}\phi_b \qquad (3\text{-}81)$$

其中 $l=0$

式中 k——阶矩数。

低阶矩非常重要，因为它直接与多相体系的流体力学性质关联。例如，$M_{0,0}$是总气泡数密度，$M_{1,0}$代表总气泡长度密度（单位体积之中的气泡总长度），$M_{2,0}$通过面积形状因子k_a与气泡比表面积a相关：

$$a=k_a M_{2,0}=k_a\int_0^{+\infty}\int_0^{+\infty}n(L,\phi_b)L^2\mathrm{d}L\mathrm{d}\phi_b \qquad (3\text{-}82)$$

搅拌和通气速度分别为250r/min和0.052vvm时，a的分布如图3-30（a）所示；

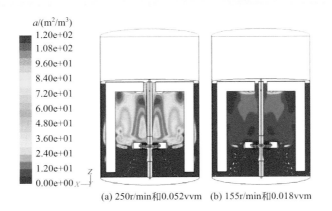

(a) 250r/min和0.052vvm (b) 155r/min和0.018vvm

图3-30 气泡比表面积（a）云图[91]

搅拌和通气速度分别为 155r/min 和 0.018vvm 时，如图 3-30（b）所示；搅拌槽内气泡尺寸分布的变化强烈影响气泡的比表面积。不仅比表面积随操作条件变化而变化，通常随搅拌速度增加而增加，而且其局部值也在整个反应器空间中变化。值得注意的是，湍流耗散率最大值附近的区域（靠近搅拌桨）也是比表面积最大的区域，同时局部传质系数 k_L 也最高，如图 3-31 所示。这两个变量对最终的体积传质系数 k_La 的协同效应可以在图 3-32 中观察到，其中等值线图显示了数量级参数的变化。

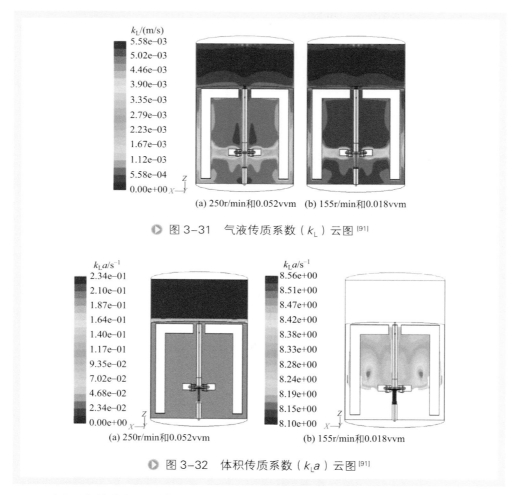

图 3-31　气液传质系数（k_L）云图 [91]

图 3-32　体积传质系数（k_La）云图 [91]

预测的液体中归一化氧浓度的时间演化和测量结果比较，如图 3-33 所示，聚并、破碎和传质子模型中包含一组理论常数，这四种操作条件下的预测结果与实验结果一致。

最近，Nauha 等 [93] 指出现有的文献大多研究小尺度的反应器（最大体积不超过 1m³），而对于工业尺度的反应器研究缺乏。此外，CFD 和 PBM 虽然可以求解气泡尺寸分布，但是模拟多分散相流动计算量仍然不可小觑 [94]。因此，Nauha 等 [93]

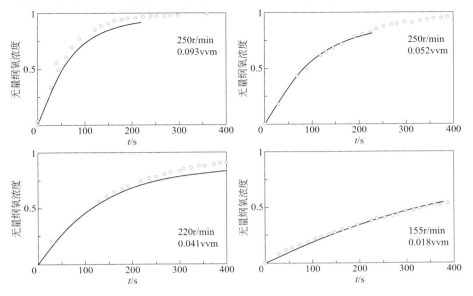

图 3-33　预测液体中无量纲氧浓度的时间演化与实验数据的比较[91]

构建了分区模型，根据反应器内流场特征，将 100 m³ 的三层 Rushton 桨操作的气液搅拌生物反应器分成了 89 个区，联立欧拉多相流模型、气泡聚并模型以及气液传质模型等，分别对三种不同流动机制控制下的情况进行了对比模拟研究。

4. 表面曝气

在气液搅拌反应器中，气体从液体的自由表面被卷吸进入液相成为气泡，这种现象称为表面曝气。表面曝气的一个优势是，它可以通过直接将反应器内顶部空间未反应完的气体重新带到液体中（如图 3-34 所示），从而提高气体反应物的转化率和减少气体回收、循环费用。有许多反应，如加氢、烷基化、氯化、氧化、乙氧基

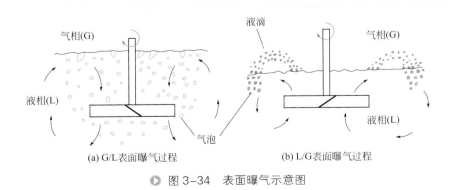

图 3-34　表面曝气示意图

化等，其中气体的单程转化率很小，必须将未反应的气体再循环回反应器，因为气体可能具有毒性或易爆，可能造成安全问题。气体从顶部空间循环回液相，形成一个闭端系统，更容易维护、增加运行可靠性。

两流体方法与 $k\text{-}\varepsilon$ 湍流模型相结合，可用于包括表面曝气在内的搅拌槽内气液流动的数值模拟。表征表面曝气效率的关键因素是从液体表面上方卷吸气体的速率。然而，这个参数很难实验测量，因为气体从表面进入液相的同时，一些气泡可能通过界面流回气相。一种常用的方法是测量液相中气体浓度的变化，并结合多组分的质量守恒推导出表面曝气速率。Topiwala[95] 和 Veljkovic 等[96] 获得了表面曝气速率并建立了经验关联式。王爱华等采用滴加 Na_2SO_3 法测定了不同表面曝气桨搅拌槽中的表面曝气速率[97]。Matsumura 等提供了有用的总表面曝气速率关联式[98]：

$$V_s = 7.15 \times 10^{-6} N^{1.90} D^{3.95} T^{-2.5} \sigma^{-2.40} \mu^{-0.15} \quad (3\text{-}83)$$

式中　V_s——总卷吸速率，m/s；
　　　N——转速，r/min；
　　　D——桨径，m；
　　　T——槽径，m；
　　　σ——表面张力，N/m。

目前，文献中还没有关于局部表面曝气速率的基本方程，尽管它们对于表面曝气搅拌槽的数值模拟是必不可少的。Sun 等提出了局部表面夹带的基本方程[99]，其基本思路是认为表面曝气的机理与表面剪切速率、最大气泡直径、湍流涡流频率、湍流长度尺度、局部能量耗散等几个流体力学特性有关，即

$$v_s = f(\tau, d_{max}, \eta, L, P_v) \quad (3\text{-}84)$$

式中　v_s——局部吸气速率，m/s；
　　　τ——表面剪切速率，s^{-1}；
　　　η——湍流涡流频率，无量纲；
　　　L——湍流长度尺度，m；
　　　P_v——搅拌功率局部耗散，W。

搅拌功率为

$$P_v = \varepsilon \rho_l \quad (3\text{-}85)$$

最大气泡尺寸可以用下式估算：

$$d_{max} = 0.725 \left(\frac{\sigma}{\rho_l}\right)^{\frac{3}{5}} \varepsilon^{-\frac{2}{5}} \quad (3\text{-}86)$$

Uhl 和 Gray[100] 提出了剪切速率与搅拌功率和气泡大小的关系：

$$\tau \propto \rho_l \left(P_v \frac{d_{max}}{\rho_l}\right)^{\frac{2}{3}} \quad (3\text{-}87)$$

此外，Kolmogorov 各向同性湍流理论表明，湍流旋涡的脉动频率及其长度尺度分别为[101]：

$$\eta = \left(\frac{\varepsilon}{\nu}\right)^{\frac{1}{2}}, \quad L = \left(\frac{\nu^3}{\varepsilon}\right)^{\frac{1}{4}} \quad (3-88)$$

式（3-84）～式（3-88）揭示了局部能量耗散率是与上述参数相关的重要因素，最终可直观地假设局部表面通气率是局部能量耗散率的一个复杂函数[99]。根据 Kolmogorov 理论，当雷诺数足够大时，特征速度为：

$$V = (\nu\varepsilon)^{1/4} \quad (3-89)$$

作为实际表面曝气速率方程的第一个近似，假设气体卷吸速度与湍流速度尺度成正比[98]：

$$v_s = k(\nu_1\varepsilon_1)^{1/4} \quad (3-90)$$

系数 k 根据实验数据确定或估计。

此本构方程可作为自由表面边界条件，用于表面曝气的数值模拟。另一个必要的约束：只有当液体的轴向速度分量为负（向下）时，气体才能根据等式（3-90）被卷吸。作为比较，在数值模拟中公式（3-83）也被用作均匀表面曝气的局部速率。Sun 等数值模拟了 T=0.38m、安装了同轴自由旋转、处于自由界面的表面挡板的气液搅拌槽[99]。表面曝气的自旋自浮挡板是 Yu 等提出的专利设备[102]，用于加强表面曝气，期望表面曝气时，RDT 桨安装在自由表面下约 $T/3$ 的深度。无滑移条件适用于挡板下方的表面，并将实验测得的转速指定给此表面挡板。根据式（3-90）或式（3-83）确定曝气速率，表面挡板中的开孔被视为表面曝气的自由表面。

气相和液相速度矢量图（图 3-35 和图 3-36）表明，气体从叶轮区域排放到叶

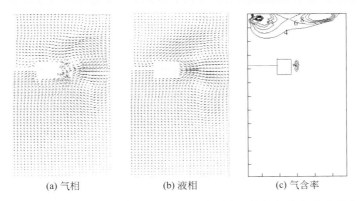

(a) 气相　　　(b) 液相　　　(c) 气含率

▶ 图 3-35　表面曝气搅拌槽的 r–z 平面上的气、液流场和气含率分布[99]

（$T/2$ Rushton 桨；不带自旋挡板；ω=31.4rad/s）

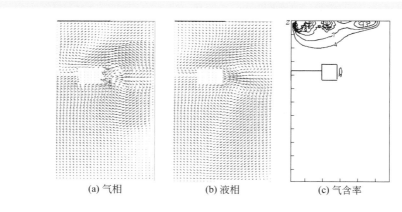

图 3-36　表面曝气搅拌槽的 r-z 平面上的气、液流场和气含率分布[99]
（$T/2$ Rushton桨；带自旋挡板；ω=31.4rad/s）

轮流中，在靠近搅拌桨叶尖处形成两个涡流。气含率等值线图表明，在桨尖附近有一个高的气含率区。靠近表面的另一个再循环区是由垂直向上流动的气体和从液体表面吸入气体相互作用形成的。

对于液体流动，上、下主流区分别形成两个涡，它们相对于叶轮平面较为对称。第三个液体漩涡出现在靠近叶轮轴的表面，实验也曾观察到这种二次流动涡，这个涡导致气泡在那里聚集，形成一个气含率很高的区域。与无表面自旋自浮挡板的结构相比，液面附近的自旋自浮挡板的作用更加明显，下部涡流变弱，同时变得更靠近叶轮平面，下部主流区的气含率较低。然而，由于液面附近挡板的存在，上部主流区的气含率和总气含率均明显增加。更多的空气从自旋自浮挡板的开孔中卷吸进来，第三个气含率峰值出现在表面。

气含率等值线集中在叶轮上方的主流区上半部。另一个具有密集等值线的区域是搅拌桨尖，但出现在下部主流区的线条较少。这表明，强化液相在全槽内的整体循环是保证整个槽内卷吸气体均匀分布的必要条件。湍流模型需要进一步改进，以解释搅拌槽中湍流两相流的旋转和各向异性特性。此外，为了提高数值模拟的精度，在数值程序中气泡尺寸分布是需要解决的另一主要问题。

三、液液体系

在悬浮聚合、化学反应和溶剂萃取等化工和冶金工业过程中，搅拌槽中的液-液分散现象十分普遍。在液-液体系中，搅拌起着控制液滴破碎、聚并和悬浮的重要作用，目的是通过加强一种液体在另一连续相液体中的分散来增加相界面积，从而强化相间的热量/质量传递和化学反应。

然而，两液相之间的流体力学相互作用在决定分散相流体力学性质方面起着重要作用，目前对作用机理的认识还不完全清楚。由于侵入式测量技术可能会干扰流场，高分散相相含率限制了非侵入式光学测量技术（如 LDV 和 PIV）的应用，因此要在液液搅拌槽中对流动结构进行详细的实验测量还面临着很大困难。计算流体力学（CFD）也是研究液-液分散系两相流体力学的一种方便、可行的工具。本节给出基于欧拉方法和 $k\text{-}\varepsilon$ 湍流模型，对搅拌槽内的液-液流动进行了数值模拟的研究进展。与其他两相流相比，数值模拟的困难主要是来源于液滴变形、破碎和聚并，以及液滴内循环的存在等，导致流场有额外复杂性。相间曳力模型和液滴尺寸模型是成功模拟液-液流动的关键。

1. 相间曳力

对于搅拌槽内的多相流，相间曳力与其他相间作用力相比起着更重要的作用。曳力系数关联式的选择需要谨慎，因为它会对流场尤其是相含率的预测起到重要影响。

Laurenzi 等[16]假设液滴为相互间无作用的、在静止液体中上升的、有固定尺寸的刚性球体，模拟中采用了经典的曳力关联式[11]：

$$C_{\mathrm{D}} = \frac{24(1+0.15Re_{\mathrm{d}}^{0.678})}{Re_{\mathrm{d}}}, \quad Re_{\mathrm{d}} < 1000$$
$$C_{\mathrm{D}} = 0.44, \quad\quad\quad\quad\quad Re_{\mathrm{d}} \geqslant 1000 \quad\quad (3\text{-}91)$$

考虑到液滴变形的曳力系数如下[87]：

$$C_{\mathrm{D}} = \frac{24}{Re_{\mathrm{d}}}(1+0.1Re_{\mathrm{d}}^{0.75}) \quad\quad (3\text{-}92)$$

$$Re_{\mathrm{d}} = \frac{d_{\mathrm{d}}|\boldsymbol{u}_{\mathrm{d}}-\boldsymbol{u}_{\mathrm{c}}|\rho_{\mathrm{c}}}{\mu_{\mathrm{m}}} \quad\quad (3\text{-}93)$$

$$\mu_{\mathrm{m}} = \mu_{\mathrm{c,lam}}\left(1-\frac{\alpha_{\mathrm{d}}}{\alpha_{\mathrm{m}}}\right)^{-2.5\alpha_{\mathrm{m}}\frac{\mu_{\mathrm{d,lam}}+0.4\mu_{\mathrm{c,lam}}}{\mu_{\mathrm{d,lam}}+\mu_{\mathrm{c,lam}}}} \quad\quad (3\text{-}94)$$

下标：lam 为层流。

考虑到壁面效应和液滴变形的另一个关联式为[103]：

$$C_{\mathrm{D}} = \left(1+\alpha_{\mathrm{d}}^{\frac{1}{3}}\right)\left(0.63+\frac{4.8}{\sqrt{Re_{\mathrm{d}}}}\right)^{2} \quad\quad (3\text{-}95)$$

$$Re_{\mathrm{d}} = \frac{d_{\mathrm{d}}|\boldsymbol{u}_{\mathrm{d}}-\boldsymbol{u}_{\mathrm{c}}|\rho_{\mathrm{c}}}{\mu_{\mathrm{m}}} \quad\quad (3\text{-}96)$$

$$\mu_{\mathrm{m}} = \mu_{\mathrm{c}}K_{\mathrm{b}}\frac{\frac{2}{3}K_{\mathrm{b}}+\frac{\mu_{\mathrm{d}}}{\mu_{\mathrm{c}}}}{K_{\mathrm{b}}+\frac{\mu_{\mathrm{d}}}{\mu_{\mathrm{c}}}} \quad\quad (3\text{-}97)$$

$$K_a = \frac{\mu_c + 2.5\mu_d}{2.5\mu_c + 2.5\mu_d} \tag{3-98}$$

$$K_b = \exp\left(\frac{5\alpha_d K_a}{3(1-\alpha_d)}\right) \tag{3-99}$$

式中　K_a、K_b——修正系数，无量纲。

Cheng 等通过数值模拟考察分散相相含率的分布，比较了不同的曳力关联式，结果如图 3-37 所示[104]。结果表明：曳力模型对分散相相含率分布有一定的影响；Ishii 和 Zuber[87] 以及 Barnea 和 Mizrahi[103] 的关联式获得了完全相同的预测结果，这表明在计算分散相相含率分布时，液滴变形比壁效应更重要；此外，这两个关联式含有分散相相含率的影响，与实验数据的吻合度明显比经典的 Clift 模型[11] 更好，因此更适合于对搅拌槽内的液-液流动的模拟。

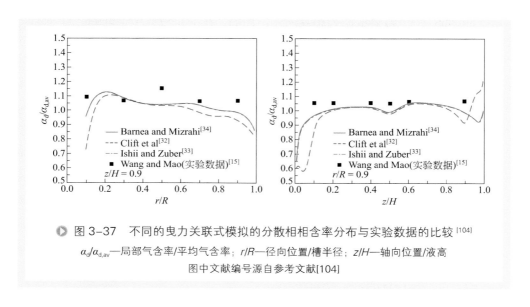

图 3-37　不同的曳力关联式模拟的分散相相含率分布与实验数据的比较[104]

$\alpha_d/\alpha_{d,av}$—局部气含率/平均气含率；r/R—径向位置/槽半径；z/H—轴向位置/液高

图中文献编号源自参考文献[104]

2. 液滴尺寸

液滴大小是重要的参数，它控制着湍流引起的液滴曳力系数的大小增量。液-液搅拌反应器中的液滴尺寸分布主要由分散相相含率、转速和反应器结构等参数控制。文献中有几种评估液-液体系中液滴大小的方法：均一液滴尺寸、经验关联式和粒数衡算方程（PBE）。

（1）均一液滴尺寸　计算液滴大小的最简单方法，是在整个反应器中使用均一的液滴直径。为了比较液滴尺寸对数值结果的影响，Laurenzi 等假设液滴为相互间无作用的、在静止液体中上升的、有固定尺寸的刚性球体，分别采用了 50μm、200μm 和 1000μm 三种尺寸[16]；如图 3-38 所示，液滴大小的影响是显著的，当假

设 d_d 等于 1000μm 时，两种液体保持完全分离状态；而对于其他两种情况，预测到了油滴卷吸出现；相比之下，液滴尺寸为 50μm 的预测更符合实验结果。Cheng 等采用了六种液滴大小，得到了相似的预测结果：液滴尺寸越大，分散相相含率分布越偏离实验结果，如图 3-39 所示；然而，液滴尺寸对流体力学的预测几乎没有影响，主要是因为两相的物理性质（密度、黏度）差别不大[104]。

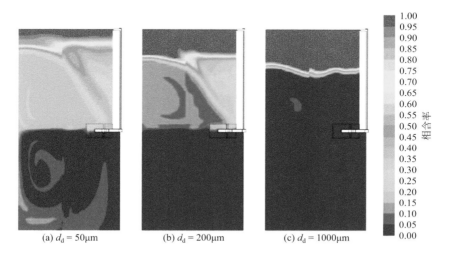

图 3-38 转速 N=3.33s^{-1} 条件下计算的液液搅拌槽内的油滴相相含率图[16]

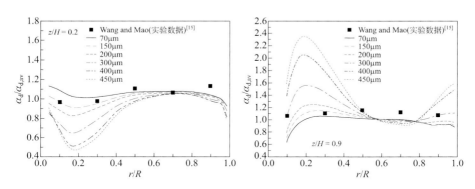

图 3-39 液液搅拌槽内不同液滴尺寸下分散相相含率分布的模拟值与实验数据的比较[104]

图中文献号源自参考文献[104]

均一液滴直径方法虽然方便，有时也能给出合理的定量预测结果，但液-液搅拌槽内液滴直径分布较广，使得采用均一单分散液滴直径时、如何选择合适的液滴直径问题复杂化。此外，液滴尺寸对分散相相含率分布的影响也很显著。这种方法似乎是把液滴大小作为一个可调参数使用，这在 CFD 模拟中是不推荐的。

（2）经验关联式　更好的方法是根据经验关联式计算平均液滴直径，Hinze 首先提出最大稳定平衡液滴尺寸可能与搅拌槽中的最大局部能量耗散率有关，计算式如下[105]：

$$d_{\max} = K_1(\varepsilon_\mathrm{T})_{\max}^{-0.4}\left(\frac{\sigma}{\rho_\mathrm{c}}\right)^{0.6} \quad (3\text{-}100)$$

式中　K_1——常数，无量纲；

ε_T——能量耗散率，m^2/s^3。

假设在平衡时，$d_{\max}$ 与 d_{32} 成正比，而最大局部能量耗散率与平均能量耗散率成正比，从而将关联式重新改写成搅拌桨 Weber 数的形式：

$$d_{32}/D = K_2 We^{-0.6}$$
$$We = \frac{\rho_\mathrm{c} N^2 D^3}{\sigma} \quad (3\text{-}101)$$

式中　K_2——常数，无量纲；

We——Weber 数，无量纲。

在所有这些推导中，分散相体积分数被认为是足够小的。然而，对于高分散相浓度的情况，由于分散相的存在，在远离叶轮的区域发生聚并，因此应考虑分散相体积分数对液滴尺寸的影响。一个较成熟的经验关联式[106]：

$$\frac{d_{32}}{D} = A(1 + \gamma \alpha_\mathrm{d,av})(We)^{-0.6} \quad (3\text{-}102)$$

式中　A，γ——常数，无量纲。

下标：av 表示平均。

许多研究者都发现该式很有效，虽然有报道认为常数 A 和 γ 的取值对于不同体系和操作条件有差异。对于间歇过程，Calderbank[106] 报道的常数 A 和 γ 分别为 0.06 和 9，Brown 和 Pitt[107] 报道的常数为 0.051 和 3.14，van Heuven 和 Beek[108] 给出的常数为 0.047 和 2.5，Mlynek 和 Resnick[109] 给出的常数为 0.058 和 5.4。

这种经验关联式可以给出不同操作条件下的平均滴径，与均一液滴直径方法相比更为合理。但是，对于给定的操作条件，液滴大小也因位置而异，对局部液滴尺寸的计算似乎更有意义。Wang 和 Mao[110] 使用经验关联式估算了液滴直径的局部值：

$$d = 10^{(-2.316+0.672\alpha_\mathrm{d})} \nu_\mathrm{c,lam}^{0.0722} \varepsilon^{-0.914}\left(\frac{\eta g}{\rho_\mathrm{c}}\right)^{0.196} \quad (3\text{-}103)$$

通过能量耗散率的局部值得到了液滴尺寸分布，他们模拟了搅拌槽内的液-液流动和液含率分布，如图 3-40 所示。在 350r/min 的转速下，分散相似乎聚集在反应器顶部的搅拌轴周围，这与实验观察结果一致。当转速增大时，分布逐渐趋于均匀。

（3）粒数衡算方程（PBE）　当采用 RANS 湍流模型时，使用局部液滴尺寸经验关联式不太合适，因为这种方法通常低估了能量耗散率，特别是在桨区。使用粒数衡算方程（PBE）可以更准确地评估液滴大小分布。PBE 是一套数学模型，可以

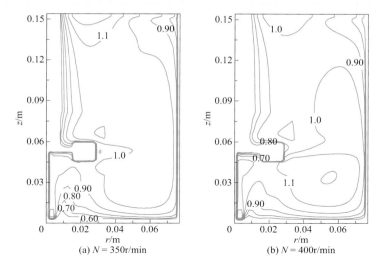

● 图 3-40　预测的液液搅拌槽内液含率分布[110]

z—轴向位置；r—径向位置

预测液滴尺寸分布（DSD）的时间演化，也可以通过分析液滴大小时间演化数据来确定特定信息，如破碎频率、子液滴尺寸分布、碰撞频率和聚并效率。除液-液体系外，PBE 法还广泛应用于结晶、研磨、相间传热传质、多相反应、浮选等过程。

适用于雷诺时均模型系统的 PBE 的一般形式可写为

$$\nabla[\rho \boldsymbol{u} n(v;\boldsymbol{x},t)] - \nabla[\Gamma_{\text{eff}} \nabla[n(v;\boldsymbol{x},t)]] = \rho h(v;\boldsymbol{x},t) \qquad (3\text{-}104)$$

其中

$$h(v;\boldsymbol{x},t) = B^{\text{a}}(v;\boldsymbol{x},t) - D^{\text{a}}(v;\boldsymbol{x},t) + B^{\text{b}}(v;\boldsymbol{x},t) - D^{\text{b}}(v;\boldsymbol{x},t) \qquad (3\text{-}105)$$

源项指的是特定直径或体积的液滴的产生和消失的速率。图 3-41 给出了事件发生的总体方案。$B^{\text{a}}(v;\boldsymbol{x},t)$ 和 $D^{\text{a}}(v;\boldsymbol{x},t)$ 代表由于聚并造成的产生和消失的速率，$B^{\text{b}}(v;\boldsymbol{x},t)$ 和 $D^{\text{b}}(v;\boldsymbol{x},t)$ 代表破碎造成的产生和消失的速率，分别表示为

$$B^{\text{a}}(v;\boldsymbol{x},t) = \frac{1}{2}\int_0^v F(v-\epsilon,\epsilon) n(v-\epsilon;\boldsymbol{x},t) n(\epsilon;\boldsymbol{x},t)\mathrm{d}\epsilon \qquad (3\text{-}106)$$

$$D^{\text{a}}(v;\boldsymbol{x},t) = n(v;\boldsymbol{x},t)\int_0^{+\infty} F(v,\epsilon) n(\epsilon;\boldsymbol{x},t)\mathrm{d}\epsilon \qquad (3\text{-}107)$$

$$B^{\text{b}}(v;\boldsymbol{x},t) = \int_v^{+\infty} g(\epsilon)\beta(v,\epsilon) n(\epsilon;\boldsymbol{x},t)\mathrm{d}\epsilon \qquad (3\text{-}108)$$

$$D^{\text{b}}(v;\boldsymbol{x},t) = g(v)n(v;\boldsymbol{x},t) \qquad (3\text{-}109)$$

式中　$F(v,\epsilon)$ ——液滴体积介于 v 和 ϵ 之间的聚并速率，s^{-1}；

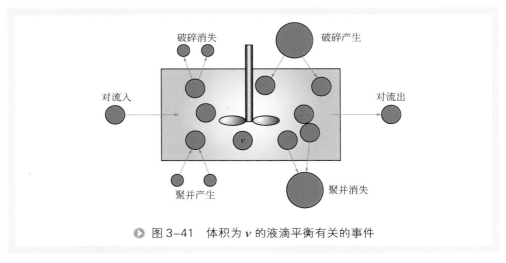

图 3-41 体积为 v 的液滴平衡有关的事件

$g(v)$——破碎频率，s^{-1}；
$\beta(v,\epsilon)$——子液滴尺寸分布，无量纲；
n——颗粒数（液滴数目）。

基于体积的表达式通常通过 $v=k_v L^3$ 转换为基于直径的函数，假定所有液滴都是理想球体，则体积系数为 $k_v=\pi/6$。

聚并速率由液滴碰撞频率和碰撞效率的乘积得出：

$$F(L,\xi)=\eta(L,\xi)\lambda(L,\xi) \tag{3-110}$$

式中 L、ξ——液滴尺寸。

碰撞频率方程和碰撞效率方程如下[111]：

$$\eta(L,\xi)=c_{1,c}\frac{\varepsilon^{1/3}}{1+\varphi_d}(L+\xi)^2(L^{2/3}+\xi^{2/3})^{1/2} \tag{3-111}$$

$$\lambda(L,\xi)=\exp\left[-c_{2,c}\frac{\mu_c\rho_c\varepsilon}{\sigma^2(1+\varphi_d)^3}\left(\frac{L\xi}{L+\xi}\right)^4\right] \tag{3-112}$$

式中 $c_{1,c}$、$c_{2,c}$——常数，无量纲；
φ_d——分散相相含率，无量纲。

至于破碎速率，许多研究者认为液滴破碎是由于液滴-涡碰撞造成的。Coulaloglu 和 Tavlarides 给出了破碎速率方程[111]：

$$g(L)=c_{1,b}\frac{\varepsilon^{1/3}}{(1+\varphi_d)L^{2/3}}\exp\left[-c_{2,b}\frac{\sigma(1+\varphi_d)^2}{\rho\varepsilon^{2/3}L^{5/3}}\right] \tag{3-113}$$

式中 $c_{1,b}$、$c_{2,b}$——常数，无量纲；

要确定子液滴分布，需要知道破碎生成液滴的数量，通常是指定一个固定的数值。大多数研究者假设最大概率的破碎过程为母液滴到两个子液滴的二元断裂，形

成两个大小相等的子液滴。如果直径是粒数衡算方程中使用的变量，β 函数可以写为

$$\beta(L,\xi) = \frac{90L^2}{\xi^3}\left(\frac{L^3}{\xi^3}\right)^2\left(1-\frac{L^3}{\xi^3}\right)^2 \quad (3\text{-}114)$$

Liao 和 Lucas[112] 详细综述了湍流条件下气泡和液滴破碎的机理和模型。分散相破碎机理可以归纳为四类，即湍流波动和碰撞、黏性剪切应力、剪切过程和界面不稳定性。而现有的众多破碎频率模型也可以根据破碎机理进行归类。此外，他们还对现有文献中的破碎频率和子液滴/气泡尺寸分布模型的发展和局限性进行了归纳总结，并提出了可能的改进。

通常，除了一些非常简单的情况，无法得到 PBE 的解析解，只能用数值方法求解 PBE 方程。由于一些源项（如聚并和破碎速率等）不能表示为数密度的函数，因此需要采用一些方法来封闭 PBE 方程，主要有三种方法：粒度分级方法（class method, CM）、蒙特卡罗方法（Monte Carlo method, MCM）和矩方法（moment method, MM），其中 CM 和 MM 方法最为常见。

许多研究者采用 PBE 技术研究了液-液搅拌槽中液滴的粒径分布，模拟中遇到的主要问题是如何计算破碎和聚并模型中的湍流流动参数和模型参数。Alopaeus 等[113] 用粒度分级法模拟了非理想搅拌槽中液-液系统的群体平衡，采用多段搅拌槽模型得到了局部湍流能量耗散和流体流动，他们认为该模型的优点是可以很好地预测分散相的不均匀性和放大规律。Schmelter[114] 推导了数学模型，用于描述影响搅拌槽中液滴尺寸分布的不同现象，采用 RANS 方法和 $k\text{-}\varepsilon$ 湍流模型对湍流流场进行了数值模拟，采用雷诺平均 PBE 方法计算液滴的行为，该方法利用积分项考虑了液滴的聚并和破碎现象，然而，该工作中只考虑了单相流场。Maass 等[115] 用原位光电法研究了搅拌槽内分散相相含率对低黏度液滴尺寸分布的影响。虽然分散相体积分数的增加使液滴间距离减小，但分散相黏度对相含率分布没有影响；此外，使用 PBE 方法计算时，通过实验确定破碎频率模型参数可以很好地用于液滴尺寸的预测。Becker 等[116] 构建现象学的破碎核模型，计算高黏度乳化体系分散相的破碎，并与其他破碎核模型进行了对比，考察分散相黏度的影响下 BSD 分布模拟的准确性；模拟结果表明在输入功耗一定的条件下，分散相黏性越大，或分散相质量分数越大，液滴直径分布越宽，平均直径越大。Gao 等[117] 仅考虑液滴破碎，使用 QMOM 方法求解 PBE，考察了低相含率搅拌槽内液滴尺寸分布，模拟结果表明当分散相相含率很低（0.002 和 0.0038）时，液滴尺寸在整个搅拌槽内分布非常均匀。Li 等[118] 同时考虑液滴破碎和聚并，分别用 EQMOM（extended quadrature method of moments）和 QMOM 方法求解 PBE，对比不同破碎聚并模型对液滴尺寸预测的影响，结果表明采用两节点的 EQMOM 方法计算结果更好。

虽然 PBE 技术能够给出合理的液滴尺寸分布，并已广泛应用于科研中，但却

很少用在工业实际过程中。首先，PBE 的求解使计算量大幅增加；另一方面，目前可用的液滴大小分布信息不足以准确估值聚并和破碎核中出现的参数；此外，由于 RANS 方法无法正确预测湍流动能耗散率，因此液滴粒数衡算模型的应用效果还无法令人满意，导致液滴破碎速率有很大偏差。今后应发展高效的数值方法和更准确的能量耗散率计算模型。

第四节 三相搅拌反应器

与两相流相比，由于存在第三相，三相体系更加复杂。在实验测量中，相含率的分布和相间的热质传递速率难以确定。对于数值模拟而言，两个分散相之间的相互作用和分散相对连续相湍流的贡献，使得控制方程的数值求解更具挑战性。文献中经常报道气-液-固三相系统，但对其他三相系统的研究很少。

一、液液固体系

液液固三相搅拌槽在过程工业中很常见，典型应用包括反应絮凝和固体催化的液液反应等。了解三相流体力学特性，如固体颗粒的悬浮、分散液相的分散及其在搅拌槽中的空间分布，对于确定传热/传质速率，以及此类化学反应器的可靠设计和放大具有重要意义[119]。

1. 实验测量

对于搅拌槽内的液液固三相流动，需要获得分散相的分散状态信息。Wang 等通过取样法对实验室规模的搅拌槽中两种分散相在不同操作条件下的轴向和径向相含率变化进行了实验测量，分别选择自来水、正己烷和玻璃珠作为连续液相、分散液相和固相，用各相体积分数归一化后的测量结果，如图 3-42 所示[119]。可以看出，在 $N=300$r/min 时，较大的局部固含率分布在靠近槽底的位置，而反应器液面附近的局部油含量较大，表明在这样低的转速下，固体和油相都没有充分分散；提高搅拌速度可以明显促进油相在连续相中的分散。此外还观察到，搅拌桨正下方油相的局部相含量大于上部，这可以解释为一些油滴由于良好润湿性而黏附在固体颗粒的表面上；这表明，当引入新的相时，可能会出现更多的相间相互作用方式。

在液液固搅拌反应器中，固相的引入对液滴的破碎和聚并以及液滴的循环都有影响。此外，固相的悬浮也会影响两液相之间的传质。方静等考察了正丁醇-去离子水丁二酸液-液萃取体系，选择不同直径的玻璃珠作为惰性固相，研究了操作条件对传质系数的影响[120]。在较低的搅拌速度下，固相的引入不利于液-液两相之

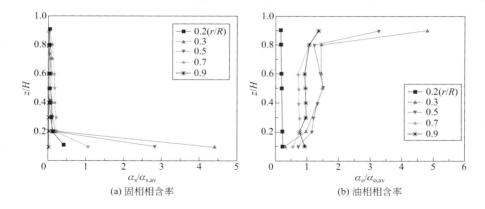

(a) 固相相含率　　　　(b) 油相相含率

图 3-42　液液固搅拌槽内固相相含率和油相相含率轴向分布 [119]

($\alpha_{s,av}$=0.10，$\alpha_{o,av}$=0.10，N=300r/min）

$\alpha_s/\alpha_{s,av}$—固含率/平均固含率；$\alpha_o/\alpha_{o,av}$—油含率/平均油含率；
z/H—轴向位置/液高；r/R—径向位置/槽半径

间的传质；但随着搅拌速度的增加，因为固体颗粒和液滴之间的相对运动产生的涡分离，固体颗粒的存在增强了湍流强度，这有利于液-液传质；搅拌速度越快，固体悬浮越均匀，传质面积越大。传质系数因桨型而异，一般来说，径向流桨的性能要优于轴向流桨；然而，如果固体颗粒悬浮不均匀，则曳力增大会阻碍湍流的发展，对传质也有破坏作用。此外，当粒径超过 100μm 时，粒径对 k_La 产生负面影响 [119,120]。

2. 数值模拟

对于液液固三相流的数值模拟，首选欧拉多流体模型。Wang 等 [119] 考察了体系中水、油和固相之间的相互渗透和相互作用，油相和固相分别以球形分散液滴和颗粒的形式存在，忽略液滴聚并和破碎的影响，压力场由所有三个相共享，各相的运动由各自的质量和动量守恒方程控制，动量方程中的压力梯度要乘以各相的体积分数。

三相流的控制方程与两相流的控制方程相似，雷诺应力通过引入 Boussinesq 假设来模拟。与两相流不同的是，液液固三相流中分散液滴与固体颗粒之间仍存在相互作用，必须对其进行建模。在 Padial 等开发的气液固三相鼓泡塔模型中，基于气泡附近的颗粒趋向于跟随液体的概念，固体颗粒和气泡之间的曳力采用与液体和气泡之间的曳力相同的表达式 [121]。在 Michele 和 Hempel 的模拟中，分散气体和固相之间的动量交换项表示为 [122]：

$$F_{\text{g-s},i} = -F_{\text{s-g},i} = \frac{3\alpha_g \alpha_s C_{\text{g-s}} |\boldsymbol{u}_s - \boldsymbol{u}_g|(u_{si} - u_{gi})}{4d_p} \quad (3\text{-}115)$$

$C_{\text{g-s}}|\boldsymbol{u}_\text{s}-\boldsymbol{u}_\text{g}|$ 通过拟合测定的局部固含率来获得。Wang 等在利用欧拉多相流模型进行液液固三相流计算时,两个分散相被假定为连续相,因此固体颗粒和油滴之间的曳力与连续相和分散相之间的曳力相似[119]:

$$F_{\text{o-s,drag},i}=-F_{\text{s-o,drag},i}=\frac{3\rho_\text{o}\alpha_\text{o}\alpha_\text{s}C_{\text{o-s}}|\boldsymbol{u}_\text{s}-\boldsymbol{u}_\text{o}|(u_{\text{s}i}-u_{\text{o}i})}{4d_\text{s}} \quad (3\text{-}116)$$

上述模型对这种液液固体系的数值模拟的结果较好。在连续和分散相的流场中[图 3-43(a)、图 3-43(b)和图 3-43(c)],清楚地展示搅拌槽中圆盘式涡轮桨在桨平面上方和下方分别存在两个大的环形涡,与文献中报道的两相流动模式相似,并预测了桨平面的高速径向排出流。总的来说,三相的流场在整体上都非常相似。在较低的叶轮转速下,分散的油相速度场呈现向上漂移的趋势,可能是因为密度较低的油相受到向上浮力的推动。固相的时均流场显示出在槽底中心上方有一个小的

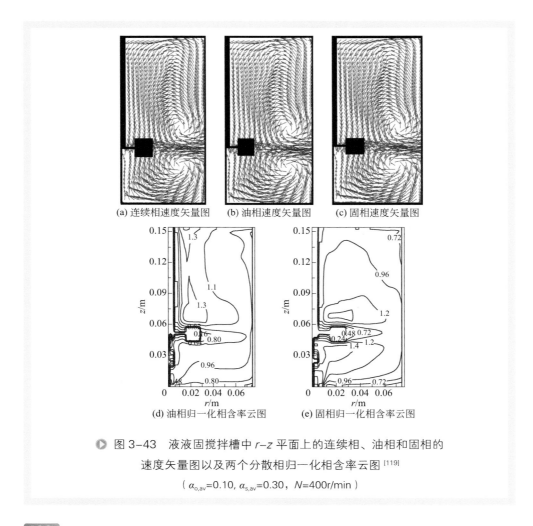

图 3-43 液液固搅拌槽中 r–z 平面上的连续相、油相和固相的速度矢量图以及两个分散相归一化相含率云图[119]
($\alpha_{\text{o,av}}$=0.10,$\alpha_{\text{s,av}}$=0.30,N=400r/min)

回流区，这意味着固体颗粒倾向于在该区沉降。

计算得到的两个分散相的局部相含率，如图 3-43（d）和图 3-43（e）所示，很容易观察到，在低叶轮转速下，油相和固相的分布都不均匀。最大油相含率出现在自由表面的中心，推测是由上部主流区的循环流造成的，这与实验结果定性一致。在较高的搅拌速度下，两种分散相的分布更加均匀。如上所述，由于密度差和底部的环形涡，最大固体浓度位于反应器底部中心。

二、气液液体系

在催化加氢、氢甲酰化、羰基化反应等过程中，常遇到气液液三相体系。禹耕之等研究了自吸气搅拌反应器中气-水-煤油系统的三相分散和气液传质特性[123]。详细讨论了几种搅拌桨的吸气和油相分散的临界转速、吸气速率、气液传质系数和功率消耗。Cheng 等实验测定了气液液搅拌槽内的宏观混合时间[124]。后来，Cheng 等[125]又分别基于各向同性 k-ε 模型和各向异性雷诺应力模型，数值模拟了气液液搅拌槽内的流动和宏观混合性能。

油相分散的临界速度（N_o）意味着油滴在连续相（水）中出现，它反映了叶轮分散油相的能力，N_o 取决于搅拌桨直径和离底安装高度。结果表明：在圆盘式涡轮桨（RDT）上方和下方各安装一个气体分布器，由于其 N_o 值较小，更适合油相分散，这两个气体分布器都有助于形成压力梯度，有助于吸入油相。进气临界转速（N_g）也与搅拌桨直径和离底安装高度有关。White 和 de Villers 提出了一个无量纲数[126]：

$$Fr = \frac{N_g^2 D^2}{gS} \qquad (3\text{-}117)$$

式中　Fr——弗劳德数，无量纲；

N_g——进气临界转速，r/s；

S——桨的浸没深度，m。

实验结果表明，RDT 桨在吸气过程中表现较好。此外，RDT 桨在提高吸气速度（Q_g）方面也起到了很好的作用。

在工业反应器中，油相总是占很大比例。随着油相分数的增加，N_o 值降低，因为油相的量越大，油相和水相的初始界面越靠近桨叶，油滴的初始生成就越容易。油相分数不影响气液界面的深度，这就是为什么油相相含率与 N_g 呈负相关。然而，油相相含率对吸气速率有很大的影响，随着油相相含率的增加，三相体系黏度也随之提高，从而增强了叶片后产生的气穴的稳定性，气穴的存在减小压力梯度，导致吸气量减少。

三、液液液体系

两个水相（丙酮和硫酸铵水溶液的混合物）和油相（环己烷），或者水相和两个油相的组合，构成液液液三相体系。余潜等用 CCD 摄像系统研究了三液相搅拌槽的分散和相分离，结果表明，不同类型的搅拌桨具有不同的分散能力，在该系统中，建议上相至槽底的高度作为分散能力的指标[127]。一般来说，由于垂直叶片产生的剪切力较大，径向叶轮的性能优于轴向叶轮。对于轴流桨，下流式优于上流式。与液固两相系统中的临界悬浮速度相似，Skelland 等定义了获得完全液液分散所需的最低搅拌速度，即足以将一种液体完全分散到另一种液体中的转速[128]。在实验中看到[127]，随着转速的增大，中间液层和最底层液体先相互分散；在上部液体也完全分散到另两个液相时的转速被定义为临界分散速度；相体积比对分散模式有很大影响，中间相体积比的增大对临界转速的影响不大，随着中、底层相体积比的增大，临界转速有增大的趋势[127]。

余潜等根据相分散状态的不同，将三液相体系的相分离过程分为 A 型和 B 型，提出了预测 A 型相分离过程的数学模型（图 3-44）[127]。Cockbain 和 McRoberts 测量了油水界面处单个油/水滴的聚并速率，发现它们在相同尺寸、相同条件下的稳定性是不同的[129]。液滴寿命分布（定义为液滴聚并的时间间隔）为

$$N/N_0 = \mathrm{e}^{-kt} \tag{3-118}$$

式中　N——t 时刻未聚并的液滴数；

　　　N_0——液滴总数；

　　　k——聚并常数。

Gillespie 和 Rideal 通过对液滴与界面之间的膜破裂概率的详细分析，得出了油水界面等尺寸寿命分布方程[130]：

$$N/N_0 = \mathrm{e}^{-k(t-t_0)^{1.5}} \tag{3-119}$$

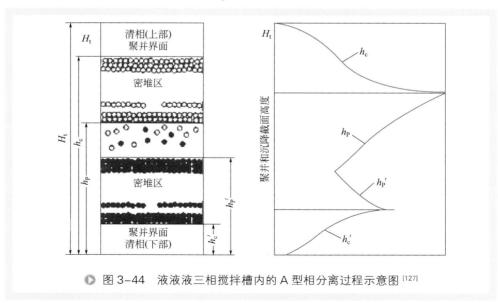

图 3-44　液液液三相搅拌槽内的 A 型相分离过程示意图[127]

式中 t_0——液膜减薄时间,s。

Yu 和 Mao 提出了另一个经验数学模型来代替式(3-118)和式(3-119)[131]:

$$N/N_0 = (1+k_1 t^{k_2})\mathrm{e}^{-k_3 t^{k_4}} \qquad (3\text{-}120)$$

式中 k_1、k_2、k_3、k_4——拟合常数,无量纲。

用高度参数和相含率代替方程式(3-120)中的 N 和 N_0,则方程式(3-120)变为

$$\frac{H_t \varepsilon_T - (H_t - h_C)}{H_t \varepsilon_T} = (1+k_1 t^{k_2})\mathrm{e}^{-k_3 t^{k_4}} \qquad (3\text{-}121)$$

式中 H_t——分散相初始高度,m;

h_C——聚并界面高度,m;

ε_T——分散相初始相含率,无量纲。

可以从方程式(3-121)推导聚并界面的高度 h_C:

$$h_C = H_t(1-\varepsilon_T) + H_t \varepsilon_T (1+k_1 t^{k_2})\mathrm{e}^{-k_3 t^{k_4}} \qquad (3\text{-}122)$$

整个系统中的运动液滴百分比很小,因此可以假设所有未聚并的液滴都集中在密堆积区,因此

$$\frac{(h_C - h_P)\varepsilon_P}{H_t \varepsilon_T} = (1+k_1 t^{k_2})\mathrm{e}^{-k_3 t^{k_4}} \qquad (3\text{-}123)$$

式中 h_P——密堆积区下边界高度,m;

ε_P——密堆积区分散相相含率,无量纲。

得到了密堆积区随时间变化的界面:

$$h_P = H_t(1-\varepsilon_T) + \left(1-\frac{1}{\varepsilon_P}\right) H_t \varepsilon_T (1+k_1 t^{k_2})\mathrm{e}^{-k_3 t^{k_4}} \qquad (3\text{-}124)$$

结果表明,预测结果与实验观测结果吻合较好(图 3-45)。

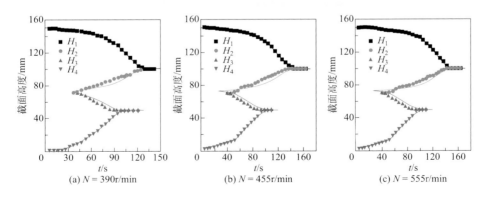

图 3-45 液液液三相搅拌槽内的相分离建模与实验结果[127]

[上推式斜叶桨(PBTU桨)分散]

四、气液固体系

涉及气液固三相的搅拌反应器，在化工、冶金等工业中非常常见，其中固相可作为催化剂、反应物，或者是产物。典型应用包括油品催化加氢、费托合成、对二甲苯氧化、悬浮聚合生产聚合物、矿物氧化浸出和许多其他重要的反应[132]。在这些反应器中，搅拌器在保持固体悬浮的同时，还需要保障气体以气泡的形式均匀地分散。由于与三相系统相关的复杂性，罕见此类三相系统的数学模型和CFD模拟的论文，气液固三相搅拌反应器的设计和放大基本上只能采用经验方法[17,132-134]。

Murthy等[132]、Panneerselvam等[133]和Li等[17]采用欧拉-欧拉多流体方法和标准k-ε湍流模型对气液固机械搅拌反应器中的固体悬浮和气体分散进行了CFD模拟。在动量交换过程中存在多种相间作用力，如曳力、升力和附加质量力，但最主要的相间作用力是由两相间的滑移所引起的曳力。Kopkar等认为在反应器主体流区中虚拟质量力的影响不显著，且Basset力的影响比相间曳力小得多；此外，湍流扩散项仅在搅拌桨排出流中有显著意义[135,136]。同样地，Ljungqvist和Rasmuson也发现，虚拟质量力和升力对模拟固含率的影响很小[7]。因此，为了减少计算时间，建议在一般数值模拟中只考虑相间曳力，非曳力中唯一要考虑的是湍流扩散力[135]。

液相和固相之间的曳力由以下方程式表示：

$$F_{D,LS} = C_{D,LS} \frac{3}{4} \rho_L \frac{\varphi_S}{d_p} |u_S - u_L|(u_S - u_L) \quad （3-125）$$

Li等[17]采用了式（3-8）计算曳力系数。在Murthy等的工作中则采用了Pinelli等[137]提出的曳力系数[132]：

$$\frac{C_{D0}}{C_{D,LS}} = \left[0.4\tanh\left(\frac{16\lambda}{d_p} - 1\right) + 0.6\right]^2 \quad （3-126）$$

然而，在Panneerselvam等[133]的研究中，则采用了Brucato等提出的曳力系数[138]：

$$\frac{C_{D,LS} - C_{D0}}{C_{D0}} = 8.67 \times 10^{-4} \left(\frac{d_p}{\lambda}\right)^3 \quad （3-127）$$

式中 C_{D0}——静止液体中的曳力系数，无量纲。

$$C_{D0} = \frac{24}{Re}\left(1 + 0.15 Re_p^{0.687}\right) \quad （3-128）$$

气相和液相之间的曳力由以下方程式表示：

$$F_{D,LG} = C_{D,LS} \frac{3}{4} \rho_L \frac{\varphi_G}{d_b} |u_G - u_L|(u_G - u_L) \quad （3-129）$$

其中，分散气相对液相施加的曳力系数是通过修正的Brocade曳力模型得出的，该模型考虑了微尺度湍流的相间曳力，并由下式得出[20,139]：

$$\frac{C_{D,LG} - C_D}{C_D} = 6.5 \times 10^{-6} \left(\frac{d_p}{\lambda}\right)^3 \tag{3-130}$$

式中 C_D——静止液体中单个气泡的曳力系数，由下式得出：

$$C_D = \text{Max}\left[\frac{24}{Re_b}(1 + 0.15 Re_b^{0.687}), \frac{8}{3}\frac{Eo}{Eo+4}\right] \tag{3-131}$$

式中 Eo——Eotvos 数，无量纲。

$$Re_b = \frac{|u_L - u_G|d_b}{\nu_L}, \quad Eo = \frac{g(\rho_L - \rho_G)d_b^2}{\sigma} \tag{3-132}$$

此外，还考虑了湍流扩散力，并使用了由 de Bertodano 推导的下列方程[140]：

$$F_{TD} = -C_{TD}\rho_L k_L \nabla \varphi_L \tag{3-133}$$

式中 C_{TD}——湍流扩散系数，湍流扩散系数 C_{TD} 的推荐值在 0.1～1.0 范围内，但在文献中，湍流扩散系数常常取值为 0.1[141,142]。

Murthy 等[132]采用 CFD 方法模拟了气液固三相体系，并与实验数据[143-145]进行了比较，以了解不同桨型（包括 Rushton 涡轮桨、斜叶下推式和上推式涡轮桨）、颗粒尺寸（120～1000μm）和表观气速范围（0～10mm/s）对气含率和固含率（质量分数 0.34%～15%）的影响，如表 3-1 和表 3-2 所示。Panneerselvam 等利用计算流体力学（CFD）模拟，研究了搅拌桨类型、搅拌转速、颗粒尺寸和表观气速对气液固搅拌反应器中临界悬浮转速和相含率云高的影响，结果如图 3-46 和图 3-47 所示[133]。

表 3-1 气液固搅拌槽的总体气含率实验结果[143]与模拟结果的比较[132]

序号	搅拌转速 /(r/s)	通气量 /(m³/s)	气含率（ε_G）/%	
			实验值	预测值
1	3.3	0.57	1.7	1.5
2	4	1.14	2.8	2.5
3	5	2.32	5.6	5

表 3-2 气液固搅拌槽的桨型对临界离底悬浮转速的影响[132]

序号	桨型	临界离底悬浮转速（N_{CS}）/(r/s)	
		实验值	预测值
1	PBTD	6.5	6.5
2	DT	9.2	9.5
3	PBTU	11.1	11.3

注：[d_p=180μm，ρ_p=2520kg/m³，α_p=6.6%（质量分数），V_G= 2mm/s]

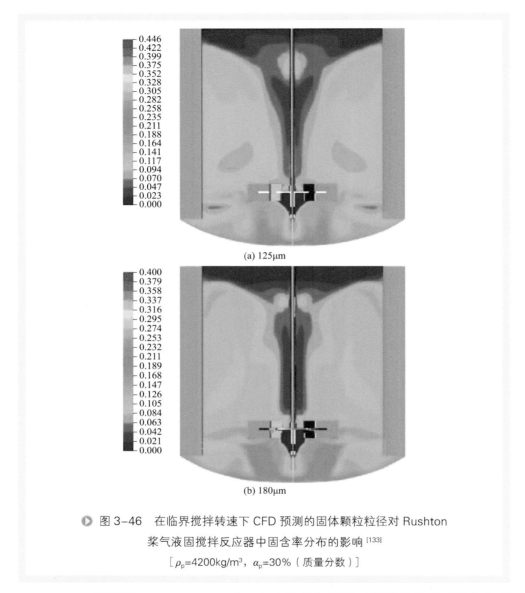

图 3-46 在临界搅拌转速下 CFD 预测的固体颗粒粒径对 Rushton 桨气液固搅拌反应器中固含率分布的影响[133]

[ρ_p=4200kg/m³, α_p=30%(质量分数)]

Murthy 等[132]和 Panneerselvam 等[133]在进行气液固三相搅拌槽模拟研究中用到的相间曳力模型仅是两相体系模型的简单延伸,由于缺乏相关的实验数据,因此难以验证模型在预测相含率分布方面的准确性。Mitramajumdar 等[146]在研究三相鼓泡塔中的相含率分布时发现,在曳力模型中添加第二种分散相存在的影响,预测得到的相含率分布结果与实验结果更加吻合。修正后的曳力模型如下所示:

$$F_{D,LG} = k_G C_{D,LG} \frac{3}{4} \rho_L \frac{\varphi_G \varphi_L}{d_b} | \boldsymbol{u}_G - \boldsymbol{u}_L | (\boldsymbol{u}_G - \boldsymbol{u}_L) \qquad (3\text{-}134)$$

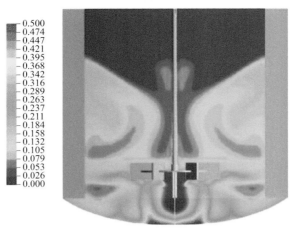
(a) 0

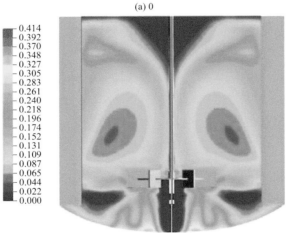
(b) 0.5vvm

图 3-47 在临界搅拌转速下 CFD 预测的通气量对 Rushton 桨气液固搅拌反应器中固含率分布的影响[133]

[d_p =230μm, ρ_p = 4200kg/m³, α_p =30%（质量分数）]

$$k_G = 1/(1-\varphi_S^{0.2}) \quad (3\text{-}135)$$

$$F_{D,LS} = k_S C_{D,LS} \frac{3}{4} \rho_L \frac{\varphi_S \varphi_L}{d_p} |\boldsymbol{u}_S - \boldsymbol{u}_L|(\boldsymbol{u}_S - \boldsymbol{u}_L) \quad (3\text{-}136)$$

$$k_S = 1 - \varphi_G^{0.04} \quad (3\text{-}137)$$

式中　k_G——气含率修正因子，无量纲；

　　　k_S——固含率修正因子，无量纲；

　　　φ_G——气含率，无量纲；

φ_S——固含率，无量纲。

当固含率 $\varphi_S = 0$ 时为气液两相体系，修正因子 $k_G = 1$。当 $\varphi_G = 0$ 时表示液固两相体系，修正因子 $k_S = 1$。

Yang 等[134] 在 Mitramajumdar 曳力模型基础上进行了适当的改进，在气液固三相搅拌槽反应器的数值模拟研究中考察了第三相存在对另外一对分散相-连续相曳力的影响。对于气-液间曳力作用，除了修正相含率以外，同时对气液曳力中所涉及的流体相密度和黏度采用 Einstein 提出的经典公式进行了修正[147]：

$$\mu_{SLU} = \mu_L (1 + 2.5\varphi_S) \quad (3\text{-}138)$$

式中 μ_{SLU}——液固悬浮液黏度，Pa·s。

同时，液固悬浮液的有效密度通过下式来进行计算：

$$\rho_{SLU} = \varphi_S \rho_S + \varphi_L \rho_L \quad (3\text{-}139)$$

式中 ρ_{SLU}——液固悬浮液密度，kg/m³。

最终得到的用来描述气液固三相搅拌槽内作用在气泡上的曳力作用模型如下所示：

$$F_{D,LG} = k_G C_{D,LG} \frac{3}{4} \rho_{SLU} \frac{\varphi_G \varphi_L}{d_b} |\boldsymbol{u}_G - \boldsymbol{u}_L| (\boldsymbol{u}_G - \boldsymbol{u}_L) \quad (3\text{-}140)$$

此外，Yang 等[134] 还对液固曳力模型中所添加的相含率修正因子 k_S 进行了修正，还在模型中耦合了可变气泡尺寸模型：

$$k_S = 1 + \varphi_G^{0.04} \quad (3\text{-}141)$$

$$d_b = 0.68 d_{max} \quad (3\text{-}142)$$

$$d_{max} = 0.725 \left(\frac{\sigma_{LG}}{\rho_{LSU}} \right)^{0.6} \varepsilon_L^{-0.4} \quad (3\text{-}143)$$

Yang 等[134] 基于 Eulerian-Eulerian 观点的"三流体"模型，利用表 3-3 中的模型（3）组合模型数值模拟气液固三相搅拌槽反应器内的宏观流场、局部相含率分布以及气泡尺寸分布（图 3-48～图 3-50），并将模拟结果与实验数据进行了对比（如表 3-3、图 3-51 和图 3-52 所示）。从图 3-51 和图 3-52 可以看出，利用修正后的模型计算得到的结果与实验结果更加吻合。这说明了在气液固三相搅拌槽中，相间作用力模型中体现第二个分散相影响的物理机理是十分必要的。

表 3-3 数值模拟采用的曳力模型和气泡尺寸模型[134]

模型	模型（1）	模型（2）	模型（3）
固-液曳力模型	式（3-125）	式（3-125）	式（3-136）
气-液曳力模型	式（3-129）	式（3-129）	式（3-140）
气泡尺寸	固定的（4mm）	式（3-142）	式（3-142）

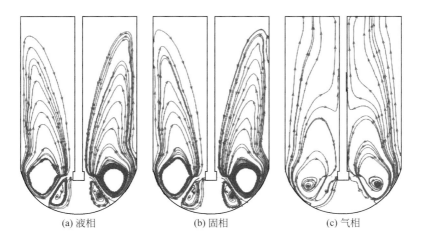

(a) 液相　　　　　　(b) 固相　　　　　　(c) 气相

▶ 图 3-48　单层搅拌桨内气液固搅拌槽内宏观流场 [134]

[N = 450r/min，Q_G = 900L/h，a_s = 4%（体积分数）]

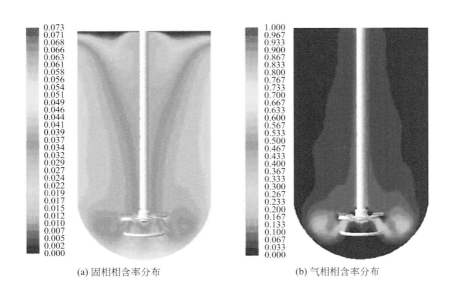

(a) 固相相含率分布　　　　　　(b) 气相相含率分布

▶ 图 3-49

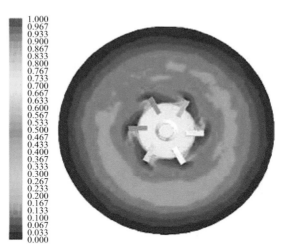

(c) 搅拌桨所在水平面上气相相含率分布

图 3-49　单层搅拌桨内气液固搅拌槽的两分散相相含率分布云图 [134]
[N= 450r/min，Q_G=900L/h，$α_s$= 4%（体积分数）]

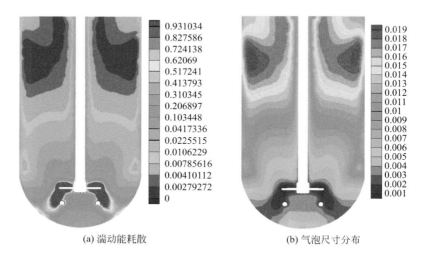

(a) 湍动能耗散　　　　　　　　(b) 气泡尺寸分布

图 3-50　气液固搅拌槽内湍动能耗散和气泡尺寸分布 [134]
[N= 450r/min，Q_G= 900L/h，$α_s$= 4%（体积分数）]

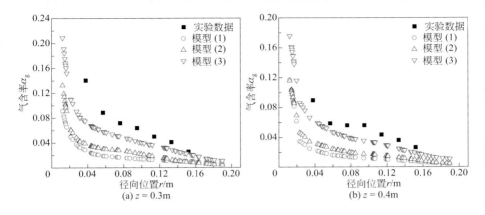

> 图 3-51　气含率分布的模拟值和实验值对比 [134]

[N= 450r/min，Q_G= 900L/h，$α_s$= 4%（体积分数）]

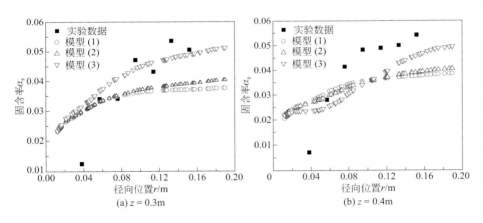

> 图 3-52　固含率分布的模拟值和实验值对比 [134]

[N= 450r/min，Q_G= 900L/h，$α_s$= 4%（体积分数）]

第五节　小结和展望

一、小结

迄今为止，已成功地对搅拌槽内的两相流（固 - 液、液 - 液和气 - 液）进行了数值模拟。欧拉-欧拉模型（两流体模型）因为计算量较小，数值求解速度更快，特别是在高相含率条件下的高效计算能力，使其成为此类模拟的主要方法。已经建立并应用了各种湍流模型，包括稳态模型和瞬态模型。在大多数情况下，液滴或气泡的大小被处理为均一的直径，粒径的经验关联式也被广泛使用，采用粒数衡算方程（PBE）来计算粒径分布可显著提高数值模拟的精度。固体在高相含率条件下的分布、很宽表观气速范围的气泡分散，以及不断变化的液滴特性，已经有深入研究。总体而言，CFD方法越来越成为两相搅拌槽设计和放大的有效工具。

与两相搅拌反应器相比，三相搅拌反应器由于存在两个分散相而更加复杂。对于数值模拟而言，两个分散相之间的相互作用以及分散相对连续相湍流的贡献，使得控制方程的模型封闭和数值求解更具挑战性。对搅拌槽内三相流动和传递的数值模拟研究较少，大部分数值模拟结果也只是与整体或宏观实验结果相比较。这可以归结为两个原因：①三相流的复杂性导致了建立三相流模型的困难，所使用的相间作用力模型是用两相流模型近似的；②目前为止，还没有成熟的实验技术来测量每一相的局部流体力学和传递特性。

二、展望

两相搅拌槽在工业操作条件下的流动更为复杂，包括高分散相相含率和液体流速、大气泡和湍流涡流等，多相流体力学和传递的机理还认识不清，尤其在高浓度的分散相体系中，任何颗粒（气泡、液滴或固体粒子）附近的剪切速率和湍流水平与单个孤立粒子条件下有很大不同。对颗粒群的曳力系数的计算非常重要，应使用实验和CFD方法来加强对颗粒群运动和相互作用机理的研究。此外，要快速准确地预测工业搅拌反应器，还需要发展适当的多相湍流模型、高效算法和大规模并行技术。

为了对三相等复杂多相搅拌反应器进行可靠的计算、设计和工程放大，迫切需要解决以下问题：

① 局部相含率测量技术。测量两个分散相的局部分布很重要，因为对局部分布数据的积累和分析可以帮助我们建立更准确的三相搅拌槽模型，这些数据对于验证新的模型也是必不可少的。文献中报道的各种两相搅拌反应器测量方法也各有缺点，不能直接用于三相等更复杂体系的测量。Honkanen等开发的照相探头已用于四个三相工业体系的实验测量[148]。具有数百万像素以上分辨率的小型图像传感器的发展，为此类照相探头的开发提供了基础。

② 颗粒群曳力系数模型。当前曳力计算模型主要基于静止或剪切流，是在低相含率体系中获得的。有两种方法可以得到颗粒群的曳力系数计算式：将颗粒群的实验数据直接整理为经验关联式，但考虑到现有技术的缺陷和局限性，这种方法实现难度较大；使用理论或数值模拟方法，首先研究单颗粒在连续相中的曳力，然后

研究颗粒间的相互作用。

③ 数值计算技术。k-ε 模型假设湍流各向同性，未来的工作应进一步改进 RANS 模型，如 EASM 和 RSM，以同时提高预测能力和计算效率。需要开发更快、更准确的 LES 模型来验证 RANS 模型的改进版本，特别是对于多种搅拌系统的欧拉-欧拉模拟。为实现工业大型多相反应器的模拟，需要开发高效算法和大规模并行技术。

④ 搅拌反应器多过程耦合模型。搅拌反应器的 CFD 模拟，还需要将传质/传热和复杂化学反应耦合起来，形成完整的反应器数学模型和数值计算技术，用于预测工业搅拌反应器的性能。多相流与宏观混合/微观混合、传递现象和化学反应的耦合，是实现化学反应工程学针对多相反应器准确放大这一最终目标需要解决的关键问题。

参考文献

[1] Li X Y, Yang C, Yang S F, Li G Z. Fiber-optical sensors: basics and applications in multiphase reactors[J]. Sensors, 2012, 12: 12519-12544.

[2] Joshi J B, Nere N, Rane C V, Murthy B N, Mathpati C S, Patwardhan A W, Ranade V V. CFD simulation of stirred tanks: comparison of turbulence models (Part I : Radial flow impellers & Part II : Axial flow impellers, multiple impellers and multiphase dispersions) [J]. The Canadian Journal of Chemical Engineering, 2011, 89(23-82): 754-816.

[3] Paul E, Atiemo-Obeng A, Kresta S. Handbook of industrial mixing: science and practice[M]. New York: John Wiley and Sons, Inc, 2004.

[4] Shan X G, Yu G Z, Yang C, Mao Z-S, Zhang W G. Numerical simulation of liquid-solid flow in an unbaffled stirred tank with a pitched-blade turbine downflow[J]. Industrial & Engineering Chemistry Research, 2008, 47(9): 2926-2940.

[5] Ranade V V, van den Akker H E A. A computational snapshot of gas-liquid flow in baffled stirred reactors[J]. Chemical Engineering Science, 1994, 49(24B): 5175-5192.

[6] Wang W J, Mao Z-S. Numerical simulation of gas-liquid flow in a stirred tank with a Rushton impeller[J]. Chinese Journal of Chemical Engineering, 2002, 10(4): 385-395.

[7] Ljungqvist M, Rasmuson A. Numerical simulation of the two-phase flow in an axially stirred vessel[J]. Chemical Engineering Research and Design, 2001, 79(5): 533-546.

[8] Zhang Y, Bai Y, Wang H. CFD analysis of inter-phase forces in a bubble stirred vessel[J]. Chemical Engineering Research and Design, 2013, 91(1): 29-35.

[9] Ranade V V, Perrard M, Xuereb C, Le Sauze N, Bertrand J. Influence of gas flow rate on the structure of trailing vortices of a Rushton turbine: PIV measurements and CFD simulations[J]. Chemical Engineering Research and Design, 2001, 79(A8): 957-964.

[10] Schwarz M P, Turner W J. Applicability of the standard k-ε turbulence model to gas-stirred baths[J]. Applied Mathematical Modelling, 1988, 12(3): 273-279.

[11] Clift R, Grace J R, Weber M E. Bubbles, drops and particles[M]. New York: Academic Press, 1978.

[12] Wang F, Wang W J, Mao Z-S. Numerical study of solid-liquid two-phase flow in stirred tanks with Rushton impeller-(Ⅰ) Formulation and simulation of flow field[J]. Chinese Journal of Chemical Engineering, 2004a, 12(5): 599-609.

[13] Micale G, Grisafi F, Rizzuti L, Brucato A. CFD simulation of particle suspension height in stirred vessels[J]. Chemical Engineering Research and Design, 2004, 82(9): 1204-1213.

[14] Guha D, Ramachandran P A, Dudukovic M P, Derksen J J. Evaluation of large eddy simulation and Euler-Euler CFD models for solids flow dynamics in a stirred tank reactor[J]. AIChE Journal, 2008, 54(3): 766-778.

[15] Deen N G, Solberg T, Hjertager B H. Flow generated by an aerated Rushton impeller: two-phase PIV experiments and numerical simulations[J]. The Canadian Journal of Chemical Engineering, 2002, 80(4): 638-652.

[16] Laurenzi F, Coroneo M, Montante G, Paglianti A, Magelli F. Experimental and computational analysis of immiscible liquid-liquid dispersions in stirred vessels[J]. Chemical Engineering Research and Design, 2009, 87(4): 507-514.

[17] Li L C, Xu B. Numerical simulation of flow field characterics in a gas-liquid-solid agitated tank[J]. Korean Journal of Chemical Engineering, 2016, 33(7):2007-2017.

[18] Bakker A, van den Akker H E A. A computational model for the gas-liquid flow in stirred reactors[J]. Chemical Engineering Research and Design, 1994, 72(A4): 594-606.

[19] Brucato A, Grisafi F, Montante G. Particle drag coefficients in turbulent fluids[J]. Chemical Engineering Science, 1998, 53(18): 3295-3314.

[20] Khopkar A R, Kasat G R, Pandit A B, Ranade V V. Computational fluid dynamics simulation of the solid suspension in a stirred slurry reactor[J]. Industrial & Engineering Chemistry Research, 2006a, 45(12): 4416-4428.

[21] Khopkar A R, Ranade V V. CFD simulation of gas-liquid stirred vessel: VC, S33, and L33 flow regimes[J]. AIChE Jouranl, 2006b, 52(5): 1654-1672.

[22] Lane G L, Schwarz M P, Evans G M. Numerical modelling of gas-liquid flow in stirred tanks[J]. Chemical Engineering Science, 2005, 60(8-9): 2203-2214.

[23] Zhou L X, Chen T, Liao C M. A unified second-order moment two-phase turbulence model for simulating gas-particle flows[J]. Journal of Engineering Thermophysics, 1994, 185: 307-313.

[24] Hinze J O. Turbulence[M]. New York: McGraw Hill, 1975.

[25] Grienberger J, Hofmann H. Investigations and modelling of bubble columns[J]. Chemical Engineering Science, 1992, 47(9-11): 2215-2220.

[26] Gosman A D, Lekakou C, Politis S, Issa R I, Looney M K. Multidimensional modeling of turbulent two-phase flows in stirred vessels[J]. AIChE Journal, 1992, 38(12): 1946-1956.

[27] Kataoka I, Besnard D C, Serizawa A. Basic equation of turbulence and modeling of interfacial transfer terms in gas-liquid two-phase flow[J]. Chemical Engineering Communication, 1992, 118: 221-236.

[28] Pope S. A more general effective-viscosity hypothesis[J]. Journal of Fluid Mechnics, 1975, 72(2): 331-340.

[29] Gatski T, Speziale C. On explicit algebraic stress models for complex turbulent flows[J]. Journal of Fluid Mechnics, 1993, 254(9): 59-78.

[30] Wallin S, Johansson A. An explicit algebraic Reynolds stress model for incompressible and compressible turbulent flows[J]. Journal of Fluid Mechnics, 2000, 403: 89-132.

[31] Feng X, Cheng J C, Li X Y, Yang C, Mao Z-S. Numerical simulation of turbulent flow in a baffled stirred tank with an explicit algebraic stress model[J]. Chemical Engineering Science, 2012a, 69(1): 30-44.

[32] Feng X, Li X Y, Cheng J C, Yang C, Mao Z-S. Numerical simulation of solid-liquid turbulent flow in a stirred tank with a two-phase explicit algebraic stress model[J]. Chemical Engineering Science, 2012b, 82(12): 272-284.

[33] Launder B E, Reece G J, Rodi W. Progress in development of a Reynolds-stress turbulence closure[J]. Journal of Fluid Mechnics, 1975, 68: 537-566.

[34] Murthy B N, Joshi J B. Assessment of standard k-ε, RSM and LES turbulence models in a baffled stirred vessel agitated by various impeller designs[J]. Chemical Engineering Science, 2008, 63: 5468-5495.

[35] Smagorinsky J. General circulation experiments with the primitive equations: I. The basic experiment[J]. Monthly Weather Review, 1963, 91(3): 99-165.

[36] Ranade V V. Computational fluid dynamics for reactor engineering[J]. Reviews in Chemical Engineering, 1995, 11: 229-289.

[37] Ranade V V, Dommeti S M S. Computational snapshot of flow generated by axial impellers in baffled stirred vessels[J]. Chemical Engineering Research and Design, 1996, 74(4): 476-484.

[38] Ranade V V. An efficient computational model for simulating flow in stirred vessels: a case of Rushton turbine[J]. Chemical Engineering Science, 1997, 52(24): 4473-4484.

[39] Daskopoulos P., Harris C K. Three dimensional CFD simulations of turbulent flow in baffled stirred tanks: an assessment of the current position[J]. Institution of Chemical Engineering Symposium Series, 1996, 140: 1-113.

[40] Brucato A, Ciofalo M, Grisafi F, Micale G. Complete numerical solution of flow fields in baffled stirred vessels: the inner-outer approach[C]. Cambridge: Proceeding of 8th European Conference on Mixing, 1994: 155-162.

[41] Harris C K, Roekaerts D, Rosendal F J J. Computational fluid dynamics for chemical reactor engineering[J]. Chemical Engineering Science, 1996, 51: 1569-1594.

[42] Murthy J Y, Mathur S R, Choudhary D. CFD Simulation of flows in stirred tank reactors using a sliding mesh technique[C]. Cambridge: Proceeding of 8th European Conference on Mixing, 1994: 341-348.

[43] Yang C, Mao Z-S. Mirror fluid method for numerical simulation of sedimentation of a solid particle in a Newtonian fluid[J]. Physical Review E, 2005, 71: 036704.

[44] Wang T, Cheng J C, Li X Y, Yang C, Mao Z-S. Numerical simulation of a pitched-blade turbine stirred tank with mirror fluid method[J]. The Canadian Journal of Chemical Engineering, 2013a, 91(5): 902-914.

[45] Patankar S V. Numerical heat transfer and fluid flow[M]. New York: McGrwa-Hill, 1980.

[46] Freitas C T, Street R L, Frindikakis A N, Keseff J R. Numerical simulation of three-dimensional flow in a cavity[J]. International Journal for Numerical Methods in Fluids, 1985, 5: 561-575.

[47] Carver M B, Salcudean M. Three-dimensional numerical modeling of phase distribution of two-fluid flow in elbows and return bends[J]. Numerical Heat Transfer A, 1986, 10(3): 229-251.

[48] Zhang Y H, Yang C, Mao Z-S. Large eddy simulation of liquid flow in a stirred tank with improved inner-outer iterative algorithm[J]. Chinese Journal of Chemical Engineering, 2006, 14(3): 321-329.

[49] Ranade V V. Computational flow modeling for chemical reactor engineering[M]. New York: Academic Press, 2002.

[50] Kohnen C, Bohnet M. Measurement and simulation of fluid flow in agitated solid/liquid suspensions[J]. Chemical Engineering Technology, 2001, 24: 639-643.

[51] Gabriele A, Tsoligkas A, Kings I, Simmons M. Use of PIV to measure turbulence modulation in a high throughput stirred vessel with the addition of high Stokes number particles for both up- and downpumping configurations[J]. Chemical Engineering Science, 2011, 66: 5862-5874.

[52] Li G H, Gao Z M, Li Z P, Wang J W, Derksen J J. Particle-resolved PIV experiments of solid-liquid mixing in a turbulent stirred tank[J]. AIChE Journal, 2018, 64(1): 389-402.

[53] Tamburini A, Cipollina A, Micale G, Ciofalo M, Brucato A. Dense solid-liquid off-bottom suspension dynamics: simulation and experiment[J]. Chemical Engineering Research and Design, 2009, 87: 587-597.

[54] Micale G, Montante G, Grisafi F, Brucato A, Godfrey J. CFD simulation of particle distribution in stirred vessels[J]. Chemical Engineering Research and Design, 2000, 78: 435-444.

[55] Montante G, Magelli F. Modelling of solids distribution in stirred tanks: analysis of simulation strategies and comparison with experimental data[J]. International Journal of Computational Fluid Dynamics, 2005, 19: 253-262.

[56] Kasat G R, Khopkar A R, Ranade V V, Pandit A B. CFD simulation of liquid- phase mixing in

solid-liquid stirred reactor[J]. Chemical Engineering Science, 2008, 63: 3877-3885.

[57] Montante G, Magelli F. Mixed solids distribution in stirred vessels: experiments and computational fluid dynamics simulations[J]. Industrial & Engineering Chemistry Research, 2007, 46: 2885-2891.

[58] Sardeshpande M V, Juvekar V A, Ranade V V. Hysteresis in cloud heights during solid suspension in stirred tank reactor: experiments and CFD simulations[J]. AIChE Journal, 2010, 56: 2795-2804.

[59] Tamburini A, Cipollina A, Micale G, Brucato A, Ciofalo M. Influence of drag and tubulence modelling on CFD predictions of solid liquid suspensions in stirred vessels[J]. Chemical Engineering Research and Design, 2014, 92: 1045-1063.

[60] Zaheri K, Bayareh M, Nadooshan A A. Numerical simulation of the motion of solid particles in a stirred tank[J]. International Journal of Heat and Technology, 2019, 37(1): 109-116.

[61] Sbrizzai F, Lavezzo V, Verzicco R, Campolo M, Soldati A. Direct numerical simulation of turbulent particle dispersion in an unbaffled stirred-tank reactor[J]. Chemical Engineering Science, 2006, 61: 2843-2851.

[62] Derksen J J. Numerical simulation of solids suspension in a stirred tank[J]. AIChE Journal, 2003, 49(11): 2700-2714.

[63] Kraume M. Mixing time in stirred suspensions[J]. Chemical Engineering Technology, 1992, 15: 313-318.

[64] Bujalski W, Takenaka K, Paolini S, Jahoda M, Paglianti A, Takahashi A, Nienow A W, Etchells A W. Suspensions and liquid homogenisation in high solids concentration stirred chemical reactors[J]. Chemical Engineering Research and Design, 1999, 77(3): 241-247.

[65] Hosseini S, Patel D, Ein-Mozaffari F, Mehrvar M. Study of solid-liquid mixing in agitated tanks through computational fluid dynamics modeling[J]. Industrial & Engineering Chemistry Research, 2010, 49: 4426-4435.

[66] Mak A T C. Solid-liquid mixing in mechanically agitated vessels[D]. London: University of London, 1992.

[67] Kee R C S, Tan R B H. CFD simulation of solids suspension in mixing vessels[J]. The Canadian Journal of Chemcial Engineering, 2002, 80: 721-726.

[68] Tamburini A, Cipollina A, Micale G, Brucato A, Ciofalo M. CFD simulations of dense solid-liquid suspensions in baffled stirred tanks: Prediction of the minimum impeller speed for complete suspension[J]. Chemical Engineering Journal, 2012, 193-194: 234-255.

[69] Ochieng A, Lewis A E. Nickel solids concentration distribution in a stirred tank[J]. Miners Engineering, 2006, 19(2): 180-189.

[70] Yamazaki H, Tojo K, Miyanami K. Concentration profiles of solids suspended in a stirred tank[J]. Powder Technology, 1986, 48: 205-216.

[71] Wang F, Mao Z-S, Shen X Q. Numerical study of solid-liquid two-phase flow in stirred tanks with Rushton impeller-(Ⅱ) Prediction of critical impeller speed[J]. Chinese Journal of Chemical Engineering, 2004b, 12(5): 610-614.

[72] Maluta F, Paglianti A, Montante G. RANS-based predictions of dense solid-liquid suspensions in turbulent stirred tanks[J]. Chemical Engineering Research and Design, 2019, 147: 470-82.

[73] Guha D, Ramachandran P A, Dudukovic M P. Flow field of suspended solids in a stirred tank reactor by Lagrangian tracking[J]. Chemical Engineering Science, 2007, 62: 6143-6154.

[74] Rammohan A R, Kemoun A, Al-Dahhan, M H, Dudukovic M P. Character- ization of single phase flows in stirred tanks via computer automated radio- active particle tracking (CARPT) [J]. Chemical Engineering Research and Design, 2001,79: 831-844.

[75] Wu H, Patterson G. Laser-Doppler measurements of turbulent-flow parameters in a stirred mixer[J]. Chemical Engineering Science, 1989, 44: 2207-2221.

[76] Sokolichin A, Eigenberger G, Lapin A. Simulation of buoyancy driven bubbly flow: established simplifications and open questions[J]. AIChE Journal, 2004, 50(1): 24-45.

[77] Zhang Y H, Yong Y M, Mao Z-S, Yang C, Sun H Y, Wang H L. Numerical simulation of gas-liquid flow in a stirred tank with swirl modification[J]. Chemical Engineering Technology, 2009, 32(8): 1266-1273.

[78] Wang Q Z, Squires K D, Simonin O. Large eddy simulation of turbulent gas-solid flows in a vertical channel and evaluation of second-order models[J]. International Journal of Heat Fluid Flow, 1998, 19: 505-511.

[79] Apte S V, Gorokhovski M, Moin P. LES of atomizing spray with stochastic modeling of secondary breakup[J]. International Journal of Multiphase Flow, 2003, 29: 1503-1522.

[80] Afshari A, Shotorban B, Mashayek F, Shih T I P, Jaberi F A. Development and validation of a multi-block flow solver for large eddy simulation of turbulent flows in complex geometries[C]. Reno: Proceedings of 42nd AIAA Aerospace Sciences Meeting and Exhibit, 2004: 1492-1500.

[81] Shotorban B, Mashayek F. Modeling subgrid-scale effects on particles by approximate deconvolution[J]. Physics of Fluids, 2005, 17(8): 1-4.

[82] Zhang Y H, Yang C, Mao Z-S. Large eddy simulation of the gas-liquid flow in a stirred tank[J]. AIChE Journal, 2008, 54(8): 1963-1974.

[83] Wang W J, Mao Z-S, Yang C. Experimental and numerical investigation on gas holdup and flooding in an aerated stirred tank with Rushton impeller[J]. Industrial & Engineering Chemistry Research, 2006a, 45(3): 1141-1151.

[84] Paglianti A, Pintus S, Giona M. Time-series analysis approach for the identification of flooding/loading transition in gas-liquid stirred tank reactors[J]. Chemical Engineering Science, 2000, 55(23): 5793-5802.

[85] Wang H, Jia X, Wang X, Zhou Z, Wen J, Zhang J. CFD modeling of hydrodynamic

characteristics of a gas-liquid two-phase stirred tank[J]. Appllied Mathematical Modelling, 2014, 38(1): 63-92.

[86] Nienow A, Warmoeskerken M, Smith J, Konno M. On the flooding-loading transition and the complete dispersal condition in aerated vessels agitated by a Rushton turbine[C]. Bedford: Proceedings of the 5th European Conference on Mixing, 1985: 143-154.

[87] Ishii M, Zuber N. Drag coefficient and relative velocity in bubbly, droplet or particulate flows[J]. AIChE Journal, 1979, 25(5): 843-855.

[88] Tomiyama A. Drag, lift and virtual mass forces acting on a single bubble[J]. Pisa: 3rd International Symposium Two-Phase Flow Modelling and Experimentation. 2004: 22-24.

[89] Buffo A, Vanni M, Marchisio D L. Multidimensional population balance model for the simulation of turbulent gas-liquid systems in stirred tank reactors[J]. Chemical Engineering Science, 2012, 70: 31-40.

[90] Petitti M, Nasuti A, Marchisio D L, Vanni M, Baldi G, Mancini N, Podenzani F. Bubble size distribution modeling in stirred gas-liquid reactors with QMOM augmented by a new correction algorithm[J]. AIChE Journal, 2010, 228: 1182-1194.

[91] Petitti M, Vanni M, Marchisio D L, Buffo A, Podenzani F. Simulation of coalescence, break-up and mass transfer in a gas-liquid stirred tank with CQMOM[J]. Chemical Engineering Journal, 2013, 228: 1182-1194.

[92] Lamont J C, Scott D S. An eddy cell model of mass transfer into the surface of a turbulent liquid[J]. AIChE Journal, 1970, 16: 513-519.

[93] Nauha E K, Kalal Z, Ali J M, Alopaeus V. Compartmental modeling of large stirred tank bioreactors with high gas volume fractions[J]. Chemical Engineering Journal, 2018, 334: 2319-2334.

[94] Krepper E, Lucas D, Frank T, Prasser H M, Zwart P J. The inhomogeneous MUSIG model for the simulation of polydispersed flows[J]. Nuclear Engineering and Design, 2008, 238(7): 1690-702.

[95] Topiwala H. Surface aeration in a laboratory fermenter at high power inputs[J]. Journal of Fermentation Technology, 1972, 50: 668-675.

[96] Veljkovic V B, Bicok K M, Simonovi D M. Mechanism, onset and intensity of surface aeration in geometrically similar, sparged, agitated vessels[J]. The Canadian Journal of Chemical Engineering, 1991, 69(4): 916-926.

[97] 王爱华, 禹耕之, 毛在砂. 带自旋自浮挡板的表面曝气装置气液传质特性研究[J]. 石油炼制与化工, 2004, 35(1): 51-55.

[98] Matsumura M, Hideo S, Tamitoshi Y. Gas entrainment in a new entraining fermenter[J]. Journal of Fermentation Technology, 1982, 60(5): 457-467.

[99] Sun H Y, Mao Z-S, Yu G Z. Experimental and numerical study of gas hold-up in surface aerated

stirred tanks[J]. Chemical Engineering Science, 2006, 61(12): 4098-4110.
[100] Uhl V, Gray J. Mixing: theory and practice (vol 2)[M]. New York: Academic Press, 1967.
[101] Frost W, Moulden T. Handbook of turbulence. Volume 1-Fundamentals and applications[M]. New York, London: Plenum Press, 1977.
[102] Yu G Z, Mao Z-S, Wang R. A novel surface aeration configuration for improving gas-liquid mass transfer[J]. Chinese Journal of Chemical Engineering, 2002, 10(1): 39-44.
[103] Barnea E, Mizrahi J. A generalised approach to the fluid dynamics of particulate systems part 2: Sedimentation and fluidisation of clouds of spherical liquid drops[J]. The Canadian Journal of Chemical Engineering, 1975, 53(5): 461-468.
[104] Cheng D, Cheng J C, Yong Y M, Yang C, Mao Z-S. CFD prediction of the critical agitation speed for complete dispersion in liquid-liquid stirred reactors[J]. Chemical. Engineering Technology, 2011, 34(12): 1-13.
[105] Hinze J O. Fundamentals of the hydrodynamic mechanism of splitting in dispersion processes[J]. AIChE Journal, 1955, 1(3): 289-295.
[106] Calderbank P H. Physical rate processes in industrial fermentation. Part I: The interfacial area in gas-liquid contacting with mechanical agitation[J]. Transactions of the Institution of Chemical Engineers, 1958, 36: 443-463.
[107] Brown D E, Pitt K. Drop break-up in a stirred liquid-liquid contactor[J]. Proceeding of Chemeca, 1970, 70: 87-90.
[108] van Heuven J W, Beek W J. Power input, drop size and minimum stirrer speed for liquid-liquid dispersions in stirred vessels[C]. London: Solvent Extraction: Proceedings of the International Solvent Extraction Conference, 1971, 51, 70-81.
[109] Mlynek Y, Resnick W. Drop sizes in an agitated liquid-liquid system[J]. AIChE Journal, 1972,18(1): 122-127.
[110] Wang F, Mao Z-S. Numerical and experimental investigation of liquid-liquid two-phase flow in stirred tanks[J]. Industrial & Engineering Chemistry Research, 2005, 44(15): 5776-5787.
[111] Coulaloglou C A, Tavlarides L L. Description of interaction processes in agitated liquid-liquid dispersions[J]. Chemical Engineering Science, 1977, 32(11): 1289-1297.
[112] Liao Y X, Lucas D. A literature review of theoretical models for drop and bubble breakup in turbulent dispersions[J]. Chemical Engineering Science, 2009, 64(15): 3389-3406.
[113] Alopaeus V, Koskinen J, Keskinen K I. Simulation of the population balances for liquid-liquid systems in a nonideal stirred tank. Part 1. Description and qualitative validation of the model[J]. Chemical Engineering Science, 1999, 54(24): 5887-5899.
[114] Schmelter S. Modeling, analysis, and numerical solution of stirred liquid-liquid dispersions[J]. Computer Methods in Applied Mechnics Engineering, 2008, 197(49-50): 4125-4131.
[115] Maass S, Paulm N, Kraume M. Influence of the dispersed phase fraction on experimental

and predicted drop size distributions in breakage dominated stirred systems[J]. Chemical Engineering Science, 2012, 76: 140-53.

[116] Becker P J, Puel F, Jakobsen H A, Sheibat-Othman N. Development of an improved breakage kernel for high dispersed viscosity phase emulsification[J]. Chemical Engineering Science, 2014, 109: 326-38.

[117] Gao Z M, Li D Y, Buffo A, Podgorska W, Marchisio D L. Simulation of droplet breakage in turbulent liquid-liquid dispersions with CFD-PBM: Comparison of breakage kernels[J]. Chemical Engineering Science, 2016, 142: 277-88.

[118] Li D Y, Gao Z M, Buffo A, Podgorska W, Marchisio D L. Droplet breakage and coalescence in liquid-liquid dispersions: Comparison of different kernels with EQMOM and QMOM[J]. AIChE Journal, 2017, 63(6): 2293-311.

[119] Wang F, Mao Z-S, Wang Y, Yang C. Measurement of phase holdups in liquid-liquid-solid three-phase stirred tanks and CFD simulation[J]. Chemical Engineering Science, 2006b, 61: 7535-7550.

[120] 方静, 杨超, 禹耕之, 毛在砂. 在搅拌槽中含惰性颗粒的液液固三相体系的液液传质特性[J]. 化工学报, 2005, 5(8): 125-130.

[121] Padial N, van der Heyden W, Rauenzahn R, Yarbro S. Three-dimensional simulation of a three-phase draft-tube bubble column[J]. Chemical Engineering Science, 2000, 55: 3261-3273.

[122] Michele V, Hempel D. Liquid flow and phase holdup-measurement and CFD modeling for two- and three phase bubble columns[J]. Chemical Engineering Science, 2002, 57: 1899-1908.

[123] 禹耕之, 王蓉, 毛在砂. 自吸式气液反应器的相分散和传质特性[J]. 石油炼制与化工, 2000, 31(10): 54-59.

[124] Cheng D, Cheng J C, Li X Y, Wang X, Yang C, Mao Z-S. Experimental study on gas-liquid-liquid macro-mixing in a stirred tank[J]. Chemical Engineering Science, 2012, 75: 256-266.

[125] Cheng D, Wang S, Yang C, Mao Z-S. Numerical simulation of turbulent flow and mixing in gas-liquid-liquid stirred tanks[J]. Industrial & Engineering. Chemistry. Research, 2017, 56(45): 13050-13063.

[126] White D, De Villiers J. Rates of induced aeration in agitated vessels[J]. Chemical Engineering Journal, 1977, 14: 113-118.

[127] 余潜, 禹耕之, 杨超, 毛在砂. 液-液-液三相体系的相分散与分相特性. 过程工程学报, 2007, 7(2): 229-234.

[128] Skelland A, Ramsay G. Minimum agitator speeds for complete liquid-liquid dispersion[J]. Industrial & Engineering Chemistry Research, 1987, 26: 77-81.

[129] Cockbain E G, McRoberts T S. The stability of elementary emulsion drops and emulsions[J]. Journal of Colloid Science, 1953, 8: 40-451.

[130] Gillespie T, Rideal E K. The coalescence of drops at oil-water interface[J]. Transaction of the

Faraday Society, 1956, 52: 173-183.

[131] Yu G Z, Mao Z-S. Sedimentation and coalescence profiles in liquid-liquid batch settling experiments[J]. Chemical Engineering Technology, 2004,27(4): 407-413.

[132] Murthy B N, Ghadge R S, Joshi J B. CFD simulations of gas-liquid-solid stirred reactor: Prediction of critical impeller speed for solid suspension[J]. Chemical Engineering Science, 2007, 62: 7184-7195.

[133] Panneerselvam R, Savithri S, Surender G D. CFD modeling of gas-liquid-solid mechanically agitated contactor[J]. Chemical Engineering Research and Design, 2008, 86: 1331-1344.

[134] Yang S F, Li X Y, Yang C, Mao Z-S. CFD simulation and experimental measurement of bubbles and particles distributions in a gas-liquid-solid stirred reactor[J]. Industrial & Engineering Chemistry Research, 2016, 55: 3276-3286.

[135] Khopkar A R, Aubin J, Xureb C, Le Sauze N, Bertrand J, Ranade V V. Gas-liquid flow generated by a pitched blade turbine: PIV measurements and CFD simulations[J]. Industrial & Engineering Chemistry Research, 2003, 42: 5318-5332.

[136] Khopkar A R, Rammohan A, Ranade V V, Dudukovic M P. Gas-liquid flow generated by a Rushton turbine in stirred vessel: CARPT/CT measurements and CFD simulations[J]. Chemical Engineering Science, 2005, 60: 2215-2222.

[137] Pinelli D, Nocentini M, Magelli F. Solids distribution in stirred slurry reactors: influence of some mixer configurations and limits to the applicability of a simple model for predictions[J]. Chemical Engineering Communication, 2001, 188(1): 91-107.

[138] Brucato A, Ciofalo M, Grisafi F, Micale G. Numerical prediction of flow fields in baffled stirred vessels: a comparison of alternative modeling approaches[J]. Chemical Engineering Science, 1998b, 53: 3653-3684.

[139] Khopkar A R, Kasat G R, Pandit A B, Ranade V V. CFD simulation of mixing in tall gas-liquid stirred vessel: role of local flow patterns[J]. Chemical Engineering Science, 2006b, 61: 2921-2929.

[140] de Bertodano L M A. Turbulent bubbly two-phase flow in a triangular duct[D]. New York: Rensselaer Polytechnic Institute, Troy, 1992.

[141] Cheung S C P, Yeoh G H, Tu J Y. On the modeling of population balance in isothermal vertical bubbly flows-Average bubble number density approach[J]. Chemical Engineering and Processing, 2007, 46: 742-756.

[142] Lucas D, Kreppera E, Prasserb H M. Use of models for lift, wall and turbulent dispersion forces acting on bubbles for poly-disperse flows[J]. Chemical Engineering Science, 2007, 62: 4146-4157.

[143] Chapman C M, Nienow A W, Cooke M, Middleton J C. Particle-gas- liquid mixing in stirred vessels. part Ⅲ: Three phase mixing[J]. Chemical Engineering Research and Design, 1983, 60:

167-181.

[144] Rewatkar V B, Raghava Rao K S M S, Joshi J B. Critical impeller speed for solid suspension in mechanical agitated three-phase reactors. 1. Experimental part[J]. Industrial & Engineering Chemistry Research, 1991, 30: 1770-1784.

[145] Zhu Y, Wu J. Critical impeller speed for suspending solids in aerated agitation tanks[J]. The Canadian Journal of Chemical Engineering, 2002, 80: 1-6.

[146] Mitramajumdar D, Shah Y, Farouk B. Hydrodynamic modeling of three-phase flows through a vertical column[J]. Chemical Engineering Science, 1997, 52(24) : 4485-4497.

[147] Einstein A A. New determination of molecular dimensions[J]. Annals of Physics, 1906, 324(2): 289-306.

[148] Honkanen M, Eloranta H, Saarenrinne P. Digital imaging measurement of dense multiphase flows in industrial processes[J]. Flow Measurement and Instrumentation, 2010, 21(1): 25-32.

第四章

气升式环流反应器

第一节 引言

气升式环流反应器（airlift loop reactor）是由鼓泡塔改进而来的新型定向流动反应器，它综合了鼓泡塔和搅拌反应器的性能，其突出优点包括无运动部件、低功耗、较好的质量和热量传递特性、良好的固体悬浮、均匀剪切和快速混合[1,2]。环流反应器已广泛用于化工和生物技术领域中，典型的工艺如煤直接液化[3,4]、发酵[5]、废水处理[6]和微生物或细胞培养[7-9]。在这些应用中，准确预测反应器中气体输入导致的液体循环量是此类反应器设计的关键[10]。一般来说，环流反应器分为两类。一种是依靠外部通道形成循环的外环流反应器，其中上升管和降液管之间的液体循环是通过连接两个独立腔室的管道而实现的。另一种是在反应器内部形成流体循环的内环流反应器，通过一个垂直的挡板或导流筒将反应器分成上升管和降液管。外环流反应器通常在顶部分离区可达到几乎完全的气体分离，从而在上升和降液两区间形成较大的流体密度或静压力差；这导致较少的气体再循环和较高的液体循环量，从而增强了液体混合。值得注意的是，这两类环流反应器中的液体都呈现定向的周期性循环流动。

由于多相流的复杂特性，尽管关于环流反应器的研究已经取得了一些重要的成果，但现阶段环流反应器的设计和放大仍然存在一定的困难。随着计算机硬件和软件的飞速发展，以及数值算法和流体力学理论的快速进步，计算流体力学（computational fluid dynamics, CFD）近年来已被广泛应用于化学反应器的设计，也被认为是一种重要的过程强化研究手段。采用数值模拟方法设计反应器的第一步是建立、采用正确的数学模型，即推导出可以准确描述反应器中关键物理传递和反应过程的数学模型。然而，数值模拟方法的难点在于耦合恰当的湍流封闭模型、准确地表达界面传递通量和反应速率，以及准确描述气泡聚并和破裂等多相流涉及的物理过程。采用多相流体模型须要在计算精度和实际模拟需要的计算负荷之间达到平衡。众所周知，多相流的模拟无论采用二维还是三维模型，都可能出现数值不稳定性，这可归因于采用了低精度离散化、相间较大的密度差、极低气含率或液含率下相间相互作用的不正确封闭，以及在这些流动系统中可能出现的大梯度流场或流动不连续等，这些问题亟须进一步研究。迄今为止，对局部空间和时间尺度的物理理解仍然非常有限，并且数学建模的研究仅局限于较低气含率的情况[11]。

本章详细介绍了近年来计算流体力学中关于传递现象（包括动量、质量与热量传递）以及化学反应的数学模型和数值计算方法的研究进展，从而为环流反应器中气液鼓泡流的流体力学特性准确预测提供指导，有利于实现环流反应器的过程强化。本章对这些机理性数学模型的表现进行了评估，对环流反应器中的实验和理论研究进展（包括流体力学、宏观混合和微观混合、浆态床混合与分离过程强化）进行评述，为环流反应器的设计和放大提供借鉴。

第二节　气液多相流的流型识别

一般认为，气-液或气-液-固反应器中的流体力学的特征在于不同的流动型态，可分为均匀气泡流（homogeneous regime）、过渡流（transitional regime）和不均匀气泡流（heterogeneous or churn-turbulent flow regime）三个典型流型，其主要取决于表观气速。此外，当大气泡受器壁和导流筒之间的空间所限制时，在小直径的管中就会观察到另一种流型，即弹状流（slug flow）。然而，这种弹状流流型一般不会在大直径的工业反应器中发生[12]。在低表观气速下一般会遇到均匀气泡流，其特征是具有较窄的气泡尺寸分布、均匀的径向气含率分布和轻微的气泡间相互作用。因此，在该流型中可以忽略气泡间的聚并和破碎影响。如果使用高效的气体分布器，在空气-水体系中，鼓泡塔中可维持均匀鼓泡流型的表观气速高达3cm/s。在环流反应器中，由于循环液体对气液流动的稳定作用，均匀气泡流可以延伸到更高的表观气速。

在较高的表观气速下，流动变得不稳定，不能继续保持状态均匀。气泡之间的聚并会形成大气泡，并与较小的气泡一起以较大的速度上升；这种流型被称为不均匀气泡流，其显著特征在于具有较宽的气泡尺寸分布和不均匀的径向气含率分布。

大气泡的存在是不均匀气泡流的典型特征，可用于流型识别。过渡流介于均匀气泡流和不均匀气泡流之间。值得注意的是，当使用性能不佳的气体分布器时，在所有的气体流速下都会导致不均匀气泡流的存在。在不同的流型下，气泡之间的相互作用是不同的。因此，为了反应器的安全设计、操作、控制和放大，准确认识不同流型下的流体力学及流型转变是非常重要的。

一般来说，不同体系的流体力学、传热/传质和混合行为有很大的差异，可以根据气泡直径分布的变化来进行流型识别。垂直管道中的典型流动模式如图 4-1 所示（左侧是气含率的三维虚拟侧投影，而右侧是气含率的二维纵剖面分布），这些示例的参数如表 4-1 所示。

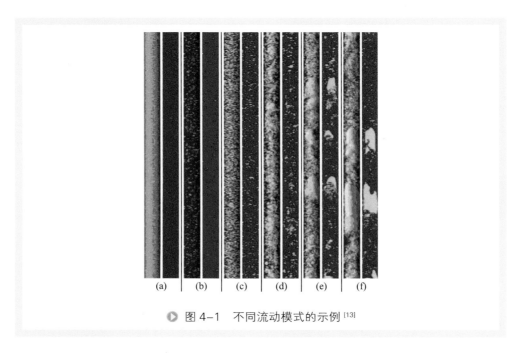

图 4–1　不同流动模式的示例 [13]

表 4-1　图 4-1 中不同流型的参数 [13]

序号	表观液速 u_l/(m/s)	表观气速 u_g/(m/s)	流　型
（a）	4.047	0.2190	均匀分散
（b）	0.405	0.0096	有壁面峰的气泡流
（c）	0.405	0.0574	过渡流
（d）	1.017	0.2190	有中心峰的气泡流
（e）	1.017	0.3420	气泡直径有双峰分布的气泡流
（f）	1.017	0.5340	弹状流

实验和数值模拟研究都表明，大气泡主要在管中心区域上升，上升速度比较快，而小气泡易在管壁附近形成壁面峰，使气含率的径向分布比较均匀。一般而言，气含率随着表观气速的增加而增加。然而，这种增加的趋势在均匀气泡流和非均匀气泡流中表现出不同的特征：均匀气泡流中的平均气含率随着表观气速的增加几乎呈线性增加，而在非均匀气泡流中这种增加变得不太明显。

研究报告涉及许多气泡流动中的流型转变，并提出了多种识别流型转变的实验方法。通常这些识别方法可分为两种类型[14]：一种类型是基于气含率[12]或漂移通量（drift flux）[15]相对于表观气速的急剧变化，或者床层塌落法（dynamic gas disengagement technique）[16]；另一种类型是基于一些信号处理方法对动态信号的分析，如统计分析（statistical analysis）[17]、分形理论（fractal analysis）[18]、混沌分析（chaotic analysis）[19]、谱分析（spectral analysis）[18]和时频分析（time-frequency analysis）[20]。近年来，还开发了基于理论分析的流型预测方法，如线性分析（linear analysis）[15]和粒数衡算模型（population balance model，PBM）[21]。

在鼓泡塔和气升式环流反应器中通过气含率相对于表观气速的变化而确定的典型流型转变示意图，如图4-2所示[12]。从图中可以看出，在均匀气泡流中，气含率相对于表观气速直线的斜率大于或接近1（s/m），并且该直线穿过坐标原点。然而，在非均匀气泡流中，其斜率远小于1[15]。从图4-2（a）中可以看出，多孔气体分布器在3cm/s的表观气速下可达到线性增加区域的极限，也就是对应于均匀气泡流流型的上限。当表观气速高于9cm/s时，非均匀气泡流开始出现，此时气含率相对于表观气速的曲线处于局部极小值。如上所述并如图4-2（b）所示，由于环流反应器中存在着整体液相循环，故流型转变可发生在相对较高的表观气速下。因此，在约5cm/s的时候，才达到其均匀气泡流极限；并且当表观气速大于15cm/s后，非均匀气泡流才会居主导地位。然而，仅仅通过斜率的微小变化来准确判断流型转变是非常困难的，需要采用一些其他替代的方法，如Zuber[22]提出的漂移通量分析。

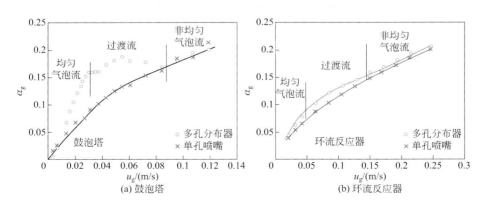

图4-2 鼓泡塔和环流反应器中气含率随表观气速的变化趋势[12]

虽然环流反应器中的气含率和传质系数比鼓泡塔中的值要略低，但是环流反应器中的液体整体定向循环可带来以下益处。首先，有利于均匀悬浮固体催化剂颗粒，这使得可以在较低表观气速下操作环流反应器，不需要担心固体颗粒的沉积。其次，在环流反应器中气含率和体积传质系数随系统性质和操作参数的变化（如表观气速、压力、温度、液体黏度和固体浓度）不如鼓泡塔那么明显。这是因为当气含率由于操作条件的变化（如表观气速的增加）而增加时，液体循环速度相应地也会增加，从而对气含率和体积传质系数的增加具有抑制作用。因此，这两类反应器的流体力学特征存在着显著的差异。

第三节　环流反应器的流动型态

一、单级内环流反应器的流动型态

单级内环流反应器内的气液流动型态可以根据 Heijnen[23] 的归类分成图 4-3 所示的三种。在低通气量的情况下，循环液速小于气泡的滑移速度，循环液体不能够把气泡夹带到降液管，即为流动型态 I（regime I）。在中等气量的情况下，部分气泡被夹带到降液管，但是不能再进入上升管，此时的循环液速等于气泡的滑移速度，为流动型态 II（regime II）。随着表观气速进一步地增加，在通气量足够大的情况下，循环的液体能够将气泡夹带回上升管，此时循环液速大于气泡的滑移速度，称为流动型态 III（regime III）。

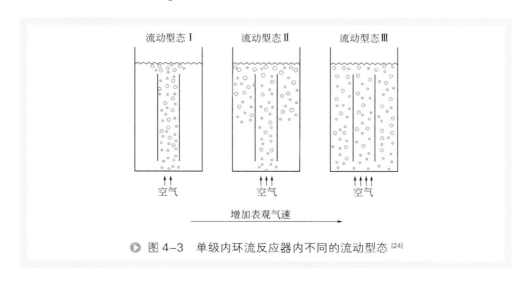

图 4-3　单级内环流反应器内不同的流动型态[24]

对于微藻和微生物的培养，为了防止剪切力过大导致细胞的死亡以及从节能角度考虑，一般在流动型态Ⅰ操作；而对于一般化学、石化工业应用的内环流反应器来说，通常处于流动型态Ⅲ。对于小气泡的反应体系，气泡很容易携带到反应器的底部，而对于大气泡，会比较困难，因此循环气量大小主要与气体分布器的分布性能、导流筒的长度和循环液速相关[24]。

二、多级内环流反应器的流动型态

对于大型工业环流反应器，由于其高径比比较大，若采用单级长导流筒，会常常处于环流反应器的流动型态Ⅱ且降液管中气含率比较低，即使非常大的表观气速也无法使气体在上升管和降液管之间形成固定循环，降液管中的气相关键组分会由于长时间滞留和传质而消耗殆尽，不利于反应的进行。因此，在这种条件下，可采用在长导流筒上开孔[25]，或者将长导流筒分段从而形成多级内环流反应器。相对于单级内环流反应器，多级内环流反应器具有单级内环流反应器的优点，而且其导流筒采用多级结构，在较低表观气速下即可达到流动型态Ⅲ，即气泡在降液管分布比较均匀，解决了单级内环流反应器在流动型态Ⅱ时降液管上部气含率较大而下部较小的问题，并且混合时间也比单级的短。然而，目前关于多级内环流反应器的研究报道比较少。为了防止气体在下游降液管中的逆流"串气"（即在湍流的作用下，部分气体从上一级的上升管直接进入下一级的降液管而与降液管中的液体形成逆流的短路流动）而导致流动紊乱，现有研究侧重于在两导流筒之间设计内构件进行导流[26]或各级分段进气[27]，甚至为了减少返混和提高慢反应的转化率，将大高径比的环流反应器通过复杂的内构件进行级间串联[28-30]。虽然这些多级内环流反应器有着突出的混合和反应性能，但是操作非常复杂，放大困难，反应器流体力学状态的不稳定性较高。再加上多级内环流反应器的各级之间相互影响，其设计和操作比较困难。因此，在实际工业应用中，简单、无内构件的环流反应器更受青睐。对于简单的多级内环流反应器，在导流筒直径和高度一定的情况下，级间隙高度和表观气速为影响各级混合、传质、传热和反应性能的重要因素，因此在不同的表观气速下，其流动型态有显著的差异。

陶金亮[31]在多级内环流反应器的实验研究中发现：由于气体分布器的高度与第一级导流筒底部齐平，多级内环流反应器的第一级出现与传统单级内环流反应器一样的三种流动型态；但在多级内环流反应器的第二级和第三级则出现与单级内环流反应器三种传统典型流动型态完全不同的流动型态[32-34]。除第一级外，其他各级根据其内气泡的流动特点也可分为三种流动型态，陶金亮[31]将其分别定义为非正常流动型态A（abnormal regime）、过渡流动型态B（transitional regime）和正常流动型态C（regular regime），如图4-4所示。

研究发现[31]，在简单多级内环流反应器中，在间隙高度一定时，各级的三种

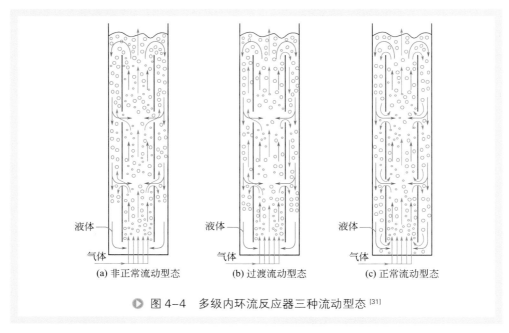

(a) 非正常流动型态　　(b) 过渡流动型态　　(c) 正常流动型态

图 4-4　多级内环流反应器三种流动型态[31]

流动型态具有以下显著特点：

① 在较低表观气速下且表观气速低于某一临界值 U_{glc} 时，第一级处于常规单级内环流反应器的流动型态Ⅰ或者流动型态Ⅱ；而其他各级处于多级内环流反应器的非正常流动型态 A（abnormal regime），此时上一级上升管中的气泡到达导流筒顶部后，大部分气泡仍会进入下一级的上升管，然而有一些气泡会通过级间隙直接进入下一级的降液管，易形成上升管高气含率、降液管低气含率的分布。

② 表观气速在一定量的范围内，即表观气速大于某一最低临界值 U_{glc} 且小于某一最大临界值 U_{ghc}，此时第一级处于常规单级内环流反应器的流动型态Ⅱ或流动型态Ⅲ；而其他各级达到多级内环流反应器的过渡流动型态 B（transitional regime），即处于非正常流动和正常规则定向流动之间，此时上一级上升管中的气泡到达导流筒顶部后，大多数气泡会直接进入下一级的上升管，然后从该级导流筒上沿转弯进入本级降液管形成循环，但仍有少量气泡在到达上一级导流筒顶部后会随机地通过级间隙直接进入下一级的降液管，此时上升管的气含率仍大于降液管的气含率，但存在少量气泡的流动不能形成固定循环，随机性也比较大。

③ 当表观气速大于某一最大临界值 U_{ghc} 后，此时第一级处于常规单级内环流反应器的流动型态Ⅲ；其他各级也达到多级内环流反应器的正常流动型态 C（regular regime），此时所有各级皆形成气泡从上升管上升、从降液管下降的固定循环流动，气泡皆无短路现象。

实验中还发现，除第一级外，其他各级的流动型态不仅与表观气速相关，也与多级内环流反应器的级间隙高度密切相关。本研究考察了四组不同级间隙高度

（即从底下第一级直到最上面第三级，底部间隙高度分别是 12cm-4cm-4cm、12cm-5cm-5cm、12cm-6cm-6cm、12cm-7cm-7cm）对各级流动型态的影响，除第一级外，得到表观气速和级间隙高度相互影响的流型转变规律如图 4-5 所示。

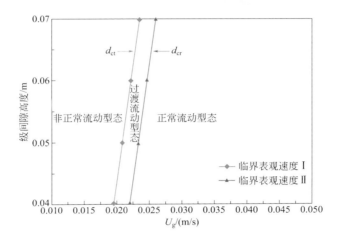

图 4-5 多级内环流反应器三种流型转变示意图

从图 4-5 可以看出，级间隙高度越大，达到过渡流动型态 B 和正常流动型态 C 的最低临界表观气速 U_{glc} 和最大临界表观气速 U_{ghc} 皆增大。当级间隙高度从 4cm 增加至 7cm 时，达到过渡流动型态 B 的 U_{glc} 从 0.0195m/s 增大至 0.0234m/s（增幅高达 20.0%）；而形成正常流动的 U_{ghc} 从 0.0221m/s 增大至 0.0260m/s（增加 17.7%）。这是因为随着级间隙高度的增大，虽然循环流体的流动阻力减小导致液体的循环量略微增大，但级间流通面积也增大，气泡在级间径向分散的停留时间也变长，更容易在湍流耗散的作用下进入下一级的降液管，再加上降液管和级间隙中的循环液速小于气泡的终端滑移速度[28,35]，无法提供足够大的阻力阻止少量气泡从级间隙进入降液管，故导致最低临界表观气速和最大临界表观气速皆随着级间高度的增大而增大。从图中可以看出，过渡流动型态 B 的表观气速操作范围比较窄；此外，除正常流动型态 C 外，其他两种情形的气泡皆可在降液管中与循环液体形成逆流，导致环流反应器内流体定向流动的紊乱。将级间隙高度与表观气速进行拟合，分别得到从非正常流动型态 A 转变为过渡型态 B 的临界级间隙高度（d_{ct}）及从过渡型态 B 转变为正常流动型态 C 的临界级间隙高度（d_{cr}）的预测模型如下[31]：

$$d_{ct} = 7.69U_g - 0.110 \qquad (4-1)$$

$$d_{cr} = 7.69U_g - 0.130 \qquad (4-2)$$

式中　d_{ct}——从非正常流动型态 A 转变为过渡型态 B 的临界级间隙高度，m；
　　　d_{cr}——从过渡型态 B 转变为正常流动型态 C 的临界级间隙高度，m；
　　　U_g——表观气速，m/s。

上述两个公式可为多级内环流反应器的工程应用提供快速确定流动型态的方法，在考察参数范围内，其预测精度大于 99.9%。

由此可知，多级内环流反应器的流动型态与单级内环流反应器有显著差别，不仅与表观气速相关，而且与级间隙高度密切相关，且表观气速和级间隙高度对流动型态是相互影响的。此外，固体颗粒的加入也会对环流反应器内的流动型态影响较大，尤其需要注意。

第四节　工业气体分布器初始气泡直径的估计

为了预测静止液体中气体分布器孔口生成的气泡直径，常用一个从静态和准静态推导的气泡模型，它仅适用于非常低的气体流速，如下所示[4]：

$$d_b = \left[\frac{6d_i\sigma}{(\rho_l-\rho_g)g}\right]^{1/3} \approx 1.82\left[\frac{d_i\sigma}{(\rho_l-\rho_g)g}\right]^{1/3} = 1.82 d_i/Eo^{1/3} \quad (4\text{-}3)$$

式中　d_b——预测的气泡直径，m；
　　　d_i——气体分布器的孔径，m；
　　　ρ_l，ρ_g——液体和气体的密度，kg/m³；
　　　σ——表面张力，N/m；
　　　g——重力加速度，m/s²；
　　　Eo——Eotvos 数，无量纲。

Davidson[36] 认为气泡的形成是一个单阶段过程，提出了一个单状态模型，后经过不断的修正和优化[37,38]，得到了一个与曝气孔径无关的统一关系式：

$$d_b = \left(C\frac{Q^{1.2}}{g^{0.6}}\frac{6}{\pi}\right)^{1/3} \quad (4\text{-}4)$$

式中　d_b——预测的气泡直径，m；
　　　Q——气体体积流量，m³/s。

由于不同的分布器结构和流体特性，系数 C 通常在 0.976～1.378 之间变化。例如，Davidson[36] 推荐的最大值为 1.378，Davidson[39] 提出中等值为 1.138，而 Kumar[40] 推荐的最小值为 0.976。

Gaddis[41] 根据受力平衡，推导了一个在恒定气速通过静止液体的模型，该模型

中没有考虑气泡球形和圆柱形颈部的影响以简化分离过程，但首次考虑了产生半球气泡和锥形颈的气体动量影响，其模型的表达式为

$$d_b = \left[\left(\frac{6d_i \sigma}{\rho_l g} \right)^{4/3} + \left(\frac{81 \mu_l Q}{\rho_l \pi g} \right) + \left(\frac{135 Q^2}{4 \pi^2 g} \right)^{4/5} \right]^{1/4} \quad (4\text{-}5)$$

式中　d_b——预测的气泡直径，m；
　　　d_i——气体分布器的孔径，m；
　　　ρ_l——液体的密度，kg/m³；
　　　σ——表面张力，N/m；
　　　μ_l——液体黏度，Pa·s。

值得注意的是，该模型的适用范围较广（气体分布器孔径 0.2～6mm，气体 Weber 数 0～4，液体动态黏度 0.001～1Pa·s），被认为是估算静止液体中气泡尺寸的最合适模型之一。

Akita[42]认为，工作系统的性质如表面张力、液体黏度、气体和液体的密度都应该有所体现。然而，他们发现初始气泡尺寸仅取决于曝气孔直径和出孔气体速度这两个因素，建立的气泡直径预测模型如下：

$$d_b = 1.88 d_i \left(\frac{u_g}{\sqrt{g d_i}} \right)^{1/3} \quad (4\text{-}6)$$

式中　d_b——预测的气泡直径，m；
　　　d_i——气体分布器的孔径，m；
　　　u_g——气相速度，m/s。

Jamialahmadi[43]提出了一个气泡直径预测的非线性关系式，拟合实验数据得到的最终模型为

$$d_b = d_i \left(\frac{5.0}{Bd^{1.08}} + \frac{9.261 Fr^{0.36}}{Ga^{0.39}} + 2.147 Fr^{0.51} \right)^{1/3} \quad (4\text{-}7)$$

式中　Bd，Fr，Ga——Bond 数、Froude 数和 Galileo 数。

对于工业操作状态下的气泡流，气体分布器形成的气泡大小可以通过以下公式估算[44]：

$$d_b = f(N_w) \Big/ \left(\frac{g \rho_l}{\sigma d_i} \right)^{1/3} \quad (4\text{-}8)$$

且有

$$f(N_w) = 2.9 \quad (N_w \leqslant 1) \quad (4\text{-}9)$$

$$f(N_w) = 2.9 N_w^{-0.188} \quad (1 < N_w \leqslant 2) \quad (4\text{-}10)$$

$$f(N_w) = 1.8 N_w^{0.5} \quad (2 < N_w \leqslant 4) \quad (4\text{-}11)$$

$$f(N_w) = 3.6 \quad (N_w > 4) \quad (4\text{-}12)$$

$$N_\mathrm{w} = \frac{We}{Fr^{1/2}} = \frac{d_\mathrm{i}^{1.5} u_\mathrm{g} \rho_\mathrm{l} g^{0.5}}{\sigma} \quad （4-13）$$

该模型对于气泡流是可靠的[45]，尤其适用于空气-水体系。然而，以上模型都有一定的适用范围，大都是在极低气速下得到的，应用于工业曝气条件有较大的风险。

Xiao[46]针对不同体系，系统性地研究了孔口气速、分布器孔径、表面张力和液体黏度对气泡初始直径的影响。结果发现，气泡初始生成直径随着孔口气速的增大而增大，而后基本稳定；随着气孔内径的增大而增大；随着液相黏度的增大而增大；随着液相表面张力的减小而减小[47]。通过非线性拟合大量的实验数据，得到并验证了一个适宜工业喷射条件下分布器初始气泡直径预测的关联式：

$$d_\mathrm{b} = d_\mathrm{i} \left\{ 1.82 + \min\left[\frac{1.4773 Re_\mathrm{g} Ra}{20691.2238(Re_\mathrm{g} Ra)^{0.05242} + (Ra Re_\mathrm{g}/Re_\mathrm{l})^2}, 1.2815 \right] + 0.02218 Re_\mathrm{l}^{-0.4771} Re_\mathrm{g}^{0.9952} Eo^{-0.0008095} \right\} Eo^{-1/3} \quad （4-14）$$

其中

$$Re_\mathrm{g} = \frac{d_0 u_\mathrm{g} \rho_\mathrm{g}}{\mu_\mathrm{g}} \quad （4-15）$$

式中 d_0——针孔内径，m。

$$Re_\mathrm{l} = \frac{d_0 u_\mathrm{g} \rho_\mathrm{l}}{\mu_\mathrm{l}} \quad （4-16）$$

$$Eo = \frac{g d_0^2 (\rho_\mathrm{l} - \rho_\mathrm{g})}{\sigma} \quad （4-17）$$

$$Ra = \mu_\mathrm{l}/\mu_\mathrm{g} \quad （4-18）$$

需要指出的是，公式（4-14）反映了气相和液相的雷诺数（包括针孔内径、出孔气速）、黏度及表面张力对气泡初始直径的影响，其中，第一项主要反映的是层流流动对气泡初始直径的影响；第二项基本给出气泡初始直径随着孔口气速的增大先增大后基本稳定的大趋势；第三项是对第一项的补充与校正；Eo数主要体现液相表面张力σ对气泡初始直径的影响，表面张力越小，气泡直径越小。

Xiao[46]还选择文献中的657个实验数据[41,43,48-56]，来评估新预测模型在更广泛的操作条件和工作体系中的合理性。理想拟合直线、新模型预测结果与实验数据（共873个数据点）的比较如图4-6所示。

从图4-6可以发现，虽然Xiao[46]提出的关系式预测的最大正偏差可达55.8%且最大负偏差达43.8%，但总体性能良好。仅有6个文献中的数据点（即仅占0.91%的数据）有超过40%的偏差；只有43个数据点（即6.54%的数据点）偏

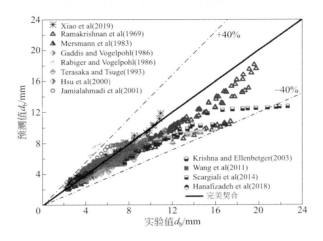

图 4-6　工业曝气条件下气泡直径预测模型的预测结果与实验的比较[46]

差超过 30%；149 个数据点（即占 22.7% 的数据）的偏差超过 20%。偏差较大的是两种例外情况：一个是 Räbiger[50] 提供的三个实验数据，在空气-甘油水溶液中，其测得的表观气速对气泡直径的影响有一个异常凹点，应用该模型得到了较低的预测；另一个例外是 Scargiali[55] 用三个较大分布器孔径（7mm）获得的实验数据，得到了更高的估计。除了这 6 个数据外，其他实验数据和模型预测之间的差异对于工业应用来说是可以接受的。上述实验数据涵盖了广泛的操作条件，孔径范围为 0.2~7.042mm，液体黏度范围为 0.00099~0.775Pa·s，液体密度范围为 985~1310kg/m³，表面张力为 0.0235~0.08N/m，孔口表观气体速度为 0~80m/s，表明该模型有一定的通用性。

第五节　数学模型和数值方法

环流反应器中气体导致的液体循环是设计和操作的关键因素，预测和控制其循环是一个关键问题。许多研究人员使用 CFD 方法来研究内环流反应器的流体力学状态，如 Huang[28]、Mudde[57]、Vial[58]、van Baten[59]、Blažej[60]、Wu[61] 和 Talvy[62]。一般来说，主要有两种不同的建模方法用于预测气液两相流的流体力学，即欧拉-欧拉（Eulerian-Eulerian）方法和欧拉-拉格朗日（Eulerian-Lagrangian）方法。

在欧拉-拉格朗日方法中，每个分散相气泡都需要追踪，同时将液体视为连续相；采用牛顿第二定律描述气泡的运动，这样的好处是可以很简单地考虑单个气泡所受到的作用力。在欧拉-欧拉方法（也称为两流体模型）中，两相都被视为相互渗透且连续的流体；将系综平均的质量和动量守恒方程用于描述两相与时间相关的运动，系综平均的相间作用力（包括描述曳力、虚拟质量力、壁面润滑力和升力影响的相间作用力项）皆出现在两个相的动量守恒方程中；与欧拉-拉格朗日方法相反，该方法不考虑单个的气泡。值得说明的是，这两种方法在它们各自的适用范围内皆具有一些优点和缺点。与欧拉-欧拉方法相比，欧拉-拉格朗日方法处理气泡间的相互作用比较容易。然而，欧拉-拉格朗日方法需要单独跟踪每个气泡，采用这类模型进行模拟需要有大量内存和计算速度快的高性能计算机，因此计算量大、耗时较长为其缺点。当分散相的气含率相对较高时，欧拉-欧拉方法的优势变得十分明显，对大型工业反应器的模拟更加经济有效。因此，本章以后将重点讨论实用性较强的欧拉-欧拉多流体模型。

一、欧拉-欧拉两流体模型

由于难以得到气液固三相的收敛解，作为在实际应用的精度和计算效率之间的权衡[11]，两流体模型常被用于气泡流流体力学的预测。为了模拟具有输送和反应的气泡流流动，通常采用 Favre 平均的两流体模型[62-64]，其质量和动量守恒方程可以写成

$$\frac{\partial \rho_k}{\partial t} + \frac{\partial}{\partial x_j}(\alpha_k \rho_k u_{ki}) = 0 \quad (4\text{-}19)$$

$$\frac{\partial \rho_k u_{ki}}{\partial t} + \frac{\partial}{\partial x_j}(\alpha_k \rho_k u_{ki} u_{kj}) = F_{ki} + \frac{\partial}{\partial x_j}(\alpha_k \tau_{kij}) - \frac{\partial}{\partial x_j}(\rho_k \alpha_k \overline{u'_{ki} u'_{kj}}) \quad (4\text{-}20)$$

式中　　k——液相（l）或气相（g）；

α_k，ρ_k，$\overline{u'_{ki} u'_{kj}}$——$k$ 相的气含率、密度和雷诺应力张量；

F_{ki}——液体和气体之间的相间动量交换，它是所有相间力的总和，其中包括曳力、虚拟质量力、升力、壁面润滑力和湍动分散力。

多相流中脉动速度关联项（也称为雷诺应力）的影响可表示为：

$$\overline{u'_{ki} u'_{kj}} = -v_{kt}\left(\frac{\partial u_{ki}}{\partial x_j} + \frac{\partial u_{kj}}{\partial x_i}\right) + \frac{2}{3}k\delta_{ij} \quad (4\text{-}21)$$

可以借鉴已在单相湍流流动模拟中取得成功的 Boussinesq 梯度输运假设来近似，对于其中的剪切应力张量 τ_{kij} 部分，可与平均速度梯度相关联：

$$\tau_{kij} = \mu_{keff}[\nabla \boldsymbol{u}_k + (\nabla \boldsymbol{u}_k)^T] \quad (4\text{-}22)$$

广泛接受的共识是，在 CFD 中唯一存在争议的两个地方是相间作用力和湍流模型的封闭[65]。相间动量交换和湍流模型的封闭将在随后的几个小节中分别进行讨论。连续性方程和动量方程可以用一个统一的公式表示如下：

$$\frac{\partial(\rho_k\alpha_k\phi)}{\partial t} + \nabla \cdot (\rho_k\alpha_k\boldsymbol{u}\phi) = \nabla \cdot (\alpha_k\Gamma_{\phi\text{eff}}\nabla\phi) + S_\phi \qquad (4\text{-}23)$$

式中 ϕ——一般变量,若 ϕ 代表速度分量,则是动量守恒方程;若取 $\phi=1$,则是连续性方程。

在笛卡儿坐标系中,统一形式的数学模型可以表示为

$$\frac{\partial(\rho_k\alpha_k\phi)}{\partial t} + \frac{\partial(\rho_k\alpha_k u_{kx}\phi)}{\partial x} + \frac{\partial(\rho_k\alpha_k u_{ky}\phi)}{\partial y} + \frac{\partial(\rho_k\alpha_k u_{kz}\phi)}{\partial z} = \frac{\partial}{\partial x}\left(\alpha_k\Gamma_{\phi\text{eff}}\frac{\partial\phi}{\partial x}\right) + \frac{\partial}{\partial y}\left(\alpha_k\Gamma_{\phi\text{eff}}\frac{\partial\phi}{\partial y}\right) + \frac{\partial}{\partial z}\left(\alpha_k\Gamma_{\phi\text{eff}}\frac{\partial\phi}{\partial z}\right) + S_\phi \qquad (4\text{-}24)$$

式中 $\Gamma_{\phi\text{eff}}$——湍流扩散系数。

然而,在圆柱坐标系中,动量和连续性方程的统一公式可以写成

$$\frac{\partial(\rho_k\alpha_k\phi)}{\partial t} + \frac{1}{r}\frac{\partial}{\partial r}(\rho_k\alpha_k ru_{kr}\phi) + \frac{1}{r}\frac{\partial}{\partial \theta}(\rho_k\alpha_k u_{k\theta}\phi) + \frac{\partial}{\partial z}(\rho_k\alpha_k u_{kz}\phi) = \frac{1}{r}\frac{\partial}{\partial r}\left(\alpha_k\Gamma_{\phi\text{eff}}r\frac{\partial\phi}{\partial r}\right) + \frac{1}{r}\frac{\partial}{\partial \theta}\left(\frac{\alpha_k\Gamma_{\phi\text{eff}}}{r}\frac{\partial\phi}{\partial \theta}\right) + \frac{\partial}{\partial z}\left(\alpha_k\Gamma_{\phi\text{eff}}\frac{\partial\phi}{\partial z}\right) + S_\phi \qquad (4\text{-}25)$$

表 4-2 总结了各个方程和坐标系中的源项和扩散项系数。

表 4-2 不同坐标系中扩散项系数和源项系数的表达式 [66]

方程		ϕ	$\Gamma_{\phi,\text{eff}}$	源项
连续性		1	0	0
笛卡儿坐标系	x 方向动量方程	u_x	μ_{keff}	$-\alpha_k\frac{\partial p}{\partial x} + \rho_k\alpha_k g_x + F_{kx} - \frac{2}{3}\rho_k\frac{\partial(\alpha_k k)}{\partial x} + \frac{\partial}{\partial x}\left(\alpha_k\mu_{\text{keff}}\frac{\partial u_x}{\partial x}\right) + \frac{\partial}{\partial y}\left(\alpha_k\mu_{\text{keff}}\frac{\partial u_y}{\partial x}\right) + \frac{\partial}{\partial z}\left(\alpha_k\mu_{\text{keff}}\frac{\partial u_z}{\partial x}\right)$
	y 方向动量方程	u_{xy}	μ_{keff}	$-\alpha_k\frac{\partial p}{\partial y} + \rho_k\alpha_k g_y + F_{ky} - \frac{2}{3}\rho_k\frac{\partial(\alpha_k k)}{\partial y} + \frac{\partial}{\partial x}\left(\alpha_k\mu_{\text{keff}}\frac{\partial u_x}{\partial y}\right) + \frac{\partial}{\partial y}\left(\alpha_k\mu_{\text{keff}}\frac{\partial u_y}{\partial y}\right) + \frac{\partial}{\partial z}\left(\alpha_k\mu_{\text{keff}}\frac{\partial u_z}{\partial y}\right)$
	z 方向动量方程	u_{xz}	μ_{keff}	$-\alpha_k\frac{\partial p}{\partial z} + \rho_k\alpha_k g_z + F_{kz} - \frac{2}{3}\rho_k\frac{\partial(\alpha_k k)}{\partial z} + \frac{\partial}{\partial x}\left(\alpha_k\mu_{\text{keff}}\frac{\partial u_x}{\partial z}\right) + \frac{\partial}{\partial y}\left(\alpha_k\mu_{\text{keff}}\frac{\partial u_y}{\partial z}\right) + \frac{\partial}{\partial z}\left(\alpha_k\mu_{\text{keff}}\frac{\partial u_z}{\partial z}\right)$
圆柱坐标系	r 方向动量方程	u_{xr}	μ_{keff}	$F_{kr} + \frac{1}{r}\frac{\partial}{\partial r}\left(r\alpha_k\mu_{\text{keff}}\frac{\partial u_{kr}}{\partial r}\right) + \frac{1}{r}\frac{\partial}{\partial \theta}\left[r\alpha_k\mu_{\text{keff}}\frac{\partial}{\partial r}\left(\frac{u_{k\theta}}{r}\right)\right] + \frac{\partial}{\partial z}\left(\alpha_k\mu_{\text{keff}}\frac{\partial u_{kz}}{\partial r}\right) - \frac{2\alpha_k\mu_{\text{keff}}}{r^2}\frac{\partial u_{k\theta}}{\partial \theta} - \frac{2\alpha_k\mu_{\text{keff}} u_{kr}}{r^2} + \frac{\rho_k\alpha_k u_{k\theta}^2}{r} - \alpha_k\frac{\partial p}{\partial r} - \rho_k\frac{2}{3}\frac{\partial(\alpha_k k)}{\partial r}$

续表

方程		ϕ	$\Gamma_{\phi,\text{eff}}$	源项
圆柱坐标系	θ 方向动量方程	u_θ	μ_{keff}	$F_{k\theta} + \alpha_k\mu_{\text{keff}}\dfrac{\partial}{\partial r}\left(\dfrac{u_{k\theta}}{r}\right) - \dfrac{1}{r}\dfrac{\partial}{\partial r}(\alpha_k\mu_{\text{keff}}u_{k\theta}) - \dfrac{\rho_k\alpha_k u_{kr}u_{k\theta}}{r} + \dfrac{\alpha_k\mu_{\text{keff}}}{r^2}\dfrac{\partial u_{kr}}{\partial\theta}$ $+ \dfrac{1}{r}\dfrac{\partial}{\partial r}\left(\alpha_k\mu_{\text{keff}}\dfrac{\partial u_{kr}}{\partial\theta}\right) + \dfrac{1}{r}\dfrac{\partial}{\partial\theta}\left(\dfrac{\alpha_k\mu_{\text{keff}}}{r}\dfrac{\partial u_{k\theta}}{\partial\theta}\right) + \dfrac{1}{r}\dfrac{\partial}{\partial\theta}\left(2\alpha_k\mu_{\text{keff}}\dfrac{u_{k\theta}}{r}\right) +$ $\dfrac{\partial}{\partial z}\left(\dfrac{\alpha_k\mu_{\text{keff}}}{r}\dfrac{\partial u_{kz}}{\partial\theta}\right) - \dfrac{\alpha_k}{r}\dfrac{\partial p}{\partial\theta} - \rho_k\dfrac{2}{3}\dfrac{1}{r}\dfrac{\partial(\alpha_k k)}{\partial\theta}$
	z 方向动量方程	u_{xz}	μ_{keff}	$F_{kz} + \dfrac{1}{r}\dfrac{\partial}{\partial r}\left(r\alpha_k\mu_{\text{keff}}\dfrac{\partial u_{kr}}{\partial z}\right) + \dfrac{1}{r}\dfrac{\partial}{\partial\theta}\left(\alpha_k\mu_{\text{keff}}\dfrac{\partial u_{k\theta}}{\partial z}\right) + \dfrac{\partial}{\partial z}\left(\alpha_k\mu_{\text{keff}}\dfrac{\partial u_{kz}}{\partial z}\right)$ $- \alpha_k\dfrac{\partial p}{\partial z} - \rho_k\alpha_k g - \rho_k\dfrac{2}{3}\dfrac{\partial(\alpha_k k)}{\partial z}$

对于两相皆为牛顿、黏性和不可压缩流体，液体和气体的密度是恒定的，局部体积分数满足下面的限制方程：

$$\alpha_l + \alpha_g = 1.0 \tag{4-26}$$

二、相间作用力的封闭

在多流体模型中，不同的相通过界面力和压力相互作用。所有这些贡献都包含在相应的动量守恒方程源项中。界面耦合力 F_k 被认为是几个体积力如曳力、湍动分散力、升力、壁面润滑力和虚拟质量力的线性组合。在气液两相流的数值模拟中，大致可将与气泡流相关的作用力分为两类，第一种是力的存在已被实验所证实，第二种是在数学模型中考虑该力对模拟结果有重要影响，但其存在性还需实验进一步证实。根据上面的分类，曳力、升力和虚拟质量力属于第一种相间作用力，而湍动分散力、壁面润滑力属于第二种相间作用力[67]。毛在砂[68]也指出，气液两相流中的相间作用力，一些力具有良好的物理基础，但有些作用力则没有；一些作用力采用简单的关系式且具有足够的精度，但有些作用力需要进一步关注。Sokolichin[69]认为压力和曳力是所有相间作用力中最重要的力：如果没有压力的作用，在静止水中释放的气泡则不会上升；若没有曳力的作用，释放的气泡会无限加速。本节将总结在气液的数值模拟中通常包含的相间作用力。

作用于气泡的力通常与一些无量纲数有关，其中包括雷诺数、Eotvos 数和 Morton 数[70]，它们被定义为

$$Re = \frac{\rho_l u d_b}{\mu_l} \tag{4-27}$$

$$Eo = \frac{g(\rho_l - \rho_g)d_b^2}{\sigma} \tag{4-28}$$

$$Mo = \frac{g\mu_l^4(\rho_l - \rho_g)}{\rho_l \sigma^3} \quad (4\text{-}29)$$

1. 压力和重力

在多流体模型的框架中，由全局压力梯度产生的压力可写为

$$F_p = \alpha_g \nabla p \quad (4\text{-}30)$$

重力的影响，只构成 F_p 的一部分，可以通过以下关系计算：

$$F_p = \alpha_g \rho_l \boldsymbol{g} \quad (4\text{-}31)$$

2. 曳力

一个稳定运动的气泡会置换它运动前方的液体，因此它的运动将受到周围液体的阻碍，这种相间相互作用被称为曳力。在早期阶段，许多研究人员例如 Lin[71]、Azzaro[72]、Schwarz[73]、Becker[74]、Deng[75] 和 Lapin[76] 均采用了一个非常简单的单位体积内总曳力计算式：

$$F_d = 5 \times 10^4 \alpha_l \alpha_g (\boldsymbol{u}_g - \boldsymbol{u}_l) \quad (4\text{-}32)$$

这个公式是在假定气泡平均滑移速度为 0.2m/s 的基础上推导出来的，与自来水中空气气泡的实验数据较吻合。这个速度也接近于气泡流中气泡直径在 1～10mm 尺寸范围内的终端滑移速度。需要说明的是，虽然该关系式比较简单，但通常可以提供比许多复杂关系式更好的估计结果。该公式另一个重要的优点在于计算量非常小。

通常，单个气泡上的阻力可以通过下式计算：

$$F_d = \frac{1}{2}\rho_l C_d A |\boldsymbol{u}_g - \boldsymbol{u}_l|(\boldsymbol{u}_l - \boldsymbol{u}_g) \quad (4\text{-}33)$$

式中　C_d——单个气泡的曳力系数；

　　　A——气泡的投影面积，可以写成

$$A = \pi d_b^2 / 4 \quad (4\text{-}34)$$

每单位体积的气泡数可以通过下式计算

$$N_b = \frac{6\alpha_g}{\pi d_b^3} \quad (4\text{-}35)$$

因此，可以给出每单位体积内作用于 N_b 个气泡的总曳力计算式：

$$F_d = \frac{3}{4}\frac{C_d}{d_b}\rho_l \alpha_g |\boldsymbol{u}_g - \boldsymbol{u}_l|(\boldsymbol{u}_l - \boldsymbol{u}_g) \quad (4\text{-}36)$$

需要指出的是，当分散相相含率接近于 1 时，上述方程将会给出非常大的阻力预测，而实际上在这些位置的动量方程更接近于单相求解，不会有那么大的阻力。为了确保在 $\alpha_g \to 1$ 时相间曳力不会消失，一般采用下式计算总曳力[77]：

$$F_d = \frac{3}{4}\frac{C_d}{d_b}\rho_l\alpha_l\alpha_g |u_g - u_l|(u_l - u_g) \qquad (4-37)$$

在某种程度上这可以看作是对相邻气泡影响的一种校正。该方法被广泛采用[28,78-80]。

由于直接测量作用在气泡上的曳力只能通过测量单个气泡在静止流体中上升的终端速度来得到[69]，因此推导可靠性较好、适用于有限气含率值的曳力系数 C_d 经验关系式是非常困难的。由于迄今为止获得的实验信息不足以得到曳力系数与相关变量之间的精确函数关系，因此文献中存在着各种不同的关系式。

Tomiyama[81] 分别为纯净水、轻度污染水或重度污染水提出了不同的数学模型作为气泡在液相中的曳力系数：

$$C_d = \max\left\{\min\left[\frac{16}{Re}(1+0.15Re^{0.687}), \frac{48}{Re}\right], \frac{8}{3}\frac{Eo}{Eo+4}\right\} \qquad (4-38)$$

$$C_d = \max\left\{\min\left[\frac{24}{Re}(1+0.15Re^{0.687}), \frac{72}{Re}\right], \frac{8}{3}\frac{Eo}{Eo+4}\right\} \qquad (4-39)$$

$$C_d = \max\left[\frac{24}{Re}(1+0.15Re^{0.687}), \frac{8}{3}\frac{Eo}{Eo+4}\right] \qquad (4-40)$$

正如 Tomiyama[81] 所指出的那样，空气-自来水体系可对应于污染或轻微污染的水，精心蒸馏过两次或多次的水属于纯水体系。这些关系式在以下条件时与实验数据吻合较好：$10^{-2}<Eo<10^3$，$10^{-3}<Re<10^6$ 及 $10^{-14}<Mo<10^7$。

Morsi[82] 提出了一个与雷诺数相关的表达式：

$$C_d = a_1 + \frac{a_2}{Re} + \frac{a_3}{Re^2} \qquad (4-41)$$

式中 a_1，a_2，a_3——常数，其取值如表 4-3 所示。

Chandavimol[83] 采用该模型预测搅拌槽中的气泡流动取得了较大的成功。

表 4-3　曳力系数公式（4-41）的模型常数[82]

Re	a_1	a_2	a_3
$Re<0.1$	0	24	0
$0.1<Re<1.0$	3.69	22.73	0.0903
$1.0<Re<10.0$	1.222	29.17	−3.889
$10.0<Re<100.0$	0.6167	46.5	−116.67
$100.0<Re<1000.0$	0.3644	98.33	−2778.0
$1000.0<Re<5000.0$	0.357	148.62	−47500.0
$5000.0<Re<10000.0$	0.46	−490.55	578700.0
$10000.0<Re<50000.0$	0.5191	−1662.5	5416700.0

许多研究人员采用了另一种关系式（例如，Boisson[84]、Ilegbusi[85]、Kuo[86]、de Matos[87] 和 Lahey Jr[88]）：

$$C_d = \begin{cases} \dfrac{24}{Re}, & Re < 0.49 \\ \dfrac{20.68}{Re^{0.643}}, & 0.49 < Re < 100 \\ \dfrac{6.3}{Re^{0.385}}, & Re < 100, We \leqslant 8, Re \leqslant \dfrac{2065.1}{We^{2.6}} \\ \dfrac{We}{3}, & Re < 100, We \leqslant 8, Re > \dfrac{2065.1}{We^{2.6}} \\ \dfrac{8}{3}, & Re > 100, We > 8 \end{cases} \quad (4\text{-}42)$$

此外，还有一些常用的气液曳力系数关系式如下所示[89-92]：

$$C_d = \begin{cases} \dfrac{24}{Re}(1 + 0.15 Re^{0.687}), & Re < 1000 \\ 0.44, & Re > 1000 \end{cases} \quad (4\text{-}43)$$

$$C_d = \begin{cases} \dfrac{24}{Re}(1 + 0.15 Re^{0.687}) + \dfrac{0.413}{1 + 16.3 Re^{-1.09}}, & Re < 135 \\ 0.95, & Re \geqslant 135 \end{cases} \quad (4\text{-}44)$$

$$C_d = \dfrac{2}{3}\sqrt{Eo}, \quad \dfrac{24}{Re}(1 + 0.1 Re^{0.75}) \leqslant \dfrac{2}{3} Eo^{1/2} < \dfrac{8}{3} \quad (4\text{-}45)$$

$$C_d = 0.622/(0.235 + 1/Eo), \quad 500 < Re < 5000 \quad (4\text{-}46)$$

曳力系数取决于气泡大小、流动型态和液体特性。迄今为止，对静止流体中单个气泡的理解是比较令人满意的，但对其他情况（湍流、剪切、旋转、振荡和非稳态运动）尚未充分了解。应该注意的是，虽然每个关系式皆有其自身的应用范围，在实践中易忽略这些关键细节，会有很大的风险。模拟结果对所选曳力系数的依赖性将在后续章节专门讨论。

应该进行曳力和曳力系数模型的敏感性分析，并且应该在数值模拟之前进行相间作用力模型的筛选。Huang[93]比较了内环流反应器中不同的总曳力计算式后发现，尽管其形式上存在很大差异，但所有3个总曳力计算式都获得了与实验数据一致的预测。值得注意的是，总曳力计算式（4-36）和式（4-37）中皆使用了曳力系数关系式（4-44）。令人惊讶的是，即使采用最简单的总曳力计算式（4-32），也有良好的准确性，其精度几乎与复杂的模型相同。也就是说，用简单的曳力模型也可以预测出良好的结果，表明气泡流的预测结果对于气泡的滑移速度不敏感。用不同总曳力计算式预测的不同结果与实验数据进行比较如图4-7和图4-8所示。在表观气速高于0.04m/s时，以0.2m/s恒定滑移速度推导的总曳力计算式（4-32）预测的总体气含率比反应器中的实验值略低。

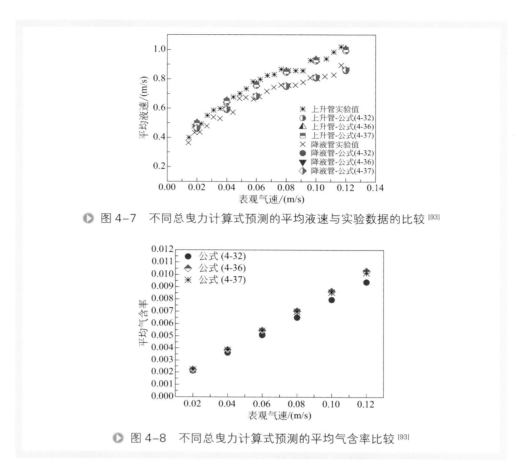

图 4-7 不同总曳力计算式预测的平均液速与实验数据的比较 [93]

图 4-8 不同总曳力计算式预测的平均气含率比较 [93]

对于式（4-41）、式（4-43）和式（4-44），尽管曳力系数具有不同的形式，但皆与雷诺数相关，其比较结果如图 4-9 所示。对式（4-41）和式（4-44）而

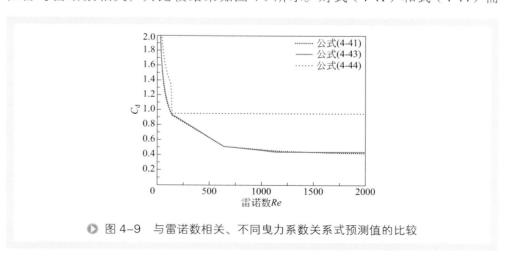

图 4-9 与雷诺数相关、不同曳力系数关系式预测值的比较

言，虽然它们的形式存在着巨大差异，但预测结果的差别几乎可以忽略不计。对于式（4-44）来说，第一部分由 Turton[94] 提出适用于单个球形气泡，第二部分由 Karamanev[90] 提出适用于孤立气泡（隐含了气泡变形的影响）。

通过使用同一个总曳力计算式（4-37），考察气泡流中不同的曳力系数模型对预测结果的影响，其结果如图 4-10 和图 4-11 所示，表明曳力系数模型对模拟结果起主导作用，表观气速越高，其重要性越明显。从图中可以看出，曳力系数模型式（4-44）与实验数据吻合较好，并且所有的模拟结果在低表观气速下与实验数据都很吻合，而低估的情况发生在高表观气速下。数值模拟和实验之间的偏差可能是由于气泡聚并和破碎导致气泡直径变化以及流场从均匀流动变为过渡状态或者高表观气速下的非均匀流动引起的。因此，可以得出曳力系数模型的影响要大于总曳力计算式的影响的结论。

近年来，湍流对曳力系数的影响也引起了 CFD 研究人员的重视。Khopkar[79]

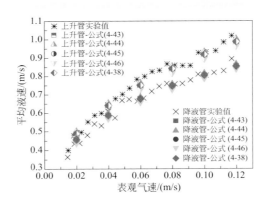

图 4-10　不同曳力系数模型预测的平均液速与实验值的比较 [93]

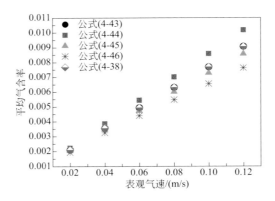

图 4-11　不同曳力系数模型预测的平均气含率比较 [93]

认为，与通过静止液体的气泡相比，湍流下的气泡经历的湍动要更强。迄今为止，已经进行了一些重要尝试来揭示搅拌槽中湍流对气泡曳力系数的影响，一种很有应用价值的改进认为曳力系数模型与湍流特征空间尺度相关。

Brucato[95]提出了基于Kolmogorov湍流长度尺度和气泡尺寸比值的曳力系数关系式：

$$\frac{C_d - C_{d0}}{C_{d0}} = k_{ct}\left(\frac{d_b}{\lambda}\right)^3 \qquad (4-47)$$

式中 C_d——湍流中的曳力系数，无量纲；

C_{d0}——静止液体中的曳力系数，无量纲；

k_{ct}——相关常数且推荐值为 6.5×10^{-6}；

λ——基于体积平均能量耗散率的Kolmogorov长度尺度，m。

$$\lambda = \left(\frac{\nu^3}{\varepsilon}\right)^{0.25} \qquad (4-48)$$

式中 ν——连续相的运动黏度，m²/s；

ε——湍动能耗散率，m²/s³。

Bakker[96]试图通过修正气泡穿过静止液体得到的曳力系数关系式中的雷诺数来关联湍流对曳力系数的影响，修正后的雷诺数为

$$Re^* = \frac{\rho_l |\boldsymbol{u}_b - \boldsymbol{u}_l| d_b}{\mu_l + \frac{2}{9}\mu_{t,l}} \qquad (4-49)$$

式中 d_b——预测的气泡直径，m；

ρ_l——液体的密度，kg/m³；

μ_l——液体黏度，Pa·s；

$\mu_{t,l}$——液体湍动黏度，Pa·s；

$\boldsymbol{u}_b$——气泡速度，m/s；

$\boldsymbol{u}_l$——液相速度，m/s。

值得注意的是，该模型通过采用有效黏度来计算修正雷诺数，即将动力黏度与一些湍流黏度相加来考虑湍流对曳力的影响。

Huang[93]研究了湍流对内环流反应器中曳力系数的影响，其中采用式（4-36）为总曳力计算式、式（4-44）为曳力系数，其结果比较如图4-12和图4-13所示。研究发现，使用式（4-47）或式（4-49）实际上增加了曳力系数，与没有湍流校正相比，会导致气含率和液体上升速度增加。结果也进一步表明，这两种校正方法之间的差异比较大。通过式（4-47）的校正方法可以稍微改善预测结果偏低的情况，使预测结果与实验数据吻合良好。然而，式（4-49）的校正方法在所有测试案例中都给出了过高预测，并且需要进一步改进以便可以在内环流反应器中准确考虑这种影响。

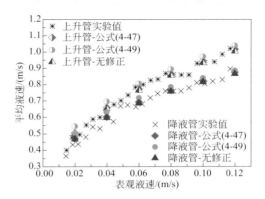

图 4-12 不同湍动校正方法预测的平均液速与实验值的比较[93]

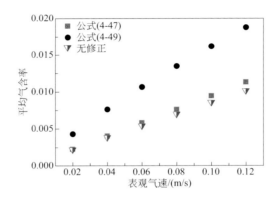

图 4-13 不同湍动校正方法预测的气含率比较[93]

在实际的多相过程中，气泡通常比较小，从而产生较大的比表面积，这将导致较大的相间质量和传热速率。因此，当气含率较高时，气泡的数量密度大，必须在模拟中考虑气泡之间的相互作用。有必要建立考虑气泡群中气泡之间相互作用的关系式。不幸的是，与单一气泡的研究相比，针对气泡群的研究还远远不够[68]。

从单个气泡曳力系数（C_d）到气泡群曳力系数（C_D）的延伸，一般采用两种方法。第一种观点认为曳力随着气含率的增加而增加（例如 Richardson[97]），第二种观点认为的情况恰好相反。然而，迄今为止，到底哪一种观点是正确的尚不明确[69,98]。Jakobsen[92] 提出了两种关系式来表示气泡由于形成群、成串或者处于前一气泡的尾流中等引起的曳力减小。需要说明的是，这两个模型纯粹是经验性的，并且与气泡直径相关，它与实验数据较符合但没有任何理论基础，其表达式如下：

$$C_D = 0.2 + \frac{(d_b - 0.0015)^2}{0.42(d_b - 0.0015)^2 + 2.7 \times 10^{-6}} \quad (4\text{-}50)$$

$$C_D = \left[1 + \frac{10^{-5}}{(d_b + 0.002)^2}\right]\left[\frac{(d_b - 0.0015)^2}{0.42(d_b - 0.0015)^2 + 5.7 \times 10^{-6}} + 0.4\right] \quad (4\text{-}51)$$

同样地，Tomiyama[65]也提出了一种考虑相邻气泡影响的方法：

$$C_D = \frac{8}{3} \frac{Eo(1-E^2)}{E^{2/3}Eo + 16(1-E^2)E^{4/3}} F(E)^{-2} \quad (4\text{-}52)$$

$$E = \frac{1}{1 + 0.163Eo^{0.757}} \quad (4\text{-}53)$$

$$F(E) = \frac{\arcsin\sqrt{(1-E^2)} - E\sqrt{(1-E^2)}}{1-E^2} \quad (4\text{-}54)$$

然而，大多数气泡群的曳力系数模型是从单气泡曳力系数出发，且在考虑气含率的影响后扩展而来。Pan[99,100]通过重新定义了雷诺数并进行适当校正，在Tomiyama[101]曳力模型的基础上考虑了气含率的影响后，提出了新的气泡群曳力系数模型如下所示：

$$C_D = \max\left[\frac{24}{Re_\alpha}(1 + 0.15Re_\alpha^{0.687}), \frac{8}{3}\frac{Eo}{Eo+4}f(\alpha_g)\right] \quad (4\text{-}55)$$

$$Re_\alpha = \frac{\rho_l d_b |\boldsymbol{u}_b - \boldsymbol{u}_l|(1-\alpha_g)}{\mu_l} \quad (4\text{-}56)$$

$$f(\alpha_g) = \left[\frac{1 + 17.67(1-\alpha_g)^{9/7}}{18.67(1-\alpha_g)^{3/2}}\right]^2 \quad (4\text{-}57)$$

式中 α_g ——气含率，无量纲。

Antal[102]在层流气泡流曳力系数的基础上，考虑了相邻气泡的影响，提出了新的曳力系数。得到的模型方程式可以写为

$$C_D = \frac{24}{Re_\alpha}(1 + 0.1Re_\alpha^{0.75}) \quad (4\text{-}58)$$

$$Re_\alpha = \frac{\rho_l d_b |\boldsymbol{u}_b - \boldsymbol{u}_l|}{\mu_m} \quad (4\text{-}59)$$

$$\mu_m = \frac{\mu_l}{1-\alpha_g} \quad (4\text{-}60)$$

Jia[103]提出的气泡群曳力系数模型为

$$C_D = \max\left\{\frac{24}{Re_m}(1 + 0.15Re_m^{0.687}), \min\left[\frac{2}{3}Eo^{0.5}E(\alpha_g), \frac{8}{3}(1-\alpha_g)^2\right]\right\} \quad (4\text{-}61)$$

$$Re_m = \frac{\rho_l d_b |\boldsymbol{u}_b - \boldsymbol{u}_l|}{\mu_m} \quad (4\text{-}62)$$

$$\mu_m = \mu_l(1-\alpha_g)^{-2.5\mu^*} \tag{4-63}$$

$$\mu^* = \frac{\mu_g + 0.4\mu_l}{\mu_g + \mu_l} \tag{4-64}$$

$$E(\alpha_g) = \frac{1+17.67 f_1(\alpha_g)^{6/7}}{18.67 f_1(\alpha_g)} \tag{4-65}$$

Ishii[91,104]提出了一个新的曳力系数模型,该模型适用于气含率为0～1.0的大范围,并且与局部气含率相关。该模型适用于广泛的气泡流流型,也就是说,其包含了从Stokes流型到颗粒变形的流型,一直到非均匀的搅动湍流(churn turbulent flow)。根据流型校正曳力系数,并且已经得到了大量的实验数据验证。多气泡条件下的曳力系数模型如表4-4所示。

表4-4 多气泡条件下的曳力系数关系式[91,104]

流区	方程	编号
Stokes流区	$C_D = \dfrac{24}{Re_m}$	(4-66)
黏性流区	$C_D = \dfrac{24(1+0.1Re_m^{0.75})}{Re_m}$	(4-67)
牛顿流区	$C_D = 0.45\left\{\dfrac{1+17.67[f_1(\alpha_g)]^{6/7}}{18.67 f_1(\alpha_g)}\right\}^2$	(4-68)
颗粒变形区	$C_D = \dfrac{2}{3}\sqrt{Eo}\left\{\dfrac{1+17.67[f(\alpha_g)]^{6/7}}{18.67 f(\alpha_g)}\right\}^2$	(4-69)
搅动流区	$C_D = \dfrac{8}{3}(1-\alpha_g)^2$	(4-70)
弹状流区	$C_D = 9.8(1-\alpha_g)^3$	(4-71)

在表4-4中,使用的参数定义如下[μ_m和μ^*的定义与式(4-63)和式(4-64)相同]:

$$Re_m = \frac{\rho_l d_b |u_b - u_l|}{\mu_m} \tag{4-72}$$

$$f(\alpha_g) = (1.0-\alpha_g)^{1.5} \tag{4-73}$$

$$f_1(\alpha_g) = \frac{\mu_l}{\mu_m}\sqrt{1.0-\alpha_g} \tag{4-74}$$

Jakobsen[92]认为,目前这种基于实验数据来获得高气含率下较通用的曳力系数的方法显然是最佳方法。但是,Ishii[91]和Jakobsen[92]研究发现,气体和液体之间的相对速度随着气含率的减少而减小,尽管这种相关性在湍流鼓泡塔的搅动流区仍然有效。采用该模型预测得到的结论，即随着气含率的增加、气液两相的相对速度越小，与 Yao[105] 和 Grienberger[106] 等的实验数据相矛盾。

Morud[107] 建立了一种与流型密切相关的数学模型，该模型考虑了气泡-气泡之间的相互作用。反应器内的流动被分为三类，即均匀的气泡流（$\alpha_g \leqslant 0.3$），非均匀的气泡流（$0.3 < \alpha_g \leqslant 0.7$）和液滴流（$\alpha_g > 0.7$）。气泡流动和液滴流动的系数分别由下式给出：

$$C_D = \frac{2}{3} d_b \sqrt{\frac{g \Delta \rho}{\sigma}} \left\{ \frac{1 + 17.67 [f(\alpha_g)]^{6/7}}{18.67 f(\alpha_g)} \right\}^2 \quad (4\text{-}75)$$

且有

$$f(\alpha_g) = \begin{cases} (1.0 - \alpha_g)^{1.5}, & \alpha_g \leqslant 0.3 \\ \alpha_g^3, & \alpha_g > 0.7 \end{cases} \quad (4\text{-}76)$$

对于搅动强烈的湍流，采用下式计算：

$$C_D = \frac{8}{3}(1 - \alpha_g)^2, \quad 0.3 < \alpha_g \leqslant 0.7 \quad (4\text{-}77)$$

通常，许多关系式可以概括为一个与气含率相关的函数乘以单个气泡的曳力系数来得到。许多研究者在实际应用中首选下面的校正关系式：

$$C_D = C_d E(\alpha_g) \quad (4\text{-}78)$$

然而，函数 $E(\alpha_g)$ 在不同情况下差别很大，并且它可能不仅仅是相含率的函数，而且还与一些其他特征数（例如，阿基米德数和雷诺数等）相关。此外，很明显，当不存在气体时，它应等于 1.0。

Azbel[108] 提出了一种与气含率相关的校正函数：

$$E(\alpha_g) = \frac{1 - \alpha_g^{5/3}}{(1 - \alpha_g)^2} \quad (4\text{-}79)$$

Rampure[109] 提出了另一种校正函数：

$$E(\alpha_g) = (1 - \alpha_g)^p \quad (4\text{-}80)$$

式中，指数 p（在 $p = 1 \sim 4$ 的范围内）取决于表观气速。一般来说，表观气速越高，指数 p 的值越大。Behzadi[110] 提出了一个结合幂函数和指数函数的关系式来近似相邻气泡的影响，其表达式如下式所示

$$E(\alpha_g) = \exp(3.64 \alpha_g) + \alpha_g^{0.864} \quad (4\text{-}81)$$

在具有高气含率的流动区域中，Yeoh[111] 提出由如下的函数近似

$$E(\alpha_g) = \left[\frac{1 + 17.67 \frac{\mu_l}{\mu_m}(1 - \alpha_g)^{3/7}}{18.67 \frac{\mu_l}{\mu_m}(1 - \alpha_g)^{1/2}} \right]^2 \quad (4\text{-}82)$$

León-Becerril[112] 推导出一个表达式，它甚至适用于变形气泡，其表达式如下所示：

$$C_D = C_d x^{2/3} E(\alpha_g, x) \quad (4\text{-}83)$$

且有

$$E(\alpha_g) = \left[1 - p_2(x)\alpha_g\right]^{-2} \quad (4\text{-}84)$$

$$p_2(x) = \frac{1.43[2+Z(x)]}{3} \quad (4\text{-}85)$$

$$Z(x) = 2\frac{(x^2-1)^{1/2} - \arccos x^{-1}}{\arccos x^{-1} - (x^2-1)^{1/2}/x^2} \quad (4\text{-}86)$$

$$x = \frac{a}{b} \quad (4\text{-}87)$$

$$Re_b = \frac{\rho_l d_b |\boldsymbol{u}_b - \boldsymbol{u}_l|(1-\alpha_g)}{\mu_l} \quad (4\text{-}88)$$

$$d_b = 2\sqrt[3]{a^2 b} \quad (4\text{-}89)$$

式中，参数 a 和 b 分别为气泡的长轴和短轴长度。对于球形气泡，p_2=1.43；对于椭圆形气泡，x=1.8，p_2=1.73。

很明显，不同的校正方法对预测结果的影响不同，有些校正似乎相当随意。应该进一步研究曳力系数的修正函数对预测结果的影响，这对于特殊情况下封闭气泡流的相间力是非常有用的。Yang[113] 考察了方程式（4-80）采用不同的指数 p 校正，得到的预测结果如图 4-14 所示。研究发现，指数 p 越大，气含率在径向方向上越平坦，因此在反应器中预测的气含率越小；这与 Huang 等[93] 考虑了对曳力系数的湍流校正的结果一致。一般而言，模拟中使用的曳力系数的值越大，曳力增大，反

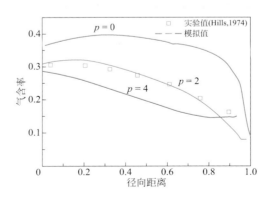

图 4-14 鼓泡塔中校正系数对径向气含率预测结果的影响[113]

应器中预测的气含率也越大。此外，环流反应器中使用的曳力系数越大，预测的循环液体速度就会越高。

3. 湍动分散力

湍动分散力用于描述由于流体湍动影响而导致的气泡扩散，但其物理合理性一直存在争议。就湍流旋涡对气泡可施加一定影响并推动它们在流体中移动这方面来说，该力是有部分物理意义的。该力有很多表达方式，其差别很大，这里仅讨论近年来广泛使用的两种湍动分散力模型。需要指出的是，对于雷诺平均的两流体模型[93,114]，由于其连续性方程含有源项，其作用和湍动分散力相似，故不需要再加上湍动分散力，但是对于 Favre 平均的两流体模型[3,28,63]，一般需要考虑湍动分散力，使模拟的整体气含率增加且径向分布更均匀，从而使其与实验值相一致。

最简单和最常见的方法是采用类似于爱因斯坦-布朗运动理论考虑湍流影响。这种方法是由 Lahey Jr[88] 推导出来的单位体积力，它可以写作

$$\boldsymbol{F}_{\text{TD,l}} = -\boldsymbol{F}_{\text{TD,g}} = C_{\text{TD}} \rho_l k \nabla \alpha_g \qquad (4\text{-}90)$$

式中，k 是湍流动能，m²/s²。关键问题是将模型系数 C_{TD} 与流动条件相关联。正如 Mao[115] 所指出的那样，到目前为止，其物理基础和模型系数的估计方面皆存在较大的争议。因此，即使对于常见空气-水体系中的气泡流流动，文献中关于该系数的取值存在较大范围的波动，目的是使模拟值与实验数据相吻合。对于空气-水体系的气泡流，系数一般在 0.1～1.0 的范围内。值得注意的是，该模型与空气分子的热扩散类似，但与该模型的非线性无直接关系。

湍动分散力的另一种典型表达是在均匀湍流的框架中推导出来的。Talvy[63] 提出湍动分散力可以有下面这些式子近似：

$$\boldsymbol{F}_{\text{TD}} = -\rho_l \overline{\boldsymbol{u}'_g \boldsymbol{u}'_l} \cdot \nabla \alpha_g \qquad (4\text{-}91)$$

$$(\overline{\boldsymbol{u}'_g \boldsymbol{u}'_l})_{ij} = 2k \frac{b + \eta_r}{1 + \eta_r} \qquad (4\text{-}92)$$

$$\eta_r = \frac{\tau_{12}^t}{\tau_{12}^F} \qquad (4\text{-}93)$$

$$b = \frac{1 + C_A}{\rho_g / \rho_l + C_A} \qquad (4\text{-}94)$$

式中，C_A=0.5 表示虚拟质量力系数。三个时间尺度，即气泡被运动流体夹带的特征时间也就是气泡松弛时间 τ_{12}^F、湍动能量涡的特征时间 τ_1^t 及气泡和涡相互作用时间 τ_{12}^t，黄青山[66] 认为采用与 Podila[116] 和 Chen[117] 类似的表达式可靠性较好，其表达式如下：

$$\tau_{12}^{\text{F}} = \rho_1 \alpha_{\text{g}} K_{\text{gl}}^{-1} \left(\frac{\rho_{\text{g}}}{\rho_1} + C_{\text{A}} \right), \quad K_{\text{gl}} = \frac{3}{4} \frac{C_{\text{D}}}{d_{\text{b}}} \rho_1 \alpha_{\text{g}} \alpha_1 | \boldsymbol{u}_{\text{g}} - \boldsymbol{u}_1 | \tag{4-95}$$

$$\tau_1^{\text{t}} = \frac{3}{2} C_\mu \frac{k}{\varepsilon} \tag{4-96}$$

$$\tau_{12}^{\text{t}} = \frac{\tau_1^{\text{t}}}{\sigma_k} (1 + C_\beta \zeta_r^2)^{-1/2} \tag{4-97}$$

$$\zeta_r = | \boldsymbol{u}_{\text{g}} - \boldsymbol{u}_1 | / \sqrt{2k/3} \tag{4-98}$$

$$C_\beta = 1.8 - 1.35 \cos^2 \theta \tag{4-99}$$

式中 θ——气体速度和滑动速度之间的夹角（°）；

C_μ——k-ε 模型常数，无量纲。

虚拟质量力系数 C_A 取值为 0.5。参数 180° 或者 0° 时，也就是气体速度和滑移速度平行时 C_β 取值 0.45；90° 时，即气体速度和滑移速度垂直时 C_β 取值 1.80。

总体来说，尽管近年来通过发展数学模型来改进气泡流的预测结果已取得了较大的进展，但是亟须更多的研究从而更准确地解释其机理。湍动分散力是由连续相的湍动和气含率径向不均匀分布而引起的，考虑该作用力会导致气体在径向上的分布更均匀。

4. 升力

升力是施加在垂直于气泡运动路径的方向上的作用力，其对改善横截面上的速度和气含率分布的预测非常重要。在液体中的单个气泡上升产生横向升力的物理来源大致可以分为两类：流动中的剪切引起 Saffman 升力，气泡的旋转导致 Magnus 升力。这种区别似乎只具有理论上的意义，因为气泡将在剪切流中旋转，因此通常将自由移动气泡受到的这两种升力一起考虑。

应该注意的是，在欧拉-欧拉框架中，Saffman 升力和 Magnus 升力都具有相同的数学形式。因此，理想流体中升力的一般表达式为

$$\boldsymbol{F}_1 = -C_1 V_{\text{b}} \rho_1 (\boldsymbol{u}_{\text{b}} - \boldsymbol{u}_1) \times (\nabla \times \boldsymbol{u}_1) \tag{4-100}$$

式中 C_1——升力系数；

V_{b}——气泡体积。

表 4-5 列出了三维两流体模型中升力在圆柱和笛卡儿坐标系（直角坐标系）的最终表达式。

许多因素影响升力系数 C_1，迄今为止并没有关于升力系数通用和可靠的数学模型。升力系数通常表示为雷诺数、粒径以及与局部湍流性质相关的函数。对于线性剪切流中的实心球，理论上可得出 C_1=0.5。然而，虽然迄今已有许多形式的数学模型来近似高气含率下的横向升力系数，但其机理尚不清楚。文献中可工程应用的升力系数模型可分为四种类型，即升力系数取决于雷诺数、气含率、气泡直径或局部湍流性质，下面将一一叙述。

表4-5 三维两流体模型中升力在圆柱坐标系和直角坐标系中的分量

坐标系	表达式
圆柱坐标系	$F_{l,r} = -C_l \alpha_g \rho_l \left\{ (v_g - v_l) \left[\frac{1}{r} \frac{\partial}{\partial r}(rv_l) - \frac{1}{r} \frac{\partial u_l}{\partial \theta} \right] - (w_g - w_l) \left(\frac{\partial u_l}{\partial z} - \frac{\partial w_l}{\partial r} \right) \right\}$
	$F_{l,\theta} = -C_l \alpha_g \rho_l \left\{ (w_g - w_l) \left(\frac{1}{r} \frac{\partial w_l}{\partial \theta} - \frac{\partial v_l}{\partial z} \right) - (u_g - u_l) \left[\frac{1}{r} \frac{\partial}{\partial r}(rv_l) - \frac{1}{r} \frac{\partial u_l}{\partial \theta} \right] \right\}$
	$F_{l,z} = -C_l \alpha_g \rho_l \left[(u_g - u_l) \left(\frac{\partial u_l}{\partial z} - \frac{\partial w_l}{\partial r} \right) - (v_g - v_l) \left(\frac{1}{r} \frac{\partial w_l}{\partial \theta} - \frac{\partial v_l}{\partial z} \right) \right]$
直角坐标系	$F_{l,x} = -C_l \alpha_g \rho_l \left[(v_g - v_l) \left(\frac{\partial v_l}{\partial x} - \frac{\partial u_l}{\partial y} \right) - (w_g - w_l) \left(\frac{\partial u_l}{\partial z} - \frac{\partial w_l}{\partial x} \right) \right]$
	$F_{l,y} = -C_l \alpha_g \rho_l \left[(w_g - w_l) \left(\frac{\partial w_l}{\partial y} - \frac{\partial v_l}{\partial z} \right) - (u_g - u_l) \left(\frac{\partial v_l}{\partial x} - \frac{\partial u_l}{\partial y} \right) \right]$
	$F_{l,z} = -C_l \alpha_g \rho_l \left[(u_g - u_l) \left(\frac{\partial u_l}{\partial z} - \frac{\partial w_l}{\partial x} \right) - (v_g - v_l) \left(\frac{\partial w_l}{\partial y} - \frac{\partial v_l}{\partial z} \right) \right]$

Moraga[118]提出了一个可适用于多相流湍流剪切的升力系数模型，该模型通过$Re_b \cdot Re_\nabla$参数进行关联，可表示为

$$C_l = \left[0.12 - 0.2 \exp\left(-\frac{Re_b \cdot Re_\nabla}{3.6 \times 10^5}\right) \right] \exp\left(\frac{Re_b \cdot Re_\nabla}{3 \times 10^7}\right) \quad (6000 < Re_b \cdot Re_\nabla < 500000000)$$

$$Re_b = \frac{\rho_l |\boldsymbol{u}_g - \boldsymbol{u}_l| d_b}{\mu_l}, \quad Re_\nabla = \frac{\rho_l |\nabla \times \boldsymbol{u}_l| d_b^2}{\mu_l}$$

（4-101）

Troshko[119]通过数值模拟提出了一个横向升力系数模型如下：

$$C_l = \begin{cases} 0.0767, & Re_b \cdot Re_\nabla \leqslant 6000 \\ -\left[0.12 - 0.2\exp\left(-\frac{Re_b \cdot Re_\nabla}{36,000}\right)\right]\exp\left(\frac{-Re_b \cdot Re_\nabla}{3 \times 10^7}\right), & 6000 < Re_b \cdot Re_\nabla < 190000 \\ -0.002, & Re_b \cdot Re_\nabla \geqslant 190000 \end{cases}$$

（4-102）

一些研究人员认为升力系数取决于气含率。Behzadi[110]因此提出了一个与气含率相关的数学模型

$$C_l = 0.000651 \alpha_g^{-1.2} \quad (4\text{-}103)$$

这意味着升力系数永远都是正的，但在某些情况下实际上并非如此。通常，若存在大气泡的情况下，使用该模型并不能得到典型的"中心峰"气含率的结果。

Petersen[120]提出了一个升力系数模型：

$$C_1 = C_{La}[1.0 - 2.78\min(0.2, \alpha_g)], \quad C_{La} = 0.01 \sim 0.5 \quad (4\text{-}104)$$

Ohnuki[121]给出了一个升力系数模型，其值取决于流体的性质并表示为

$$C_1 = C_{LF} + C_{WK}$$

$$C_{LF} = 0.288\tanh(0.121Re), \quad C_{WK} = \begin{cases} 0, & Eo_d < 4 \\ -0.096Eo_d + 0.384, & 4 \le Eo_d \le 10 \\ -0.576, & Eo_d > 10 \end{cases} \quad (4\text{-}105)$$

且 $-5.5 \le \lg Mo \le -2.8$，$1.39 \le Eo \le 5.74$，$0 \le |du/dy| \le 8.3\text{s}^{-1}$

其中，$Eo = \dfrac{g(\rho_l - \rho_g)d_b^2}{\sigma}$，$Eo_d = \dfrac{g(\rho_l - \rho_g)d_h^2}{\sigma}$，$d_h = d_b(1 + 0.163Eo^{0.757})^{\frac{1}{3}}$。

Tomiyama[122]提出了一个升力系数模型，可按下式计算：

$$C_1 = -0.04Eo + 0.48 \quad (4\text{-}106)$$

Tomiyama[123]提出了一个可适用广泛参数的升力系数模型（$1.39<Eo<5.74$，$-5.5<\lg Mo<-2.8$，$0<|\nabla \cdot \boldsymbol{u}_c|<8.3\text{s}^{-1}$）：

$$C_1 = \begin{cases} \min[0.288\tanh(0.121Re), f(Eo_d)], & Eo_d < 4 \\ f(Eo_d), & 4 \le Eo_d \le 10 \\ -0.29, & Eo_d > 10 \end{cases} \quad (4\text{-}107)$$

$$f(Eo_d) = 0.00105Eo_d^3 - 0.0159Eo_d^2 - 0.0204Eo_d + 0.474$$

在常温常压下的空气-水体系中，实验研究发现升力系数与气泡直径密切相关，其结果如图4-15所示。从图中可以看出，在空气-水的气泡流中，引起径向气含率分布从"壁面峰"到"中心峰"的临界气泡直径约为5.8mm。

然而，迄今为止，流型、流体性质和气含率对升力系数的影响尚不清楚，也没有被广泛接受的较通用的升力系数模型，文献中报道的升力系数模型给出的值差别

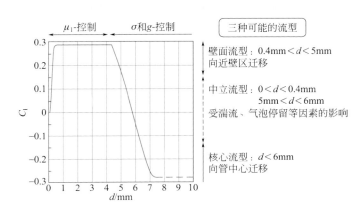

图4-15 Tomiyama[123]提出的与气泡直径相关的升力系数模型

比较大。与曳力相比，许多研究人员通常忽略升力的影响。大多数时候，升力系数甚至被作为一个使气含率的预测结果与实验数据相匹配的可调参数。

5. **壁面润滑力**

为了改善较宽流动条件下气含率分布的预测，常常考虑壁面润滑力，尤其是出现"壁面峰"的时候。Antal[102]提出了一个与反应器几何尺寸无关的壁面润滑力来近似壁面对气泡排斥作用，这是由于流体边界层引起壁面附近的流场不对称，从而导致壁面附近的气泡好像受到了一个附加力，常采用下式计算：

$$F_{W,r} = -C_W \frac{\alpha_g \rho_l |u_g - u_l|^2}{d_b} n_W \quad (4\text{-}108)$$

式中 n_W——垂直于壁面的方向；
C_W——壁面润滑力模型系数。

$$C_W = \max\left[0, \left(C_1 + C_2 \frac{d_b}{y}\right)\right] \quad (4\text{-}109)$$

式中 y——离壁面的距离，m。

需要注意的是，该力垂直于壁面并且仅在近壁区域中有效，当离壁面的距离增加到一定值时应该趋于零。通常采用的壁润滑力系数有：$C_1=-0.01$ 和 $C_2=0.05$[117,124]，这意味着壁面润滑力仅在 5 倍气泡直径的距离内起作用。但是，现有研究已清楚地表明，当网格分布不够精细时，该力所起作用不大。

从数值模拟中也发现，由上述方程预测的壁面润滑力在数值上偏小而不能与升力相平衡，这将导致近壁区气含率极大值的过度预测且过于靠近壁面[125]。Frank[125]提出了一个较通用的壁面润滑力公式：

$$C_W = -C_{W3}(Eo) \cdot \max\left[0, \frac{1}{C_{WD}} \frac{1 - y/C_{WC}d_b}{y(y/C_{WC}d_b)^{p-1}}\right] \quad (4\text{-}110)$$

$$C_{W3} = \begin{cases} \exp(-0.933Eo + 0.179), & 1 \leqslant Eo \leqslant 5 \\ 0.00599Eo - 0.0187, & 5 < Eo \leqslant 33 \\ 0.179, & 33 < Eo \end{cases} \quad (4\text{-}111)$$

通过与垂直管中气含率分布实验值的验证，研究发现当模型系数 $C_{WC}=10.0$、$C_{WD}=6.8$ 和 $p=1.7$ 时，预测结果与实验有良好的一致性。

值得注意的是，气含率径向分布不仅仅由一个力可以确定，而是由三个横向作用力（包括横向升力、湍动分散力和壁面润滑力）组合控制。

6. **虚拟质量力**

当气泡相对于连续相液体作加速运动时，在气泡被加速的同时，气泡周围的流体流场也会随之变化。推动气泡运动的力不但使气泡本身的动能增加，而且也使气泡周围部分流体的动能增加，也用于克服气泡周围液体绕流的能量耗散。这个力大于使气泡加速的力，也大于在稳态运动中受到的曳力，其效应等价于气泡的质量增加。这个增加的力被称为虚拟质量力（也称表观质量力或附加质量力）[126]。加速度导致的额外的阻力，根据势流理论，其值大小相当于被置换流体质量的一半乘以气泡的加速度。如果分散相的密度远小于连续相的密度，则该力的影响是比较显著的。

气泡流中的虚拟质量力可表示为

$$F_A = -C_A \alpha_g \rho_l \frac{D(\boldsymbol{u}_g - \boldsymbol{u}_l)}{Dt} \tag{4-112}$$

然而，由于计算相对加速度非常困难，研究人员也给出了多种形式的方程[115]。Anderson[127] 提出的一个重要模型如下：

$$\frac{D(\boldsymbol{u}_c - \boldsymbol{u}_p)}{Dt} = \left(\frac{\partial \boldsymbol{u}_c}{\partial t} + \boldsymbol{u}_c \cdot \nabla \boldsymbol{u}_c\right) - \left(\frac{\partial \boldsymbol{u}_p}{\partial t} + \boldsymbol{u}_p \cdot \nabla \boldsymbol{u}_p\right) \tag{4-113}$$

表 4-6 列出了三维稳态两流体模型中虚拟质量力在圆柱坐标系和笛卡儿坐标系的分量。

表 4-6　三维稳态两流体模型中虚拟质量力在圆柱和直角坐标系的分量

坐标系	表达式
圆柱坐标系	$F_{A,r,g} = -F_{A,r,l} = C_A \alpha_g \rho_l \left[\left(u_{l,r}\frac{\partial u_{l,r}}{\partial r} + \frac{u_{l,\theta}}{r}\frac{\partial u_{l,r}}{\partial \theta} - \frac{u_{l,\theta}^2}{r} + u_{l,z}\frac{\partial u_{l,r}}{\partial z}\right) - \left(u_{g,r}\frac{\partial u_{g,r}}{\partial r} + \frac{u_{g,\theta}}{r}\frac{\partial u_{g,r}}{\partial \theta} - \frac{u_{g,\theta}^2}{r} + u_{g,z}\frac{\partial u_{g,r}}{\partial z}\right)\right]$
	$F_{A,\theta,g} = -F_{A,\theta,l} = C_A \alpha_g \rho_l \left[\left(u_{l,r}\frac{\partial u_{l,\theta}}{\partial r} + \frac{u_{l,\theta}}{r}\frac{\partial u_{l,\theta}}{\partial \theta} + \frac{u_{l,\theta}u_{l,r}}{r} + u_{l,z}\frac{\partial u_{l,\theta}}{\partial z}\right) - \left(u_{g,r}\frac{\partial u_{g,\theta}}{\partial r} + \frac{u_{g,\theta}}{r}\frac{\partial u_{g,\theta}}{\partial \theta} + \frac{u_{g,\theta}u_{g,r}}{r} + u_{g,z}\frac{\partial u_{g,\theta}}{\partial z}\right)\right]$
	$F_{A,z,g} = -F_{A,z,l} = C_A \alpha_g \rho_l \left[\left(u_{l,r}\frac{\partial u_{l,z}}{\partial r} + \frac{u_{l,\theta}}{r}\frac{\partial u_{l,z}}{\partial \theta} + u_{l,z}\frac{\partial u_{l,z}}{\partial z}\right) - \left(u_{g,r}\frac{\partial u_{g,z}}{\partial r} + \frac{u_{g,\theta}}{r}\frac{\partial u_{g,z}}{\partial \theta} + u_{g,z}\frac{\partial u_{g,z}}{\partial z}\right)\right]$
直角坐标系	$F_{A,x,g} = -F_{A,x,l} = C_A \alpha_g \rho_l \left[\left(u_{l,x}\frac{\partial u_{l,x}}{\partial x} + u_{l,y}\frac{\partial u_{l,x}}{\partial y} + u_{l,z}\frac{\partial u_{l,x}}{\partial z}\right) - \left(u_{g,x}\frac{\partial u_{g,x}}{\partial x} + u_{g,y}\frac{\partial u_{g,x}}{\partial y} + u_{g,z}\frac{\partial u_{g,x}}{\partial z}\right)\right]$
	$F_{A,y,g} = -F_{A,y,l} = C_A \alpha_g \rho_l \left[\left(u_{l,x}\frac{\partial u_{l,y}}{\partial x} + u_{l,y}\frac{\partial u_{l,y}}{\partial y} + u_{l,z}\frac{\partial u_{l,y}}{\partial z}\right) - \left(u_{g,x}\frac{\partial u_{g,y}}{\partial x} + u_{g,y}\frac{\partial u_{g,y}}{\partial y} + u_{g,z}\frac{\partial u_{g,y}}{\partial z}\right)\right]$
	$F_{A,z,g} = -F_{A,z,l} = C_A \alpha_g \rho_l \left[\left(u_{l,x}\frac{\partial u_{l,z}}{\partial x} + u_{l,y}\frac{\partial u_{l,z}}{\partial y} + u_{l,z}\frac{\partial u_{l,z}}{\partial z}\right) - \left(u_{g,x}\frac{\partial u_{g,z}}{\partial x} + u_{g,y}\frac{\partial u_{g,z}}{\partial y} + u_{g,z}\frac{\partial u_{g,z}}{\partial z}\right)\right]$

迄今为止，缺乏黏性流和湍流条件下可靠的虚拟质量力系数关系式。根据势流理论，球形不变形颗粒的虚拟体积系数 C_A 为 0.5。实际上，气泡通常不是球形的，或多或少是椭圆形的。在这些情况下，气泡将螺旋上升。一些作者使用 $C_A=2$ 或甚至 3，使实验数据与模拟相一致。对于小气含率，Pan[99] 提出了以下的气泡群虚拟质量力系数关系式：

$$C_A = 1 + 3.32\alpha_g \quad (4\text{-}114)$$

Zuber[128] 给出了类似的关系式：

$$C_A = \frac{1}{2}\frac{1+2\alpha_g}{1-\alpha_g} \quad (4\text{-}115)$$

通常来说，迄今为止没有可靠的 C_A 关系式，尤其是对比较密集的气泡群来说更为明显。推荐采用虚拟质量力系数 0.5。

三、湍流模型的封闭

多相流模型的另一个较大争议就是湍流模型的封闭，这也是持续了多年的难题。多相流的所有湍流模型都是从单相流发展而来的，如何模拟多相流中的湍动并没有共识，尤其是对于分散相气泡导致的湍动封闭。

对于多相流，常见有三种类型的湍流模型来预测其湍动应力，即只考虑连续相湍动的湍流模型、拟均相混合物模型以及每相分别求解的湍流模型。表 4-7 列出了工程模拟常用的连续相和各相求解的双方程湍流模型。然而，在湍动气泡流的模拟中，大多数研究者采用了经济实用且精度合适的标准 k-ε 模型[69]。在实际工程应用中，一般采用无滑移壁面边界条件，并将标准壁面函数应用于所有相[114]。

表 4-7 工程模拟常用的湍流模型

模型	表达式
k-ε 模型	$\partial(\alpha\rho k)/\partial t + \nabla\cdot(\alpha\rho \boldsymbol{u} k) = \nabla\cdot[\alpha(\mu+\mu_t/\sigma_k)\nabla k] + \alpha G - \alpha\rho\varepsilon$ $\partial(\alpha\rho\varepsilon)/\partial t + \nabla\cdot(\alpha\rho \boldsymbol{u}\varepsilon) = \nabla\cdot[\alpha(\mu+\mu_t/\sigma_\varepsilon)\nabla\varepsilon] + \alpha\varepsilon(c_1 G - c_2\rho\varepsilon)/k$ $\mu_t = \rho_c C_\mu k^2/\varepsilon$，且 $C_\mu = 0.09, c_1 = 1.44, c_2 = 1.92, \sigma_k = 1.0; \sigma_\varepsilon = 1.3$
k-ε-A_p 模型	$\partial(\alpha_c\rho_c k)/\partial t + \nabla\cdot(\alpha_c\rho_c \boldsymbol{u}_c k) = \nabla\cdot[\alpha_c(\mu_c+\mu_{ct}/\sigma_k)\nabla k] + \alpha_c G - \alpha_c\rho_c\varepsilon$ $\partial(\alpha_c\rho_c\varepsilon)/\partial t + \nabla\cdot(\alpha_c\rho_c \boldsymbol{u}_c\varepsilon) = \nabla\cdot[\alpha_c(\mu_c+\mu_{ct}/\sigma_\varepsilon)\nabla\varepsilon] + \alpha_c\varepsilon(c_1 G - c_2\rho_c\varepsilon)/k$ $\mu_{ct} = \rho_c C_\mu k^2/\varepsilon$，且 $C_\mu = 0.09, c_1 = 1.44, c_2 = 1.92, \sigma_k = 1.0; \sigma_\varepsilon = 1.3$ $\mu_{dt} = \rho_d C_\mu k^2 R_p^2/\varepsilon$, $R_p = 1 - \exp(-\tau_c/\tau_d)$, $\tau_c = 0.41 k/\varepsilon$, $\tau_d = \rho_d d_d^2/(18\mu_c)$
k-ω 模型	$\partial(\alpha\rho k)/\partial t + \nabla\cdot(\alpha\rho \boldsymbol{u} k) = \nabla\cdot[\alpha(\mu+\mu_t/\sigma_k)\nabla k] + \alpha G - \alpha\beta'\rho k\omega$ $\partial(\alpha\rho\omega)/\partial t + \nabla\cdot(\alpha\rho \boldsymbol{u}\omega) = \nabla\cdot[\alpha(\mu+\mu_t/\sigma_\omega)\nabla\omega] + \alpha\zeta\omega G/k - \alpha\beta\rho\omega^2$ $\mu_t = \rho_c k/\varepsilon$，且 $\beta = 0.075, \beta' = 0.09, \zeta = 5/9, \sigma_k = 2.0; \sigma_\omega = 2.0$

续表

模型	表达式
低雷诺数 k-ε 模型	$\partial(\alpha\rho k)/\partial t + \nabla \cdot (\alpha\rho \boldsymbol{u} k) = \nabla \cdot [\alpha(\mu+\mu_t/\sigma_k)\nabla k] + \alpha G - \alpha\rho\varepsilon$ $\partial(\alpha\rho\varepsilon)/\partial t + \nabla \cdot (\alpha\rho \boldsymbol{u}\varepsilon) = \nabla \cdot [\alpha(\mu+\mu_t/\sigma_\varepsilon)\nabla\varepsilon] + \alpha\varepsilon(c_1 f_1 G - c_2 f_2 \rho\varepsilon)/k$ $\mu_t = \rho_c C_\mu f_\mu k^2/\varepsilon$, 且 $C_\mu = 0.09$, $c_1 = 1.35$, $c_2 = 1.8$, $\sigma_k = 1.0$; $\sigma_\varepsilon = 1.3$
RNG k-ε 模型	$\partial(\alpha\rho k)/\partial t + \nabla \cdot (\alpha\rho \boldsymbol{u} k) = \nabla \cdot [\alpha(\mu+\mu_t/\sigma_{kRNG})\nabla k] + \alpha G - \alpha\rho\varepsilon$ $\partial(\alpha\rho\varepsilon)/\partial t + \nabla \cdot (\alpha\rho \boldsymbol{u}\varepsilon) = \nabla \cdot [\alpha(\mu+\mu_t/\sigma_{\varepsilon RNG})\nabla\varepsilon] + \alpha\varepsilon(c_{1RNG} G - c_{2RNG} \rho\varepsilon)/k$ $\mu_t = \rho_c C_{\mu RNG} k^2/\varepsilon$, 且 $C_{\mu RNG} = 0.085$, $c_{1RNG} = 1.42 - f_\eta$, $c_{2RNG} = 1.68$ $\sigma_{kRNG} = 0.7179$, $\sigma_{\varepsilon RNG} = 0.7179$, $f_\eta = \eta(1-\eta/4.38)/(1+\beta_{RNG}\eta^3)$ $\eta = \sqrt{G/(\rho C_{\mu RNG}\varepsilon)}, \beta_{RNG} = 0.012$

注：μ_{ct} 为连续相湍流黏度；μ_{dt} 为分散相湍流黏度；μ_c 为连续相分子黏度；f_μ 为湍流衰减函数。各模型详细内容可以参考流体力学教科书。

此外，拟均相混合物标准 k-ε 模型和 RNG k-ε 湍流模型也广泛应用于气泡流动的数值模拟中。在拟均相混合物 RNG k-ε 模型中，通过在湍流耗散方程中添加额外的源项来考虑旋流导致的非平衡应变率。该模型的方程式可表示为[114,129]

$$\nabla \cdot \rho_m \boldsymbol{u}_m k = \nabla \cdot \left(\frac{\mu_{eff}^t}{\sigma_k}\nabla k\right) + G_m - \rho_m \varepsilon \tag{4-116}$$

$$\nabla \cdot \rho_m \boldsymbol{u}_m \varepsilon = \nabla \cdot \left(\frac{\mu_{eff}^t}{\sigma_\varepsilon}\nabla \varepsilon\right) + \frac{\varepsilon}{k}(C_{1\varepsilon} G_m - C_{2\varepsilon} \rho_m \varepsilon) - R \tag{4-117}$$

上述模型中的混合物性质由下式计算：

$$\rho_m = \alpha_g \rho_g + \alpha_l \rho_l \tag{4-118}$$

$$\boldsymbol{u}_m = \frac{\alpha_g \rho_g \boldsymbol{u}_g + \alpha_l \rho_l \boldsymbol{u}_l}{\rho_m} \tag{4-119}$$

混合物的湍流黏度及湍流动能的产生可由下面的式子进行计算：

$$\mu_m^t = \rho_m C_\mu \frac{k^2}{\varepsilon} \tag{4-120}$$

$$G_m = \mu_m^t [\nabla \boldsymbol{u}_m + (\nabla \boldsymbol{u}_m)^T]:\nabla \boldsymbol{u}_m \tag{4-121}$$

在方程式（4-117）中，R 是额外的应变率项：

$$R = \frac{C_\mu \rho_m \eta^3 (1-\eta/\eta_0)}{(1+\beta\eta^3)}\frac{\varepsilon^2}{k} \tag{4-122}$$

其中该湍流模型中的各个常数取值如下[130-132]：

$$C_\mu = 0.0845; C_{1\varepsilon} = 1.42; C_{2\varepsilon} = 1.68; \sigma_k = 0.719; \sigma_\varepsilon = 0.719$$

$$\beta = 0.012; \eta_0 = 4.38; \eta = E\frac{k}{\varepsilon}; E^2 = 2E_{ij}E_{ij}; E_{ij} = 0.5\left[\frac{\partial(u_m)_i}{\partial x_j}+\frac{\partial(u_m)_j}{\partial x_i}\right] \tag{4-123}$$

由于忽略了分散相导致的湍动，湍流模型在气泡流动态预测中的适用性是受到质疑的。这里简要介绍三种最受欢迎的气泡导致湍动模型。最简单的考虑气泡对连续相湍动影响的数学模型是 Sato[133] 提出的：

$$\mu_{\text{eff}}^{\text{t}} = \mu_{\text{m}}^{\text{t}} + \mu_{\text{BI}}^{\text{turb}} \qquad (4\text{-}124)$$

$$\mu_{\text{BI}}^{\text{turb}} = 0.6 \rho_l \alpha_g d_b | \boldsymbol{u}_g - \boldsymbol{u}_l | \qquad (4\text{-}125)$$

Arnold[134] 提出了另一种近似气泡导致湍动的方法。该方法认为连续相的湍动应该等于剪切导致的单相湍动和气泡导致的拟湍动的线性叠加。气泡导致的拟应力张量由下式表示：

$$\boldsymbol{T}_{l,\text{SI}}^{\text{turb}} = -\alpha_g \rho_l \left[\frac{1}{20}(\boldsymbol{u}_g - \boldsymbol{u}_l)(\boldsymbol{u}_g - \boldsymbol{u}_l) + \frac{3}{20} | \boldsymbol{u}_g - \boldsymbol{u}_l |^2 \boldsymbol{I} \right] \qquad (4\text{-}126)$$

式中　$\boldsymbol{I}$——特征张量。

但是，正如 Sokolichin[69] 指出，上述两种模型都可能严重低估气泡导致的湍动。

第三种方法通过在湍流动能和湍流耗散率的平衡方程中加入附加源项来考虑气泡对连续相湍流的影响。文献中采用这种方法的模型比较多。但是，大多数附加源项可表示如下：

$$S_k = C_k f(\alpha_g, u_{\text{slip}}, \cdots) \qquad (4\text{-}127)$$

$$S_\varepsilon = C_\varepsilon \frac{\varepsilon}{k} S_k \qquad (4\text{-}128)$$

式中，C_k=0.02，C_ε=1.44；函数 $f(\alpha_g, u_{\text{slip}}, \cdots)$ 基于不同假设，具有各种各样的形式，Ranade[135] 提出了一个模型来阐明气泡的贡献：

$$f(\alpha_g, u_{\text{slip}}, \cdots) = | \boldsymbol{F}_D | \bullet | \boldsymbol{u}_g - \boldsymbol{u}_l | \qquad (4\text{-}129)$$

式中　F_D——曳力，Pa。

糟糕的是，通过拟合实验结果确定的 C_k 和 C_ε 的最佳参数值随着条件的变化而不同。由于缺乏通用性，根据流动特性选择函数是不必要的。因此，这里不建议采用这种方法来预测实际应用中气泡流的流体力学。与其他两个模型相比，Sato[133] 提出的模型已被广泛使用，近年来也取得了很大的成功。

四、数值方法

在大多数多相流的数值模拟中，速度、压力和体积分数之间存在强烈耦合。压力 - 速度 - 体积分数的耦合通常采用 SIMPLE 系列的传统算法求解，该算法是从仅存在压力 - 速度耦合的单相流发展而来的。常见基于质量守恒算法（mass conservation-based algorithms，MCBA）[136] 和几何守恒算法（geometric conservation-based algorithms，GCBA）[137] 的算法，皆是从不可压缩的单相流 SIMPLE 算法扩展到适合所有速度下的多相流算法，这两种算法皆得到了充分验证。因此，在本节中仅介绍多相流数值模拟技术的一些最新进展。

1. 对流项高阶插值的统一方法

正如 Li[138] 所指出的那样，Navier-Stokes 方程和标量输送方程中对流项的离散格式直接与解的准确性、求解效率和收敛相关联。低阶插值方案，例如一阶迎风方案、指数方案、混合方案和幂函数方案等通常被许多研究人员使用，但使用这些低阶方案引起的数值扩散是比较显著的。因此，在计算中越来越多地采用高阶方案，例如二阶方案、三阶方案或甚至更高阶的方案。为了提高基于有限体积法开发的代码数值计算精度，Li[138,139] 提出了一种在非均匀网格上实现高阶对流插值的通用公式。中心差分（central difference）、QUICK（quadratic upstream interpolation for convective kinematics）、二阶迎风（second-order upwind，SOU）和二阶混合格式（second-order hybrid, SHYBRID）都用同一个公式表示。

一个方向上的节点（这里以 x 方向为示例，并且在其他方向上类似）分布如图 4-16 中所示。应当注意，当局部面处的速度改变方向时，坐标轴的两个方向（或称东、西方向，下标为 e、w）网格参数 δ_{ie} 和 δ_{iw}（$i=1, 2$ 和 3）具有不同的含义。

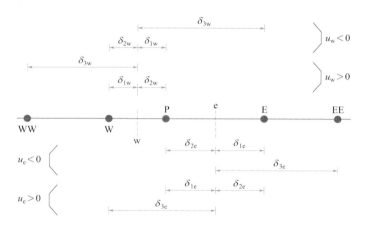

图 4-16 高阶插值在 x 方向与网格相关的参数

界面 w 的净对流通量可表示为

$$F_w \phi_w = [\alpha_{2w}\phi_W + \alpha_{1w}\phi_P - q_w(\phi_P - \beta_{2w}\phi_W + \beta_{1w}\phi_{WW})]F_w^+ \\ + [\alpha_{1w}\phi_W + \alpha_{2w}\phi_P - q_w(\phi_W - \beta_{2w}\phi_P + \beta_{1w}\phi_E)]F_w^-$$

（4-130）

式中　$F_w = \rho u_w A_w$——控制体西面的质量流量；

A_w, ρ——控制体西面的面积和流体密度。

界面 w 上的迎风插值质量流量 F_w^+ 和 F_w^- 定义为

$$F_w^+ = \frac{F_w + |F_w|}{2}, \quad F_w^- = \frac{F_w - |F_w|}{2}$$

（4-131）

几何参数的定义如下：

$$\alpha_{1w} = \frac{\delta_{1w}}{\delta_{1w} + \delta_{2w}}, \quad \beta_{1w} = \frac{\delta_{1w} + \delta_{2w}}{\delta_{3w} - \delta_{1w}}$$
$$\alpha_{2w} = \frac{\delta_{2w}}{\delta_{1w} + \delta_{2w}}, \quad \beta_{1w} = \frac{\delta_{2w} + \delta_{3w}}{\delta_{3w} - \delta_{1w}}$$
（4-132）

离散格式的参数 q_w 采用不同的形式从而得到不同的插值方案。对于中心差分来说，$q_w=0$；对于 SOU 方案，$q_w = \alpha_{1w}$；对于 QUICK 方案

$$q_w = \frac{\delta_{2w}}{\delta_{2w} + \delta_{3w}} \alpha_{1w}$$
（4-133）

对于 SHYBRID 方案，参数 q_w 可以表示为局部 Peclet 数（$Pe=F/D$）的函数：

$$\begin{aligned} q_w &= 0, & \text{当} Pe_w = 0 \\ q_w &= \max\left(0, \alpha_{1w} - \frac{1}{Pe_w}\right), & \text{当} Pe_w \neq 0 \end{aligned}$$
（4-134）

很明显，SHYBRID 方案中的 q_w 参数是根据局部 Peclet 数的大小变化的，并且随着 q_w 参数值的增加，下游节点的影响会减小。当输运以扩散为主时，该值很小，此时的 SHYBRID 插值等同于中心差分插值；当 q_w 参数非常大或无限大时，SHYBRID 方案就和二阶迎风相同；当参数 $Pe_f = (\delta_{2f}/\delta_{3f}+1)/\alpha_{1f}$ 时，SHYBRID 插值方案与 QUICK 方案精度相当。

同样，e 面上的净对流通量可以表示为

$$\begin{aligned} F_e\phi_e &= [\alpha_{1e}\phi_E + \alpha_{2e}\phi_P - q_e(\phi_E - \beta_{2e}\phi_P + \beta_{1e}\phi_W)]F_e^+ \\ &+ [\alpha_{2e}\phi_E + \alpha_{1e}\phi_P - q_e(\phi_P - \beta_{2e}\phi_E + \beta_{1e}\phi_{EE})]F_e^- \end{aligned}$$
（4-135）

e 面的网格尺寸参数、几何参数和 q_w 参数的定义与 w 面相似。

然而，当在某些位置发生高对流流动时，通过采用高阶方案获得的系数矩阵可能会失去对角线占优的特征。Khosla[140] 提出了一种可靠、有效的延迟校正方法。由于采用一阶迎风的系数矩阵是对角占优矩阵，因此可以巧妙利用这种矩阵来促进数值收敛。高阶插值的额外延迟修正项可以简单、明确地作为源项来处理。在此过程中，e 面和 w 面的净对流通量可表示为一阶迎风通量和延迟修正通量之和：

$$F_e\phi_e = \phi_P F_e^+ + \phi_E F_e^- + (F\phi)_e^{dc} \quad F_w\phi_w = \phi_W F_w^+ + \phi_P F_w^- + (F\phi)_w^{dc}$$
（4-136）

其中

$$\begin{aligned} (F\phi)_e^{dc} &= [\alpha_{1e}\phi_E + (\alpha_{2e}-1)\phi_P - q_e(\phi_E - \beta_{2e}\phi_P + \beta_{1e}\phi_W)]F_e^+ + [(\alpha_{2e}-1)\phi_E + \\ &\quad \alpha_{1e}\phi_P - q_e(\phi_P - \beta_{2e}\phi_E + \beta_{1e}\phi_{EE})]F_e^- \\ (F\phi)_w^{dc} &= [(\alpha_{2w}-1)\phi_W + \alpha_{1w}\phi_P - q_w(\phi_P - \beta_{2w}\phi_W + \beta_{1w}\phi_{WW})]F_w^+ + [\alpha_{1w}\phi_W + \\ &\quad (\alpha_{2w}-1)\phi_P - q_w(\phi_W - \beta_{2w}\phi_P + \beta_{1w}\phi_E)]F_w^- \end{aligned}$$
（4-137）

因此，最终的输送离散化方程都可以写成

$$a_P\phi_P = \sum_{nb=e,w,n,s,t,b} a_{nb}\phi_{nb} + S \tag{4-138}$$

式中 e,w,n,s,t,b——网格的东、西、北、南、上和下界面。

系数从一阶迎风离散得到。离散方程的源项可以写成：

$$S = S_{FOU} + S^{dc} \tag{4-139}$$

式中 S_{FOU}——输送方程采用一阶迎风插值方案的源项。

额外的延迟校正源 S^{dc} 可以通过下式计算：

$$S^{dc} = -(F\phi)_e^{dc} + (F\phi)_w^{dc} - (F\phi)_n^{dc} + (F\phi)_s^{dc} - (F\phi)_t^{dc} + (F\phi)_b^{dc} \tag{4-140}$$

从以上推导可以看出，上述方法可以通过使用不同的特定方案参数来实现各种高阶插值方案，具有较好的灵活性和实用性。

2. 气含率的高阶插值方法

在控制体上对任意物相 k 的连续性方程进行积分可以得到下式：

$$f_{ke}\alpha_{ke} - f_{kw}\alpha_{kw} + f_{kn}\alpha_{kn} - f_{ks}\alpha_{ks} + f_{kt}\alpha_{kt} - f_{kb}\alpha_{kb} = 0 \tag{4-141}$$

式中 e,w,n,s,t,b——东、西、北、南、上和下界面。

每个面上的体积通量可以通过下式得到：

$$f_{ke} = (u_{kr})_e A_e, f_{kw} = (u_{kr})_w A_w, f_{kn} = (u_{k\theta})_n A_n, f_{ks} = (u_{k\theta})_s A_s, f_{kt} = (u_{kz})_t A_t, f_{kb} = (u_{kz})_b A_b \tag{4-142}$$

如果界面的气含率表示为一阶迎风气含率和延迟校正气含率之和，则控制体界面的最终通量可写成如下形式：

$$f_{ke}\alpha_{ke} = [\alpha_{kP} + (\alpha_{ke}^{h+} - \alpha_{kP})]\max(f_{ke},0) - [\alpha_{kE} + (\alpha_{ke}^{h-} - \alpha_{kE})]\max(-f_{ke},0) \tag{4-143}$$

$$f_{kw}\alpha_{kw} = [\alpha_{kW} + (\alpha_{kw}^{h+} - \alpha_{kW})]\max(f_{kw},0) - [\alpha_{kP} + (\alpha_{kw}^{h-} - \alpha_{kP})]\max(-f_{kw},0) \tag{4-144}$$

$$f_{kn}\alpha_{kn} = [\alpha_{kP} + (\alpha_{kn}^{h+} - \alpha_{kP})]\max(f_{kn},0) - [\alpha_{kN} + (\alpha_{kn}^{h-} - \alpha_{kN})]\max(-f_{kn},0) \tag{4-145}$$

$$f_{ks}\alpha_{ks} = [\alpha_{kS} + (\alpha_{ks}^{h+} - \alpha_{kS})]\max(f_{ks},0) - [\alpha_{kP} + (\alpha_{ks}^{h-} - \alpha_{kP})]\max(-f_{ks},0) \tag{4-146}$$

$$f_{kt}\alpha_{kt} = [\alpha_{kP} + (\alpha_{kt}^{h+} - \alpha_{kP})]\max(f_{kt},0) - [\alpha_{kT} + (\alpha_{kt}^{h-} - \alpha_{kT})]\max(-f_{kt},0) \tag{4-147}$$

$$f_{kb}\alpha_{kb} = [\alpha_{kB} + (\alpha_{kb}^{h+} - \alpha_{kB})]\max(f_{kb},0) - [\alpha_{kP} + (\alpha_{kb}^{h-} - \alpha_{kP})]\max(-f_{kb},0) \tag{4-148}$$

下标：P 表示控制体积中心节点。

任意相的气含率离散化方程可以写成：

$$a_{kP}\alpha_{kP} = a_{kE}\alpha_{kE} + a_{kW}\alpha_{kW} + a_{kN}\alpha_{kN} + a_{kS}\alpha_{kS} + a_{kT}\alpha_{kT} + a_{kB}\alpha_{kB} + b_k^{dc} \tag{4-149}$$

其中

$$a_{kE} = \max(-f_{ke},0), \ a_{kW} = \max(f_{kw},0) \tag{4-150}$$

$$a_{kN} = \max(-f_{kn},0), \ a_{kS} = \max(f_{ks},0) \tag{4-151}$$

$$a_{kT} = \max(-f_{kt}, 0), \quad a_{kB} = \max(f_{kb}, 0) \quad (4\text{-}152)$$

$$\begin{aligned}b_k^{dc} = &-[\max(f_{ke}, 0)(\alpha_{ke}^{h+} - \alpha_{kP}) - (\alpha_{ke}^{h-} - \alpha_{kE})\max(-f_{ke}, 0)] + \\ &[(\alpha_{kw}^{h+} - \alpha_{kW})\max(f_{kw}, 0) - (\alpha_{kw}^{h-} - \alpha_{kP})\max(-f_{kw}, 0)] - \\ &[(\alpha_{kn}^{h+} - \alpha_{kP})\max(f_{kn}, 0) - (\alpha_{kn}^{h-} - \alpha_{kN})\max(-f_{kn}, 0)] + \\ &[(\alpha_{ks}^{h+} - \alpha_{kS})\max(f_{ks}, 0) - (\alpha_{ks}^{h-} - \alpha_{kP})\max(-f_{ks}, 0)] - \\ &[(\alpha_{kt}^{h+} - \alpha_{kP})\max(f_{kt}, 0) - (\alpha_{kt}^{h-} - \alpha_{kT})\max(-f_{kt}, 0)] + \\ &[(\alpha_{kb}^{h+} - \alpha_{kB})\max(f_{kb}, 0) - (\alpha_{kb}^{h-} - \alpha_{kP})\max(-f_{kb}, 0)]\end{aligned} \quad (4\text{-}153)$$

$$\begin{aligned}a_{kP} = &\max(f_{ke}, 0) + \max(-f_{kw}, 0) + \max(f_{kn}, 0) + \\ &\max(-f_{ks}, 0) + \max(f_{kt}, 0) + \max(-f_{kb}, 0)\end{aligned} \quad (4\text{-}154)$$

为了满足两流体模型的体积守恒限制，有

$$\alpha_l + \alpha_g = 1 \quad (4\text{-}155)$$

Bove（2005）提出了一种新方法来促进质量守恒和加速模拟的收敛，该法对每一相的相含率进行计算然后进行归一化，从而实现对各相之间的相互作用进行解耦，采用的相含率归一化公式如下所示：

$$\alpha_k^{\text{norm}} = \frac{\alpha_k}{\sum_{m=1}^{N} \alpha_m} \quad (4\text{-}156)$$

式中　N——相的总数。

Carver[141]提出，将两个连续性方程以各自的参考密度归一化后相减，就可以得到气泡流中分散相新的离散方程。值得一提的是，该方法巧妙地考虑了各相体积分数对彼此的影响。如果使用高阶方案，则界面处的相含率可以表示为如上所述的一阶迎风相含率和延迟校正相含率之和。气体和液体的离散化方程可表示为

$$a_{gP}\alpha_{gP} = a_{gE}\alpha_{gE} + a_{gW}\alpha_{gW} + a_{gN}\alpha_{gN} + a_{gS}\alpha_{gS} + a_{gT}\alpha_{gT} + a_{gB}\alpha_{gB} + b_g^{dc} \quad (4\text{-}157)$$

$$a_{lP}\alpha_{lP} = a_{lE}\alpha_{lE} + a_{lW}\alpha_{lW} + a_{lN}\alpha_{lN} + a_{lS}\alpha_{lS} + a_{lT}\alpha_{lT} + a_{lB}\alpha_{lB} + b_l^{dc} \quad (4\text{-}158)$$

根据方程式（4-155）可以得到

$$\begin{aligned}a_{lP}(1-\alpha_{gP}) = &a_{lE}(1-\alpha_{gE}) + a_{lW}(1-\alpha_{gW}) + a_{lN}(1-\alpha_{gN}) + \\ &a_{lS}(1-\alpha_{gS}) + a_{lT}(1-\alpha_{gT}) + a_{lB}(1-\alpha_{gB}) + b_l^{dc}\end{aligned} \quad (4\text{-}159)$$

用方程式（4-157）减去前面的等式并重新排列，然后可以得到

$$a_P\alpha_{gP} = a_E\alpha_{gE} + a_W\alpha_{gW} + a_N\alpha_{gN} + a_S\alpha_{gS} + a_T\alpha_{gT} + a_B\alpha_{gB} + S_u \quad (4\text{-}160)$$

其中

$$a_E = \max(-f_{ge}, 0) + \max(-f_{le}, 0), \quad a_W = \max(f_{gw}, 0) + \max(f_{lw}, 0) \quad (4\text{-}161)$$

$$a_N = \max(-f_{gn}, 0) + \max(-f_{ln}, 0), \quad a_S = \max(f_{gs}, 0) + \max(f_{ls}, 0) \quad (4\text{-}162)$$

$$a_{\mathrm{T}} = \max(-f_{\mathrm{gt}},0) + \max(-f_{\mathrm{lt}},0) \;,\; a_{\mathrm{B}} = \max(f_{\mathrm{gb}},0) + \max(f_{\mathrm{lb}},0) \quad (4\text{-}163)$$

$$\begin{aligned}a_{\mathrm{P}} &= \max(f_{\mathrm{ge}},0) + \max(f_{\mathrm{le}},0) + \max(-f_{\mathrm{gw}},0) + \max(-f_{\mathrm{lw}},0) \\ &+ \max(f_{\mathrm{gn}},0) + \max(f_{\mathrm{ln}},0) + \max(-f_{\mathrm{gs}},0) + \max(-f_{\mathrm{ls}},0) \\ &+ \max(f_{\mathrm{gt}},0) + \max(f_{\mathrm{lt}},0) + \max(-f_{\mathrm{gb}},0) + \max(-f_{\mathrm{lb}},0)\end{aligned} \quad (4\text{-}164)$$

$$\begin{aligned}S_u &= (b_{\mathrm{g}}^{\mathrm{dc}} - b_{\mathrm{l}}^{\mathrm{dc}}) + \begin{bmatrix} \max(f_{\mathrm{le}},0) + \max(-f_{\mathrm{lw}},0) + \max(f_{\mathrm{ln}},0) + \\ \max(-f_{\mathrm{ls}},0) + \max(f_{\mathrm{lt}},0) + \max(-f_{\mathrm{lb}},0) \end{bmatrix} \\ &- \begin{bmatrix} \max(-f_{\mathrm{le}},0) + \max(f_{\mathrm{lw}},0) + \max(-f_{\mathrm{ln}},0) \\ + \max(f_{\mathrm{ls}},0) + \max(-f_{\mathrm{lt}},0) + \max(f_{\mathrm{lb}},0) \end{bmatrix}\end{aligned} \quad (4\text{-}165)$$

值得一提的是，一些源项可以进行线性化处理以促进收敛。尽管这两种方法都满足体积分数约束，在获得收敛解之前，每一相显然是不满足质量守恒的。与先前的归一化方法相比，Carver[141]的方法涉及的代数运算较少，笔者认为这是一个比较好的相间解耦方法。

3. 两相流的压力-速度解耦算法

欧拉-欧拉两流体模型中动量和质量守恒方程的联立求解值得特别关注。相间解耦算法对于数值模拟非常重要，特别是对于稳态多相流的仿真。一种适当的方法可以减少计算量并加速求解过程。实际上，对于强相间耦合或相对大的曳力系数，收敛变得非常慢。提高动量守恒方程收敛速度的一个重要的方法是对两相动量方程进行解耦。这里将描述两种典型的方法，即部分消除算法（partial elimination algorithm, PEA）[57,142]和以 SIMPLE 算法为基础的部分解耦算法（partial decoupling algorithm with SIMPLE, PDA-SIMPLE）[28]。

PEA 算法通过对动量方程中曳力项的代数交叉替换操作来弱化主相和分散相之间的强耦合，从而部分消除两相速度之间的相互影响。PEA 算法的核心思想是通过解耦两组方程，使离散化的动量方程变得更加隐式。为了说明该方法，本文以两相流模型的求解过程为例进行说明。如果动量的离散化方程的源项包括除曳力项之外的所有其他项，则在网格节点 P 的控制体积界面处两相 u 速度分量的最终方程可以写成

$$A_{\mathrm{P},u,\mathrm{l}} u_{\mathrm{P},\mathrm{l}}^{n+1} = \sum_{nbP} A_{nbP,u,\mathrm{l}} u_{nbP,\mathrm{l}}^{n+1} + S_{\mathrm{P},u,\mathrm{l}}^{n+1} + F_{\mathrm{l}}(u_{\mathrm{P},\mathrm{g}}^{n+1} - u_{\mathrm{P},\mathrm{l}}^{n+1}) \quad (4\text{-}166)$$

$$A_{\mathrm{P},u,\mathrm{g}} u_{\mathrm{P},\mathrm{g}}^{n+1} = \sum_{nbP} A_{nbP,u,\mathrm{g}} u_{nbP,\mathrm{g}}^{n+1} + S_{\mathrm{P},u,\mathrm{g}}^{n+1} + F_{\mathrm{g}}(u_{\mathrm{P},\mathrm{l}}^{n+1} - u_{\mathrm{P},\mathrm{g}}^{n+1}) \quad (4\text{-}167)$$

很明显，每个方程都包含需要同时求解的两个速度变量。如果对两个方程分别合并同类项，则上述两个等式变为

$$u_{\mathrm{P},\mathrm{l}}^{n+1} = \frac{1}{A_{\mathrm{P},u,\mathrm{l}} + F_{\mathrm{l}}} \left(\sum_{nbP} A_{nbP,u,\mathrm{l}} u_{nbP,\mathrm{l}}^{n+1} + S_{\mathrm{P},u,\mathrm{l}}^{n+1} + F_{\mathrm{l}} u_{\mathrm{P},\mathrm{g}}^{n+1} \right) \quad (4\text{-}168)$$

$$u_{P,g}^{n+1} = \frac{1}{A_{P,u,g}+F_g}(\sum_{nbP} A_{nbP,u,g} u_{nbP,g}^{n+1} + S_{P,u,g}^{n+1} + F_g u_{P,l}^{n+1}) \quad (4\text{-}169)$$

将式（4-169）代入式（4-166）并重新排列，得到以下等式：

$$(A_{P,u,l}+F_l - \frac{F_l F_g}{A_{P,u,g}+F_g})u_{P,l}^{n+1} = \sum_{nbP} A_{nbP,u,l} u_{nbP,l}^{n+1} + S_{P,u,l}^{n+1}$$
$$+ \frac{F_l}{A_{P,u,g}+F_g}(\sum_{nbP} A_{nbP,u,g} u_{nbP,g}^{n+1} + S_{P,u,g}^{n+1}) \quad (4\text{-}170)$$

类似地，将式（4-168）代入式（4-167），可以得到

$$\left(A_{P,u,g}+F_g - \frac{F_l F_g}{A_{P,u,l}+F_l}\right)u_{P,g}^{n+1} = \sum_{nbP} A_{nbP,u,g} u_{nbP,g}^{n+1} + S_{P,u,g}^{n+1} + \frac{F_g}{A_{P,u,l}+F_l}(\sum_{nbP} A_{nbP,u,l} u_{nbP,l}^{n+1} + S_{P,u,l}^{n+1})$$
$$(4\text{-}171)$$

可以使用相同的方法来获得其他速度分量的部分解耦方程。这种处理方法使方程求解变得更加隐式，并且可以部分地消除两个方程的相互影响，这可促进动量方程的收敛速度。数值模拟研究表明，当两相的曳力或速度非常小时，收敛没有困难，PEA算法在这些情况下的优势就变得不明显[93]。

在PDA-SIMPLE算法中[28]，通过在压力校正方程中使用两个修正系数来消除相间曳力的影响。对于两相流，离散的动量方程可以表示为

$$A_{P,ke} u_{ke}^* = \sum_f a_{k,f} u_{k,f}^* + b + (P_P^* - P_E^*)A_{ew}\alpha_{ke} + (F_e)_k u_{je,j \ne k} \quad (4\text{-}172)$$

$$A_{P,kn} u_{kn}^* = \sum_f a_{k,f} u_{k,f}^* + b + (P_P^* - P_N^*)A_{ns}\alpha_{kn} + (F_n)_k u_{jn,j \ne k} \quad (4\text{-}173)$$

$$A_{P,kt} u_{kt}^* = \sum_f a_{k,f} u_{k,f}^* + b + (P_P^* - P_T^*)A_{tb}\alpha_{kt} + (F_t)_k u_{jt,j \ne k} \quad (4\text{-}174)$$

式中　$A_{P,k}$，a_{kf}——中心和相邻节点的系数；

　　　　b——源项；

　　　　$(F_n)_k$——曳力的相间作用项。

下标：f代表t、b、n、s、e和w，分别指中心控制体积的顶面、底面、北、南、东和西界面。用SIMPLE算法得到的压力和速度校正方程[143]可以写为

$$A_{P,ke} u_{ke}' = \left(\sum_f a_f u_f'\right)_k + (P_P' - P_E')\left[A_{ew}\alpha_{ke} + (F_e)_k \, du_j \big|_{j \ne k}\right] \quad (4\text{-}175)$$

若忽略相邻节点引起的校正项，最终的压力校正方程变为

$$u_{ke}' = \frac{[A_{ew}\alpha_{ke} + (F_e)_k \, du_j \big|_{j \ne k}]}{A_{P,ke}}(P_P' - P_E') = d_{ke}(P_P' - P_E') \quad (4\text{-}176)$$

对于气液两相流，上述校正方程可改写为

$$du_g = \frac{A_{ew}\alpha_g + (F_e)_g \, du_l}{A_{P,ge}} \quad (4\text{-}177)$$

$$du_l = \frac{A_{ew}\alpha_g + (F_e)_l du_g}{A_{P,le}} \quad (4\text{-}178)$$

很明显，上述气体和液体的校正方程都包含相互的校正系数。可同时求解上述两个方程，直接估算气相和液相的校正系数：

$$du_g = \frac{\dfrac{A_{ew}\alpha_g}{A_{P,ge}} + \dfrac{(F_e)_g A_{ew}\alpha_l}{A_{P,ge} A_{P,le}}}{1.0 - \dfrac{(F_e)_g (F_e)_l}{A_{P,ge} A_{P,le}}} \quad (4\text{-}179)$$

$$du_l = \frac{\dfrac{A_{ew}\alpha_l}{A_{P,le}} + \dfrac{(F_e)_l A_{ew}\alpha_g}{A_{P,ge} A_{P,le}}}{1.0 - \dfrac{(F_e)_g (F_e)_l}{A_{P,ge} A_{P,le}}} \quad (4\text{-}180)$$

类似地，气泡流中其他两个方向上速度分量的校正方程可写成

$$dv_g = \frac{\dfrac{A_{ns}\alpha_g}{A_{P,gn}} + \dfrac{(F_n)_g A_{ns}\alpha_l}{A_{P,gn} A_{P,ln}}}{1.0 - \dfrac{(F_n)_g (F_n)_l}{A_{P,gn} A_{P,ln}}} \quad (4\text{-}181)$$

$$dv_l = \frac{\dfrac{A_{ns}\alpha_l}{A_{P,ln}} + \dfrac{(F_n)_l A_{ns}\alpha_g}{A_{P,gn} A_{P,ln}}}{1.0 - \dfrac{(F_n)_g (F_n)_l}{A_{P,gn} A_{P,ln}}} \quad (4\text{-}182)$$

$$dw_g = \frac{\dfrac{A_{tb}\alpha_g}{A_{P,gt}} + \dfrac{(F_t)_g A_{tb}\alpha_l}{A_{P,gt} A_{P,lt}}}{1.0 - \dfrac{(F_t)_g (F_t)_l}{A_{P,gt} A_{P,lt}}} \quad (4\text{-}183)$$

$$dw_l = \frac{\dfrac{A_{tb}\alpha_l}{A_{P,lt}} + \dfrac{(F_t)_l A_{tb}\alpha_g}{A_{P,gt} A_{P,lt}}}{1.0 - \dfrac{(F_t)_g (F_t)_l}{A_{P,gt} A_{P,lt}}} \quad (4\text{-}184)$$

这种处理使得压力校正方程更加隐式，可提高方程迭代求解的收敛速度。该算法类似于 PEA 的解耦方法（例如，Bove[142] 和 Darwish[144]），但有一些显著的区别和改进。PEA 算法是在消除了另一相的速度影响后，依次求解气相和液相的动量方程。然而，PDA-SIMPLE 解耦算法是分别求解动量方程而不考虑动量方程中另一相的速度变化，但在压力校正方程中考虑到另一相速度校正的影响。与 PEA 算法相比，PDA-SIMPLE 算法需要的内存和计算量较少。研究表明，PDA-SIMPLE 算

法可有效消除气泡流中曳力的相间耦合。然而，应该注意的是，这种解耦算法仅适用于曳力占主导地位的两相流，但 PEA 算法可以扩展到更多相的流动。

4. 稳态模拟边界条件的改进

在大多数的稳态气泡流模拟中，通常采用非稳态的两相模型来避免数值发散。若计算的物理时间足够长，就可以获得数值稳定的解。但是，使用这种方法获得稳定的数值解非常费时，尤其是当目标问题完全与时间无关时就变得特别明显。虽然瞬态模型已被广泛用于研究多相流中的复杂现象，但近年来稳态模拟也开始不断出现。迄今为止，只有少数研究人员例如 Lin[71,145]、Mudde[57] 和 Huang[28,93,114] 等采用稳态方法预测了气泡流。研究表明，如果采用适宜的边界条件，是可以采用较为经济的稳态方法的，也会取得良好的效果。

一般来说，气升式环流反应器的顶部流出边界可以被看作是自由表面。在一些研究中，都提出了一个较为简单的假设来获得物理上真实的解。Mudde[57] 认为自由表面边界是水相的无剪切表面，界面处液相的法向速度为零；对于气相，它作为出口，其固定轴向出口速度为 0.2m/s，这是大约等于 2～5mm 大小的气泡在水中的终端滑移速度。此外，自由表面假定为平面且所有其他变量都满足以下条件：

$$\frac{\partial \phi}{\partial z} = 0 \tag{4-185}$$

众所周知，工业反应器中存在着大量的气泡。然而，气泡的终端滑动速度可以通过假设气泡在稳定上升过程中其在静止液体中气泡受到的压力和阻力达到平衡来计算：

$$F_D = F_P \tag{4-186}$$

$$F_D = \frac{3}{4} \rho_l \alpha_g \frac{C_D}{d_b} u_t^2 \simeq (\rho_l - \rho_g) \alpha_g g \tag{4-187}$$

因此，气泡的终端滑移速度可以写成

$$u_t \approx \sqrt{\frac{4(\rho_l - \rho_g) g d_b}{3 \rho_l C_D}} \tag{4-188}$$

上述公式可以通过组合方程式（4-43）以及气泡雷诺数的定义来迭代求解：

$$Re \approx \frac{d_b u_t \rho_l}{\mu_l} \tag{4-189}$$

当气升式环流反应器中的两相皆以连续进料的方式运行时，亟须对上述边界进行特殊处理从而提高稳态模拟的收敛速度[93]。由于气泡流中每相的速度和气含率之间的高度耦合，得到收敛的解是比较困难的。Huang[93] 发展了新的出口边界条件：自由表面被认为是平面，气液相间的相对速度被定义为相应工作体系的气泡终端速度。关于连续进入反应器的气体和浆料的边界条件定义如下：

$$\alpha_{g} = \alpha_{g,c0} \quad (4-190)$$

$$u_l = \max(0, u_{l,c0}) \quad (4-191)$$

$$u_g = u_l + u_{slip} \quad (4-192)$$

其中，气泡的滑移速度相应地等于其终端速度。

对于三维流动，一些流体可以流过圆柱反应器的轴线，并且轴线对流体的流动也没有任何限制。因此，在进行稳态求解的过程中，必须保持轴上物理量的连续性。Serre[146]提出了一种简单的方法来指定轴上速度分量的边界值，而Zhang[147]则提出了一个更准确描述轴线上边界的方法。有关不对称中心轴的更多详细信息，请参阅第三章第二节"六"中的"2. 边界条件"及本章参考文献[114]。

另一个重要的问题是需要确定气-液分离区的位置，这在实际的气泡流中是比较常见的，尤其是当分散相在反应器顶部聚集并在自由液面上方形成独立的气相空间。然而，气液两相之间的界面追踪非常复杂，Zhang[148]提出了一个比较简单的方法来解决这个问题，即通过在自由界面上方使用特殊的相间力来进行区别。认为当$\alpha_l < 0.55$时的流域，不存在升力和虚拟质量力，而曳力系数采用下面的定值：

$$C_d = 0.05 \quad (4-193)$$

Zhang[148]认为采用这种方法可使两相的连续性和动量方程简化为相应的单相流动方程。采用较小的曳力系数C_d来保证两相的适当耦合。Yang[113]等采用了该方法预测鼓泡塔中的流体力学并获得了很好的预测结果。

第六节　环流反应器中的传递现象

一、流体力学特性

环流反应器是一种典型的气体搅拌反应器，在浮力的作用下，靠上升管和降液管之间的流体密度差形成液相的周期循环。由于反应器中存在着定向流动，与传统反应器（例如鼓泡塔）相比，环流反应器具有易放大和操作灵活等优点。流体力学特性包括其中的相含率分布、循环液速、混合时间和传质系数等。

表观气速和顶部/底部间隙高度对环流反应器流体力学特征的影响已经被广泛研究。实验结果表明，虽然上升管和降液管内的流型都非常接近活塞流，但在顶部和底部区域存在绕流和流速较小的区域。较大的顶部间隙为气液分离提供了较大的空间，也便于液相改变其流动方向，并减少反应器内的宏观混合时间，但顶部间隙过大会导致顶部物料与全反应器的混合变慢。较小的底部间隙有利于减少反应器底部的滞流区体积但会增加流体阻力，从而降低液体的循环液速，继而减少夹带进入降液管的气泡数量[149]。气体输入量越大，整个反应器的气含率越大，液体的流动速度也越快，能增强反应器内的湍动和促进流体的宏观混合。

使用两流体模型对环流反应器中气泡流的流体力学进行数值模拟已经较为普遍，并取得成功[63,93,114,150]。为简洁起见，此处仅讨论近年来在环流反应器研究方面取得的重要进展。根据Heijnen[23]等的分类，当流型处于状态Ⅱ（气体有夹带进入降液区，但不会形成循环）时，气泡在降液管中几乎静止。Heijnen[23]、van Benthum[34]和Blažej[151]认为在这种情况下气泡的曳力和浮力达到平衡，降液管中液体的循环速度等于气泡的终端滑移速度。然而，实验数据[152]和CFD模拟结果[28]都表明此时降液管中的循环液速可远大于气泡的终端滑移速度。Huang[28]研究气泡受力平衡后提出了一种解释：在这些情况下，降液管中的气泡受力平衡不仅包括阻力和浮力相关，而且还与静压差相关。在降液管中，静压差对气泡前后缘的作用力方向与降液管内液体的流动方向相同；但在上升管中，其情形刚好相反。因此，在这种情况下，通常会出现比气泡终端滑移速度更高的平均液速，从而产生更大的阻力来补偿静压差的变化。

大多数流体力学的研究都集中在具有较大高径比（$H/D>5$）的内环流反应器，而对于具有较小高径比的环流反应器研究较少。Zhang[153]通过使用双传感器电导率探针测量了上升管中的气泡运动行为，其中包括局部气含率、气泡尺寸和气泡上升速度分布等，系统地研究了小高径比（$H/D \leqslant 5$）的内环流反应器的操作参数和结构参数对气液两相流动特性的影响。结果表明，当表观气速小于0.06m/s时，气泡在整个上升管内分布均匀；上升管中的气含率随着表观气速的增加而线性增大。此时的流动对应于图4-17中的均匀气泡流区域。然而，当表观气速增加到0.06m/s以

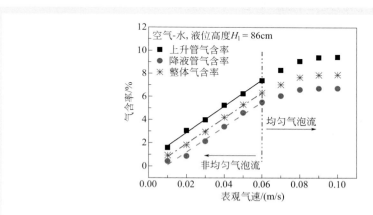

图4-17 环流反应器中表观气速对气含率的影响[153]

（顶部间隙高度T_c=0.10m，底部间隙高度B_c=0.06m，反应器直径D_r：ϕ200mm×7mm，多孔板）

上时，由于气泡频繁的聚并和聚集，会形成大气泡。这些大气泡会以较高的上升速度向上运动，使得气含率随表观气速增加而增加的速度变慢。通常大高径比的环流反应器具有较低的流型转变临界表观气速（0.03m/s），而低高径比的环流反应器在表观气速到 0.06m/s 时仍处于均匀气泡流区，这样有利于提高反应器中的气含率并降低液体循环速度，且使气泡沿轴向和径向的分布更加均匀。图 4-18 是 $H/D=4.62$ 时气泡上升速度典型概率分布 $p(u_b)$ 的直方图示例。由于气泡上升速度与气泡大小密切相关，所以从图中可以看出，气泡的径向速度分布相对比较均匀。

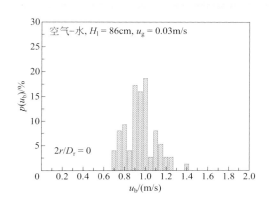

图 4-18　横截面上气泡上升速度的分布[153]

（$h/D=4.62$，$T_c=0.10$m，$B_c=0.06$m，D_r：$\phi200$mm×7mm，多孔板）

二、相间质量传递

除了气泡流动中的动量传递外，气液反应器中的传质和传热也是一个重要问题。气相反应物从分散的气相（气泡）传质到连续的液相（水），并且通常反应在连续相中发生，反应热也在连续相释放。应用实例如生物反应器中的生化反应和浆态床反应器中的加氢和氧化反应。

在化学工程中，反应器的整体传质效率通常用体积传质系数 $k_L a$ 来评价，可用不同的模型来估计传质系数。传质模型一般分四种类型：①从量纲分析和实验数据中导出的经验关联式和模型；②空间模型，其最简单形式为薄膜理论；③时间模型，最简单形式为 Higbie 渗透模型；④膜渗透模型（如 Toor[154]，迄今尚未在 CFD 中使用）。对应不同的理论和假设，有许多不同的传质系数模型。然而至今仍不清楚哪一种模型对气升式环流反应器中的气泡流更适用，需要根据实验数据来考察、验证。本文讨论近年来常用的几种传质模型。

对于空气-水分散体系和类似水状的悬浮液，Acién Fernández[155] 和 Chisti[156]

采用下面的关联式计算气液传质系数（s^{-1}）：

$$k_L a = 3.378 \times 10^{-4} \left(\frac{gD_L \rho_l^2 \sigma}{\mu_l^3} \right)^{0.5} \alpha_g e^{-0.131 c_s^2} \quad (4\text{-}194)$$

式中　D_L——气体在液体中的分子扩散系数，m^2/s；

　　　c_s——悬浮液中固体的浓度（质量/体积），%，对于不含固体的气-液体系，$C_s=0$；

　　　ρ_l——液体的密度，kg/m^3；

　　　σ——表面张力，N/m；

　　　μ_l——液体黏度，$Pa \cdot s$。

Talvy[63]和Cockx[157,158]等根据Higbie[159]渗透理论提出了一个时间传质模型来估计局部传质系数：

$$k_L a = \frac{12\alpha_g}{d_b} \sqrt{\frac{D_L U_{slip}}{\pi d_b}} \quad (4\text{-}195)$$

式中　U_{slip}——滑移速度，m/s；

　　　d_b——预测的气泡直径，m。

Bird[160]提出了一个如下的传质系数模型：

$$k_L a = \frac{12\alpha_g}{d_b} \sqrt{\frac{D_L U_{slip}}{3\pi d_b}} \quad (4\text{-}196)$$

但是Talvy[63]认为这个方程只适用于围绕气泡爬流的质量传递估计，并且发现较高雷诺数时该模型对传质系数的估计值大约偏低一半。

薛胜伟[161]根据Boussinesq假设和Higbie[159]的经典渗透理论得出了一个时间传质系数模型：

$$k_L a = \sqrt{\frac{D_L}{\pi}} \left(\frac{\rho_l \varepsilon}{\mu_l} \right)^{\frac{1}{4}} \frac{12\alpha_g}{d_b} \quad (4\text{-}197)$$

Tobajas[162]和Wen[163]基于Higbie[159]理论和Kolmogorov的各向同性湍流假设，建立了一个传质系数模型：

$$k_L a = \sqrt{\frac{D_L}{\pi}} \left(\frac{U_{slip} \rho_l g \alpha_g}{\mu_l} \right)^{\frac{1}{4}} \frac{12\alpha_g}{d_b} \quad (4\text{-}198)$$

对于不断更新的界面，气体与液体的接触时间很短，Higbie的理论是有效的。因此，Vasconcelos[164]提出了如下的传质系数关联式：

$$k_L a = 6.78 \frac{\alpha_g}{d_b} \sqrt{\frac{D_L U_{slip}}{d_b}} \quad (4\text{-}199)$$

该模型也可用于气泡变形的情形。对于刚性界面，气泡类似于实心球。根据层流边界层理论可推导获得一个传质系数模型：

$$k_L a = c \frac{6\alpha_g}{d_b} \sqrt{\frac{U_{slip}}{d_b}} D_L^{2/3} v_l^{-1/6} \quad (4\text{-}200)$$

模型参数 $c \approx 0.6$。研究发现 c 的实验值在 $0.4 \sim 0.95$ 之间变化[165,166]。

Huang[28] 研究了空气中氧气溶解在水中的质量传递过程，发现这些模型之间的差异非常大。使用上述模型预测的传质系数与Juraščík[167]的实验数据比较如图 4-19 所示。由于式（4-198）过高估计了传质系数，故图中其预测值并没有列出。很明显，使用模型式（4-194）、式（4-195）和式（4-199）的预测结果与实验数据吻合都较好。令人惊奇的是，尽管模型式（4-194）是经验性的模型，但它在不同的测试案例中都表现良好。

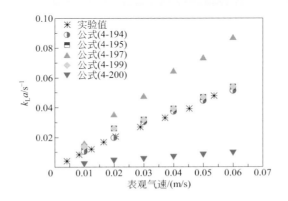

图 4-19　不同传质模型预测的平均传质系数与实验值的比较[28]

在这些模型中，方程式（4-195）没有可调的回归系数，是一种基于机理的模型，因此建议使用该模型作为模拟气升式环流反应器中气泡流的传质模型。需要注意的是，式（4-199）的预测值与式（4-195）的预测值几乎相同，这是因为这两个方程的系数差异很小。模型式（4-197）表现不佳，当表观气速高于 0.03m/s 时，传质系数被高估了约 50%。空间模型式（4-200）严重低估了传质系数，也不适合气泡流的传质计算。在所有模型中，空间模型表现不佳，而模型式（4-194）所表示模型属于经验模型，当将其应用于比较复杂的气泡流时存在一定的风险。时间模型得到了广泛的应用，其性能比其他模型要好得多，因此可以进一步发展并应用于各种气泡流传质系数的估计。

这里只考虑气升式环流反应器内稳定的气泡流，因此仅对浓度和热量输送方程做简要介绍。相应地，化学反应和微生物生长也可以纳入这些传递模型当中。在气泡流中，气体通常提供搅拌的动力，气体本身常常也是反应物。以煤直接液化为例，气体中氢浓度、液体中溶解氢浓度、液体中煤浓度和液体中加氢反应产物浓度的控制方程可以用以下式子表示：

$$\frac{\partial(\alpha_g \rho_g c_{Ag})}{\partial t} + \nabla \cdot \alpha_g \rho_g \boldsymbol{u}_g c_{Ag} = \nabla \cdot D_{tg} \alpha_g \rho_g \nabla c_{Ag} - \rho_g F_L \quad (4-201)$$

$$\frac{\partial(\alpha_l \rho_l c_{Al})}{\partial t} + \nabla \cdot \alpha_l \rho_l \boldsymbol{u}_l c_{Al} = \nabla \cdot \alpha_l \rho_l D_{tl} \nabla c_{Al} + \rho_l F_L - \rho_l \alpha_l r_A \quad (4-202)$$

$$\frac{\partial(\alpha_l \rho_l c_{Pl})}{\partial t} + \nabla \cdot \alpha_l \rho_l \boldsymbol{u}_l c_{Pl} = \nabla \cdot \alpha_l \rho_l D_{tl} \nabla c_{Pl} + \rho_l \alpha_l r_A \quad (4-203)$$

式中　r_A，F_L——反应速率和物质 A 由于浓度差在相间的转移量，mol/(m³·s)；
　　　　c——浓度标量，mol/m³。

氢气在液相和气相中的湍流扩散系数表示为

$$D_{tl} = \frac{\nu_t}{\sigma_t} + D_L = C_\mu \frac{k^2}{\varepsilon} + D_L \quad (4-204)$$

$$D_{tg} = \frac{\nu_t}{\sigma_t} + D_G = C_\mu \frac{k^2}{\varepsilon} + D_G \quad (4-205)$$

式中　D_G，D_L——气体和液体中氢的分子扩散系数，m²/s。

煤在液体中的湍流扩散系数可以近似为

$$D_{tcl} = \frac{\nu_t}{\sigma_t} = C_\mu \frac{k^2}{\varepsilon} \quad (4-206)$$

两相之间的界面浓度转移量可以用传质系数和浓度梯度来表示，可以写成

$$F_L = k_L a(c_L^* - c_L) \quad (4-207)$$

式中　c_L^*，a——水中氢的饱和浓度（mol/m³）和气液的界面面积（m²）。

对于球形气泡，其界面面积可以表示为

$$a = \frac{\alpha_g S_b}{V_b} = \frac{6\alpha_g}{d_b} \quad (4-208)$$

式中　V_b，S_b——气泡体积和表面积。

c_L^* 通常由亨利定律给出[63]：

$$c_L^* = H_e p_{H_2} \quad (4-209)$$

式中　H_e——氢在水中溶解的亨利常数。

局部饱和浓度 c_L^* 可以根据亨利定律和气体中氧气的局部浓度来估算：

$$c_L^* = m c_g \quad (4-210)$$

式中，m 由下式定义：

$$m = H_e R T \quad (4-211)$$

式中　R，T——理想的气体常数和热力学温度。

在多相模型中，每个相都有相应的焓和温度场，并且在界面上交换热量。各相的热能方程可以表示为

$$\frac{\partial(\rho\alpha_k H_k)}{\partial t}+\nabla\cdot\left\{\alpha_k\left[\rho_k\boldsymbol{u}_k H_k-\left(\frac{v_t}{\sigma_t}+\lambda_k\right)\nabla T_k\right]\right\}=\sum_{\beta=1}^{n}(\Gamma_{k\beta}^{+}h_{\beta s}-\Gamma_{\beta k}^{+}h_{ks})+Q_k+S_k \quad (4\text{-}212)$$

式中，H_k、T_k、λ_k、S_k、Q_k 和（$\Gamma_{k\beta}^{+}h_{\beta s}-\Gamma_{\beta k}^{+}h_{ks}$）分别表示 k 相的焓、温度、导热系数、外部热源、其他相通过相界面向 k 相传递的热量以及相间由于质量传递而导致的热量传递量。由于热不平衡而通过相界面转移到 k 相的单位体积传热量，可由下式给出：

$$Q_k=\sum_{\beta\ne k}Q_{k\beta} \quad (4\text{-}213)$$

其中

$$Q_{k\beta}=-Q_{\beta k} \quad\Rightarrow\quad \sum_k Q_k=0 \quad (4\text{-}214)$$

化学反应引起的源项可表示为

$$S_k=\alpha_k r_A\Delta H \quad (4\text{-}215)$$

式中　ΔH——反应热。

在单位时间内，通过单位体积内的相界面面积 $A_{k\beta}$ 从相 β 传递到相 k 的传热速率 $Q_{k\beta}$ 可表示为

$$Q_{k\beta}=h_{k\beta}A_{k\beta}(T_\beta-T_k) \quad (4\text{-}216)$$

式中　T——温度；

　　　h——传热系数。

预测传热系数有三类模型，即粒子模型、混合模型和双阻力模型。粒子模型由于简单，被推荐使用，此时的传热系数与无量纲 Nusselt 数相关：

$$h_{k\beta}=\frac{\lambda_k Nu_{k\beta}}{d_\beta} \quad (4\text{-}217)$$

式中，λ_k、d_β 和 $Nu_{k\beta}$ 分别表示连续相的导热系数、分散相的平均直径和无量纲 Nusselt 数。对于球形颗粒周围的层流强制对流，理论分析表明 $Nu=2$。然而，对于流动的、不可压缩牛顿流体中的颗粒，Nusselt 数可以用颗粒雷诺数和周围流体的 Prandtl 数（$Pr=\mu_c C_{pc}/\lambda_c$）来表示：

$$Nu=\begin{cases}2+0.6Re^{0.5}Pr^{0.33}, & 0\le Re<776.06, 0\le Pr<250\\ 2+0.27Re^{0.62}Pr^{0.33}, & 776.06\le Re, 0\le Pr<250\end{cases} \quad (4\text{-}218)$$

众所周知，焓与温度有关，即 $H=C_p T$。如果气相和液相都被认为是不可压缩的，那么与温度有关的能量守恒方程可以写成

$$\frac{\partial(\alpha_k T_k)}{\partial t}+\nabla\cdot\left\{\alpha_k\left[\boldsymbol{u}_k T_k-\left(\frac{v_t}{\sigma_t}+\frac{\lambda_k}{\rho_k C_{p,k}}\right)\nabla T_k\right]\right\}$$
$$=\sum_{\beta=1}^{n}(\Gamma_{k\beta}^{+}h_{\beta s}-\Gamma_{\beta k}^{+}h_{ks})/(\rho_k C_{p,k})+Q_k/(\rho_k C_{p,k})+\alpha_k r_A\Delta H/(\rho_k C_{p,k}) \quad (4\text{-}219)$$

只有在采用合适的控制方程、适当的封闭条件和边界条件下，气泡流中两相的

流动、相间质量和热量传递现象才能很好地被预测。如何将这些模型集成在一起并不是一项容易的工作。Huang[3]预测了在高压、高温条件下内环流反应器中煤直接液化的传质和传热。气体中的氢、液体中的溶解氢、传质系数、浆料中的煤、加氢产物以及气体和液体的温度分布，分别如图 4-20～图 4-23 所示。研究结果表明，

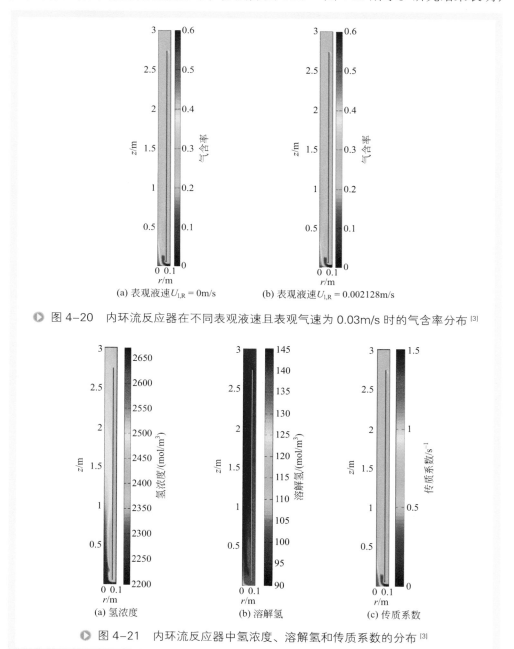

图 4-20　内环流反应器在不同表观液速且表观气速为 0.03m/s 时的气含率分布 [3]

图 4-21　内环流反应器中氢浓度、溶解氢和传质系数的分布 [3]

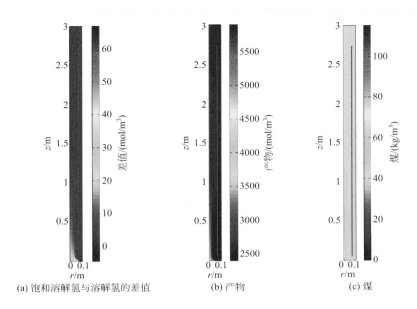

(a) 饱和溶解氢与溶解氢的差值　　(b) 产物　　(c) 煤

图 4-22　内环流反应器中的液相产物和反应物煤的分布[3]

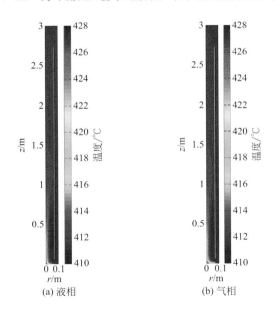

(a) 液相　　(b) 气相

图 4-23　环流反应器中液相和气相温度分布[3]

内环流反应器具有良好的混合能力；除了入口附近的一个小区域外，两相的传质系数、浓度和温度的分布都非常均匀。只要设计合理，内环流反应器可作为煤直接液化的工业反应器。

三、宏观混合和微观混合

混合作为一门学科,其研究最早起源于20世纪50年代。工业中混合主要依靠机械或气体搅拌来实现。湍流输运可以看作是宏观对流加上湍流扩散为主的小尺度涡运动。混合是一个多尺度的过程,涉及大尺度混合(宏观混合)和微观尺度的均匀化(微观混合),这也正是实际应用操作过程中重点关注的两个尺度。宏观混合是由于大流体微元的对流输送而产生的,微观混合是由于分子尺度上扩散的结果,二者都对离集强度的降低有贡献。化学反应依赖于反应物在分子水平上相互接触,因此反应速率直接受微观混合影响。

鉴于混合性能是反应器设计和放大的重要指标之一,基于混合的许多工程设计原则已经形成。随着现代技术的快速发展,几何参数、气体输入、工作介质的性质、气体分布器调整,以及工艺目标的测量技术等影响混合的因素,已成为合理设计气升式环流反应器的研究重点。宏观混合和微观混合都很重要:①与流动结构相关的大尺度运动形成了非常均匀的浓度分布,与进入的流体明显不同,提供了微观混合的良好环境;②即使在高雷诺数的情况下,总的混合速率也是受到分子扩散系数的影响[168]。

1. 气升式环流反应器中的宏观混合

气升式环流反应器已广泛用于工业生产中,但大多数使用常规技术并且只关注整体流体力学参数。对于可靠的设计和放大是至关重要的局部流动特性,例如宏观混合和湍流强度,迄今为止的研究仍不透彻。众所周知,液体混合时间、循环时间、液体循环速度和轴向混合(以轴向分散系数和Bodenstein数表征)的认知,对反应器的设计和运行是非常重要的[169]。

混合时间t_m是注入的示踪剂达到给定均匀性、很接近完全混合状态时所需的时间。混合时间是混合的全局指标,它受轴向和径向混合以及总体流动的影响。气升式环流反应器中的混合有时用无量纲混合时间θ_m表征,其定义为

$$\theta_m = \frac{t_m}{t_c} \tag{4-220}$$

式中 t_c——循环时间,即液相一次通过循环回路所需的时间。

据报道,无量纲混合时间仅取决于反应器的几何形状而与气体的表观速度无关。通常用示踪法来测量混合时间[169],从添加示踪剂的瞬间开始计时,直到全反应器的浓度均匀性偏差小于±5%所需的时间。鼓泡塔在任意通气速率下的混合时间均较短,虽然塔中也存在主体流动循环,其混合时间对曝气速率的敏感性不如环流反应器[170]。在相同的通气速率下的气泡流区中,各种气液反应器的混合参数值是可比的。

反应器内轴向混合情况通常用轴向扩散系数(axial dispersion coefficient, E_z)来描述,其主要受曝气量、流体性质和几何性质等影响。在环流反应器中,上升管和降液管可以有不同的E_z值。此外,轴向扩散系数的整体数值可以用来确定整个

循环路径。轴向分散系数可用下式计算：

$$\frac{\partial C_r}{\partial \tau} = \frac{1}{Bo}\frac{\partial^2 C_r}{\partial Z^2} - \frac{\partial C_r}{\partial Z} \quad (4\text{-}221)$$

$$E_z = \frac{U_L L}{Bo} \quad (4\text{-}222)$$

式中　U_L——液体的平均流速；

　　　L——特征尺寸（如示踪剂注入点与监测点之间的距离）；

　　　C_r——无量纲浓度 c/c_∞；

　　　τ——无量纲时间 t/t_c；

　　　Bo——Bodenstein 数（又称 Peclet 数）。

Bodenstein 数是轴向扩散的混合效应与流体的整体运动效应之间的比率，可以写成

$$Bo = k\frac{t_m}{t_c} \quad (4\text{-}223)$$

式中　k——常数，这个常数值取决于反应器的几何形状和流体的物理性质；

　　　t_m——混合时间；

　　　t_c——循环时间。

当 Bodenstein 数低于 0.1 时，反应器可以被认为是连续搅拌式全混流反应器（CSTR），如果 Bodenstein 数高于 20 则可认为是活塞流反应器。详细的轴向扩散系数和 Bodenstein 数的计算细节可参考 Sánchez Mirón[169]。

宏观混合是流体介质中最大尺度的对流传输运动和湍流涡团所驱动的介尺度混合过程。在通过反应器的宏观输运过程中，通过流体微元拉伸、折叠或者厚度变小，从而在整个工作体积内实现均匀化。系统中的宏观混合以混合时间为特征指标。

（1）宏观混合的实验研究　混合时间的定义为在加入示踪剂后其浓度达到一定的均匀度 Y 值所需的时间：

$$Y = \left|\frac{\sigma(t) - \sigma_0}{\sigma_\infty - \sigma_0}\right| \quad (4\text{-}224)$$

式中　$\sigma(t)$——时刻 t 在检测点的瞬时电导率；

　　　σ_∞——充分混合后的液相的最终平均电导率；

　　　σ_0——液相的初始（基底）电导率。

如果 Y 值某时刻后一直保持在 0.95～1.05 之间，则认为宏观混合完成，所用时间即为混合时间 t_m。

随着对混合过程的日益关注，在过去的几十年中，人们已经开发了一些关于混合特性的分析技术。数据采集方法主要包括接触测量法和非接触测量法，如示踪响应法、流动跟随法、热风速测定法、染色法和超声多普勒测速法[170]。

影响宏观混合时间的因素往往十分复杂。在环流反应器中，有许多经验模型

将操作变量与可观测的流体力学参数之间的相互作用联系起来。例如，Sánchez Mirón[169] 提出了预测内环流反应器中混合时间的关联式如下：

$$t_m = cU_g^{-0.5} d^{1.4} \left(\frac{h_D}{d}\right)^{1.2} \left(\frac{d_d}{d}\right)^{-1.4} \left(1-\frac{d_d}{d}\right)^{-1.1} \quad (4\text{-}225)$$

式中　c——常数，值为 2.2（中心气升）或 2.6（环隙气升）；

　　　h_D——气液分离区的高度，m；

　　　d——反应器直径，m；

　　　d_d——导流筒的直径，m。

上述模型适用于 $0.11\text{m}<d<0.50\text{m}$ 且 $5<h_D/d<40$ 的工况。

为了优化反应器的性能，人们对环流反应器的宏观混合性能进行了大量的研究，多数涉及与流体力学和设计参数，如流型[12]、气体输入[171]、液体循环[172]、降液管与上升管的横截面积比[173]、顶部持液高度[174]、气体分布器[175]和气液分离器[176]的设计、几何优化[177]、体积传质系数[28]、停留时间分布[178]、轴向扩散系数[179]、湍流扩散系数[180]、Bodenstein 数[169] 等。Gondo[181] 研究了鼓泡塔中大气泡引起的液体混合，发现液相的轴向扩散系数取决于反应器直径，而不是反应器高度以及其并流或逆流操作模式。表 4-8 总结了混合时间与表观气速之间的一些经验关系。

表 4-8　混合时间与表观气速之间的关系

工作体系	混合时间 t_m	文献
外环流反应器，两相	$t_m \propto u_g^{-0.41}$	Weiland[173]
外环流反应器，两相	$t_m \propto u_g^{-1/3}$	Kawase[182]
三相内环流发酵罐	$t_m \propto u_g^{-0.4}$	Kennard[183]
两相，塔式外循环发酵罐	$t_m \propto u_g^{-0.592}$	Lin[184]
两相，塔式外循环发酵罐	$t_m \propto u_g^{-0.511}$	Lin[184]
三相内环流反应器，粒径：180～315μm	$t_m = 20.82 u_g^{-0.371}$	丛威[185]
三相内环流反应器，粒径：315～450μm	$t_m = 17.54 u_g^{-0.288}$	丛威[185]
三相内环流反应器，粒径：450～600μm	$t_m = 17.86 u_g^{-251}$	丛威[185]

气体分布器通常用于流量分配，以使气体反应物输入均匀，并通过气泡分散强化传质。许多研究根据分布器的功耗和分散特性对其进行比较。宏观混合时间与由反应器能量平衡所决定的液体循环速度有关。Zhang[186] 通过在多孔板分配器的上方布置筛网来重新分布气泡，研究其对环流反应器内混合时间的影响，其结果如图 4-24 所示。从图中可以看出，与无筛板相比，筛板有利于宏观混合，因为它在气泡的再分配中起着作用。由于来自气体分布器气体射流的动能通常很小，可以忽略不计。因此，两种筛板的宏观混合时间没有显著差异。

（2）宏观混合的数学模型研究　在连续反应器中，混合时间通常与停留时间分布（residence time distribution，RTD）有关，两者都是在环流反应器分析中广泛使

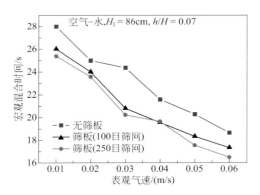

图 4-24 不同筛板下的表观气速对宏观混合时间的影响[186]
（$D=0.3m$，$L=0.70m$，$T_c=0.10m$，$B_c=0.06m$，D_r: $\phi 200mm \times 7mm$）

用的关键参数。停留时间分布与液体再循环密切相关，可以提供混合均匀性水平的相关信息。

自从 Danckwerts[187] 提出停留时间分布的概念以来，停留时间分布一直被用作分析反应器性能的一项重要工具。通常采用示踪技术，即通过测量示踪剂脉冲注入流体后离开容器的示踪剂浓度 $c(t)$ 来获得停留时间分布。理论上，平均停留时间 τ 及其概率密度函数 $E(t)$ 可以计算如下：

$$\tau = \frac{\int_0^\infty tc(t)dt}{\int_0^\infty c(t)dt} \qquad (4\text{-}226)$$

$$E(t) = \frac{c(t)}{\int_0^\infty c(t)dt} \qquad (4\text{-}227)$$

图 4-25 为采用脉冲示踪技术在环流反应器降液管中用轴向扩散模型（axial dispersion model，ADM）[式（4-222）]测量和预测的 E 曲线，其中 I 为产生微氢气泡电极的电流强度[单位：A（安培）]，H_1 为停留时间分布检测电极所在的位置。图 4-26 给出了其典型的响应曲线。这些数据表明，环流反应器混合性能良好，类似管式反应器。

实际上，轴对称圆柱坐标系中示踪剂浓度的完整输运方程可由下面的三维方程给出：

$$\frac{\partial(\rho c)}{\partial t} + \frac{1}{r}\frac{\partial}{\partial r}(\rho\alpha_1 u_r rc) + \frac{1}{r}\frac{\partial}{\partial \theta}(\rho\alpha_1 u_\theta c) + \frac{\partial}{\partial z}(\rho\alpha_1 u_z c) = \frac{1}{r}\frac{\partial}{\partial r}\left(r\alpha_1 D_{\text{eff}}\frac{\partial c}{\partial r}\right) + \frac{1}{r}\frac{\partial}{\partial \theta}\left(\frac{D_{\text{eff}}}{r}\alpha_1 \frac{\partial c}{\partial \theta}\right) + \frac{\partial}{\partial z}\left(D_{\text{eff}}\alpha_1 \frac{\partial c}{\partial z}\right) \qquad (4\text{-}228)$$

式中 D_{eff}——有效扩散系数，可以表示为[150]

$$D_{\text{eff}} = \frac{\mu_{\text{eff}}}{\sigma_t} + D_m \tag{4-229}$$

式中 μ_{eff} ——湍流扩散系数，m²/s，可以从流场的结果得到；

σ_t ——湍流 Schmidt 数，σ_t=0.75；

D_m ——分子扩散系数，m²/s。

该方程可以通过求解出口示踪剂浓度来预测宏观混合行为，从而获得理论的 $E(t)$ 值，并对宏观混合性能进行量化。通过入口边界条件或等效初始条件准确设定示踪剂的注入方式，可以基于环流反应器内气液两相流场的数值模拟结果，对示踪剂浓度均匀化过程进行数值模拟。

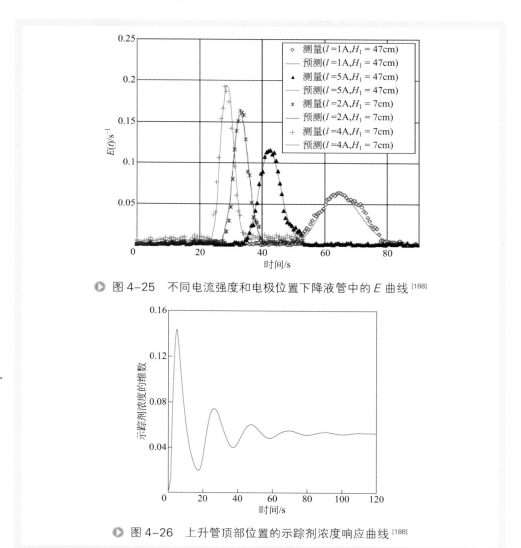

图 4-25　不同电流强度和电极位置下降液管中的 E 曲线[188]

图 4-26　上升管顶部位置的示踪剂浓度响应曲线[188]

式（4-221）实际上是式（4-228）简化的一维形式。式（4-221）是基于轴向活塞流和横向均匀性的假设。求解式（4-221），设定边界条件（即 $Z=0$ 处的示踪剂注入和 $Z=L$ 处的检测点），则直流通道的解析解可表示为

$$E(t)=\frac{1}{2}\sqrt{\frac{Pe}{\pi\tau t}}\exp\left[-\frac{Pe(\tau-t)^2}{4\pi\tau t}\right] \quad (4\text{-}230)$$

$$Pe=U_L(L/D) \quad (4\text{-}231)$$

式中 Pe——Peclet 数，无量纲；
D——轴向扩散系数，m^2/s；
U_L——液体流速，m/s；
L——反应器长度，m；
τ——平均停留时间，s。

以 N 个反应器的多釜串联模型为例，每个实际反应器的平均停留时间为

$$\tau_1=\tau_2=\cdots=\tau_k=\cdots=\tau_N=\frac{\tau}{N} \quad (4\text{-}232)$$

$$\tau=\frac{V_R}{Q} \quad (4\text{-}233)$$

式中 V_R——反应器总容积，m^3；
Q——体积流量，m^3/s；
τ——实际反应器的停留时间，s。

对于第 k 个反应器，注入示踪剂的质量平衡方程为

$$QC_{k-1}=QC_k+\frac{V_R}{N}\frac{dC_k}{dt} \quad (4\text{-}234)$$

得到的 $E(t)$ 解为

$$E(t)=\left(\frac{N}{\tau}\right)^j\frac{t^{N-1}}{(N-1)!}\exp\left(-N\frac{t}{\tau}\right) \quad (4\text{-}235)$$

当 $N=\infty$ 时，多釜串联模型逼近于活塞流；当 $N=1$ 时，多釜串联模型退化为全混流。$E(t)$ 可通过数值计算或实验确定，通过方程式（4-235）拟合 $E(t)$ 从而得到反应器个数 N。N（可能是一个实数）的数值反映了环流反应器中的宏观混合程度。

2. 气升式环流反应器中的微观混合

混合是减少与物种离集强度有关的不均匀性的过程。宏观混合的最小尺度是由湍流拉伸和扩散的平衡产生的，并通过局部的 Batchelor 尺度 $\eta_B(x,t)=\eta(x,t)/Sc^{1/2}$ 与 Kolmogorov 尺度 $\eta(x,t)=[\nu^3/\varepsilon(x,t)]^{1/4}$ 产生关联[189]。另一方面，微观混合是物质在同一相中扩散的过程，常常是快速反应中的控制步骤。在许多过程中，反应速率很快，但达到分子水平均匀性所需的时间比较长。当涉及多个可能的反应路线时，目标产物的收率将取决于微观混合速率。通过对工业反应器的设计和操作进行优化，

以实现更高效的微观混合，从而通过提高效率、提高产品收率和降低后续产品净化的负担来使工艺优化、升级[190]。

（1）微观混合的实验研究　　在过去的几十年中，研究者已经开展了许多工作，提出了一些测试反应，以定量表征反应器中的微观混合[191,192]，例如连续竞争反应[193]、平行竞争反应[194,195]和其他测试反应[196]。用于微观混合测试的主要反应体系，可以参考Fournier[197]的论文。

Zhang[186]对内环流反应器中的微观混合进行了实验测定，采用了Bourne[194]提出的氯乙酸乙酯的中和与碱性水解的平行竞争反应为测试反应：

$$NaOH(A) + HCl(B) \xrightarrow{K_1} NaCl(R) + H_2O \quad (4-236)$$

$$NaOH(A) + CH_2ClCOOC_2H_5(C) \xrightarrow{K_2} CH_2ClCOONa(Q) + C_2H_5OH \quad (4-237)$$

离集指数 X_Q 定义为副产物Q的收率（基于反应物A）：

$$X_Q = c_Q / (c_Q + c_R) \quad (4-238)$$

即 X_Q 的值越低表明微观混合性能越好。

Zhang[186]综合考虑了几个操作参数和几何结构变量的影响，实验结果如图4-27所示。环流反应器内上升管与降液管面积比 A_r/A_d 的变化直接影响液体循环速度。对于给定的高径比 H/D，较低的 A_r/A_d 比值是最不利的条件，这为气泡从液相表面逃逸提供了更多的机会，而不是被循环液体夹带入降液管的环隙空间。适当增加 A_r/A_d 可以降低上升管的流动阻力，从而提高液体循环的量。图4-27表明，当 $A_r/A_d \approx 1$ 时，微观混合效果最好，此时气泡的聚并几乎被抑制[173]。沿流动路径的总阻力最小时，其离集指数 X_Q 值最低。随着 A_r/A_d 比值的进一步提高，湍流度降低，液体循环阻力增大，微观混合效率降低。

（2）微观混合的数学模型研究　　Bałdyga[198]认为湍流中的混合包括以下过程：

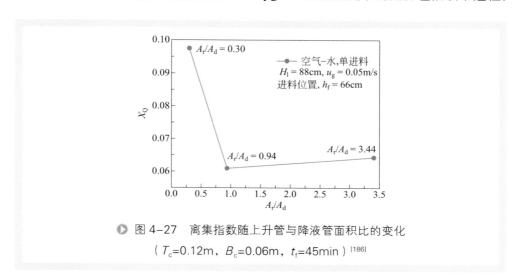

图4-27　离集指数随上升管与降液管面积比的变化
（T_c=0.12m，B_c=0.06m，t_f=45min）[186]

①宏观尺度的对流；②湍流中大尺度涡团运动产生的湍流耗散；③大涡的惯性对流解体；④在小尺度湍流运动中的吞没、变形和扩散实现分子尺度的混合。在建立微观混合模型时，准确认定微观混合的控制机理是非常重要的，因为微观混合的整个机理非常复杂，数学上难以表述，也难求解。大尺度宏观混合最好用欧拉方法来描述，而微观混合最好用拉格朗日方法来解释，它可以更清晰地描述微观混合的不同子过程。文献中已经建立了一些微观混合模型，包括 IEM 模型（interaction by exchange with mean model）[199]、E 模型（engulfment model）[200,201]、EDD 模型（engulfment deformation diffusion model）[202-204]、ME 模型（multiple-environment model）[205,206]、SA 模型（shrinking aggregate model）[207]、SCR 模型（stochastic coalescence-redispersion model）[208] 以及 DQMOM-IEM 矩方法（direct quadrature method of moments interaction by exchange with the mean model）[209] 等。

拉格朗日微观混合模型大致可分为两类：基于停留时间分布理论和流体环境概念的经验模型，以及基于湍流理论的理论模型，如湍流动能谱分析和浓度脉动谱分析。基于停留时间分布理论，人们提出了许多经验性的微观混合模型。与已知的停留时间分布理论一致，微观混合具有两种极端情况：完全离集和最大混合。聚并-再分散模型（coalescence-redispersion model）是另一种基于停留时间分布的模型。另一类经验性的微观混合模型是基于流体环境的概念，相邻流体环境因微观混合而相互作用。目前已有多种环境模型得到开发和应用，如双环境(2E)模型、3E 模型和 4E 模型。

通过对湍动动能和标量脉动谱的分析，理论模型尝试区分介观混合与微观混合的不同机理，并从数学上将微观混合时间（微观混合速率的倒数）与湍流和流体性质（ε 和 μ）联系起来。正如 Pohorecki[210] 所述，IEM 模型所描述的微观混合似乎与实际情况最为接近，因为它将微观混合描述为"点"与其环境之间的一个连续的质量传递过程。因此，与其他两种扩散模型相比，IEM 模型的应用最为广泛，目前仍有一些应用，主要是与 CFD 耦合而取得的进展。IEM 模型可以表示为

$$\frac{\mathrm{d}c_i}{\mathrm{d}t} = \frac{1}{t_{\text{micro}}}(\langle c_i \rangle - c_i) + R_i \quad (4\text{-}239)$$

式中　c_i——"点"的浓度，mol/m³；

$\langle c_i \rangle$——环境的平均浓度，mol/m³。

IEM 模型假定反应区已达到宏观混合完全的状态，并且忽略了流场和标量场的空间非均匀性。由于微观混合时间 t_{micro} 与基底流场密切相关，因此它的确定并非易事。

此后，Baldyga[202,203] 完成了一项杰出而系统的工作，他们开发了描述微观混合全过程的卷吸-变形-扩散（engulfment-deformation-diffusion，EDD）模型。对于 Sc<4000，微观混合的控制机制为卷吸，变形和扩散步骤可以忽略。因此，对于 Sc<4000，完整的 EDD 模型降低到众所周知的卷吸模型（E 模型），可直接结合化学

动力学[203]。考虑到自卷吸过程对反应区生长速度的减缓，标准 E 模型[203]表述如下：

$$\frac{dV_i}{dt} = EV_i(1-X_i) \quad (4-240)$$

$$\frac{dc_i}{dt} = E(1-X_i)(\langle c_i \rangle - c_i) + R_i \quad (4-241)$$

式中　E——卷吸速率，s^{-1}，$E=0.058(\varepsilon/\nu)^{1/2}$；

i——组分的下标；

V_i, X_i——富 i 区的体积（m^3）和局部体积分数。

欧拉微观混合模型是以统计学为基础的。在欧拉框架下，求解瞬时标量输运方程通常采用雷诺平均法。然而，由于亚格子尺度混合和停留时间的信息丢失，新的问题将会出现。以典型的非预混二级反应 A+B ⟶ R 为例，瞬时标量输运方程可表示为

$$\frac{\partial c_\alpha}{\partial t} + \frac{\partial(u_i c_\alpha)}{\partial x_i} = \frac{\partial}{\partial x_i}\left(\Gamma_\alpha \frac{\partial c_\alpha}{\partial x_i}\right) + S_\alpha(C), \quad \alpha = A, B \quad (4-242)$$

式中　Γ_α——分子扩散系数，浓度向量 $C=(c_A, c_B)^T$；

$S_\alpha(C)$——化学反应源项，定义为

$$S_\alpha(C) = -kc_A c_B, \quad \alpha = A, B \quad (4-243)$$

研究者已经利用上述两种方法和众多模型对搅拌反应器中的微观混合进行了大量的研究。从微观混合的角度对旋转填料床、膜反应器、管式反应器、微反应器、撞击射流反应器、静态混合器和 Couette 流动反应器进行了研究。但迄今为止，关于鼓泡塔和环流反应器内微观混合的研究还很不够。

第七节　多级环流反应器内的传递现象

多级环流反应器由于各级间的相互作用，导致其传递现象与单级有一些明显的不同。针对如图 4-28 所示的三级内环流反应器，陶金亮[31]进行了流体力学（气含率和循环液速）、混合时间和传质的研究。反应器为圆柱形，材质是有机玻璃，反应器的外筒内径为 300mm，总高度为 4.2m。导流筒是圆筒形，分为三段，每段内径为 200mm，壁厚为 10mm，高度 1m。下部气室的高度为 0.2m。气体分布器由 109 根内径为 0.860mm 的针头组成，呈正三角形分布[211]。由于采用中心进气的方式，故中心管为上升管、环隙为降液管。从下往上依次分别定义为多级内环流反应器的第一级、第二级、第三级。在所有的实验中，顶部静止持液高度保持 10cm 不变。为了方便考察级间隙高度的影响，将各级底部间隙高度进行标记，以 12-4-4 为例，表明该操作

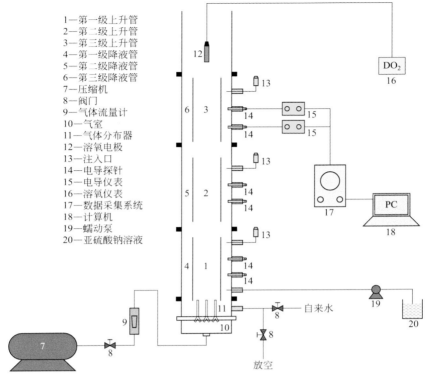

图 4-28 三级内环流反应器实验装置示意图

中的第一级、第二级和第三级的底部间隙高度分别为 12cm、4cm 和 4cm。

一、气含率分布特性

采用 Guo[174] 发展的体积膨胀法测量反应器内的整体气含率,采用经典的压差法测量上升管和降液管中的平均气含率[212]。多级内环流反应器的级间隙高度和表观气速对反应器内整体平均气含率和各级气含率的影响如图 4-29 所示。

在相同表观气速和相同级间隙高度的情况下,对各级气含率进行比较可以发现,无论是上升管还是降液管,第三级气含率最大,第一级气含率最小。在所考察的操作范围内,上升管级间气含率从上到下依次相差最大分别为 2.68% 和 2.69%;而降液管气含率级间依次相差最大分别为 1.15% 和 2.43%。这是由于在表观气速一定的情况下,受顶部各级回流的影响,部分顶部循环液体会进入下部的降液管,导致下部各级的液速会依次增大,再加上流动稳定时气速和液速之间的滑移速度为常值[24,35],导致下部各级气速会依次加快,从而导致下部各级气含率会依次略微减小。这些结论与有内构件阻碍的多级内环流反应器明显不同[8,32]。

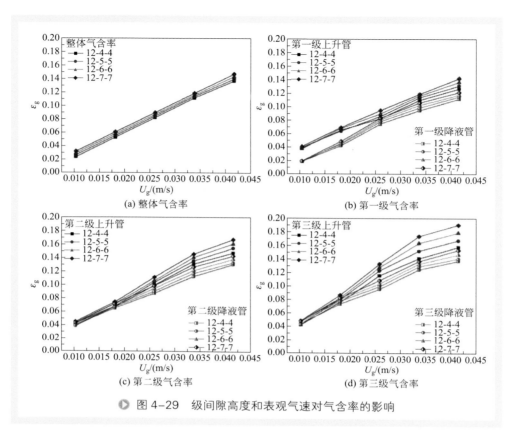

图 4-29 级间隙高度和表观气速对气含率的影响

二、循环液速

循环液速是衡量环流反应器流动特性和进行环流反应器设计的重要参数。单级环流反应器的循环液速是由上升管和降液管的液体密度差决定的，表观气速和级间隙高度对多级内环流反应器各级循环液速的影响如图 4-30 所示。由于在所有的表观气速下，第一级气泡均能实现级内的固定循环，而在表观气速小于 0.0182m/s 时，第二级和第三级均处于多级内环流反应器的非正常流动型态 A 或过渡状态 B，此时存在部分气泡随机性短路进入降液管。从第二级和第三级的气含率图也可以看出，由于上升管和降液管气含率相差较少，可以分析得知此时降液管中的循环液速也比较小，在这种情况下测量降液管的循环液速没有意义。因此，对于第一级，所有的操作条件下的循环液速均进行了测量，而在第二级和第三级只测量了正常流动型态 C 情形下的循环液速。

同一表观气速下，不同级间隙高度对各级降液管中的循环液速有一定的影响。一般说来，级间隙高度越高，循环液速越大。表观气速越大，级间隙高度对各级正常状态的循环液速影响越大；级间隙高度越大，循环液速越大；对一级、二级和三

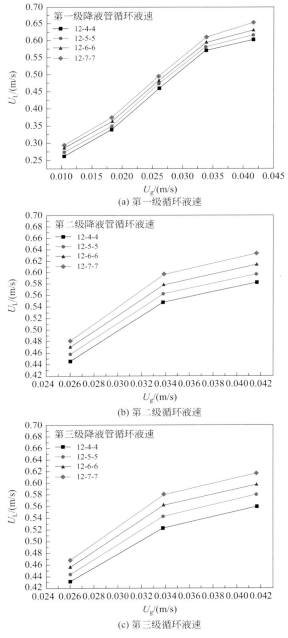

图 4-30 级间隙高度和表观气速对循环液速的影响

级循环液速的影响依次减小。这是由于级间隙高度变大，液体流动阻力变小，故各级循环液速相应地变大。由前面的气含率分布也可知，级间隙高度越高，上升管和降液管气含率差别越大,液体流动的推动力变大,所以液速变大。级间隙高度增加,由于大部分循环液体进入了本级上升管,少量液体会进入下一级降液管循环,故导致级间隙高度变化对不同级循环液速影响略有不同。

三、混合时间

混合时间是表征反应器内混合特性的重要参数之一,混合时间的快慢,将直接影响到工业生产的效率。在环流反应器中,液相主体的宏观混合主要是由液体的循环流动和漩涡流动产生,故循环液速对反应器内液相混合快慢的影响很大。与单级环流反应器相比,由于多级内环流反应器内各级之间相互影响,其混合性能与单级肯定有所差别。不同级间隙高度下多级内环流反应器的混合时间随表观气速变化如图 4-31 所示。

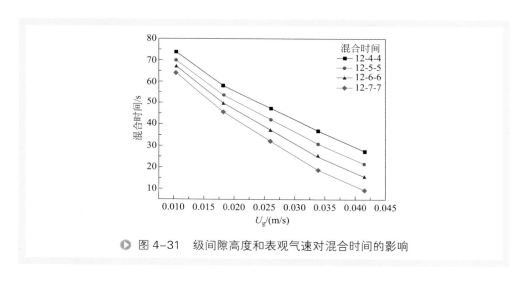

▶ 图 4-31 级间隙高度和表观气速对混合时间的影响

从图中可以看出,在级间隙高度一定时,随着表观气速的增大,混合时间不断减小,该结论与 Guo 等 [13] 在单级环流反应器中的结论是一致的。当级间隙高度为 7cm 时,表观气速从 0.0104m/s 增加至 0.0416m/s,多级内环流反应器内的混合时间从 64.31s 减小到 9.37s。在表观气速不变时,随着级间隙高度的增大,反应器内的混合时间不断减小。在考察的范围内,级间隙高度对反应器内混合时间的影响在最大表观气速时可相差 17.9s,在最小表观气速时可相差 9.26s。这是由于随着表观气速和级间隙高度的增大,各级的循环液速皆会增大,导致混合时间减少。当表观气速大于 0.0260m/s 时,反应器内各级都是正常循环流动了,而表观气速在小于 0.0260m/s 时,只有第一级是正常循环流动,其他各级都不能形成循环,因此导致表观气速对混合时间的影响不断减弱。

四、体积传质系数

一般说来，相间传质系数 K_L 受表观气速的影响较小，受到气体分布器的影响较大[213]。相间接触面积 a 一般随表观气速的增加而增加，即表观气速影响反应器内气含率和气泡直径分布，从而影响两相的相间接触面积。不同级间隙高度下多级内环流反应器的体积传质系数随表观气速变化如图4-32所示。

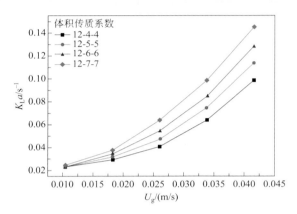

▶ 图4-32 不同级间隙高度体积传质系数的比较

在相同表观气速下，级间隙高度越大，体积传质系数越大。这是因为随着级间隙高度的增加，气含率会增加，相间接触面积也会变大，导致体积传质系数会增大。当表观气速小于0.0182m/s时，反应器内的体积传质系数相差都不大，这是因为在此情况下多级内环流反应器的第二级与第三级处于多级内环流反应器的非正常循环流动，气含率差别不大。当表观气速从0.0104m/s增加至0.0416m/s，级间隙高度对反应器内的体积传质系数在表观气速最小时相差最小可为0.00160s^{-1}，增幅6.87%；而在表观气速最大时相差高达0.0466s^{-1}，增幅47.3%。在表观气速和级间隙高度的共同作用下，体积传质系数变化明显。

第八节　多相混合与分离的过程集成及过程强化

现阶段的浆态床技术由于需要额外动力（将浆液引至器外及催化剂返料等皆需要动力），连续化程度低导致产能不稳定和安全风险高，而且其投资费用（昂贵的可长期稳定运行的淤浆泵、沉降设备、固体加料器及管路等）和操作费用（设备长期运行的电费及维修费用)也较高。此外,操作中固体催化剂的过度磨损也会导致其效率急剧下降。

最近,黄青山等[3,9,24,28,174]结合环流反应器、特色水力旋流器[214-218]和常规催化剂的特点[219](如图4-33所示),提出了将分离能耗低的水力旋流器内置于可定向流动的环流反应器中的概念设计[220,221],解决了水力旋流器压降过大、气相循环导致水力旋流器分离性能下降及需要大循环量等系列问题,从而分别开发出内循环和外循环两套浆态床混合与分离过程强化装置(如图4-34和图4-35所示),在完成原理机的实验验证后申请了中国发明专利[222,223]及国际PCT专利[224],无需额外动力即实现了浆态床中固体催化剂与清洁液态产品的连续、在线分离,可大幅减少催化剂循环分离及再加入的能耗,实现了气液固催化混合与分离的过程强化,可显著降低生产成本,是一种环境友好型的新型浆态床反应器,可应用于能源、化工、医药、节能环保等行业中的催化反应过程。

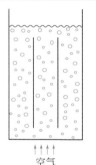
(a) 环流反应器
(定向循环)

(b) 特色水力旋流器
(CN 104907190B, d_{50} > 13.67μm)

(c) 浆态床催化剂
(20~200μm)

图 4-33 新型浆态床混合与分离强化技术的概念设计

图 4-34 新型内循环浆态床反应-分离耦合强化装置[220]

图 4-35 新型外循环浆态床反应 – 分离耦合强化装置 [221]

图 4-36 和图 4-37 所示分别为内循环和外循环装置连续运行 4h 前后颗粒粒径分布对比图,可以看出运行前后颗粒粒径几乎保持不变,即两套装置均成功实现了反应与分离的过程强化。反应器达到了颗粒和液体在线高效分离的预期目标,固体颗粒可以长时间保留在反应器中,实现装置的连续循环运行。内循环装置可对直径大于 57.9μm 的氧化铝固体实现截留,外循环装置可截留直径大于 30μm 的固体,进一步优化可减小颗粒的截留直径。该类型反应器不仅无需额外动力,而且还避免了常规浆态床反应器操作中由于固液分离的需要而增添昂贵、易损的淤浆泵以及物

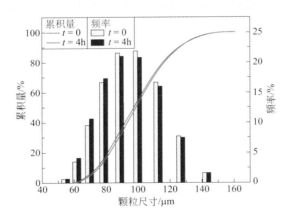

图 4-36 新型内循环浆态床反应与分离耦合装置运行前后的粒度分布对比 [220]

第四章 气升式环流反应器

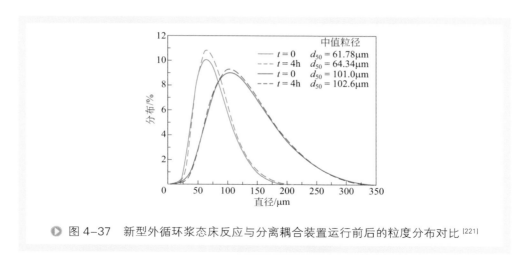

图4-37 新型外循环浆态床反应与分离耦合装置运行前后的粒度分布对比[221]

料的再加料系统；固体一直有液相的保护，其磨损大幅下降，可一定程度上避免催化剂失活。此外，外循环由于多个外置水力旋流器的并行，不仅可实现大规模的换热，而且大幅增加了浆液的循环量。针对研制出的两套过程强化装置，已完成了装置内不同操作条件下流体流动、混合、传质的定性和定量测量，为其优化及放大提供实验数据，有望实现热模工业应用。

第九节 环流反应器的设计和放大建议

环流反应器可以通过改变操作工况，从而实现液体循环和气体脱离程度的调节。设计和放大环流反应器的主要参数包括操作参数（流型、表观气速、表观液速、温度、压力、固含率和催化剂尺寸）和结构参数（导流筒长度、高径比H/D、上升管和降液管截面比A_r/A_d、顶部间隙高度、底部间隙高度、反应器形状、导流筒、气体分离区、气体分布器和内构件等）。这当中还包括一些其他影响因素，如反应器内总体气含率、反应器内死区的消除、传质系数、液体循环速度、混合时间和停留时间、脱气程度（或气体循环与否）、热交换、浆态床反应器内颗粒尺寸和浓度、防止颗粒沉降和阻塞（通过设计液体速度大于颗粒终端沉降速度可以防止这种现象发生）等。

环流反应器的形状可以是圆柱形或矩形槽。然而，圆柱形反应器由于具有良好的耐压能力往往被优先考虑，具有良好的安全性和机械稳定性。部分研究者基于最小能耗原理[25]提出了最佳结构参数：上升管与反应器直径比$D_{riser}/D_{reactor}=0.6 \sim 0.7$，导流筒长度为$7.5D_{reactor}$，流体转向的顶部间隙面积与反应器的横截面积之比为 0.82，而流体转向的底部间隙面积与反应器的横截面积之比为 0.58。值得注意的是，当采用上述几何参数原理时，由于降液管中的横截面积大，在降液管中仅存在少量的气体。这可能导致出现气体和液体之间没有质量传递的大量无用体积，应该根据具体问题进一步优化。

通常认为，当 D、H 和 H/D 大于某些最小值时，反应器内的流体力学与反应器的大小无关。文献给出的这些参数的最小值不尽相同。例如，直径 D 应大于 $0.1 \sim 0.2 m$，高度 H 应大于 $0.3 \sim 0.5 m$ 甚至 $1 \sim 3 m$，高径比 H/D 应大于 5。Wang[14] 指出，当从实验室反应器设备中获得的实验结果来设计工业反应器时，实验室设备的直径必须大于临界值，例如 0.15m。反应器内引入用于引导气泡流动的内构件会增加流动阻力，从而减少液体循环；但是，大气泡会被分解成更小的气泡，从而提高了界面表面的传质速率。然而，反应器内的流体随着向下流动距离的增加，内部构件的影响变得不明显，其有效距离为 $1.0 \sim 1.5 m$[14]。

对于气升式内环流反应器，Merchuck[225] 指出，底部间隙对压降有重要影响，而顶部间隙不影响压降。当底板与导流筒之间的液体流动通道狭窄时，底部间隙的变化对压降有很大的影响。据报道，对于体积 300L、导流筒直径 0.216m 的环流反应器而言，当底部间隙大于 0.04m，底部间隙对压降的影响有限，如该反应器底部间隙为 0.08m 的压降接近于底部间隙为 0.04m 的压降。另外，气体表观速度对压降的影响也很小，在低气体表观速度时压降增大，然后趋于平稳。顶部间隙对气含率的影响最大，底部间隙也是主要参数。上升管内气含率随底部间隙的减小而增大。顶部间隙越低，在分离器中停留的时间越短，气体循环越大，因此气含率越大。

在均匀气泡流中，气体分布器的类型对气含率有显著影响。当压力大于 5MPa 且表观气速较高时，这种影响可以忽略不计。此外，气体分布器的位置也很重要，会影响气体分布和气泡聚并。与在上升管内下部安装气体分布器相比，在上升管底部安装气体分布器，由于降液管的流体与上升管的流体汇合，可增强气体分布的不均匀性。若在上升管下方安装气体分布器，会出现流动不均以及气泡聚集在反应器器壁上而产生聚并[156]。另据报道，在水中加入少量表面活性剂会因表面张力减小而导致气泡尺寸减小，反应器内气体含量会显著增加[14]。电解质或杂质的存在也有同样的效果。随着温度的升高，液体黏度和表面张力会降低，气泡平均尺寸会变小，其尺寸分布变窄。温度对气液传质的影响要比气含率显著得多，这是由于高温时液体的扩散系数较高的缘故。流型转变点的表观气速随系统压力的增大而增大，这可以解释由于高压引起了气体密度的增加，可减少相邻气泡之间的相互作用[226]。另外，气体密度的增加也会影响气体分布器产生的气泡初始直径。一般来说，压力越高，产生的初始气泡直径越小，反应器内气含率和体积传质系数会显著增加。然而，固体浓度的增加可能会对流体力学产生负面影响。在气液固浆态系统中，颗粒通常小于 100μm。在这种情况下，固体浓度的空间分布几乎是均匀的。固体浓度的主要影响在于表观黏度的增加，这可以用 Einstein 方程很好地预测[227,228]。由于表观黏度的增加，固体浓度高通常会使气泡增大。当固体浓度较高时，气泡聚并趋势增强，小气泡的比例会变得微不足道。在悬浮液中存在细颗粒时，气体分布器上方发生的气泡破裂受到抑制。因此，增加固相浓度通常会降低气含率。因此，大多数文献结果表明，体积传质系数会随着固体浓度或液体黏度的增加而减小。然而，研究还发现，随着固体颗粒的加入，空气-水体系中气含率的增加或减少取决于固体颗粒的性质。一般来说，不可润湿性固体的加入会降低气含率，而可润湿性固体的加入会增加气含率[229]。

虽然多数内环流反应器操作时在降液管中有一定的气含率，但也不乏一些降液管中不含气体的设计。后一种操作方式使上升管和降液管之间的气含率的差最大化，以提高液体循环；为了保证接近完全的气液分离，最好采用气升式外环流反应器或扩大分离区。相反，在高大的工业级气升式内环流反应器中，液体循环速度往往会很高。在这种情况下，有必要在提升管内加装内构件或设计多级上升管，以降低液体循环速度、提高气含率和强化气液传质。最后值得一提的是，当采用气升式内环流反应器时，若允许降液管中存在的一定量的气体，应避免在流动型态 II 下操作，因为在这种情况下，降液管气泡中用于传质的关键组分将被耗尽。

第十节　小结和展望

环流反应器被认为是许多化学反应过程的理想反应器，特别是当大量气体作为反应物或廉价气流作为搅拌动力源时。如果设计得当，可以很好地控制其中的流体力学、传质和传热速率。此外，环流反应器具有良好的宏观混合和微观混合效果。通过实验和数值方法可以很好地捕获和再现环流反应器中宏观和微观尺度的多尺度混合现象。

虽然环流反应器在应用上目前已经取得了很大的成就，但是为了长期的安全性、经济性和运行稳定性，还需要对其性能进行新的改进。除了传递过程的研究，过程集成和强化是两个值得关注的主要方面。应该设计更为有效的气体分布器以产生更小的气泡。此外，环流反应器内固体催化剂的分离和回收是一个具有挑战性的工程问题，特别是在高温、高压条件下。近年来，已研制出新型浆态床混合与分离过程强化反应器，并取得了很好的效果，但还需要进一步试验研究。值得注意的是，对于强放热体系，产物与液体的分离应该与反应结合起来。

作为预测环流反应器中复杂流动和传递行为的一种新方法，计算流体力学模型的封闭需要更多的实验验证，同时需要开发更多更加稳健的多相流算法，实现对速度场、压力场和相含率场的解耦计算。此外，还需要发展一些其他的数值技术来促进每一相的质量守恒。在实际应用中，大多数模拟都是在实验室或中试规模上进行的，需要开发高效的算法对大型工业反应器进行多个耦合过程的同时模拟。

在低表观气速下，由于气泡尺寸分布较窄，气泡相互作用相对较弱，可以采用气泡直径为常数的两流体模型对均匀气泡流进行合理的预测。这种方法可能不适用于过渡流或不均匀气泡流。对于非均匀气泡流，将粒数衡算模型（population balance model，PBM）与CFD相结合的CFD-PBM耦合模型，正成为描述气泡聚并、破碎、气泡之间以及气泡和液体相互作用等复杂行为的有效方法。然而，大多数文献报道的CFD-PBM耦合模型结果，有的仅适用于均匀气泡流，有的可以适用于均匀气泡流和不均匀气泡流，但目前的模拟并不能成功地预测不均匀气泡流的气泡双峰尺寸分布。此外，CFD结果表明，不同的气泡聚并和破碎模型计算得到的气泡尺寸分布不尽相同[230]。因此，在气泡尺寸分布较宽的非均匀气泡流中建立一个可靠的PBM模型来考虑气泡聚并和破碎的影响，已成为当务之急。

参考文献

[1] Chisti Y. Pneumatically agitated bioreactors in industrial and environmental bioprocessing: hydrodynamics, hydraulics, and transport phenomena [J]. Applied Mechanics Reviews, 1998, 51(1): 33-112.

[2] Petersen E E, Margaritis A. Hydrodynamic and mass transfer characteristics of three-phase gaslift bioreactor systems[J]. Critical Reviews in Biotechnology, 2001, 21(4): 233-294.

[3] Huang Q, Zhang W, Yang C. Modeling transport phenomena and reactions in a pilot slurry airlift loop reactor for direct coal liquefaction[J]. Chemical Engineering Science, 2015, 135: 441-451.

[4] 史士东. 煤加氢液化工程学基础 [M]. 北京：化学工业出版社, 2012.

[5] Pollard D J, Ison A P, Shamlou P A, et al. Reactor heterogeneity with *Saccharopolyspora erythraea* airlift fermentations[J]. Biotechnology and Bioengineering, 1998, 58(5): 453-463.

[6] Heijnen S J, Mulder A, Weltevrede R, et al. Large-scale anaerobic/aerobic treatment of complex industrial wastewater using immobilized biomass in fluidized bed and air-lift suspension reactors[J]. Chemical Engineering & Technology, 1990, 13(1): 202-208.

[7] Huang Q, Yao L, Liu T, et al. Simulation of the light evolution in an annular photobioreactor for the cultivation of *Porphyridium cruentum*[J]. Chemical Engineering Science, 2012, 84: 718-726.

[8] Huang Q, Liu T, Yang J, et al. Evaluation of radiative transfer using the finite volume method in cylindrical photoreactors[J]. Chemical Engineering Science, 2011, 66(17): 3930-3940.

[9] Huang Q, Jiang F, Wang L, et al. Design of photobioreactors for mass cultivation of photosynthetic organisms[J]. Engineering, 2017, 3(3): 318-329.

[10] Chisti Y, Moo-Young M. Improve the performance of airlift reactors[J]. Chemical Engineering Progress, 1993, 89(6): 38-45.

[11] Jakobsen H A, Lindborg H, Dorao C A. Modeling of bubble column reactors: Progress and limitations[J]. Industrial & Engineering Chemistry Research, 2005, 44(14): 5107-5151.

[12] Vial C, Poncin S, Wild G, et al. A simple method for regime identification and flow characterisation in bubble columns and airlift reactors[J]. Chemical Engineering and Processing, 2001, 40(2): 135-151.

[13] Lucas D, Krepper E, Prasser H M. Development of co-current air–water flow in a vertical pipe[J]. International Journal of Multiphase Flow, 2005, 31(12): 1304-1328.

[14] Wang T, Wang J, Jin Y. Slurry reactors for gas-to-liquid processes[J]. Industrial & Engineering Chemistry Research, 2007, 46(18): 5824-5847.

[15] Thorat B N, Joshi J B. Regime transition in bubble columns: experimental and predictions[J]. Experimental Thermal and Fluid Science, 2004, 28(5): 423-430.

[16] Li H, Prakash A. Influence of slurry concentrations on bubble population and their rise velocities in a three-phase slurry bubble column[J]. Powder Technology, 2000, 113(1-2): 158-167.

[17] Zhang J P, Grace J R, Epstein N, et al. Flow regime identification in gas-liquid flow and three-phase fluidized beds[J]. Chemical Engineering Science, 1997, 52(21-22): 3979-3992.

[18] Drahoš J, Bradka F, Punčochář M. Fractal behaviour of pressure fluctuations in a bubble column[J]. Chemical Engineering Science, 1992, 47(15-16): 4069-4075.

[19] Luewisutthichat W, Tsutsumi A, Yoshida K. Chaotic hydrodynamics of continuous single-bubble flow systems[J]. Chemical Engineering Science, 1997, 52(21-22): 3685-3691.

[20] Bakshi B R, Zhong H, Jiang P, et al. Analysis of flow in gas-liquid bubble columns using multi-resolution methods[J]. Chemical Engineering Research & Design, 1995, 73A: 608-614.

[21] Wang T, Wang J, Jin Y. Theoretical prediction of flow regime transition in bubble columns by the population balance model[J]. Chemical Engineering Science, 2005, 60(22): 6199-6209.

[22] Zuber N, Findlay J A. Average volumetric concentration in two-phase flow systems[J]. Journal of Heat Transfer, 1965, 87: 453-468.

[23] Heijnen J J, Hols J, van der Lans R G J M, et al. A simple hydrodynamic model for the liquid circulation velocity in a full-scale two- and three-phase internal airlift reactor operating in the gas recirculation regime[J]. Chemical Engineering Science, 1997, 52(15): 2527-2540.

[24] 黄青山, 张伟鹏, 杨超等. 环流反应器的流动、混合与传递特性[J]. 化工学报, 2014, 65(7): 2465-2473.

[25] 李飞. 新型多级环流反应器流体力学研究[D]. 北京: 清华大学, 2004.

[26] Li S, Qi T, Zhang Y, et al. Hydrodynamics of a multi-stage internal loop airlift reactor[J]. Chemical Engineering & Technology, 2009, 32(1): 80-85.

[27] Chen Z B, He Z W, Tang C C, et al. Performance and model of a novel multi-sparger multi-stage airlift loop membrane bioreactor to treat high-strength 7-ACA pharmaceutical wastewater: effect of hydraulic retention time, temperature and pH[J]. Bioresource Technology, 2014, 167: 241-250.

[28] Huang Q, Yang C, Yu G, et al. CFD simulation of hydrodynamics and mass transfer in an internal airlift loop reactor using a steady two-fluid model[J]. Chemical Engineering Science, 2010, 65(20): 5527-5536.

[29] Yu W, Wang T F, Liu ML, et al. Liquid backmixing and particle distribution in a novel multistage internal-loop airlift slurry reactor[J]. Industrial & Engineering Chemistry Research, 2008, 47(11): 3974-3982.

[30] Yu W, Wang T F, Song F F, et al. Investigation of the gas layer height in a multistage internal-loop airlift reactor[J]. Industrial & Engineering Chemistry Research, 2009, 48(20): 9278-9285.

[31] 陶金亮, 黄建刚, 肖航等. 级间隙高度和表观气速对多级环流反应器混合和传质的影响[J]. 化工学报, 2018, 69(7): 2878-2889.

[32] Yu W, Wang T, Liu M, et al. Bubble circulation regimes in a multi-stage internal-loop airlift reactor[J]. Chemical Engineering Journal, 2008, 142(3): 301-308.

[33] Klein J, Godo S, Dolgos O, et al. Effect of a gas-liquid separator on the hydrodynamics and circulation flow regimes in internal-loop airlift reactors[J]. Journal of Chemical Technology and Biotechnology, 2001, 76(5): 516-524.

[34] van Benthum W A J, van der Lans R, van Loosdrecht M C M, et al. Bubble recirculation regimes in an internal-loop airlift reactor[J]. Chemical Engineering Science, 1999, 54(18): 3995-4006.

[35] Yang C, Mao Z-S. Numerical simulation of multiphase reactors with continuous liquid phase[M]. London: Academic Press, 2014.

[36] Davidson J, Schüler B. Bubble formation at an orifice in a viscous liquid[J]. Transaction of Institute of Chemical Engineering, 1960, 38: 144-154.

[37] Wraith A E. Two stage bubble growth at a submerged plate orifice[J]. Chemical Engineering Science, 1971, 26(10): 1659-1671.

[38] Acharya A, Ulbrecht J J. Note on influence of viscoelasticity on the coalescence rate of bubbles and drops[J]. AIChE Journal, 1978, 24(2): 348-351.

[39] Davidson J F, Harrison D, Jackson R. Fluidized particles[M]. Cambridge, UK: Cambridge University Press, 1963.

[40] Kumar R, Kuloor N R. Bubble formation in viscous liquids under constant flow conditions[J]. The Canadian Journal of Chemical Engineering, 1970, 48: 383-388.

[41] Gaddis ES, Vogelpohl A. Bubble formation in quiescent liquids under constant flow conditions[J]. Chemical Engineering Science, 1986, 41(1): 97-105.

[42] Akita K, Yoshida F. Bubble size, interfacial area, and liquid-phase mass-transfer coefficient in bubble columns[J]. Industrial & Engineering Chemistry Process Design and Development, 1974, 13(1): 84-91.

[43] Jamialahmadi M, Zehtaban M R, Müller-Steinhagen H, et al. Study of bubble formation under constant flow conditions[J]. Chemical Engineering Research and Design, 2001, 79(5): 523-532.

[44] Miyahara T, Hamaguchi M, Sukeda Y, et al. Size of bubbles and liquid circulation in a bubble column with a draught tube and sieve plate[J]. The Canadian Journal of Chemical Engineering, 1986, 64(5): 718-725.

[45] Arunkumar R P, Muthukumar K. Phenomenological simulation model for the prediction of hydrodynamic parameters of an internal loop airlift reactor[J]. Industrial & Engineering Chemistry Research, 2010, 49(10): 4995-5000.

[46] Xiao H, Geng S, Chen A, et al. Bubble formation in continuous liquid phase under industrial jetting conditions[J]. Chemical Engineering Science, 2019, 200: 214-224.

[47] 肖航. 气泡初始直径及气泡群曳力系数的实验研究 [D]. 青岛：中国科学院青岛生物能源与过程研究所, 2017.

[48] Ramakrishnan S, Kumar R, R Kuloor N. Studies in bubble formation-I Bubble formation under constant flow conditions[J]. Chemical Engineering Science, 1969, 24: 731-747.

[49] Mersmann A, von Morgenstern I B, Deixler A. Deformation, Stabilität und Geschwindigkeit fluider Partikeln[J]. Chemie Ingenieur Technik, 1983, 55(11): 865-867.

[50] Räbiger N, Vogelpohl A. Bubble formation and its movement in Newtonian and non-Newtonian liquids[J]. Encyclopedia of Fluid Mechanics, 1986, 3: 58-88.

[51] Terasaka K, Tsuge H. Bubble formation under constant-flow conditions[J]. Chemical Engineering Science, 1993, 48(19): 3417-3422.

[52] Hsu S-H, Lee W-H, Yang Y-M, et al. Bubble formation at an orifice in surfactant solutions under constant-flow conditions[J]. Industrial & Engineering Chemistry Research, 2000, 39: 1473-1479.

[53] Krishna R, Ellenberger J. Influence of low-frequency vibrations on bubble and drop sizes formed at a single orifice[J]. Chemical Engineering and Processing, 2003, 42(1): 15-21.

[54] Wang H, Dong F, Bian Y, et al. Improved correlation for the volume of bubble formed in air-water system[J]. Chinese Journal of Chemical Engineering, 2011, 19(3): 529-532.

[55] Scargiali F, Busciglio A, Grisafi F, et al. Bubble formation at variously inclined nozzles[J]. Chemical Engineering & Technology, 2014, 37(9): 1507-1514.

[56] Hanafizadeh P, Sattari A, Hosseini-Doost S E, et al. Effect of orifice shape on bubble formation mechanism[J]. Meccanica, 2018, 53: 2461-2483.

[57] Mudde R F, van Den Akker H E A. 2D and 3D simulations of an internal airlift loop reactor on the basis of a two-fluid model[J]. Chemical Engineering Science, 2001, 56(21-22): 6351-6358.

[58] Vial C, Poncin S, Wild G, et al. Experimental and theoretical analysis of the hydrodynamics in the riser of an external loop airlift reactor[J]. Chemical Engineering Science, 2002, 57(22-23): 4745-4762.

[59] van Baten J M, Ellenberger J, Krishna R. Hydrodynamics of internal air-lift reactors: experiments versus CFD simulations[J]. Chemical Engineering and Processing, 2003, 42(10): 733-742.

[60] Blažej M, Cartland Glover G M, Generalis SC, et al. Gas-liquid simulation of an airlift bubble column reactor[J]. Chemical Engineering and Processing, 2004, 43(2): 137-144.

[61] Wu X, Merchuk J C. Simulation of algae growth in a bench scale internal loop airlift reactor[J]. Chemical Engineering Science, 2004, 59(14): 2899-2912.

[62] Talvy S, Cockx A, Liné A. Modeling hydrodynamics of gas-liquid airlift reactor[J]. AIChE Journal, 2007, 53(2): 335-353.

[63] Talvy S, Cockx A, Liné A. Modeling of oxygen mass transfer in a gas-liquid airlift reactor[J]. AIChE Journal, 2007, 53(2): 316-326.

[64] Ayed H, Chahed J, Roig V. Hydrodynamics and mass transfer in a turbulent buoyant bubbly shear layer[J]. AIChE Journal, 2007, 53(11): 2742-2753.

[65] Tomiyama A. Drag lift and virtual mass forces acting on a single bubble[C]. Pisa, Italy: Third International Seminar Two-Phase Flow Modeling & Experiments, 2004.

[66] 黄青山. 多相环流反应器的传递和反应性能数值模拟[D]. 北京：中国科学院, 2008.

[67] 张立英, 黄青山. 气升式环流反应器的理论研究进展[J]. 过程工程学报, 2011, 11(1): 162-173.

[68] 毛在砂. 颗粒群研究：多相流多尺度数值模拟的基础[J]. 过程工程学报, 2008, 8(4): 645-659.

[69] Sokolichin A, Eigenberger G, Lapin A. Simulation of buoyancy driven bubbly flow: established simplifications and open questions[J]. AIChE Journal, 2004, 50(1): 24-45.

[70] Lucas D, Krepper E, Prasser H M. Use of models for lift, wall and turbulent dispersion forces acting on bubbles for poly-disperse flows[J]. Chemical Engineering Science, 2007, 62(15): 4146-4157.

[71] Lin W C, Mao Z-S, Chen J Y. Hydrodynamic studies on loop reactors (Ⅱ): Airlift loop reactors[J]. Chinese Journal of Chemical Engineering, 1997, 5(1): 11-22.

[72] Azzaro C, Duverneuil P, Couderc J P. Thermal and kinetic modelling of low-pressure chemical vapour deposition hot-wall tubular reactors[J]. Chemical Engineering Science, 1992, 47(15-16): 3827-3838.

[73] Schwarz M P, Turner W J. Applicability of the standard k-ε turbulence model to gas-stirred baths[J]. Applied Mathematical Modelling, 1988, 12(3): 273-279.

[74] Becker S, Sokolichin A, Eigenberger G. Gas-liquid flow in bubble columns and loop reactors: Part Ⅱ. Comparison of detailed experiments and flow simulations[J]. Chemical Engineering Science, 1994, 49(24, Part 2): 5747-5762.

[75] Deng H, Mehta R K, Warren G W. Numerical modeling of flows in flotation columns[J]. International Journal of Mineral Processing, 1996, 48(1-2): 61-72.

[76] Lapin A, Maul C, Junghans K, et al. Industrial-scale bubble column reactors: gas-liquid flow and chemical reaction[J]. Chemical Engineering Science, 2001, 56(1): 239-246.

[77] Chen P. Modeling the fluid dynamics of bubble column flows[D]. Saint Louis, Missouri, USA: Washington University, 2004.

[78] Kerdouss F, Bannari A, Proulx P. CFD modeling of gas dispersion and bubble size in a double turbine stirred tank[J]. Chemical Engineering Science, 2006, 61(10): 3313-3322.

[79] Khopkar A R, Kasat G R, Pandit A B, et al. CFD simulation of mixing in tall gas-liquid stirred vessel: Role of local flow patterns[J]. Chemical Engineering Science, 2006, 61(9): 2921-2929.

[80] Khopkar A R, Ranade V V. CFD simulation of gas–liquid stirred vessel: VC, S33, and L33 flow regimes[J]. AIChE Journal, 2006, 52(5): 1654-1672.

[81] Tomiyama A. Struggle with computational bubble dynamics[C]. Lyon, France: Third International Conference on Multiphase Flow, 1998.

[82] Morsi S A, Alexander A J. An investigation of particle trajectories in two-phase flow systems[J]. Journal of Fluid Mechanics, 1972, 55(2): 193-208.

[83] Chandavimol M. Experimental and simulation studies of two-phase flow in a stirred tank[D]. University of Missouri-Rolla, 2003.

[84] Boisson N, Malin M R. Numerical prediction of two-phase flow in bubble columns[J]. International Journal for Numerical Methods in Fluids, 1996, 23(12): 1289-1310.

[85] Ilegbusi O, Iguchi M, Nakajima K, et al. Modeling mean flow and turbulence characteristics in gas-agitated bath with top layer[J]. Metallurgical and Materials Transactions B, 1998, 29(1): 211-222.

[86] Kuo J T, Wallis G B. Flow of bubbles through nozzles[J]. International Journal of Multiphase Flow, 1988, 14(5): 547-564.

[87] de Matos A, Rosa E S, Franca F A. The phase distribution of upward co-current bubbly flows in a vertical square channel[J]. Journal of the Brazilian Society of Mechanical Sciences and Engineering, 2004, 26(3): 308-316.

[88] Lahey Jr R T, Lopez de Bertodano M, Jones Jr O C. Phase distribution in complex geometry conduits[J]. Nuclear Engineering and Design, 1993, 141(1-2): 177-201.

[89] Delnoij E, Lammers F A, Kuipers J A M, et al. Dynamic simulation of dispersed gas-liquid two-phase flow using a discrete bubble model[J]. Chemical Engineering Science, 1997, 52(9): 1429-1458.

[90] Karamanev D G, Nikolov L N. Free rising spheres do not obey newton's law for free settling[J]. AIChE Journal, 1992, 38(11): 1843-1846.

[91] Ishii M, Zuber N. Drag coefficient and relative velocity in bubbly, droplet or particulate flows[J]. AIChE Journal, 1979, 25(5): 843-855.

[92] Jakobsen H A, Grevskott S, Svendsen H F. Modeling of vertical bubble-driven flows[J]. Industrial & Engineering Chemistry Research, 1997, 36(10): 4052-4074.

[93] Huang Q, Yang C, Yu G, et al. Sensitivity study on modeling an internal airlift loop reactor using

a steady 2D two-fluid model[J]. Chemical Engineering and Technology, 2008, 31: 1790-1798.

[94] Turton R, Levenspiel O. A short note on drag correlation for spheres[J]. Powder Technology, 1986, 47(1): 83-86.

[95] Brucato A, Grisafi F, Montante G. Particle drag coefficients in turbulent fluids[J]. Chemical Engineering Science, 1998, 53(18): 3295-3314.

[96] Bakker A, van den Akker H E A. A computational model for the gas-liquid flow in stirred reactors[J]. Chemical Engineering Research and Design, 1994, 72(A4): 573-582.

[97] Richardson J F, Zaki W N. Sedimentation and fluidisation[J]. Part Ⅰ, Transactions of the Institution of Chemical Engineers, 1954, 32: 35-53.

[98] Schlueter M, Raebiger N. Bubble swarm velocity in two phase flows[C]. New York: Proceeding of ASME Heat Transfer Division, 1998.

[99] Pan Y, Dudukovic M P, Chang M. Dynamic simulation of bubbly flow in bubble columns[J]. Chemical Engineering Science, 1999, 54(13-14): 2481-2489.

[100] Pan Y, Dudukovic M P, Chang M. Numerical investigation of gas-driven flow in 2-D bubble columns[J]. AIChE Journal, 2000, 46(3): 434-449.

[101] Tomiyama A. Struggle with computational bubble dynamics[J]. Multiphase Science and Technology, 1998, 10(4): 369-405.

[102] Antal S P, Lahey Jr R T, Flaherty JE. Analysis of phase distribution in fully developed laminar bubbly two-phase flow[J]. International Journal of Multiphase Flow, 1991, 17(5): 635-652.

[103] Jia X, Wen J, Feng W, et al. Local hydrodynamics modeling of a gas−liquid−solid three-phase airlift loop reactor[J]. Industrial & Engineering Chemistry Research, 2007, 46(15): 5210-5220.

[104] Ishii M, Mishima K. Two-fluid model and hydrodynamic constitutive relations[J]. Nuclear Engineering and Design, 1984, 82(2-3): 107-126.

[105] Yao B P, Zheng C, Gasche H E, et al. Bubble behaviour and flow structure of bubble columns[J]. Chemical Engineering and Processing, 1991, 29(2): 65-75.

[106] Grienberger J, Hofmann H. Investigations and modelling of bubble columns[J]. Chemical Engineering Science, 1992, 47(9-11): 2215-2220.

[107] Morud K E, Hjertager B H. LDA measurements and CFD modelling of gas-liquid flow in a stirred vessel[J]. Chemical Engineering Science, 1996, 51(2): 233-249.

[108] Azbel D. Two-phase flows in chemical engineering[M]. Cambridge: Cambridge University Press, 1981.

[109] Rampure M R, Kulkarni A A, Ranade V V. Hydrodynamics of bubble column reactors at high gas velocity: experiments and computational fluid dynamics (CFD) simulations[J]. Industrial & Engineering Chemistry Research, 2007, 46(25): 8431-8447.

[110] Behzadi A, Issa R I, Rusche H. Modelling of dispersed bubble and droplet flow at high phase fractions[J]. Chemical Engineering Science, 2004, 59(4): 759-770.

[111] Yeoh G H, Tu J Y. Numerical modelling of bubbly flows with and without heat and mass transfer[J]. Applied Mathematical Modelling, 2006, 30(10): 1067-1095.

[112] León-Becerril E, Cockx A, Liné A. Effect of bubble deformation on stability and mixing in bubble columns[J]. Chemical Engineering Science, 2002, 57(16): 3283-3297.

[113] Yang N, Wu Z, Chen J, et al. Multi-scale analysis of gas–liquid interaction and CFD simulation of gas–liquid flow in bubble columns[J]. Chemical Engineering Science, 2011, 66(14): 3212-3222.

[114] Huang Q, Yang C, Yu G, et al. 3-D simulations of an internal airlift loop reactor using a steady two-fluid model[J]. Chemical Engineering & Technology, 2007, 30(7): 870-879.

[115] Mao Z-S, Yang C. Challenges in study of single particles and particle swarms[J]. Chinese Journal of Chemical Engineering, 2009, 17(4): 535-545.

[116] Podila K. CFD modelling of turbulent bubbly flows in pipes[D]. Canada: Dalhousie University, 2005.

[117] Chen X. Application of computational fluid dynamics (CFD) to flow simulation and erosion prediction in single-phase and multiphase flow[D]. USA: The university of Tulsa, 2004.

[118] Moraga F J, Bonetto F J, Lahey R T. Lateral forces on spheres in turbulent uniform shear flow[J]. International Journal of Multiphase Flow, 1999, 25(6-7): 1321-1372.

[119] Troshko A, Ivanov N, Vasques S. Implementation of a general lift coefficient in the CFD model of turbulent bubbly flows[C]. Waterloo, Ontario Canada: Proceedings of 9th Conference of the CFD Society of Canada, 2001.

[120] Petersen K O E. Experimentale numerique des ecoulements disphasiques dans les reacteurs chimiques[D]. Lyon: L'Universite Claude Bernard, 1992.

[121] Ohnuki A, Akimoto H. Model development for bubble turbulent diffusion and bubble diameter in large vertical pipes[J]. Journal of Nuclear Science and Technology, 2001, 38(12): 1074-1080.

[122] Tomiyama A, Sou A, Zun I, et al. Effects of Eötvös number and dimensionless liquid volumetric flux on lateral motion of a bubble in a laminar duct flow[C]. Kyoto, Japan: Proceeding of 2nd International Conference on Multiphase Flow, 1995.

[123] Tomiyama A, Tamai H, Zun I, et al. Transverse migration of single bubbles in simple shear flows[J]. Chemical Engineering Science, 2002, 57: 1849-1858.

[124] Frank T, Zwart P J, Krepper E, et al. Validation of CFD models for mono- and polydisperse air-water two-phase flows in pipes[J]. Nuclear Engineering and Design, 2008, 238(3): 647-659.

[125] Frank T. Advances in computational fluid dynamics (CFD) of 3-dimensional gas-liquid multiphase flows[C]. Wiesbaden, Germany: NAFEMS Seminar: Simulation of Complex Flows (CFD), 2005: 1-18.

[126] 孙海燕. 搅拌槽内流场数值模拟和表面曝气的研究[D]. 北京：中国科学院过程工程研究所, 2003.

[127] Anderson T B, Jackson R. A fluid mechanical description of fluidized beds[J]. Industrial and Engineering Chemistry Fundamentals, 1967, 6(11): 527-539.

[128] Zuber N. On the dispersed two-phase flow in the laminar flow regime[J]. Chemical Engineering Science, 1964, 19(11): 897-917.

[129] Yakhot V, Orszag S A. Renormalization group analysis of turbulence.Ⅰ. Basic theory[J]. Journal of Scientific Computing, 1986, 1(1): 3-51.

[130] Yakhot V, Orszag S A, Thangam S, et al. Development turbulence models for shear flow by a double expansion technique[J]. Physics of Fluids A, 1992, 4(7): 1510-1520.

[131] Rahimi M, Parvareh A. Experimental and CFD investigation on mixing by a jet in a semi-industrial stirred tank[J]. Chemical Engineering Journal, 2005, 115(1-2): 85-92.

[132] Chow W K, Li J. Numerical simulations on thermal plumes with k–ε types of turbulence models[J]. Building Environment, 2007, 42(8): 2819-2828.

[133] Sato Y, Sadatomi M, Sekoguchi K. Momentum and heat transfer in two-phase bubble flow-Ⅰ: Theory[J]. International Journal of Multiphase Flow, 1981, 7: 167-177.

[134] Arnold G S, Drew D A, Lahey R T. Derivation of constitutive equations for interfacial force and Reynolds stress for a suspension of spheres using ensemble cell averaging[J]. Chemical Engineering Communications, 1989, 86(1): 43-54.

[135] Ranade V V, van den Akker H E A. A computational snapshot of gas-liquid flow in baffled stirred reactors[J]. Chemical Engineering Science, 1994, 49(24, Part 2): 5175-5192.

[136] Moukalled F, Darwish M. Pressure-based algorithms for multifluid flow at all speeds-Part Ⅰ: Mass conservation formulation[J]. Numerical Heat Transfer, Part B, 2004, 45(6): 495-522.

[137] Moukalled F, Darwish M. Pressure-based algorithms for multifluid flow at all speeds-Part Ⅱ: Geometric conservation formulation[J]. Numerical Heat Transfer, Part B, 2004, 45(6): 523-540.

[138] Li Y, Baldacchino L. Implementation of some higher-order convection schemes on non-uniform grids[J]. International Journal for Numerical Methods in Fluids, 1995, 21(12): 1201-1220.

[139] Li Y, Rudman M. Assessment of higher-order upwind schemes incorporating FCT for convection-dominated problems[J]. Numerical Heat Transfer, Part B, 1995, 27(1): 1-21.

[140] Khosla P K, Rubin S G. A diagonally dominant second-order accurate implicit scheme[J]. Computers & Fluids, 1974, 2(2): 207-209.

[141] Carver M B. Numerical computation of phase separation in two-fluid flow[J]. Journal of Fluids Engineering, 1984, 106: 147-153.

[142] Bove S. Computational fluid dynamics of gas-liquid flows including bubble population balances[D]. Denmark: Aalborg University, 2005.

[143] Patankar S V. Numerical heat transfer and fluid flow[M]. New York: McGraw-Hill, 1980.

[144] Darwish M, Moukalled F. A unified formulation of the segregated class of algorithms for multifluid flow at all speeds[J]. Numerical Heat Transfer, Part B, 2001, 40: 99-137.

[145] Lin W C, Mao Z-S, Chen J Y. Hydrodynamic studies on loop reactors (Ⅰ): Liquid jet loop reactors[J]. Chinese Journal of Chemical Engineering, 1997, 5(1): 1-10.

[146] Serre E, Pulicani J P. A three-dimensional pseudospectral method for rotating flows in a cylinder[J]. Computers & Fluids, 2001, 30(4): 491-519.

[147] Zhang Y, Yang C, Mao Z-S. Large eddy simulation of liquid flow in a stirred tank with improved inner-outer iterative algorithm[J]. Chinese Journal of Chemical Engineering, 2006, 14(3): 321-329.

[148] Zhang D, Deen N G, Kuipers J A M. Euler-Euler modeling of flow, mass transfer, and chemical reaction in a bubble column[J]. Industrial & Engineering Chemistry Research, 2009, 48(1): 47-57.

[149] Luo H-P, Al-Dahhan M H. Macro-mixing in a draft-tube airlift bioreactor[J]. Chemical Engineering Science, 2008, 63(6): 1572-1585.

[150] Roy S, Dhotre M T, Joshi J B. CFD simulation of flow and axial dispersion in external loop airlift reactor[J]. Chemical Engineering Research and Design, 2006, 84(A8): 677-690.

[151] Blažej M, Kiša M, Markoš J. Scale influence on the hydrodynamics of an internal loop airlift reactor[J]. Chemical Engineering and Processing, 2004, 43(12): 1519-1527.

[152] van Baten J M, Krishna R. Comparison of hydrodynamics and mass transfer in airlift and bubble column reactors using CFD[J]. Chemical Engineering & Technology, 2003, 26(10): 1074-1079.

[153] Zhang W, Huang Q, Yang C, et al. Hydrodynamics, mixing and mass/heat transfer in an airlift internal loop reactor[C]. Beijing, China: International Conference on Process Intensification for Sustainable Chemical Industries, 2011: p128.

[154] Toor H L, Marchello J M. Film-penetration model for mass and heat transfer[J]. AIChE Journal, 1958, 4(1): 97-101.

[155] Acién Fernández F G, Fernández Sevilla J M, Sánchez Pérez J A, et al. Airlift-driven external-loop tubular photobioreactors for outdoor production of microalgae: assessment of design and performance[J]. Chemical Engineering Science, 2001, 56(8): 2721-2732.

[156] Chisti M Y. Airlift bioreactors[M]. London: Elsevier, 1989.

[157] Cockx A, Do-Quang Z, Line A, et al. Use of computational fluid dynamics for simulating hydrodynamics and mass transfer in industrial ozonation towers[J]. Chemical Engineering Science, 1999, 54(21): 5085-5090.

[158] Cockx A, Do-Quang Z, Audic J M, et al. Global and local mass transfer coefficients in waste water treatment process by computational fluid dynamics[J]. Chemical Engineering and Processing, 2001, 40(2): 187-194.

[159] Higbie R. The rate of absorption of a pure gas into a still liquid during short periods of exposure[J]. Transactions of the American Institute of Chemical Engineers, 1935, 35: 365-389.

[160] Bird R B, Stewart W E, Lightfoot E N. Transport phenomena[M]. New York: John Wiley &

Sons, 1960.

[161] 薛胜伟, 尹侠. 气升式内环流反应器流场及传质特性数值模拟[J]. 化学工程, 2006, 34(5): 23-27.

[162] Tobajas M, García-Calvo E, Siegel M H, et al. Hydrodynamics and mass transfer prediction in a three-phase airlift reactor for marine sediment biotreatment[J]. Chemical Engineering Science, 1999, 54(21): 5347-5354.

[163] Wen J P, Jia X Q, Feng W. Hydrodynamic and mass transfer of gas-liquid-solid three-phase internal loop airlift reactors with nanometer solid particles[J]. Chemical Engineering and Technology, 2005, 28(1): 53-60.

[164] Vasconcelos J M T, Rodrigues J M L, Orvalho S C P, et al. Effect of contaminants on mass transfer coefficients in bubble column and airlift contactors[J]. Chemical Engineering Science, 2003, 58(8): 1431-1440.

[165] Griffith R M. Mass transfer from drops and bubbles[J]. Chemical Engineering Science, 1960, 12(3): 198-213.

[166] Lochiel A C, Calderbank P H. Mass transfer in the continuous phase around axisymmetric bodies of revolution[J]. Chemical Engineering Science, 1964, 19(7): 471-484.

[167] Juraščík M, Blažej M, Annus J, et al. Experimental measurements of volumetric mass transfer coefficient by the dynamic pressure-step method in internal loop airlift reactors of different scale[J]. Chemical Engineering Journal, 2006, 125: 81-87.

[168] Broadwell J E, Godfrey Mungal M. Large-scale structures and molecular mixing[J]. Physics of Fluids A, 1990, 3(5): 1193-1206.

[169] Sánchez Mirón A, Cerón García M C, García Camacho F, et al. Mixing in bubble column and airlift reactors[J]. Chemical Engineering Research and Design, 2004, 82(10): 1367-1374.

[170] Gumery F, Farhad E-M, Yaser D. Characteristics of local flow dynamics and macro-mixing in airlift column reactors for reliable design and scale-up[J]. International Journal of Chemical Reactor Engineering, 2009, 7(1): 1-47.

[171] Fadavi A, Chisti Y. Gas holdup and mixing characteristics of a novel forced circulation loop reactor[J]. Chemical Engineering Journal, 2007, 131(1-3): 105-111.

[172] Merchuk J C, Ladwa N, Cameron A, et al. Liquid flow and mixing in concentric tube air-lift reactors[J]. Journal of Chemical Technology & Biotechnology, 1996, 66(2): 174-182.

[173] Weiland P. Influence of draft tube diameter on operation behavior of airlift loop reactors[J]. German Chemical Engineering, 1984, 7: 374-385.

[174] Guo X, Yao L, Huang Q. Aeration and mass transfer optimization in a rectangular airlift loop photobioreactor for the production of microalgae[J]. Bioresource Technology, 2015, 190: 189-195.

[175] Merchuk J C, Contreras A, García F, et al. Studies of mixing in a concentric tube airlift

bioreactor with different spargers[J]. Chemical Engineering Science, 1998, 53(4): 709-719.

[176] Choi K H, Chisti Y, Moo-Young M. Influence of the gas-liquid separator design on hydrodynamic and mass transfer performance of split-channel airlift reactors[J]. Journal of Chemical Technology & Biotechnology, 1995, 62(4): 327-332.

[177] Fu C-C, Lu S-Y, Hsu Y-J, et al. Superior mixing performance for airlift reactor with a net draft tube[J]. Chemical Engineering Science, 2004, 59(14): 3021-3028.

[178] Gavrilescu M, Tudose R Z. Residence time distribution of the liquid phase in a concentric-tube airlift reactor[J]. Chemical Engineering and Processing, 1999, 38(3): 225-238.

[179] Gavrilescu M, Tudose R Z. Mixing studies in external-loop airlift reactors[J]. Chemical Engineering Journal, 1997, 66(2): 97-104.

[180] Vial C, Poncin S, Wild G, et al. Experimental and theoretical analysis of axial dispersion in the liquid phase in external-loop airlift reactors[J]. Chemical Engineering Science, 2005, 60(22): 5945-5954.

[181] Gondo S, Tanaka S, Kazikuri K, et al. Liquid mixing by large gas bubbles in bubble columns[J]. Chemical Engineering Science, 1973, 28(7): 1437-1445.

[182] Kawase Y, Omori N, Tsujimura M. Liquid-phase mixing in external-loop airlift bioreactors[J]. Journal of Chemical Technology and Biotechnology, 1994, 61(1): 49-55.

[183] Kennard M, Janekeh M. Two-and three-phase mixing in a concentric draft tube gas-lift fermentor[J]. Biotechnology and Bioengineering, 1991, 38(11): 1261-1270.

[184] Lin C H, Fang B S, Wu C S, et al. Oxygen transfer and mixing in a tower cycling fermentor[J]. Biotechnology and Bioengineering, 1976, 18(11): 1557-1572.

[185] 丛威, 刘建国, 欧阳藩等. 三相气升式内环流反应器的液相混合特性[J]. 化工冶金, 2000, 21(1): 76-79.

[186] Zhang W, Yong Y, Zhang G, et al. Micro-Mixing characteristics and bubble behavior in an airlift internal loop reactor with low height-to-diameter[C]. Warsaw, Poland: Proceedings of 14th European Conference on Mixing, 2012: 529.

[187] Danckwerts P V. Continuous flow systems: Distribution of residence times[J]. Chemical Engineering Science, 1953, 2(1): 1-13.

[188] Essadki A H, Gourich B, Vial C, et al. Residence time distribution measurements in an external-loop airlift reactor: Study of the hydrodynamics of the liquid circulation induced by the hydrogen bubbles[J]. Chemical Engineering Science, 2011, 66(14): 3125-3132.

[189] Schumacher J, Sreenivasan K R, Yeung P K. Very fine structures in scalar mixing[J]. Journal of Fluid Mechanics, 2005, 531: 113-122.

[190] Rajab A. Influence of viscosity on the micromixing of non-Newtonian fluid in a stirred tank[D]. Beijing, China: Beijing University of Chemical Technology, 2005.

[191] Assirelli M, Bujalski W, Eaglesham A, et al. Intensifying micromixing in a semi-batch reactor

using a Rushton turbine[J]. Chemical Engineering Science, 2005, 60(8-9): 2333-2339.

[192] Nouri L H, Legrand J, Benmalek N, et al. Characterisation and comparison of the micromixing efficiency in torus and batch stirred reactors[J]. Chemical Engineering Journal, 2008, 142(1): 78-86.

[193] Bourne J R, Kozicki F, Rys P. Mixing and fast chemical reaction-I: Test reactions to determine segregation[J]. Chemical Engineering Science, 1981, 36(10): 1643-1648.

[194] Bourne J R, Yu S. Investigation of micromixing in stirred tank reactors using parallel reactions[J]. Industrial & Engineering Chemistry Research, 1994, 33(1): 41-55.

[195] Villermaux J, Fournier M C. Investigation of micromixing in stirred tank reactors using parallel reactions[C]. AIChE Symposium Series, 1994, 299: 50-54.

[196] Zhao D, Muller-Steinhagen H, Smith J M. Micromixing in boiling and hot sparged systems-Development of a new reaction pair[J]. Chemical Engineering Research & Design, 2002, 80(8): 880-886.

[197] Fournier M C, Falk L, Villermaux J. A new parallel competing reaction system for assessing micromixing efficiency-Experimental approach[J]. Chemical Engineering Science, 1996, 51(22): 5053-5064.

[198] Bałdyga J, Bourne J R, Hearn S J. Interaction between chemical reactions and mixing on various scales[J]. Chemical Engineering Science, 1997, 52(4): 457-466.

[199] Tavare N S. Mixng, reaction, and precipitation: Interaction by exchange with mean micromixing models[J]. AIChE Journal, 1995, 41(12): 2537-2548.

[200] Baldyga J. Turbulent mixer model with application to homogeneous, instantaneous chemical reactions[J]. Chemical Engineering Science, 1989, 44: 1175-1182.

[201] Baldyga J, Bourne J R. Simplification of micromixing calculations. Part I: Derivation and application of new model[J]. Chemical Engineering Journal, 1989, 42: 83-92.

[202] Baldyga J, Bourne J R. A fluid mechanical approach to turbulent mixing and chemical reaction. Part I: Inadequacies of avilable methods[J]. Chemical Engineering Communications, 1984, 28（4-6): 231-241.

[203] Baldyga J, Bourne J R. A fluid mechanical approach to turbulent mixing and chemical reaction. Part II: Micromixing in the light of turbulence theory[J]. Chemical Engineering Communications, 1984, 28（4-6): 243-258.

[204] Baldyga J, Bourne J R. A fluid mechanical approach to turbulent mixing and chemical reaction. Part III: Computational and experimental results for the new micromixing model[J]. Chemical Engineering Communications, 1984, 28（4-6): 259-281.

[205] Goto H, Goto S, Matsubara M. A generalized two-environment model for micromixing in a continuous flow reactor-II. Identification of the model[J]. Chemical Engineering Science, 1975, 30(1): 71-77.

[206] Mehta R V, Tarbell J M. Four environment model of mixing and chemical reaction. Part Ⅰ: Model development[J]. AIChE Journal, 1983, 29(2): 320-329.

[207] Villermaux J, David R. Recent advances in the understanding of micromixing phenomena in stirred reactors[J]. Chemical Engineering Communications, 1983, 21(1-3): 105-122.

[208] Pojman J A, Epstein I R, Karni Y, et al. Stochastic coalescence-redispersion model for molecular diffusion and chemical reactions. 2. Chemical waves[J]. The Journal of Physical Chemistry, 1991, 95(8): 3017-3021.

[209] Akroyd J, Smith A J, McGlashan L R, et al. Numerical investigation of DQMoM-IEM as a turbulent reaction closure[J]. Chemical Engineering Science, 2010, 65(6): 1915-1924.

[210] Pohorecki R, Baldyga J. New model of micromixing in chemical reactors. 1. General development and application to a tubular reactor[J]. Industrial & Engineering Chemistry Fundamentals, 1983, 22(4): 392-397.

[211] 黄建刚. 多级气升式环流反应器传质和混合特性的研究[D]. 天津: 河北工业大学, 2018.

[212] Zhang W, Yong Y, Zhang G, et al. Mixing characteristics and bubble behavior in an airlift internal loop reactor with low aspect ratio[J]. Chinese Journal of Chemical Engineering, 2014, 22(6): 611-621.

[213] Luo L, Liu F, Xu Y, et al. Hydrodynamics and mass transfer characteristics in an internal loop airlift reactor with different spargers[J]. Chemical Engineering Journal, 2011, 175(1): 494-504.

[214] 黄青山, 姚礼山. 一种外凸出螺旋槽式旋流器[P]. CN 201510377996.2. 2015-07-01.

[215] 刘鸿雁, 王亚, 韩天龙等. 水力旋流器溢流管结构对微细颗粒分离的影响[J]. 化工学报, 2017, 68(5): 1921-1931.

[216] 刘鸿雁, 韩天龙, 王亚等. 水力旋流器新型出口挡板结构对分离性能的影响[J]. 化工学报, 2018, 69(5): 2081-2088.

[217] 段继海, 黄帅彪, 高昶等. 锥体开缝对水力旋流器固液分离性能的影响[J]. 化工学报, 2019, 70(5): 1823-1831.

[218] Han T, Liu H, Xiao H, et al. Experimental study of the effects of apex section internals and conical section length on the performance of solid–liquid hydrocyclone[J]. Chemical Engineering Research and Design, 2019, 145: 12-18.

[219] 郭坤宇, 王铁峰, 邢楚填等. 浆态床反应器流体力学行为研究及工业应用[J]. 化工学报, 2014, 65(7): 2454-2464.

[220] Yang T, Geng S, Yang C, et al. Hydrodynamics and mass transfer in an internal airlift slurry reactor for process intensification[J]. Chemical Engineering Science, 2018, 184: 126-133.

[221] Geng S, Li Z, Liu H, et al. Hydrodynamics and mass transfer in a slurry external airlift loop reactor integrating mixing and separation[J]. Chemical Engineering Science, 2020, 211: 115394.

[222] 黄青山, 羊涛, 蒋夫花等. 一种同时带有反应和分离功能的内环流反应器[P]. CN

201610941001.5. 2016-10-26.

[223] 黄青山, 羊涛, 蒋夫花等. 一种同时具有反应、换热和分离功能的外环流反应器 [P]. CN 201610974776.2. 2016-11-07.

[224] 黄青山, 羊涛, 蒋夫花等. 一种同时带有反应和分离功能的内环流反应器 [P]. PCT/CN 2017/102163. 2017-09-19.

[225] Merchuck J C, Ladwa N, Cameron A, et al. Concentric-tube airlift reactors: effects of geometrical design on performance[J]. AIChE Journal, 1994, 40(7): 1105-1117.

[226] Krishna R, De Swart J W A, Hennephof DE, et al. Influence of increased gas density on hydrodynamics of bubble-column reactors[J]. AIChE Journal, 1994, 40(1): 112-119.

[227] Viamajala S, McMillan J D, Schell DJ, et al. Rheology of corn stover slurries at high solids concentrations-Effects of saccharification and particle size[J]. Bioresource Technology, 2009, 100(2): 925-934.

[228] Muroyama K, Shimomichi T, Masuda T, et al. Heat and mass transfer characteristics in a gas-slurry-solid fluidized bed[J]. Chemical Engineering Science, 2007, 62(24): 7406-7413.

[229] Shaikh A, Al-Dahhan M H. A review on flow regime transition in bubble columns[J]. International Journal of Chemical and Reactor Engineering, 2007, 5(R1): 1-68.

[230] Wang T, Wang J, Jin Y. Population balance model for gas-liquid flows: influence of bubble coalescence and breakup models[J]. Industrial & Engineering Chemistry Research, 2005, 44(19): 7540-7549.

第五章

两相微反应器

第一节 引言

微反应器最典型的是微通道反应器,对于分析和环境监测[1]、在线过程优化的测量装置[2]、催化剂筛选[3]和微型燃料电池[4]来说,已经变得非常重要,尤其针对制药工业中的微量有机合成,药物开发不需要大批化学品的实验阶段[5]。微反应器系统具有高便携性、低耗、减废、远程操作及由于高比表面积而导致的高效传热和传质[6]的优点。微反应器中的大多反应都涉及水性有机液体中不可浸润相[7]、气液[8,9]和气液固[10,11]体系,这些不混溶多相系统的反应和混合均发生在相界面。因此,促进各相作用和混合的技术变得至关重要。通常微反应器中的反应速率不仅取决于反应体系的本征动力学,而且取决于不同相间的传质。包含不混溶液液或气液体系的微反应器的设计和运行,主要由分散相和连续相的混合和接触方式决定。为了更好地设计和应用微反应器,研究者越发重视微反应器内多相流动和相间传质、传热机理的认识。微反应器实际应用时所需的定量理解,需要在微化工系统上进行可靠的实验验证。

微通道内气液和液液两相体系是微流体系统中最常见的[12,13]。在两相微流体系统中,液液和气液的流动行为不同,气液流动的规律不能直接拓展到液液流动[14]。关于微通道内气液流动,已有许多研究报道[15-19],对微通道内液液流动的实验和数值研究也有不少[20]。文献表明,微通道内液液体系流型受通道几何结构、通道表面与流体的界面性质以及流速[21,22]的影响,需要同时考虑这些因素,才能正确理解微通道内多相流体力学。

因此，本章主要阐述了微通道内两相流动、传热、传质和反应的数学模型、数值方法和实验，以便让初涉微反应器的研究者了解主要的研究方法和手段，以及该领域的相关研究内容和成果。

第二节 数学模型和数值方法

对微流体液液两相系统中的流型[23-25]、传热/传质[26,27]和反应的研究大多数是实验。计算流体力学（computational fluid dynamics，CFD）的发展使我们能够模拟微流体装置中的多相流，CFD提供了一种设计和优化复杂微流体系统的更有效的方法[28-30]。

传统的基于Navier-Stokes流体力学方程和湍流模型的CFD技术能够应用于单液相、液液和气液系统[31-33]，但很难准确描述微尺度上的相互作用，而微尺度上的相互作用，比如相界面润湿特性和固液界面速度滑移等，对于微反应器至关重要。微观模拟方法，如分子动力学（molecular dynamics，MD）[34]和蒙特卡罗[35]（Monte Carlo，MC）方法，用分子间势函数来表达分子间的相互作用，通过单个分子的演化来表征流体的宏观行为。微观模拟方法能够很好地表示微观相互作用，但由于其计算量大，只能应用在非常小的空间和时间尺度[36]上。

在微尺度多相流的数值计算方法中，格子玻尔兹曼方法（lattice Boltzmann method，LBM）处理的对象介于宏观和微观尺度之间，是一种很有前途的数值方法。不混溶多相流模拟的挑战之一是确定相界面的位置，因为当不同物相相遇时，相界面的位置会在时空域中演化，例如，相界面拓扑结构变化、分散相的聚并和破裂等，准确模拟的难度很大[37]。

不混溶多相LB模型（颜色lattice Boltzmann模型）的发展，可追溯到Gunstensen等[38]和Gunstensen和Rothman[39]。这些方法中最简单和最广泛的是Gunstensen-Rothman的色动力学或颜色梯度法[40]。颜色梯度法中每一相均有各自的LBM演化方程，并使用重新着色步骤模拟相分离和界面张力。在每个节点，通过重新分配两套演化方程来尽可能地分离两相，界面由两色流体份额的等值面定义，界面上两种流体的份额相等。由于它源于格子气法，存在格子伪影和噪声的缺陷，一般来说，该方法仅适用于较小的密度和黏度差，但是重新着色不会导致界面上的网格相关伪影[41]。

另一种不混溶多相LB模型是由Shan和Chen[42,43]提出的一种基于流体颗粒间微观相互作用的多组分LB模型，其中还引入了相互作用势的概念。该模型中的每一时间步后，用势函数将一个额外的动量作用力和粒子间相互作用的强度，加到速度场中，用修正之后的速度来确定新的平衡分布函数。通过引入一个附加的作用力项，该模型有效地模拟了分子间的相互作用（复杂的流体行为）。虽然整个计算域的总动量是守恒的，但局部动量并不守恒，因此在界面附近区域总是存在一个假速度。该模型能成功地模拟几种基本界面现象，然而，Shan-Chen 模型也存在一些局限性：一个问题是不能引入温度，另一个问题是引入表面张力系数量化毛细效应的方式不够完善，第三个问题是不能表征各相的不同黏度。

与 Shan-Chen 模型类似，自由能模型不能利用离散动力学方法的"粒子"性质。这种方法的主要缺点是模型受到非物理伽利略不变性效应的影响，此效应来自非 Navier-Stokes 项，该项会影响离散 Boltzmann 方程的 Chapman-Enskog 分析的误差数量级。研究者们正在努力减少这种非物理效应[44]。自由能模型与 Shan-Chen 模型相比的优点是，能够表征非理想流体和多组分流体在定温下的平衡热力学，从而引入物理定义明确的温度和热力学。该模型与麦克斯韦（Maxwall）的等面积重建方法一致，此外，由于该模型保证局部动量守恒，界面假速度几乎被消除[45]。

上述 LB 多相流模型与传统数值方法相比的最大优势，是能够隐式地跟踪相界面，因为各相概率密度函数的演化方程能够自然表达出两相及相界面。LB 多相流模型的缺点是界面扩散只发生在几个格子里，当密度和黏度比过高时，界面梯度过大，模型通常变得不稳定。然而，最近的 LBM 多相流模型的发展，缓解了这些限制[46,47]。

本章主要介绍由 Santos 等开发的 LB 方法[48]，将不混溶流体的格子气体模型中的场介质概念[49]扩展到 LB 多相流模型。Santos 等应用 LB 模型研究了两个电解质层界面处的液接电位，并根据浓度、净电荷密度和静电势演变的解析和有限差分方法的结果，对 LB 溶液理论进行了验证。该模型考虑了不同相的粒子之间的相互交叉碰撞，碰撞算子包含三个独立的松弛时间，这三个松弛时间由粒子扩散率和流体黏度决定，因此 LB 模型在流体的高黏度比下能够保持数值稳定性。通过流体粒子速度的修正来模拟场介质和粒子之间的相互作用，流体速度修正与场介质分布位置有关。界面张力是通过改变两种流体之间的碰撞条件，通过场介质在过渡层中引入长程力而获得的。场介质的作用被限制在两相界面过渡层里，各相流体都符合理想气体状态方程。

对于基于场介质的 LB 模型，与红色（R）和蓝色（B）流体粒子的粒子概率分布函数 $f_i^r(x,t)$ 和 $f_i^b(x,t)$ 类似，场介质的概率密度分布函数 $M_i(x,t)$ 能够模拟流体间的长程作用力：

$$M_i(x+e_i,t+1) = c_1 M_i(x,t) + c_2 \frac{\sum f_i^r(x,t)}{\sum f_i^r(x,t) + \sum f_i^b(x,t)} \quad (5-1)$$

式中　　x——位置；

　　　　e_i——单位离散速度；

　　　　t——时间；

f——流体粒子概率密度分布方程；

M——场介质的概率密度分布函数。

上标：r 表示红色（R）流体粒子；b 表示蓝色（B）流体粒子；下标：i 表示离散速度方向。

c_1 和 c_2 是用于设置相互作用的长度，$c_1+c_2=1$。在公式（5-1）中，右边的第一项是一个递推关系，因为 $M_i(x,t)$ 取决于 $x-e_i$ 位置及其周围邻点的 $M_i(x-e_i,t-1)$、$f_i^r(x-e_i,t-1)$ 和 $f_i^b(x-e_i,t-1)$ 值。当 $c_1=0$（或 $c_2=1$）时，只有邻点 R 流体粒子的概率密度信息，相互作用的长度就是一个格子。通过增大 c_1，可以增加相互作用的长度。

R 和 B 流体粒子的 LB 演化方程是

$$f_i^r(x+e_i,t+1) - f_i^r(x,t) = \Omega_i^r(x,t) \quad (5\text{-}2)$$

$$f_i^b(x+e_i,t+1) - f_i^b(x,t) = \Omega_i^b(x,t) \quad (5\text{-}3)$$

式中 Ω——碰撞算子。

R 和 B 的碰撞算子分别是 Ω_i^r 和 Ω_i^b，用于模拟粒子间的相互作用，演化方程满足质量和动量守恒的要求。三参数 BGK 碰撞项满足下述限制[48]：

$$\Omega_i^r = m^r \frac{f_i^{r\,eq}(\rho^r,\boldsymbol{u}^r) - f_i^r(x,t)}{\tau^r} + m^b \frac{f_i^{r\,eq}(\rho^r,\boldsymbol{\theta}^b) - f_i^r(x,t)}{\tau^m} \quad (5\text{-}4)$$

$$\Omega_i^b = m^b \frac{f_i^{b\,eq}(\rho^b,\boldsymbol{u}^b) - f_i^b(x,t)}{\tau^b} + m^r \frac{f_i^{b\,eq}(\rho^b,\boldsymbol{\theta}^r) - f_i^b(x,t)}{\tau^m} \quad (5\text{-}5)$$

这里

$$\rho^r = \sum_{i=0}^{18} f_i^r(x,t) \quad (5\text{-}6)$$

$$\rho^b = \sum_{i=0}^{18} f_i^b(x,t) \quad (5\text{-}7)$$

$$\boldsymbol{u}^r = \frac{1}{\rho^r} \sum_{i=0}^{18} f_i^r(x,t) e_i \quad (5\text{-}8)$$

$$\boldsymbol{u}^b = \frac{1}{\rho^b} \sum_{i=0}^{18} f_i^b(x,t) e_i \quad (5\text{-}9)$$

式中 m——质量；

ρ——密度；

$\boldsymbol{u}$——速度；

$\boldsymbol{\theta}$——修正速度；

τ——松弛因子；

ρ^r, ρ^b, $\boldsymbol{u}^r$, $\boldsymbol{u}^b$——流体 R 和 B 的宏观密度和速度；

τ^r, τ^b, τ^m——流体 R 和 B 以及场介质在概率密度函数达到平衡状态过程中的松弛因子。

上标：eq 表示平衡态；m 表示场介质。

公式（5-4）右边的第一项，与 R 粒子的密度 ρ^r 和速度 θ^r（R-R 碰撞）给出的概率密度平衡分布函数有关。第二项是 R-B 碰撞，与 R 粒子密度 ρ^r 和 B 粒子速度 θ^b 给出的概率密度平衡分布函数有关：

$$\theta^b = u^b - A\hat{u}^m \quad (5\text{-}10)$$

$$\theta^r = u^r + A\hat{u}^m \quad (5\text{-}11)$$

式中 θ^r，θ^b ——由场介质作用获得修正的局部速度；

A ——与界面张力有关的常数。

通过调整 A 的值来改变两种流体的表面张力。对于理想互溶流体，$A=0$，此时 R-B 之间碰撞项，与由 ρ^r 和 u^b 决定的 R 粒子概率密度分布的平衡状态有关。对于不混溶流体，$A=1$，式（5-10）表示通过 R 相的长程吸引力，R 粒子将与 B 粒子分离，式（5-11）与式（5-10）相似。场介质的速度根据式（5-10）和式（5-11）给出：

$$\hat{u}^m = \sum_{i=1}^{18} M_i(x,t)e_i \bigg/ \left| \sum_{i=1}^{18} M_i(x,t)e_i \right| \quad (5\text{-}12)$$

边界上场介质的分布用于调节固体与流体之间的相互作用。可通过固体边界附近的每个流体点施加的场介质分布 M_i^{solid} 来获得润湿性或静态接触角。这个量决定了静态接触角，因为它决定了固体和液体之间的相互作用。由于场介质分布携带质量分数的信息，$-1 < M_i^{solid} < 1$。当 $M_i^{solid} = 0$ 时，静态接触角为 $\alpha=90°$；当 $M_i^{solid} > 0$ 时，流体 R 表现为湿润流体；当 $M_i^{solid} < 0$ 时，流体 B 表现为湿润流体。然而，动态接触角的精确值也取决于松弛参数 τ^r、τ^b 和 τ^m。

第三节　格子Boltzmann方法数值模拟

LBM 特别适用于多组分、不混溶多相流体的直接数值模拟。由于 LB 模型属于界面追踪方法，因此不用跟踪界面，可通过不同的机理维持界面的尖锐性。

一、微通道内两相流

He 等[50] 提出了一种用于模拟接近不可压极限的 LBM 多相流模型。结合分子间相互作用进行建模，并用指数函数描述不同相之间的界面。使用两组分布函数，一组用于描述压力和速度场，另一组用于获取密度和黏度。对二维 Rayleigh-Taylor 不稳定性进行了数值模拟，并与理论和数值结果进行了比较，验证了初始线性增长率和终端气泡速度的结果。图 5-1 显示了流体界面在 10% 初始扰动下的演化。起

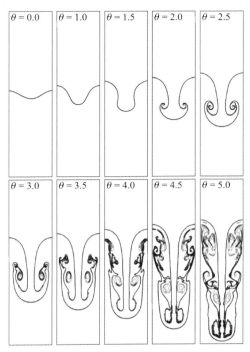

图 5-1 Rayleigh-Taylor 流动界面的演化过程[50]

Atwood数 $A=(\rho_h-\rho_l)/(\rho_h+\rho_l)=0.5$，$\rho_h$ 和 ρ_l 是重、轻流体的密度，$Re=2048$，θ 为无量纲时间，$\theta=t/t_{ref}$。
t 为方程里的演化时间；t_{ref} 为特征时间，$t_{ref}=\sqrt{W/g}$；
W 为通道宽度；g 为重力加速度，在此 $\sqrt{Wg}=0.04$

初，重流体以钉子形状下降，轻流体上升。从 $\theta=2.0$ 开始，重流体开始卷起形成两个反向旋转旋涡。随后（$\theta=3.0$），这两个涡变得不稳定，在卷起的尾部出现一对二次涡。随着时间的增加（$\theta=5.0$），下降的重流体逐渐形成一个中心尖峰和两个侧面尖峰。

微通道液液两相流动中液体段塞流的形成过程与混合区域的类型相关，已有文献针对不同的混合区形状，研究了混合区直径、通道曲率（弯曲通道）、表观速度、表面张力、黏性摩擦以及两相惯性力和重力等变量的影响。Yong 等[51]证实基于场介质的 LBM 是研究 T 形微通道中不混溶两相流的可行工具。图 5-2 显示了 T 形微通道中球形段塞流的形成过程，数值结果与实验数据定性一致，说明了数值方法的有效性。基于煤油物性的 Weber 数（We_{ks}）比较小，界面张力大于煤油的惯性力。然而，基于水物性的 Weber 数（We_{ws}）为 0.12，大于煤油的 Weber 数，表明水的惯性效应开始在煤油液滴形成中起主导作用。

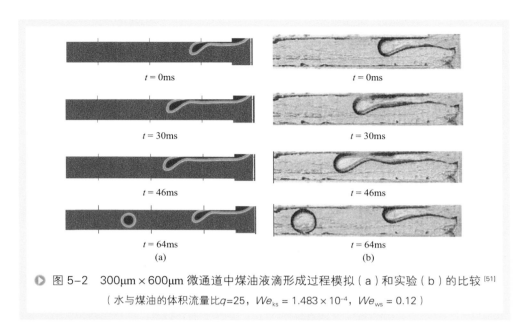

图 5-2　300μm×600μm 微通道中煤油液滴形成过程模拟（a）和实验（b）的比较 [51]
（水与煤油的体积流量比 $q=25$，$We_{ks} = 1.483×10^{-4}$，$We_{ws} = 0.12$）

由于动界面处的非线性效应，微通道中两相流的深入认识面临着重要的挑战。认识微通道中液塞的运输规律，对于肺内气道 [52] 中的药物输送和多孔岩石中石油的收采 [53] 非常重要和必要。许多理论分析、实验和模拟计算分别研究了传质的影响 [54]、表面活性剂 [55]、惯性 [56]、重力、液塞体积 [57] 和稳定性 [58]。Yong 等 [59] 研究了不同驱动压力、接触角、初始液塞长度、界面张力和黏度比条件下 T 形微通道的单个液体柱塞迁移过程。由于 T 形微通道是水平放置的，重力影响可忽略。从图 5-3 可以看到，接触角决定了流型。当红色流体为非浸润相时［图 5-3（a）］，液塞停留在 T 形微通道的连接处，这在药物输送和采油中必须避免。当接触角为 90° 时，液塞在连接处分裂为两个子液塞。当红色流体为润湿相时，液塞流型也分裂为两个子液塞离开通道。

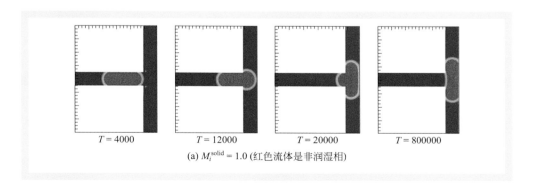

(a) $M_i^{solid} = 1.0$ (红色流体是非润湿相)

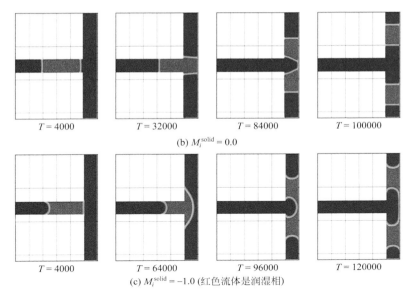

图 5-3 不同接触角条件下液塞在 T 形通道内的输送流型 [59]
（τ^r=1.9, τ^b=1.0；ρ^r=1.0, ρ^b=1.0；L_0=3l, A=0.7, T为计算步数）

研究多孔介质中的液体渗透对很多工业应用具有重要意义，例如土壤中的水渗透和油层中的石油渗透等。由于多孔介质中复杂的流固耦合作用，描述多孔介质中两相流动的细节是一个难题。Shi 等 [60] 采用大密度比的三维多相LBM，研究了复杂多孔介质中液滴和液层的渗透，并探究了多孔介质空隙率、接触角、液气密度比、黏度比、表面张力等因素对渗透过程的影响。图 5-4 展示了在液体密度 ρ_l 和气体密度 ρ_g 之比，即 ρ_l/ρ_g=1000 时，液层在重力的作用下渗透通过复杂多孔介质的全过程。研究结果表明，当液气密度比较大时，液层动能更大，渗透能力更强，完成渗透的时间更短。

二、微通道内传热

微通道散热器在换热方面具有巨大的潜力，因而微通道内的传热研究具有重要的意义。Tuckerman 和 Pease[61,62] 的工作属于微通道传热开创性的数值计算研究，Sobhan 和 Garimella 对他们的工作进行了系统评论 [63]。Talimi 等考察了两相传热不同截面形状的数值计算 [64]。如表 5-1 所示，除平行板和圆管流外，非对称热边界条件存在研究空白。影响非圆形通道内传热的主要变量有：Pe（Peclet 数）、液塞长度、通道截面几何结构、接触角和流型（内部循环）。

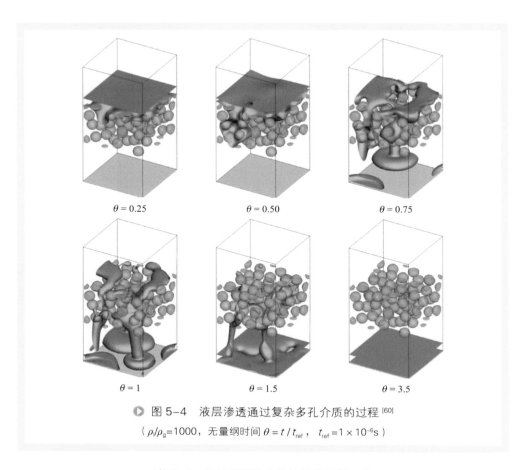

图5-4 液层渗透通过复杂多孔介质的过程[60]

($\rho_l/\rho_g=1000$，无量纲时间 $\theta=t/t_{ref}$，$t_{ref}=1\times10^{-6}$s)

表5-1 气液两相流传热的数值模拟研究

类型	恒定壁面温度	恒定壁面热流	非对称边界条件
循环流	Gupta et al (2010), Narayanan and Lakehal (2008), Lakehal et al (2008)	Gupta et al (2010), Ua-arayaporn et al (2005), He et al (2007), Mehdizadeh et al (2011)	无研究
平板	Young and Mohseni (2008), Oprins et al (2011), Talimi et al (2011)	Young and Mohseni (2008)	无研究
方形、长方形和椭圆形截面	无研究	无研究	无研究

微通道壁面的微观结构不仅对流动特性有很大影响，并能显著改变换热性能，因此深入研究微通道结构对传热性能的影响非常重要。Liu 等[65]分别采用传统 CFD 和 LBM 模拟微通道中的液体流动和传热过程，并与实验数据相比，认为两

种数值方法都能得到相当精确的预测。由于入口效应，微通道入口处的热交换非常强。速度和温度梯度之间的协同水平决定了换热性能，表面微观结构的调整可以作为提高协同水平的方法。Liu 等将不同雷诺数下热发展区的 Nu 数（Nusselt 数）预测值与实验关联式进行比较（图 5-5），表明 LBM 模型与实验结果符合更好。

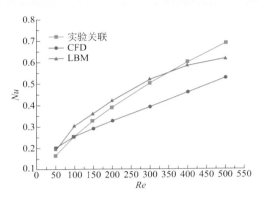

图 5-5　微结构 D 内 Nu 数的预测值与实验关联式拟合值的比较 [65,66]

大多数数值模拟研究仅限于在流动与沸腾传热。Lee 等[67]采用水平集方法（level-set method）对带有横向肋片的微通道内的沸腾流动进行了直接数值模拟，探索更优的强化传热条件，并研究肋片几何结构对气泡生长和传热的影响。计算结果（图 5-6）表明，加入肋片后，液汽固界面接触区增大，微通道内的流动/沸腾明显增强。当肋片高度 H_{fin} 为 0.03mm，肋片面积 S_{fin} 为 0.1mm^2 时，肋片长度方向上缩短会明显增强沸腾换热。壁面附近肋片的分割可以有效地扩大气泡与通道之间

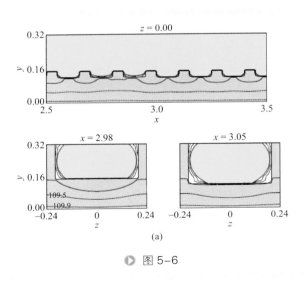

图 5-6

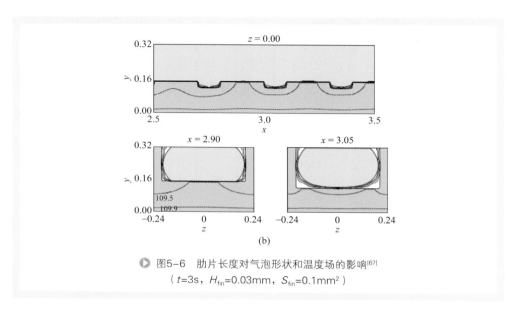

▶ 图5-6 肋片长度对气泡形状和温度场的影响[67]
（$t=3s$，$H_{fin}=0.03mm$，$S_{fin}=0.1mm^2$）

的液层，从而强化沸腾传热。微通道内的沸腾换热在总表面面积的基础上提高了33%。

Chen 和 Müller 应用热 LBM 方法和浸没移动边界法模拟了随机颗粒床层中的气固传热[68]，图 5-7 是模拟得到的三个截面的温度分布云图。根据这些数值结果，他们提出了 Nu 数与 Re 数和固体体积分数（$\phi=[0,0.5]$）之间的函数关系式。

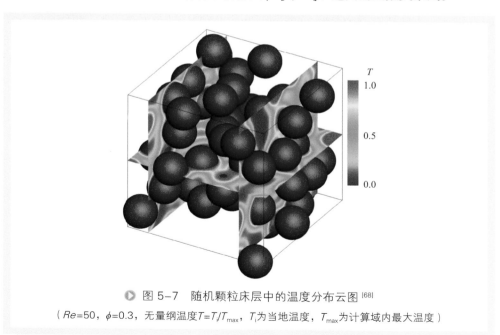

▶ 图 5-7 随机颗粒床层中的温度分布云图[68]
（$Re=50$，$\phi=0.3$，无量纲温度$T=T_i/T_{max}$，T_i为当地温度，T_{max}为计算域内最大温度）

三、微通道内传质

用微通道反应器进行化学动力学实验时，必须保证不受传热和传质影响，才能获得本征反应速率。在用于多相催化反应的微通道反应器中，催化剂通常沉积在微通道壁面上，因此，反应物必须从通道中间输送到催化剂涂层壁上。如果传质比反应慢，则催化剂表面的反应物浓度将低于通道内主体相的反应物浓度，使反应过程受到传质控制[69]。

Yang 等采用 LBM 模拟了具有固定入口浓度的溶液流过壁面带有生物化学反应膜的圆筒[70]。采用非平衡外推法处理速度、浓度边界条件和曲线物理边界，并利用现有的理论和数值结果验证了模型计算出的阻力系数和浓度分布。获得了产物氢气的浓度分布，并以 Sherwood 数分析了雷诺数对传质特性的影响（见图 5-8）。由图 5-8（a）可以看出，底物消耗效率 η 随 Re 数的增加而降低；高 Re 数相应于底物的负荷高，流体的水力停留时间短，因而具有特定生物量的生物膜的降解能力不能跟上负荷的增加。同时指出，虽然 Re 增加，但氢收率 γ 几乎不变［图 5-8（b）］，因为模拟的生物膜被认为处于稳定的、最佳的状态，并且忽略了高浓度底物和其他产物的抑制作用，因此氢收率保持稳定水平。底物消耗效率的定义是

$$\eta = \left(\frac{C_{in}U_{in} - C_{out}U_{out}}{C_{in}U_{in}} \right)_{底物} \times 100\% \tag{5-13}$$

氢收率为

$$\gamma = \frac{(C_{out}U_{out} - C_{in}U_{in})_{氢气}}{(C_{in}U_{in} - C_{out}U_{out})_{底物}} \tag{5-14}$$

式中　　C——溶液浓度；
　　　　U——溶液流速。

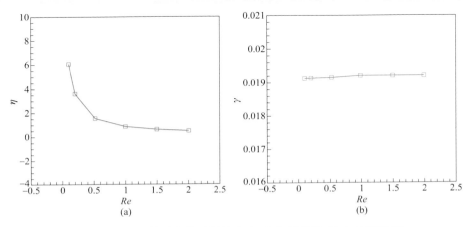

● 图 5-8　Re 数对底物消耗效率（a）和氢收率（b）的影响[70]

下标：in 表示入口处；out 表示出口处。

相比湍流对流传递，层流不利于强化传质，但其影响仍有待进一步评估。

Raimondi 等研究了 50～960μm 深方形通道中的液液柱塞流流动[71]。采用了一种无需任何界面重构的界面捕获技术，采用单流体方法描述了两相流，其中体积分数是连续的，可以进行相界面跟踪，在连续相中的体积分数等于 0，而分散相的体积分数等于 1。Raimondi 等将模拟计算值与文献报道值和经验关联式得出的系数进行了比较（如图 5-9 所示）。

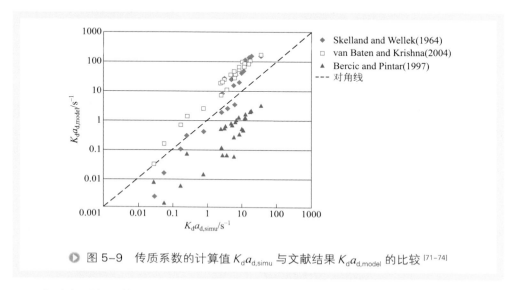

图 5-9　传质系数的计算值 $K_d a_{d,simu}$ 与文献结果 $K_d a_{d,model}$ 的比较 [71-74]

由于表面积和体积比的增加，与传统装置相比，用于液-液体系的微反应器有望提供更好的传质性能。平板微通道生物反应器的通道宽度远大于通道高度，且侧壁效应可以忽略不计，因此可采用二维模型研究平板微通道生物反应器内的流动传质问题。然而，在实际应用中，三维模拟更为真实，而二维质量传输模型可能存在局限性，即二维和三维通道的速度分布存在差异。

Zeng 等[75]使用商业软件 Fluent 求解连续性、动量和组分运输方程。通过与二维平板微通道生物反应器培养基氧浓度解析解的比较，验证了数值结果的正确性。用无量纲参数关联了不同传质参数对底物传质的影响，从理论上研究了三维平板矩形微通道生物反应器基底 Michaelis-Menten 动力学反应的无量纲传质系数。图 5-10 显示了无量纲参数对浓度分布的影响。在图 5-10（a）中，在恒定的 Damkohler 数（Da 数，表示培养基中物质的反应与扩散能力的比率）和无量纲的 Michaelis-Menten 常数 $\bar{K}_m$（Michaelis-Menten 常数与入口浓度的比率）条件下，高 Pe 数表明组分对流扩散增强，反应壁面上组分浓度会更高。在图 5-10（b）中，对于恒定 Pe 数和 $\bar{K}_m$，由于较高的反应速率，较高的 Da 数导致较低的氧浓度。在图 5-10（c）中，与 $\bar{K}_m=0$（即底物的反应速率最大）相比，对于恒定的 Pe 数和 Da 数，反应速

率常数 $\bar{K}_m$ 越大，吸收速率越小，浓度越高。

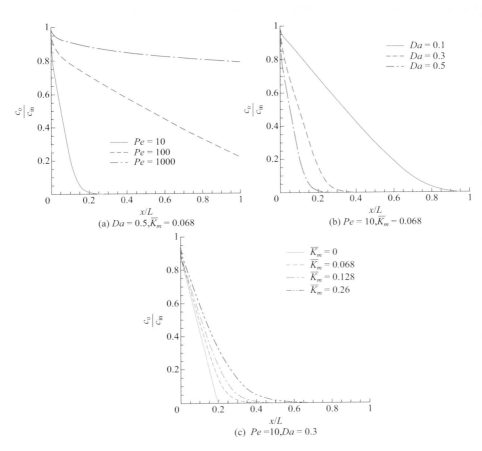

图 5-10　传质参数对轴向组分浓度的影响 [75]

c_o—氧浓度；c_{in}—入口氧浓度

第四节　微反应器的实验研究

一、流型

为更好地预测复杂两相流动以及伴随的传热和传质现象，认识微通道中的流动型态是基础。气液两相流广泛存在于过程工业的设备中，例如搅拌釜、锅炉、冷凝器和蒸馏器。然而，宏观尺度的管道和微通道中的气液两相流动特性存在显著差异。基于气泡速度、气相和液相体积流量，Suo 和 Griffith 提出了微通道中细长气泡流、环状流和气泡流等流型间的过渡边界[76]。Barnea 等发现[77]，常应用于大尺寸管道中的 Taitel-Dukler 模型也可以预测在直径为 4～12mm 的小尺寸水平管中的分散流、环状流和间歇流之间的流型转变。基于气相和液相的表观速度，Triplett 等[78]关联了直径为 1.1mm 和 1.45mm 的小型圆形通道，以及直径为 1.09mm 和 1.49mm 的半三角通道中气泡流、涡流、弹状流、弹状-环状流和环状流之间的过渡边界。

在过去的几十年中报道了对微通道中流型的大量实验观察[79,80]。Akbar 等将流型图划分为表面张力主导区域、惯性力主导区域和过渡区域，并发展了基于 We 数的两相流型转换模型[81]。Waelchli 和 von Rohr 在流型转换的通用关联式中引入了流体特性和通道几何形状的参数[82]。Choi 等[83]提出了基于气体和液体表观速度来预测具有不同纵横比的微通道中的流型转变关联式。此外，还有一些基于物理机制提出的预测气液两相流态的理论模型[84-89]，用于稳定气液两相流流型转换的分析。上述的流型图主要是基于气体和液体表观速度或总质量流量作为纵横坐标轴的。

在微流体系统中，流体雷诺数通常很小，属于层流流动，与体积力相比，表面力占主导地位，几何形状和通道壁面的润湿性也有着十分重要的影响[90]。Wang 等对具有不同表面润湿性的微通道中的气液两相流动进行了实验研究[91]。图 5-11 显示了弹状流、环状流、弹状-环状流和平行分层流等流型。随着通道表面的亲水性减弱，弹状流到弹状-环状流和弹状-环状流到环状流的过渡边界的 Re_G/Re_L 逐渐降低。与惯性力主导区相比，表面润湿性对表面张力主导区的微流体影响更大。流体物理性质，如表面张力和液体黏度，都影响流动流型转变。

下面列出了包含流体物性和通道壁面润湿条件的通用流型转换模型。
弹状流与弹状-环状流之间的过渡边界：

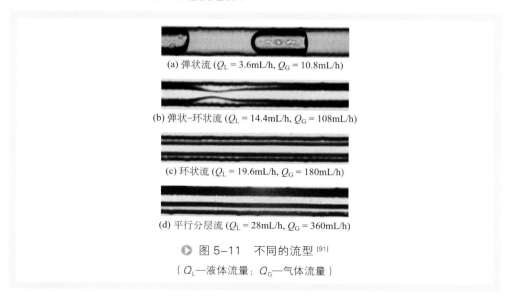

▶ 图 5-11 不同的流型 [91]

（Q_L—液体流量；Q_G—气体流量）

$$Ca = 4.0 \times 10^{-4} \left(\frac{\beta}{180°}\pi\right)\left(\frac{Re_G}{Re_L}\right)^{-0.76} \quad (5\text{-}15)$$

弹状-环状流与环状流的过渡边界：

$$Ca = 8.6 \times 10^{-4} \left(\frac{\beta}{180°}\pi\right)\left(\frac{Re_G}{Re_L}\right)^{-1.21} \quad (5\text{-}16)$$

环状流和平行分层流之间的过渡边界：

$$Ca = 2.3 \times 10^{-2} \left(\frac{\beta}{180°}\pi\right)\left(\frac{Re_G}{Re_L}\right)^{-1.32} \quad (5\text{-}17)$$

式中　Ca——毛细管（Capillary）数；
　　　β——接触角，（°）。

图 5-12 所示为上述模型计算结果和实验结果的比较。

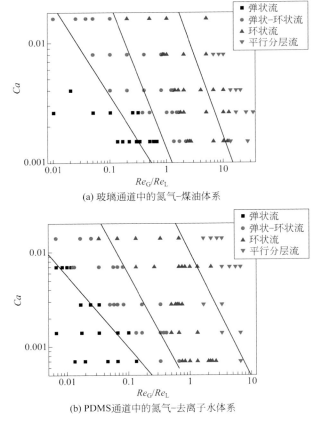

(a) 玻璃通道中的氮气-煤油体系

(b) PDMS通道中的氮气-去离子水体系

▶ 图 5-12　流型转换模型预测的过渡边界与 Choi 等[83]发表的实验数据的比较[91]

然而，对两种互不相溶液体的并流流动研究较少，气液两相中的模型是否可以拓展应用于液液两相，尚不能确定。已有对微流控装置中液滴产生的研究报道，主要集中于某一特定的流型，而对于涵盖各种流速条件的其他新流型的研究相对较少。

二、压降

压降是微型设备必不可少的设计参数，这是因为它与能耗成正比、和工艺经济性负相关。同时，压降也是以增加流体流动阻力为代价来强化热交换和传质过程的关键因素[92]。基于实验结果，文献中已提出多种不同的模型来揭示微通道中两相压降的特征。通常，这些模型可以分为两类，分别涉及少量流态信息的流型无关性模型和为特定流型开发的并涉及流型特定参数的模型。

因为第一类压降模型简单且需要较少的两相流细节，目前已被广泛用于预测微通道中的两相流压降。在这一类中，最常使用的是均相流模型[93-95]和Lockhart-Martinelli 模型（L-M 模型）[96]。均相流模型将两相混合物视为具有均匀流体性质的拟均相流体，拟均相流体的关键参数是混合物的黏度。研究者已提出了一些黏度模型[97-100]。L-M 模型表明，两相流的摩擦压力梯度可以通过单液相流的压力梯度和两相摩擦因子 Φ_L^2 来估算，其中 Φ_L^2 由 Martinelli 参数 X 计算可得。

$$\left(-\frac{dP}{dL}\right)_S = \Phi_L^2 \left(-\frac{dP}{dL}\right)_L \quad (5\text{-}18)$$

$$\Phi_L^2 = 1 + \frac{C}{X} + \frac{1}{X^2} \quad (5\text{-}19)$$

$$X = \lg\left[\left(-\frac{dP}{dL}\right)_L \bigg/ \left(-\frac{dP}{dL}\right)_G\right]^{0.5} \quad (5\text{-}20)$$

Chisholm[101]提出了与气相和液相的流动条件相关的 Chisholm 因子 C，来关联 L-M 模型的 Φ_L^2 和 X。在过去的几十年中，许多研究者通过引入更多参数来修正 L-M 模型，或提出关于 Chisholm 因子 C 的新关联式[102-107]，然而，由于忽略了特定的流体力学信息，均相流模型和 L-M 模型的准确性受到限制。

第二类流型相关性模型是基于特定流型特征而开发的。Bretherton 基于对气泡周围液膜厚度的研究，提出了在圆管中泰勒流的压降关联式[108]。Kreutzer 等[109]和 Liu 和 Wang[110]基于 Hagen-Poiseuille 方程提出了泰勒流的半经验压降模型。Warnier 等[111]扩展了 Kreutzer 等[109]的工作，并通过引入液塞长度校正来修正压降模型。目前，科研工作者更关注泰勒流特性。微通道中气相为连续相的压降还有待进一步研究。

三、传质性能

微反应器具有比表面积大和传质距离短的特点,因此被认为是强化传质的有效工具[112]。如表 5-2 所示,微反应器中的传质系数远高于常规反应器中的传质系数。Yue 等[113]在 667μm 的 Y 形微通道中考察了 CO_2 在水中和缓冲溶液中的吸收过程,并在集成分布器的并行微通道接触器中开展了流体分布和传质性能研究。他们发现,微通道中的液体体积传质系数(k_La 高达 $4s^{-1}$)至少比传统接触器的液体体积传质系数高出一个或两个数量级,这个结论已被 Liu 等[110]证实。微通道和毛细管中泰勒流的传质特征引起了科研工作者的广泛关注[114-116]。虽然前期工作中已经提出了总传质系数与雷诺数、施密特数、表观速度和压降的关联式,但仍有其他水力学参数未考虑在内,如表面效应。

表 5-2 不同气液接触装置的传质参数对比

类 型	$k_L\times10^5$/(m/s)	a/(m²/m³)
鼓泡塔	10～40	50～600
Couette-Taylor 流反应器	9～20	200～1200
冲击射流吸收器	29～66	90～2050
并流填料塔	4～60	10～1700
逆流填料塔	4～20	10～350
喷雾塔	12～19	75～170
静态混合器	100～450	100～1000
搅拌槽	0.3～80	100～2000
卧式螺旋管式反应器	10～100	50～700
直立管式反应器	20～50	100～2000
气液微通道接触装置	40～160	3400～9000

四、微观混合

微混合器可大致分为主动式混合器和被动式混合器。对于主动式微混合器来说,外部提供能量,例如超声波、时变外电场和外磁场等。在被动式微混合器中,除了压降驱动流体流动,没有任何外部能量输入。混合是由扩散、混沌对流和主体对流而引起的[117]。Liu 等[118]通过实验和 CFD 模拟方法研究了具有各种配置的微混合器的微混合性能,发现雷诺数 Re 介于 2000～10000 范围内时,Villermaux-Dushman 反应测得的离集指数与 Re 近似呈线性关系,且与混合通道的宽度无关。在常规的操作条件下,被动式微混合设备中的流体呈层流流动,其传质的主要作用机制是分子扩散。目前,通过采取一些措施增强被动式微混合器中的微混合可以使混合更有效。Chung 和 Shih[119] 提出了一种具有菱形微通道和合并-分散单元的平面微混合器。Nimafar 等[120] 比较了 T 形、O 形和 H 形微通道的混合过程，发现 H 形微混合器具有最佳的混合效率。Ahn 等[121] 量化了弯曲的方形微通道内液液混合的二次流和流型；微芯片的复杂结构要求新型测量仪器，要像半导体工业中的扫描电子显微镜一样，通过实时非浸入观测流体结构以保障质量控制；他们发现，除了微混合器的配置需改进外，可利用谱域多普勒光学相干层析成像技术制作新型测量探针。另外，操作条件是影响微混合的另一个重要因素。Su 等[122] 报道了通过引入气相在泰勒流型中强化不混溶液液两相的微观混合性能，还发现填充微通道的微混合效率优于空微通道的微混合效率，微混合性能还与填料长度和填充位置有关[123]。

第五节 小结和展望

微反应器研究在微通道的设计、制造、集成和放大等关键技术上取得了显著进展。在本章中，给出了微反应器数学模型、数值模拟和实验研究方面的部分新进展。

① 由于不用直接跟踪相界面，多相格子 Boltzmann 方法相较于传统数值模拟方法具有优势，目前已经发展为一种用途广泛的数值方法，适用于多组分和不混溶多相流的传质和传热过程的模拟计算。对于实际应用来说，建立一个真实的 3D 模型将使计算结果更有意义。

② 实验研究和数值计算中，目前已经引入了流型、表面张力、惯性力、几何形状、通道壁的润湿性质以及压降等因素以表征对传质和混合过程的影响。

③ 在设计微反应器时还应考虑：液塞流中的循环流动、压降、产生液塞流的类型以及流动的稳定性等问题。

④ 影响非圆形通道中热传递的主要因素为：Pe、弹状尺寸、通道几何形状、界面形状（接触角）和流型。

⑤ 传质与流动、反应甚至传热过程都有关，Re 和 Da 数决定了传质过程的控制步骤。

微流体装置中低雷诺数下的层流，意味着难以利用湍流来增强热量/质量传递和化学反应。为了强化被动混合和传递速率，可以将微混合器的几何形状改进为能透发二次流动和混沌对流的形式。微结构混合器在将来的发展，应致力于将其建成为中试和工业规模的生产设备。在单个设备中集成多个功能（如加热和传感）的能力，将成为未来商业成功的重要因素。

LB方法是对流体物理现象的介观和动态描述，因此它可以模拟在宏观流体力学和微观统计学中都很重要的问题，而这些问题还不能用宏观方程来描述。LB方法还可用于描述不混溶两相的界面，进而成功预测微型反应器中不混溶的液液两相的流动过程。只有开发出一个用于质量传递和热力系统的可靠的LB方法，才可能准确模拟传热传质及表面现象。

然而，在连续性假设有效的范围内，传统的CFD方法仍然是模拟低雷诺数流动的有力工具。相较于厘米级装置，在亚毫米通道中，分子间相互作用发挥出了更重要的作用，因此，传统的CFD模型必须将介尺度和微尺度机理耦合起来，建立起多尺度模型。

参考文献

[1] Reyes D R, Iossifidis D, Auroux P A, Manz A. Micro total analysis systems. 1. Introduction, theory and technology [J]. Analytical Chemistry, 2002, 74(12): 2623-2636.

[2] Ugi I, Almstetter M, Gruber B, Heilingbrunner M. Molecular libraries in liquid phase via UGI-MCR[J]. Research on Chemical Intermediates, 1996, 22(7): 625-644.

[3] Zech T, Honicke D. Efficient and reliable screening of catalysts for microchannel reactors by combinatorial methods[C]. Atlanta, GA: Proceedings of the 4th International Conference on Microreaction Technology, 2000: 379-389.

[4] Ehrfeld W. Microreaction technology: Industrial prospects[C]. Frankfurt, Berlin: The 3th International Conference on Microreaction Technology, 2000.

[5] Fletcher P D I, Haswell S J, Pombo-Villar E, Warrington B H, Watts P, Wong S Y F, Zhang X. Mirco-reactors: Principles and applications in organic synthesis[J]. Tetrahedron, 2002, 58: 4735-4757.

[6] Cooper J, Disley D, Cass T. Microsystems special-lab-on-a-chip and microarrays [J]. Chemistry & Industry, 2001, (20): 653-655.

[7] Doku G N, Haswell S J, McCreedy T, Greenway G M. Electric field-induced mobilization of multiphase solution systems based on the nitration of benzene in a micro reactor [J]. Analyst, 2001, 126(1): 14-20.

[8] Hetsroni G, Mosyak A, Segal Z, Pogrebnyak E. Two-phase flow patterns and heat transfer in parallel micro-channels[J]. International Journal of Heat and Mass Transfer, 2003, 29(3): 341-360.

[9] Koyama S, Lee J, Yonemoto R. An investigation on void fraction of vapor-liquid two-phase flow for smooth and micro-fin tubes with R134a at adiabatic condition [J]. International Journal of Multiphase Flow, 2004, 30: 291-310.

[10] Mouza A A, Paras S V, Karabelas A J. The influence of small tube diameter on falling film and flooding phenomena [J]. International Journal of Multiphase Flow, 2002, 28(8): 1311-1331.

[11] Losey M W, Jackman R J, Firebaugh S L, Schmidt M A, Jensen K F J. Design and fabrication of microfluidic devices for multiphase mixing and reaction [J]. Journal of Microelectromechanical Systems, 2002, 11: 709-715.

[12] Nisisako T, Torii T, Higuchi T. Droplet formation in a microchannel network [J]. Lab Chip, 2002, 2: 24-26.

[13] Wang K, Lu Y C, Xu J H, Luo G S. Determination of dynamic interfacial tension and its effect on droplet formation in the T-shaped micro-dispersion process [J]. Langmuir, 2009, 25(4): 2153-2158.

[14] Dessimoz A L, Cavin L, Renken A, Kiwi-Minsker L. Liquid-liquid two-phase flow patterns and mass transfer characteristics in rectangular glass micro-reactors [J]. Chemical Engineering Science, 2008, 63(16): 4035-4044.

[15] Triplett K A, Ghiaasiaan S M, Abdel-Khalik S I, Sadowski D L. Gas-liquid two-phase flow in microchannels. Part I: Two-phase flow pattern [J]. International Journal of Multiphase Flow, 1999, 25(3): 377-394.

[16] Xu J L, Cheng P, Zhao T S. Gas-liquid two-phase flow regimes in rectangular channels with mini/microgaps[J]. International Journal of Multiphase Flow, 1999, 25: 411-432.

[17] Yu Z, Hemminger O, Fan L S. Experiment and lattice Boltzmann simulation of two-phase gas-liquid flows in microchannels [J]. Chemical Engineering Science, 2007, 62(24): 7172-7183.

[18] Takamasa T, Hazuku T, Hibiki T. Experimental study of gas-liquid two-phase flow affected by wall surface wettability[J]. International Journal of Heat and Fluid Flow, 2008, 29(6): 1593-1602.

[19] Donata M F, Franz T, Philipp R V R. Segmented gas-liquid flow characterization in rectangular microchannels [J]. International Journal of Multiphase Flow, 2008, 34(12): 1108-1118.

[20] Pandey S, Gupta A, Chakrabarti D P, Das G, Ray S. Liquid-liquid two phase flow through a horizontal T-junction[J]. Chemical Engineering Research & Design, 2006, 84(10): 895-904.

[21] Kashid M N, Agar D W. Hydrodynamics of liquid-liquid slug flow capillary micro-reactor: flow regimes, slug size and pressure drop [J]. Chemical Engineering Journal, 2007, 131(1-3): 1-13.

[22] Xu J H, Luo G S, Li S W, Chen G G. Shear force induced monodisperse droplet formation in a microfluidic device by controlling wetting properties [J]. Lab Chip, 2006, 6(1): 131-136.

[23] Zhao Y C, Chen G W, Yuan Q. Liquid-liquid two-phase flow patterns in a rectangular microchannel [J]. AIChE Journal, 2006a, 52(12): 4052-4060.

[24] Zhao Y C, Chen G W, Yuan Q. Liquid-liquid two-phase mass transfer in the T-junction microchannels [J]. AIChE Journal, 2007, 53(12): 3042-3053.

[25] Zhao Y C, Ying Y, Chen G W, Yuan Q. Characterization of micro-mixing in T-shaped micromixer [J]. Journal of Chemical Industry and Engineering (China), 2006b, 57(8): 1184-1190.

[26] Tan J, Xu J H, Li S W, Luo G S. Drop dispenser in a cross-junction microfluidic device: Scaling

and mechanism of break-up [J]. Chemical Engineering Journal, 2008, 136(2-3): 306-311.

[27] Gong X C, Lu Y C, Xiang Z Y, Zhang Y N, Luo G S. Preparation of uniform microcapsules with silicone oil as continuous phase in a micro-dispersion process [J]. Journal of Microencapsulation, 2007, 24(8): 767-776.

[28] Liow J L. Numerical simulation of drop formation in a T-shaped microchannel[C]. Sydney, Australia: 15th Australasian Fluid Mechanics Conference. 2004.

[29] Shui L L, Eijkel J C T, van den Berg A. Multiphase flow in microfluidic systems -Control and applications of droplets and interfaces [J]. Advances in Colloid and Interface Science, 2007a, 133(1): 35-49.

[30] Shui L L, Eijkel J C T, van den Berg A. Multiphase flow in micro- and nano-channels [J]. Sensors and Actuators B, 2007b, 121(1):22 263-276.

[31] Yang C, Mao Z-S. Numerical simulation of interphase mass transfer with the level set approach [J]. Chemical Engineering Science, 2005, 60(10): 2643-2660.

[32] Wang J F, Lu P, Wang Z H, Yang C, Mao Z-S. Numerical simulation of unsteady mass transfer by the level set method [J]. Chemical Engineering Science, 2008, 63(12): 3141-3151.

[33] Lu P, Wang Z H, Yang C, Mao Z-S. Experimental investigation and numerical simulation of mass transfer during drop formation [J]. Chemical Engineering Science, 2010, 65(20): 5517-5526.

[34] Rapaport D C. The art of molecular dynamics simulation [M]. Cambridge, New York: Cambridge University Press, 1995.

[35] Zhang J F. Fluid-fluid and solid-fluid interfacial studies by means of the lattice Boltzmann method [D]. Alberta: University of Alberta, 2005.

[36] Házi G, Imre A R, Mayer G, Farkasa I. Lattice Boltzmann methods for two-phase flow modeling[J]. Annals of Nuclear Energy, 2002, 29: 1421-1453.

[37] Junseok K. A diffuse-interface model for axisymmetric immiscible two-phase flow [J]. Applied Mathematics and Computation, 2005, 160(2): 589-606.

[38] Gunstensen A K, Rothman D H, Zaleski S, Zanetti G. Lattice Boltzmann model of immiscible fluids[J]. Physical Review A, 1991, 43(18): 4320-4327.

[39] Gunstensen A K, Rothman D H. A lattice-gas model for three immiscible fluids [J]. Physica D: Nonlinear Phenomena, 1991a, 47(1-2): 47-52.

[40] Gunstensen A K, Rothman D H. A Galilean-invariant immiscible lattice gas [J]. Physica D: Nonlinear Phenomena, 1991b, 47(1-2): 53-63.

[41] Kehrwald D. Numerical analysis of immiscible lattice BGK [D]. Kaiserslautern: Fachbereich Mathematik, University at Kaiserslautern, 2002.

[42] Shan X, Chen H. Lattice Boltzmann model for simulating flows with multiple phases and components [J]. Physical Review E, 1993, 47(3): 1815-1819.

[43] Shan X, Chen H. Simulation of non-ideal gases and liquid-gas phase transition by the lattice Boltzmann equation [J]. Physical Review E, 1994, 49(4): 2941.

[44] Holdych D J, Rovas D, Geogiadis J G, Buckius R O. An improved hydrodynamic formulation for multiphase flow lattice Boltzmann models [J]. International Journal of Modern Physics C, 1998, 9: 1393.

[45] Nourgaliev R R, Dinh T N, Sehgal B R. On lattice Boltzmann modeling of phase transitions in an isothermal non-ideal fluid [J]. Nuclear Engineering and Design, 2002, 211: 153-171.

[46] Sankaranarayanan K, KevrekidisI G, Sundaresan S, Lu J, Tryggvason G. A comparative study of lattice Boltzmann and front-tracking finite-difference methods for bubble simulations [J]. International Journal of Multiphase Flow, 2003, 29(1): 109-116.

[47] Sankaranarayanan K, Shan X, Kevrekidis I G, Sundaresan S. Analysis of drag and virtual mass forces in bubbly suspensions using an implicit formulation of the lattice Boltzmann method[J]. Journal of Fluid Mechanics, 2002, 452: 61-96.

[48] Santos L O E, Facin P C, Philippi P C. Lattice-Boltzmann model based on field mediators for immiscible fluids [J]. Physical Review E, 2002, 68(5): 056302.

[49] Santos L O E, Wolf F G, Philippi P C. Dynamics of interface displacement in capillary flow[J]. Journal of Statistical Physics, 2005, 121(1-2): 197-207.

[50] He X Y, Chen S Y, Zhang R Y. A lattice Boltzmann scheme for incompressible multiphase flow and its application in simulation of Rayleigh-Taylor instability [J]. Journal of Computational Physics, 1999, 152: 642-663.

[51] Yong Y M, Yang C, Jiang Y, Joshi A, Shi Y C, Yin X L. Numerical simulation of immiscible liquid-liquid flow in microchannels using lattice Boltzmann method [J]. Science China Chemistry, 2011, 54(1): 244-256.

[52] Jensen O E, Halpern D, Grotberg J B. Transport of a passive solute by surfactant-driven flows [J]. Chemical Engineering Science, 1994, 49(8): 1107-1117.

[53] Lenormand R, Zarcone C, Sarr A. Mechanisms of the displacement of one fluid by another in a network of capillary ducts [J]. Journal of Fluid Mechanics, 1983, 135: 337-353.

[54] Burns J R, Ramshaw C. The intensification of rapid reactions in multiphase systems using slug flow in capillaries [J]. Lab Chip, 2001, 1: 10-15.

[55] Fujioka H, Grotberg J B. The steady propagation of a surfactant-laden liquid plug in a two-dimensional channel [J]. Physics of Fluids, 2005, 17(8): 082102.

[56] Fujioka H, Grotberg J B. Steady propagation of a liquid plug in a two-dimensional channel [J]. Journal of Biomechanical Engineering-Transactions of the ASME, 2004, 126: 567-577.

[57] Kashid M N, Renken A, Kiwi-Minsker L. Gas-liquid and liquid-liquid mass transfer in microstructured reactors[J]. Chemical Engineering Science, 2011, 66: 3876-3897.

[58] Hamida T, Babadagli T. Displacement of oil by different interfacial tension fluids under

[59] Yong Y M, Li S, Yang C, Yin X L. Transport of wetting and nonwetting liquid plugs in a T-shaped microchannel [J]. Chinese Journal of Chemical Engineering, 2013, 21(5): 1-10.

[60] Shi Y, Tang G H, Lin H F, Zhao P X, Cheng L H. Dynamics of droplet and liquid layer penetration in three-dimensional porous media: A lattice Boltzmann study [J]. Physics of Fluids, 2019, 31(4): 042106.

[61] Tuckerman D B, Pease R F W. High-performance heat sinking for VLSI [J]. IEEE Electron Device Letters, 1981, 2(5): 126-129.

[62] Li D S, Wang S D. Flow pattern and pressure drop of upward two-phase flow in vertical capillaries [J]. Industrial & Engineering Chemical Research, 2008, 47: 243-255.

[63] Sobhan C B, Garimella S V. A comparative analysis of studies on heat transfer and fluid flow in microchannels [J]. Nanoscale Microscale Thermophysical Engineering, 2001, 5(4): 293-311.

[64] Talimi V, Muzychka Y S, Kocabiyik S. A review on numerical studies of slug flow hydrodynamics and heat transfer in microtubes and microchannels [J]. International Journal of Multiphase Flow, 2012, 39: 88-104.

[65] Liu Y, Cui J, Jiang Y X, Li W Z. A numerical study on heat transfer performance of microchannels with different surface microstructures [J]. Applied Thermal Engineering, 2011, 31: 921-931.

[66] Peng X F, Peterson G P. Convective heat transfer and flow friction for water flow in microchannel structures [J]. International Journal of Heat and Mass Transfer, 1996, 39 (12): 2599-2608.

[67] Lee W, Son G, Yoon H Y. Direct numerical simulation of flow boiling in a finned microchannel [J]. International Communications in Heat and Mass Transfer, 2012, 39: 1460-1466.

[68] Chen Y, Müller C R. Lattice Boltzmann simulation of gas-solid heat transfer in random assemblies of spheres: The effect of solids volume fraction on the average Nusselt number for $Re \leq 100$ [J]. Chemical Engineering Journal, 2019, 361: 1392-1399.

[69] Walter S, Malmberg S, Schmidt B, Liauw M A. Mass transfer limitations in microchannel reactors [J]. Catalysis Today, 2005, 110: 15-25.

[70] Yang Y, Liao Q, Zhu X, Wang H, Wu R, Lee D J. Lattice Boltzmann simulation of substrate flow past a cylinder with PSB biofilm for bio-hydrogen production [J]. International Journal of Hydrogen Energy, 2011, 36(21): 14031-14040.

[71] Raimondi N D M, Prat L, Gourdon C, Cognet P. Direct numerical simulations of mass transfer in square microchannels for liquid-liquid slug flow [J]. Chemical Engineering Science, 2008, 63: 5522-5530.

[72] Berčič G, Pintar A. The role of gas bubbles and liquid slug lengths on mass transport in the

Taylor flow through capillaries [J]. Chemical Engineering Science, 1997, 52 (21-22): 3709-3719.

[73] Skelland A H P, Wellek R M. Resistance to mass transfer inside droplets [J]. AIChE Journal, 1964, 10(4): 491-496.

[74] van Baten J M, Krishna R. CFD simulations of mass transfer from Taylor bubbles rising in circular capillaries [J]. Chemical Engineering Science, 2004, 59: 2535-2545.

[75] Zeng Y, Lee T S, Yu P, Low H T. Numerical study of mass transfer coefficient in a 3D flat-plate rectangular microchannel bioreactor[J]. International Communications in Heat and Mass Transfer, 2007, 34: 217-224.

[76] Suo M, Griffith P. Two phase flow in capillary tubes [J]. Journal of Basic Engineering, 1964, 86: 576-582.

[77] Barnea D, Luninski Y, Taitel Y. Flow pattern in horizontal and vertical two phase flow in small diameter pipes [J]. The Canadian Journal of Chemical Engineering, 1983, 61: 617-620.

[78] Triplett K A, Ghiaasiaan S M, Abdel-Khalik S I, LeMouel A, McCord B N. Gas-liquid two-phase flow in microchannels. Part Ⅱ: Void fraction and pressure drop [J]. International Journal of Multiphase Flow, 1999a, 25: 395-410.

[79] Zhao T S, Bi Q C. Co-current air-water two-phase flow patterns in vertical triangular microchannels [J]. International Journal of Multiphase Flow, 2001, 21: 765-782.

[80] Niu H N, Pan L W, Su H J, Wang S D. Flow pattern, pressure drop, and mass transfer in a gas-liquid concurrent two-phase flow microchannel reactor [J]. Industrial & Engineering Chemical Research, 2009, 48: 1621-1628.

[81] Akbar M K, Plummer D A, Ghiaasiaan S M. On gas-liquid two-phase flow regimes in microchannels [J]. International Journal of Multiphase Flow, 2003, 9:1163-1177.

[82] Waelchli S, von Rohr P R. Two-phase flow characteristics in gas-liquid microreactors [J]. International Journal of Multiphase Flow, 2006, 32: 791-806.

[83] Choi C W, Yu D I, Kim M H. Adiabatic two-phase flow in rectangular microchannels with different aspect ratios: Part Ⅰ-Flow pattern, pressure drop and void fraction [J]. International Journal of Heat and Fluid Flow, 2011, 54: 616-624.

[84] Taitel Y, Dukler A E. A model for predicting flow regime transitions in horizontal and near horizontal gas-liquid flow [J]. AIChE Journal, 1976, 22: 47-55.

[85] Dukler A E, Taitel Y. Flow regime transitions for vertical upward gas liquid flow: a preliminary approach through physical modeling [R]. Progress Report No. 1, NUREG-0162, 1977a.

[86] Dukler A E, Taitel Y. Flow regime transitions for vertical upward gas liquid flow: a preliminary approach through physical modeling [R]. Progress Report No. 2, NUREG-0163, 1977b.

[87] Taitel Y, Bornea D, Dukler A E. Modeling flow patterns transitions for steady upward gas-liquid flow in vertical tubes [J]. AIChE Journal, 1980, 26: 345-354.

[88] Brauner N, Maron D M. Analysis of stratified/non-stratified transitional boundaries in inclined

gas-liquid flows [J]. International Journal of Multiphase Flow, 1992, 18: 541-557.
[89] Mishima K, Ishii M. Flow regime transition criteria for upward two-phase flow in vertical tubes[J]. International Journal of Heat and Mass Transfer, 1984, 27: 723-737.
[90] Dongari N, Durst F, Chakraborty S. Predicting microscale gas flows and rarefaction effects through extended Navier-Stokes-Fourier equations from phoretic transport considerations [J]. Microfluidics and Nanofluidic, 2010, 9: 831-846.
[91] Wang X, Yong Y M, Fan P, Yu G Z, Yang C, Mao Z-S. Flow regime transition for concurrent gas-liquid flow in micro-channels [J]. Chemical Engineering Science, 2012, 69: 578-586.
[92] Pehlivan K, Hassan I, Vaillancourt M. Experimental study on two-phase flow and pressure drop in millimeter-size channels [J]. Applied Thermal Engineering, 2006, 26: 1506-1514.
[93] Ungar E K, Cornwell J D. Two-phase pressure drop of ammonia in small diameter horizontal tubes[C]. Nashville, TN: AIAA 17th Aerospace Ground Testing Conf, 1992.
[94] Kawahara A, Chung P M Y, Kawaji M. Investigation of two-phase flow pattern, void fraction and pressure drop in a microchannel [J]. International Journal of Multiphase Flow, 2002, 28:1411-1435.
[95] Chen I Y, Yang K S, Wang C C. An empirical correlation for two-phase frictional performance in small diameter tubes [J]. International Journal of Heat and Mass Transfer, 2002, 45: 3667-3671.
[96] Lockhart R W, Martinelli R C. Proposed correlation of data for isothermal two-phase, two-component flow in pipes [J]. Chemical Engineering Progress, 1949, 45: 39-48.
[97] Owen W L. Two-phase pressure gradient [C]. New York: International Development in Heat Transfer, Pt Ⅱ. ASME, 1961.
[98] Dukler A E, Wicks M, Clevel R G. Frictional pressure drop in two-phase flow: B. An approach through similarity analysis [J]. AIChE Journal, 1964, 10: 44-51.
[99] Beattie D R H, Whalley P B. A simple two-phase flow frictional pressure drop calculation method [J]. International Journal of Multiphase Flow, 1982, 8: 83-87.
[100] Lin S, Kwok C C K, Li R Y, Chen Z H, Chen Z Y. Local frictional pressure drop during vaporization for R-12 through capillary tubes [J]. International Journal of Multiphase Flow, 1991, 17: 95-102.
[101] Chisholm D. A theoretical basis for the Lockhart-Martinelli correlation for two-phase flow [J]. International Journal of Heat and Mass Transfer, 1967, 10: 1767-1778.
[102] Mishima K, Hibiki T. Some characteristics of air-water two-phase flow in small diameter vertical tubes [J]. International Journal of Multiphase Flow, 1996, 22: 703-712.
[103] Lee C Y, Lee S Y. Pressure drop of two-phase plug flow in round mini-channels: Influence of surface wettability [J]. Experimental Thermal and Fluid Science, 2008, 32: 1716-1722.
[104] Yue J, Chen G W, Yuan Q. Pressure drops of single and two-phase flows through T-type microchannel mixers [J]. Chemical Engineering Journal, 2004, 102: 11-24.

[105] Yue J, Luo L A, Gonthie Y, Chen G W, Yuan Q. An experimental investigation of gas-liquid two-phase flow in single microchannel contactors [J]. Chemical Engineering Science, 2008, 63: 4189-4202.

[106] Su H J, Niu H N, Pan L W, Wang S D, Wang A J, Hu Y K. The Characteristics of pressure drop in microchannels [J]. Industrial & Engineering Chemical Research, 2010, 49: 3830-3839.

[107] Ma Y G, Ji X Y, Wang D J, Fu T T, Zhu C Y. Measurement and correlation of pressure drop for gas-liquid two-phase flow in rectangular microchannels [J]. Chinese Journal of Chemical Engineering, 2010, 18: 940-947.

[108] Bretherton F P. The motion of long bubbles in tubes [J]. Journal of Fluid Mechanics, 1961, 10: 166-168.

[109] Kreutzer M T, Kapteijn F, Moulijn J A, Kleijn C R, Heiszwolf J J. Inertial and interfacial effects on pressure drop of Taylor flow in capillaries [J]. AIChE Journal, 2005, 51: 2428-2440.

[110] Liu D S, Wang S D. Flow pattern and pressure drop of upward two-phase flow in vertical capillaries[J]. Industrial & Engineering Chemical Research, 2008, 47: 243-255.

[111] Warnier M J F, de Croon M H J M, Rebrov E V, Schouten J C. Pressure drop of gas-liquid Taylor flow in round micro-capillaries for low to intermediate Reynolds numbers [J]. Microfluidics and Nanofluidics, 2010, 8: 33-45.

[112] Roudet M, Loubiere K, Gourdon C, Cabassud M. Hydrodynamic and mass transfer in inertial gas-liquid flow regimes through straight and meandering millimetric square channels [J]. Chemical Engineering Science, 2011, 66: 2974-2990.

[113] Yue J, Boichot R, Luo L A, Gonthier Y, Chen G W, Yuan Q. Flow distribution and mass transfer in a parallel microchannel contactor integrated with constructal distributors [J]. AIChE Journal, 2010, 56: 298-317.

[114] Tan J, Lu Y C, Xu J H, Luo G S. Mass transfer performance of gas-liquid segmented flow in microchannels [J]. Chemical Engineering Journal, 2012, 181-182: 229-235.

[115] Pohorecki R. Effectiveness of interfacial area for mass transfer in two-phase flow in microreactors [J]. Chemical Engineering Science, 2007, 62: 6495-6498.

[116] Yue J, Luo L A, Gonthier Y, Chen G W, Yuan Q. An experimental study of air-water Taylor flow and mass transfer inside square microchannels [J]. Chemical Engineering Science, 2009, 64: 3697-3708.

[117] Tofteberg T, Skolimowski M, Andreassen E, Geschke O. A novel passive micromixer: lamination in a planar channel system [J]. Microfluidics and Nanofluidics, 2010, 8: 209-215.

[118] Liu Z D, Lu Y C, Wang J W, Luo G S. Mixing characterization and scaling-up analysis of asymmetrical T-shaped micromixer, experiment and CFD simulation [J]. Chemical Engineering Journal, 2012, 181-182: 597-606.

[119] Chung C K, Shih T R. Effect of geometry on fluid mixing of the rhombic micromixers [J].

Microfluidics and Nanofluidics, 2008, 4: 419-425.

[120] Nimafar M, Viktorov V, Martinelli M. Experimental comparative mixing performance of passive micromixers with H-shaped sub-channels [J]. Chemical Engineering Science, 2012, 76: 37-44.

[121] Ahn Y C, Jung W, Chen Z P. Optical sectioning for microfluidics: Secondary flow and mixing in a meandering microchannel [J]. Lab Chip, 2008, 8:125-133.

[122] Su Y H, Chen G W, Yuan Q. Influence of hydrodynamics on liquid mixing during Taylor flow in a microchannel[J]. AIChE Journal, 2012, 58: 1660-1670.

[123] Su Y H, Chen G W, Yuan Q. Ideal micromixing performance in packed microchannels [J]. Chemical Engineering Science, 2011, 66: 2912-2919.

第六章

结晶过程模型与数值模拟

第一节 引言

  结晶或许是化学工程中最古老的单元操作（例如生产食盐），它是从非晶态、液态或气态到结晶态生产一种或几种物质的最佳和最经济的方法之一。根据过饱和度产生的方式不同，结晶可分为冷却结晶、蒸发结晶、反应结晶或沉淀以及溶析结晶。实际工业生产中也用到多种过饱和度产生方式的组合，如减压蒸发结晶为冷却与蒸发的组合。

  结晶过程和结晶器的研究涉及理论、实验、结晶动力学、结晶器的设计和结晶控制等多个方面，本章重点介绍结晶过程与结晶器的模型与模拟，特别是反应结晶和溶析结晶等传递控制的快速过程。经典的化学反应工程学科中处理化学反应动力学的模型方法，可以为结晶动力学模型借鉴，用于结晶器或者反应结晶器模型与模拟。粒数衡算方程（population balance equation, PBE）常用于数学上描述结晶过程粒径、形貌等晶体性质在时空上的变化[1]，其求解方法将在本章详细介绍。较早以前，研究者常采用理想化的模型如均匀悬浮-均匀排料（mixed suspension mixed-product removal, MSMPR）模型，来描述结晶过程和结晶器。通过采用 MSMPR 模型与假设，PBE 的求解极大地简化，一些情况下甚至能获得解析解。然而，良好混合的晶浆仅仅在强烈搅拌的实验规模结晶器中存在，且混合排料也仅在理想情况下存在。再者，对于反应结晶（沉淀）和溶析结晶过程，其成核通常非常快，结晶过程主要发生在进料口附近，MSMPR 的假设显然是偏离实际。在工业结晶过程中,过饱和度、流场性质和晶体颗粒浓度等的空间分布非常重要。为考虑结晶器内这些重要信息的空间非均相特性,PBE 常与计算流体力学(computational fluid dynamics,CFD)耦合起来,即 CFD-PBE 模型与数值模拟。

硫酸钡沉淀是近几十年来广泛应用的一种模型反应。因此,本章将把模拟 $BaSO_4$ 在搅拌槽等结晶器中的反应结晶过程作为典型例子来讨论。由于 PBE 是一个双曲型的积分偏微分方程,解析解只在一些非常简单的情况下存在,因此通常需要采用数值方法来求解。迄今为止,已有许多求解 PBE 的数值方法被提出和应用,一般可分为四大类:矩方法(method of moments)、粒度区间法或离散法(multi-class method,MCM)、加权残差法(weighted residual method)和随机方法(stochastic method)[2]。矩方法主要包括标准矩方法或传统矩方法(standard method of moments,SMM)[3]、积分矩方法(quadrature method of moments,QMOM)[4]和 QMOM 的扩展方法如直接积分矩方法(direct quadrature method of moments,DQMOM)[5,6]等。而粒度区间法将整个连续粒径范围划分为若干小的离散子区间,然后将 PBE 转换为一组离散化的常微分方程。Hounslow 方法[7]、固定枢点法(fixed pivot technique)[8]、单元平均法(cell average technique)[9]和高精度有限体积法[10]均属于 MCM 类别。这些方法在粒度网格划分(几何、均匀或不规则粒度区间划分)、颗粒生成与消失项的处理、团聚和破碎时颗粒临近枢点/节点再分配的整体性质守恒方式以及子区间边界通量的计算方面有所不同。加权残差法包括带全局函数的加权残差法和有限元法[11,12]。至于随机方法,通常指蒙特卡罗(Monte Carlo)方法[13]。在所有这些方法中,矩方法和粒度区间法广泛应用于结晶和其他颗粒过程模拟。因此,本章将详细讨论这两类方法。

第二节 数学模型与数值计算方法

一、一般化的粒数衡算方程

PBE 用来描述颗粒性质或状态在时空的变化,在非均相体系中其一般形式为[14]:

$$\frac{\partial[\rho f(\xi;\boldsymbol{x},t)]}{\partial t}+\nabla\cdot[\rho\boldsymbol{U}f(\xi;\boldsymbol{x},t)]=\rho B\delta(\xi-\xi_0)-\frac{\rho\partial}{\partial\xi_j}[\zeta_j f(\xi;\boldsymbol{x},t)]+\rho h(\xi;\boldsymbol{x},t) \quad (6-1)$$

式中　　ρ——密度;

t——时间;

$\boldsymbol{x}$——空间位置矢量或外部坐标;

$\boldsymbol{U}$——颗粒局部速度;

B——成核速率；

$f(\xi;x,t)$——颗粒粒数密度函数（通常简称粒数密度）；

$\xi \equiv (\xi_1,\cdots,\xi_n)$——颗粒性质矢量或颗粒内部坐标矢量如体积、粒径、表面积、孔隙率等；

$h(\xi;x,t)$——由于团聚或破裂颗粒的净产生速率密度函数；

$\delta(\xi-\xi_0)$——Dirac 函数。

ζ_j 定义如下（为简化，自变量 x 和 t 在后面忽略）：

$$\zeta_j = \frac{\mathrm{d}\xi_j}{\mathrm{d}t}, \quad j \in 1,\cdots,n \tag{6-2}$$

对于湍流，采用雷诺时均法，同时忽略密度、成核、生长、团聚和破碎的脉动项，则有：

$$\frac{\partial[\rho\bar{f}(\xi)]}{\partial t} + \nabla\cdot[\rho\bar{U}\bar{f}(\xi)] - \nabla\cdot[-\rho\overline{U'f'(\xi)}] = \rho B\delta(\xi-\xi_0) - \rho\frac{\partial}{\partial\xi_j}[\overline{\zeta_j}\bar{f}(\xi)] + \rho\bar{h}(\xi)$$

$$\tag{6-3}$$

速度与粒数密度的脉动关联项，采用如下关联式计算：

$$-\rho\overline{U'f'(\xi)} = \frac{\mu_{\mathrm{eff}}}{Sc_{\mathrm{t}}}\nabla\bar{f}(\xi) = \Gamma_{\mathrm{eff}}\nabla\bar{f}(\xi) \tag{6-4}$$

式中 μ_{eff}——有效黏度；

Γ_{eff}——有效扩散系数；

Sc_{t}——湍流 Schmidt 数。

忽略变量的上横线，则雷诺时均后的 PBE 为：

$$\frac{\partial f(\xi)}{\partial t} + \nabla\cdot[Uf(\xi)] - \nabla\cdot[D_{\mathrm{eff}}\nabla f(\xi)] = B\delta(\xi-\xi_0) - \frac{\partial}{\partial\xi_j}[\zeta_j f(\xi)] + h(\xi) \tag{6-5}$$

式中 $D_{\mathrm{eff}}=\Gamma_{\mathrm{eff}}/\rho$——有效扩散率；

ξ_0——晶核内坐标或性质矢量。

采用多维颗粒性质内部坐标，即 $\xi \equiv (\xi_1,\cdots,\xi_n)$，将能更详细地描述晶体的状态，然而其相应的多维 PBE 非常复杂。多维 PBE 可能是将来 PBE 建模的研究课题，但在本章中，我们将主要讨论 CFD-PBE 建模中通常采用的一维 PBE（通常是以颗粒大小作为唯一内坐标，即 $\xi_1 \equiv x$，x 为颗粒体积 v 或特征尺寸 L）：

$$\frac{\partial f(x)}{\partial t} + \nabla\cdot[Uf(x)] - \nabla\cdot[D_{\mathrm{eff}}\nabla f(x)] = B\delta(x-x_0) - \frac{\partial}{\partial x}[G(x)f(x)] + h(x) \tag{6-6}$$

式中 x_0——晶核大小；

$G(x)=\mathrm{d}x/\mathrm{d}t$——颗粒生长速率。

$h(x)$ 包含四项：

$$h(x) = Bd_{\mathrm{a}}(x) - Dd_{\mathrm{a}}(x) + Bd_{\mathrm{b}}(x) - Dd_{\mathrm{b}}(x) \tag{6-7}$$

式中，$Bd_a(x)$、$Dd_a(x)$、$Bd_b(x)$ 和 $Dd_b(x)$ 分别表示由于团聚导致的颗粒产生速率密度函数和消失速率密度函数以及由于破碎导致的颗粒产生速率密度函数和消失速率密度函数。

式（6-6）为一维 PBE 方程的一般形式，对基于颗粒体积 v（即 $x \equiv v$）和基于颗粒特征尺寸 L（即 $x \equiv L$）的 PBE 均适合。基于颗粒体积的 PBE 方程为：

$$\frac{\partial f(v)}{\partial t} + \nabla \cdot [Uf(v)] - \nabla \cdot [D_{\text{eff}} \nabla f(v)] = B\delta(v-v_0) - \frac{\partial}{\partial v}[G(v)f(v)] + h(v) \quad (6\text{-}8)$$

式中　$G(v) = \mathrm{d}v/\mathrm{d}t$——颗粒体积生长速率。

$Bd_a(v)$、$Dd_a(v)$、$Bd_b(v)$ 和 $Dd_b(v)$ 表达式如下[15]：

$$Bd_a(v) = \frac{1}{2} \int_0^v \beta(v-\epsilon, \epsilon) f(v-\epsilon) f(\epsilon) \mathrm{d}\epsilon \quad (6\text{-}9)$$

$$Dd_a(v) = f(v) \int_0^{+\infty} \beta(v, \epsilon) f(\epsilon) \mathrm{d}\epsilon \quad (6\text{-}10)$$

$$Bd_b(v) = \int_v^{+\infty} \psi(\epsilon) b(v|\epsilon) f(\epsilon) \mathrm{d}\epsilon \quad (6\text{-}11)$$

$$Dd_b(v) = \psi(v) f(v) \quad (6\text{-}12)$$

式中　$\beta(v,\epsilon)$——团聚速率；

$\psi(v)$——破裂速率；

$b(v|\epsilon)$——体积为 ϵ 的颗粒破裂后的子颗粒大小分布概率密度函数。

通常认为颗粒破裂后同时产生两个子颗粒，则 $b(v|\epsilon)$ 满足：

$$\int_0^\epsilon b(v|\epsilon) \mathrm{d}v = 2, \quad \int_0^\epsilon v b(v|\epsilon) \mathrm{d}v = \epsilon \quad (6\text{-}13)$$

基于颗粒特征尺寸 L 的 PBE 方程为：

$$\frac{\partial [f(L)]}{\partial t} + \nabla \cdot [Uf(L)] - \nabla \cdot [D_{\text{eff}} \nabla f(L)] = B\delta(L-L_0) + \frac{-\partial [G(L)f(L)]}{\partial L} + h(L) \quad (6\text{-}14)$$

式中　$G(L) = \mathrm{d}L/\mathrm{d}t$——颗粒线性生长速率，且

$$Bd_a(L) = \frac{L^2}{2} \int_0^L \frac{\beta[(L^3-\lambda^3)^{1/3}, \lambda]}{(L^3-\lambda^3)^{2/3}} f[(L^3-\lambda^3)^{1/3}] f(\lambda) \mathrm{d}\lambda \quad (6\text{-}15)$$

$$Dd_a(L) = f(L) \int_0^{+\infty} \beta(L, \lambda) f(\lambda) \mathrm{d}\lambda \quad (6\text{-}16)$$

$$Bd_b(L) = \int_L^{+\infty} \psi(\lambda) b(L|\lambda) f(\lambda) \mathrm{d}\lambda \quad (6\text{-}17)$$

$$Dd_b(L) = \psi(L) f(L) \quad (6\text{-}18)$$

式中，$b(L|\lambda)$ 为破裂子颗粒分布函数，且有团聚速率 $\beta(L, \lambda) = \beta(v, \epsilon)$ 和破裂速率 $\psi(L) = \psi(v)$，同样子颗粒大小分布概率密度函数满足：

$$\int_0^\lambda b(L|\lambda) \mathrm{d}L = 2, \quad \int_0^\lambda L^3 b(L|\lambda) \mathrm{d}L = \lambda^3 \quad (6\text{-}19)$$

基于体积与基于长度的 PBE 方程是可以相互转换的。对于只有团聚/破裂

过程的颗粒体系，使用体积作为内部坐标更容易实现质量守恒[16]。然而，正如 Mahoney 和 Ramkrishna[12] 所指出，在结晶过程中，当粒径 L 很小时，此时仍然有一定的线性生长速率，而相应的体积生长速率接近于零，因此，在某些情况下，基于体积的粒数密度可能会出现奇点。这种奇异行为会在方程解中产生非常大的梯度，很难处理。基于此，PBE 常采用长度作为内坐标来表示，尽管会使颗粒团聚/破裂计算稍微复杂些。另一个原因是基于长度的 PBE 和生长速率在已发表的关于反应结晶和溶析结晶模型与模拟的工作中普遍采用[10,17-19]。基于以上原因，本章主要研究基于特征长度的 PBE。

如引言所述，早期的研究者通常采用 MSMPR 模型来描述结晶过程和结晶器。采用 MSMPR 假设，且 G 为常数，PBE 方程为：

$$\frac{\mathrm{d}f(L)}{\mathrm{d}L} = -\frac{f(L)}{G\tau} \tag{6-20}$$

式中　τ——停留时间，$\tau = V/Q$；

V——结晶器体积；

Q——排料体积流率。

方程式（6-20）的边界条件为 $f(L_0)=B/G$。L_0 为晶核大小，数学处理上通常认为 $L_0=0$。结合边界条件，方程式（6-20）的解析解为：

$$f(L) = \exp[-L/(G\tau)]\frac{B}{G} \tag{6-21}$$

式（6-21）即为连续 MSMPR 结晶器模型方程，进而有：

$$\lg[f(L)] = \lg(B/G) - L/(G\tau) \tag{6-22}$$

用筛分方法测量获得粒径分布，由式（6-22）作图可得到成核与生长动力学。采用常用的幂律函数形式的成核与生长动力学，在不同的操作条件下测量稳态下的晶体粒径分布（CSD），从而可获得成核与生长动力学参数。如引言所述，良好混合的晶浆仅仅在强烈搅拌的实验规模结晶器中存在，且混合排料也仅在理想情况下存在。工业结晶器中过饱和度、晶浆密度、温度、平均粒径与粒径分布等均存在明显的空间分布。另外，采用这种作图方法获得的结晶动力学存在很大的不确定性[20]，难以可靠地用于连续结晶器的优化控制与设计。MSMPR 模型对于较复杂的结晶过程难以处理，如粒径相关的生长动力学 [$G(L)$]、生长速率弥散（growth rate dispersion）、团聚与破裂，虽然已有研究者尝试将 MSMPR 模型扩展用于考虑简单的粒径相关的生长动力学[21]。另外，MSMPR 结晶模型缺乏对结晶过程动态行为的描述，也不适用于间歇和半连续结晶过程。

二、标准矩方法

标准矩方法（SMM）是求解 PBE 的最古老的方法之一。粒数密度的 k 阶矩定义如下：

$$m_k = \int_0^{+\infty} f(L;\boldsymbol{x},t)L^k \mathrm{d}L \qquad (6\text{-}23)$$

对方程式（6-14）应用上述矩的定义，则有：

$$\frac{\partial m_k}{\partial t} + \nabla \cdot [\boldsymbol{U}m_k] - \nabla \cdot [D_{\mathrm{eff}}\nabla m_k] = (0)^k B + \int_0^{+\infty} kL^{k-1}G(L)f(L)\mathrm{d}L + \overline{B_{\mathrm{a},k}} - \overline{D_{\mathrm{a},k}} + \overline{B_{\mathrm{b},k}} - \overline{D_{\mathrm{b},k}}$$
$$(6\text{-}24)$$

其中

$$\overline{B_{\mathrm{a},k}} = \frac{1}{2}\int_0^{+\infty} f(\lambda)\int_0^{+\infty} \beta(u,\lambda)(u^3+\lambda^3)^{k/3}f(u)\mathrm{d}u\mathrm{d}\lambda \qquad (6\text{-}25)$$

$$\overline{D_{\mathrm{a},k}} = \int_0^{+\infty} L^k f(L)\int_0^{+\infty} \beta(L,\lambda)f(\lambda)\mathrm{d}\lambda\mathrm{d}L \qquad (6\text{-}26)$$

$$\overline{B_{\mathrm{b},k}} = \int_0^{+\infty} L^k \int_0^{+\infty} \psi(\lambda)b(L|\lambda)f(\lambda)\mathrm{d}\lambda\mathrm{d}L \qquad (6\text{-}27)$$

$$\overline{D_{\mathrm{b},k}} = \int_0^{+\infty} L^k \psi(L)f(L)\mathrm{d}L \qquad (6\text{-}28)$$

式中，L^k 为粒径 L 的 k 次幂。由于生长、团聚和破碎相关项必须为矩的显式函数，式（6-24）无法直接求解。在实际结晶体系中，团聚速率 $\beta(L,\lambda)$ 和破裂速率 $\psi(\lambda)$ 是晶体大小的函数，且生长往往与粒径相关，如 $G=G_0(1+\gamma L)^b$，$b<1$，以及生长速率弥散（即处于相同环境的同样大小晶体生长速率也不同）也不常见。因此，为了应用 SMM，必须做出一些假设，即与粒径无关的生长并忽略团聚和破裂，或仅考虑恒定的团聚速率。基于这些简化与假设，矩方程组（例如从 0 到 4 阶矩）表示为：

$$\frac{\partial m_k}{\partial t} + \nabla \cdot [\boldsymbol{U}m_k - \Gamma_{\mathrm{eff}}\nabla m_k] = 0^k B(\boldsymbol{x}) + jm_{k-1}G \quad (k=0\sim4) \qquad (6\text{-}29)$$

SMM 具有操作简单、计算省时的优点。这些对于 CFD-PBE 耦合模拟很重要，因为在选择合适的求解方法时，计算成本、复杂性和可操作性是重要的因素。因此，SMM 已广泛应用于反应和非反应体系的 CFD-PBE 模拟。在过去的十多年中，文献中已报道了一些采用 SMM 对相对简单或复杂结晶设备中的沉淀过程进行 CFD-PBE 耦合模拟的工作，例如同轴管道混合器[22]、管式反应器[17]、半连续搅拌槽[23,24]和连续搅拌槽[25,26]。通常，$BaSO_4$ 沉淀被用作模型体系来研究活度系数和操作条件等的影响。这些模拟工作中，采用粒径无关生长，忽略团聚或使用一个经验的常数团聚速率[17]。

SMM 最明显的缺点是，不能处理粒径相关（通常是非线性）的生长、团聚和破裂，这极大地限制了其应用范围。为了克服这些缺点，QMOM 是一个很好的选择[4,27]。

三、积分矩方法

积分矩方法（QMOM）由McGraw[4]提出，最初用于求解气溶胶动力学。QMOM基于以下高斯求积近似

$$m_k = \int_0^{+\infty} f(L;\boldsymbol{x},t)L^k \mathrm{d}L \approx \sum_{i=1}^{N_d} w_i L_i^k \qquad (6\text{-}30)$$

式中，L_i（横坐标）和w_i（权重）通过积分差（product-difference，PD）算法确定。将式（6-30）应用于式（6-14），矩方程组变成

$$\frac{\partial m_k}{\partial t} + \nabla \cdot [\boldsymbol{U} m_k] - \nabla \cdot [\Gamma_{\text{eff}} \nabla m_k] = (0)^k B(\boldsymbol{x}) + k \sum_i L_i^{k-1} G(L_i) w_i$$
$$+ \frac{1}{2} \sum_i w_i \sum_j w_j \beta_{ij} (L_i^3 + L_j^3)^{k/3} - \sum_i L_i^k w_i \sum_j w_j \beta_{ij} \qquad (6\text{-}31)$$
$$+ \sum_i \psi_i \bar{b}_i^{(k)} w_i - \sum_i L_i^k \psi_i w_i$$

其中$\beta_{ij}=\beta(L_i, L_j)$，$\psi_i=\psi(L_i)$，且

$$\bar{b}_i^{(k)} = \int_0^{+\infty} L^k b(L|L_i) \mathrm{d}L \qquad (6\text{-}32)$$

通过对QMOM进行测试，并与其他方法进行比较，表明QMOM在求解PBE方面具有非常大的潜力，其使用较少的方程但仍能获得较好的精度[28]。在非反应体系中，采用QMOM求解PBE并与CFD耦合已有报道[27,29,30]。最近，QMOM被用于受限撞击流反应器[31]和搅拌槽[18]中的沉淀过程的CFD-PBE模拟。QMOM可以相对容易地处理团聚和破裂项以及粒径相关生长项。基于计算成本和效率方面的考虑，QMOM也是一种很有前途的PBE求解方法，特别是在必须采用多相CFD-PBE模型的情况下。

近年来，人们在QMOM的基础上进一步发展了不同的矩方法。Yuan等[32]发展了扩展积分矩方法（extended quadrature method of moments, EQMOM）。EQMOM采用一组具有相同参数的核心密度函数（kernel density function, KDF）的加权和来近似粒数密度函数。常用的KDF包括高斯函数、对数正态分布函数、Gamma和Beta函数[33]。其他新的矩方法包括条件积分矩方法（conditional quadrature method of moments，CQMOM）[32]、自动微分积分矩方法[34]、雅克比矩阵变化方法[35]，但这些方法并没有广泛地应用。SMM和QMOM都不能直接获得晶体粒径分布（crystal size distribution，CSD）。通常，粒径分布的低阶矩足以表征气泡、液滴或晶体的重要特性，如平均粒径、比表面积、分布变异系数等。然而，在聚合、结晶和气雾剂处理等一些过程中，可能需要对完整的CSD进行控制。这

是由于这些过程中产品的物理化学和力学性能（例如过滤速率和流化特性）强烈依赖于粒径分布特性[36]，即 CSD 可能是结晶产品最终用途的主要决定性因素。对于矩方法，通常使用相关的数值方法从低阶矩量重构完整的 CSD。然而，这种重构存在数值上的不稳定性，同时缺乏普遍适用的重构数值方法[37,38]，这在某些应用中可能会造成严重的问题。另一种方法是首先假设 CSD 符合某种较简单的分布形状，如高斯、对数正态等，然后从两个或三个低阶矩间接地获得完整的 CSD[38]。对于简单和理想的 CSD 分布，这种方式或许是可行的，但对于某些复杂的粒径分布特别是多峰分布来说是非常困难的[39]。因此，用 MCM 或离散化方法对反应结晶、溶析结晶或液滴的聚并和破碎等系统和过程进行 CFD-PBE 模拟将变得更加重要。

四、粒度分级法/离散法

粒度分级法/离散法（MCM）其基本思想是把连续的颗粒尺寸范围划分为若干相邻的子区间，每个小区间内的颗粒群用一个代表节点或枢点表示，在每个子区间内分别进行积分从而将 PBE 转化为一系列离散方程。该方法能够直接获得颗粒的粒度分布，而且对聚并、破碎和颗粒生长线性无关的过程的描述更加直观[40,41]。如图 6-1 所示，整个尺寸区域 $[x_{min}, x_{max}]$ 划分为 N 个相邻小区间，第 i 个区间 $[x_{i-1/2}, x_{i+1/2}]$ 的边界为：

$$x_{i-1/2} = x_{min} + (x_{max} - x_{min})(1.0 - 2^{(i-1)/q})/(1.0 - 2^{N/q}), \quad i = 1, \cdots, N+1 \quad (6-33)$$

式中，$x_{1/2} = x_{min}$ 和 $x_{N+1/2} = x_{max}$。第 i 个区间的特征尺寸用枢点 x_i 表示，其值通常取为区间边界 $x_{i-1/2}$ 和 $x_{i+1/2}$ 的算术平均。区间的比例因子为 $2^{1/q}$（$q \geqslant 1.0$），通过调节 q 的值便可以灵活地实现不同的尺寸区间划分方式。结晶中常采用特征尺寸来表示晶体大小，则每个 $x_{i+1/2}$ 相对应唯一颗粒体积 $v_{i+1/2} = k_v x_{i+1/2}^3$，同样，每个枢点 x_i 也对应于唯一的体积 $g_i = k_v x_i^3$，k_v 为晶体体积形状因子。

对于矩方法，依据矩的定义，采用特征尺寸的表达式，团聚和破裂项[式（6-15）~式（6-18）]的矩转换更直观有意义。而对于离散方法，团聚和/或破碎采用颗粒体积的表达式[式（6-9）~式（6-12）]则更容易实现质量守恒[16]。采用图 6-1

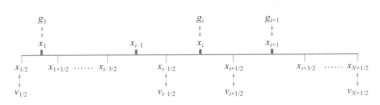

图 6-1 粒度尺寸区间划分

的粒度划分方案，基于特征尺寸的粒度划分映射对应唯一的体积粒度区间划分。因此，对于基于特征尺寸的 PBE 离散求解，生长项采用特征尺寸的形式，而团聚和破裂项仍可采用式（6-9）～式（6-12）的表达式形式[2,10]。在粒度分级法或离散法中，生长项和二次项（团聚、破裂、磨损等）需要分别进行处理。下面先给出生长项的离散方案，主要介绍高精度方法，然后介绍团聚和破裂项的离散求解方法，包括固定枢点法和单元平均法。

1. 生长项离散

式（6-6）中的生长项由于其双曲性质，不可避免地会出现前沿急剧移动或间断点等问题[42]，而看似简单的生长项在求解 PBE 时会带来很大困难。有限差分类型离散方案（例如，后差分、中心差分或迎风）对对流生长项的近似不可避免地在解中引入黏性，从而导致解在不连续点或高梯度区域变得平缓[43]。WENO（weighted essentially non-oscillatory）离散法也被用于生长项[44]。与传统的有限差分类离散格式相比，WENO 格式的精度和稳定性有所提高，但它的计算代价很高，并且在不连续点或高梯度区域仍存在一定的数值扩散。

特征线法（method of characteristics, MOC）被认为是处理双曲型生长项的最佳方法[42,43]。采用 MOC，解沿着特征线以生长速率移动，从而从 PBE 中消除了对流生长项。因此，即使在不连续点也能得到高精度的解。然而，在刚性成核的情况下，需要不断地调整并确定时间步长来增加新的晶核大小子区间。此外，对于包含团聚和破裂项的 PBE，MOC 比其他离散化方法需要更长的计算时间[44]。因此，MOC 目前仅适用于均相体系。对于 CFD-PBE 耦合模型与模拟，计算网格中的每个物理单元都是混合良好的，由于过饱和存在空间分布，每个网格有各自的生长速率，这种情况下采用 MOC 计算量上不可行。

高精度格式主要用于双曲系统的数值求解，如天体物理流和气体动力学。这些格式在减少数值扩散和消除经典方法可能出现的非物理振荡的同时，能获得双曲守恒方程高精度数值解。因此，近年来，人们非常关注使用这些方案来解决结晶中生长项问题[45-48]。文献中已报道并应用了几种高精度离散方案。Qamar 及其同事[43,48,49]采用了 Koren[50] 提出的高精度半离散有限体积方案。Kurganov 和 Tadmor[51] 发展了新的一类高精度有限体积中心差分格式（简称为 KT 法），KT 法已经被用于结晶过程模拟中 PBE 的求解。Woo 等[46]将其与 CFD 结合起来，模拟了搅拌槽（2D）中的溶析结晶（成核和生长）过程，表明这种离散方案具有高精度和良好的应用灵活性。Pirkle 等[52] 采用 KT 法，模拟了共轴喷嘴中结晶过程的混合效应。da Rosa 和 Braatz[53] 采用 KT 法求解 PBE，对径向结晶混合器进行了多尺度的模拟。Farias 等[54] 采用 KT 法求解 PBE，模拟了共轴结晶混合器中洛伐他汀的冷却和溶析复合结晶过程。原 KT 法只考虑了均匀尺寸区间划分情形，在结晶过程的模拟中，尺寸区域有时会跨越多个数量级，此时几何区间划分方式更加有效，故 Cheng 等[10]

将原一维 KT 法推广到了一般格式，使其既适用于均匀尺寸区间划分，也适用于按几何级数增大的尺寸区间划分。Cheng 等[10]采用一般格式的一维 KT 法以及多相 CFD-Micromixing-PBE，模拟了撞击射流结晶器中洛伐他汀在甲醇-水混合物中的溶析结晶过程，模拟结果发现 KT 法可以在高颗粒粒数密度或大梯度处获得高精度的数值解，并且非均匀区间划分方式可以提高模拟的精度。因此，高精度离散方案是处理 PBE 中对流生长项的一个非常好的选择。

KT 法构建的主要思想包括使用局部传播速度的信息来更加精确地估计黎曼区间的宽度和使用非线性限制函数计算特征点的导数值来避免数值解振荡的产生。尤其重要的是，KT 法最终可以获得一个简单的半离散格式，其优点是便于与高阶大时间步长常微分方程组数值求解方法联合使用。对于如下的一维生长 PBE

$$\frac{\partial f(t,x)}{\partial t} + \frac{\partial [Gf(t,x)]}{\partial x} = 0 \qquad (6\text{-}34)$$

式中　G——生长速率。

采用 KT 高精度有限体积中心差分法离散后，最终的半离散格式为

$$\frac{\mathrm{d}f_i(t)}{\mathrm{d}t} = -\frac{H_{i+1/2}(t) - H_{i-1/2}(t)}{\Delta x_i} \qquad (6\text{-}35)$$

式中　$f_i(t)$——第 i 个区间内的平均粒数密度。

对于晶体生长情形，数值通量表达式为

$$\begin{aligned} H_{i+1/2}(t) &= G_{i+1/2}\left[f_i(t) + \frac{\Delta x_i}{2}(f_x)_i(t)\right] \\ H_{i-1/2}(t) &= G_{i-1/2}\left[f_{i-1}(t) + \frac{\Delta x_{i-1}}{2}(f_x)_{i-1}(t)\right] \end{aligned} \qquad (6\text{-}36)$$

对于晶体溶解情形，数值通量表达式为

$$\begin{aligned} H_{i+1/2}(t) &= G_{i+1/2}\left[f_{j+1}(t) - \frac{\Delta x_{i+1}}{2}(f_x)_{i+1}(t)\right] \\ H_{i-1/2}(t) &= G_{i-1/2}\left[f_i(t) - \frac{\Delta x_i}{2}(f_x)_i(t)\right] \end{aligned} \qquad (6\text{-}37)$$

一般格式的一维 KT 高精度有限体积中心差分法的详细推导过程可以参考文献[10]。

2. 团聚和破裂项离散

如图 6-2 所示，在团聚或破裂过程中，最可能的情况是新产生的颗粒体积 v 与任何一个区间枢点都不匹配，此时需按一定的比例 $a(v,g_i)$ 和 $b(v,g_{i+1})$ 将其分别分配到邻近的两个枢点 g_i 和 g_{i+1} 或 x_i 和 x_{i+1}。因此，对于纯粹的团聚/破裂问题的离散求解，研究者们提出了不同方法来处理颗粒再分配。如 Kostoglou[55]所述：1996 年之前提出的方法有几个明显的缺点，其中许多方法在重新分配颗粒时只保留颗粒的一个整体性质，其他方法要么仅适合特定的粒度网格类型要么过于复杂。Kumar 和

Ramkrishna[8] 提出的固定枢点法（fixed pivot technique）是第一个在颗粒重新分配时能同时保证两个颗粒整体性质（通常为颗粒的总个数和总质量）守恒的方法，即在再分配时，分配系数满足如下关系：

$$a(v, g_i) + b(v, g_{i+1}) = 1$$
$$a(v, g_i)g_i + b(v, g_{i+1})g_{i+1} = v \quad (6\text{-}38)$$

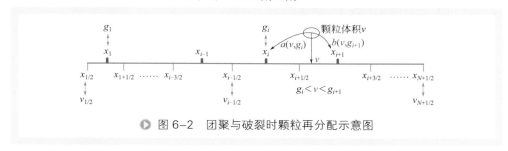

图 6-2　团聚与破裂时颗粒再分配示意图

固定枢点法已成为使用最广泛的 PBE 二次项离散求解方法。该方法对低阶矩的数值计算结果比较精确，但是和解析解的对比结果显示其对于大颗粒的粒数密度和高阶矩的预测经常偏高。随后，Kumar 和 Ramkrishna[56] 提出移动枢点法（moving pivot technique）来解决这个问题。然而新方法更加复杂，而且给求解常微分方程组带来困难[55]。此外，通过允许代表颗粒质量的枢点移动，与 CFD 的耦合求解也难以实现。

Kumar 等[9] 基于固定枢点法提出了单元平均法（cell average method）。与固定枢点法不同，该方法并不直接对每个新产生的颗粒进行再分配，而是首先计算得到每个小区间内所有新产生颗粒的平均体积，然后根据平均体积将其再分配至相邻的两个枢点处。单元平均法在很大程度上缓解了固定枢点法预测偏高的问题，同时又保留了固定枢点法的优点。Kumar 等[57] 研究表明，单元平均法的计算时间可以与固定枢点法相媲美，有些情况下甚至更短。

近年来，有限体积法也被用于解决颗粒团聚和/或破碎问题。Filbet 和 Laurencot[58] 采用质量守恒形式的 PBE 方程，提出了一种求解团聚问题的有限体积方法。该方法已被一些研究者采用[43,48]。对于颗粒团聚和/破碎问题，Kumar[40] 发现单元平均法的一致性优于有限体积法。尽管有限体积法是解决团聚和破裂问题的一个很好的替代方案，但 Kumar[40] 仍推荐单元平均法，因为它易于实现，而且比有限体积法更快。在本章中，将主要介绍用于处理团聚与破裂等二次过程的固定枢点法和单元平均法。

将式（6-6）在区间 $[x_{i-1/2}, x_{i+1/2}]$ 积分，采用固定枢点法离散有：

$$\frac{\partial N_i}{\partial t} + \nabla \cdot (UN_i) - \nabla \cdot (D_{\text{eff}} \nabla N_i) = 0^{i-1}B + \left\{ -\int_{x_{i-1/2}}^{x_{i+1/2}} \frac{\partial [G(x)f(x,t)]}{\partial x} dx \right\} \\ + B_{a,i} - D_{a,i} + B_{b,i} - D_{b,i} \quad (6\text{-}39)$$

式中 N_i——单位体积悬浮液中第 i 个区间的晶体颗粒数;
$B_{a,i}$——团聚导致的颗粒生成速率;
$D_{a,i}$——团聚导致的颗粒消失速率;
$B_{b,i}$——破裂导致的颗粒生成速率;
$D_{b,i}$——破裂导致的颗粒消失速率。

团聚和破裂项表达式为:

$$B_{a,i} = \sum_{\substack{j,k \\ g_{i-1} \leq (g_j+g_k) \leq g_{i+1}}}^{j \geq k} \left(1-\frac{1}{2}\delta_{j,k}\right)\eta\beta_{j,k}N_jN_k \qquad (6-40)$$

$$D_{a,i} = N_i \sum_{k=1}^{N} \beta_{i,k} N_k \qquad (6-41)$$

$$B_{b,i} = \sum_{k=i}^{N} n_{i,k}\psi_k N_k \qquad (6-42)$$

$$D_{b,i} = \psi_i N_i \qquad (6-43)$$

式中,$\beta_{j,k}=\beta(g_j,g_k)=\beta(x_j,x_k)$;分配系数 η 和 $n_{i,k}$ 的表达式分别为:

$$\eta = \begin{cases} a(v,g_i) = \dfrac{v-g_{i+1}}{g_i-g_{i+1}} \\ b(v,g_{i+1}) = \dfrac{v-g_i}{g_{i+1}-g_i} \end{cases}, g_i \leq v \leq g_{i+1} \qquad (6-44)$$

$$n_{i,k} = \int_{g_i}^{g_{i+1}} a(v,g_i)b(v|g_k)\mathrm{d}v + \int_{g_{i-1}}^{g_i} a(v,g_i)b(v|g_k)\mathrm{d}v \qquad (6-45)$$

单元平均法在处理聚并和破裂项时包含两个步骤。

① 首先计算单位时间内第 i 个区间由聚并产生的和消失的颗粒数 $B_{a,i}$、$D_{a,i}$ 以及由破裂产生的和消失的颗粒数 $B_{b,i}$、$D_{b,i}$:

$$B_{a,i} = \sum_{\substack{j,k \\ v_{i-1/2} \leq (g_j+g_k) \leq v_{i+1/2}}}^{j \geq k} \left(1-\frac{1}{2}\delta_{j,k}\right)\beta_{j,k}N_jN_k \qquad (6-46)$$

$$B_{b,i} = \sum_{k=i}^{N} N_k\psi_k \int_{v_{i-1/2}}^{p_k^i} b(v|g_k)\mathrm{d}v \qquad (6-47)$$

$$D_{a,i} = N_i \sum_{k=1}^{N} \beta_{i,k} N_k \qquad (6-48)$$

$$D_{b,i} = \psi_i N_i \qquad (6-49)$$

式(6-47)中

$$p_k^i = \begin{cases} g_i, & k=i \\ v_{i+1/2}, & 其他 \end{cases} \qquad (6-50)$$

并计算第 i 个区间由聚并和破裂各自所产生的颗粒的总体积 $V_{a,i}$ 和 $V_{b,i}$:

$$V_{a,i} = \sum_{\substack{j,k \\ v_{i-1/2} \leq (g_j+g_k) \leq v_{i+1/2}}}^{j \geq k} \left(1 - \frac{1}{2}\delta_{j,k}\right)\beta_{j,k} N_j N_k (g_j + g_k) \quad (6\text{-}51)$$

$$V_{b,i} = \sum_{k=i}^{N} N_k \psi_k \int_{v_{i-1/2}}^{p_k^i} v b(v|g_k) dv \quad (6\text{-}52)$$

② 计算产生的颗粒的平均体积 $\bar{v}_i$

$$\bar{v}_i = \frac{V_{a,i} + V_{b,i}}{B_{a,i} + B_{b,i}} \quad (6\text{-}53)$$

并根据 $\bar{v}_i$ 与 g_i 的相对大小对新产生的颗粒进行重新分配。

经重新分配后，最终第 i 个区间单位时间内由于聚并和破裂产生的颗粒数 $\bar{B}_{a+b,i}$ 和消失的颗粒数 $\bar{D}_{a+b,i}$ 分别为：

$$\begin{aligned}\bar{B}_{a+b,i} = B_{a+b,i-1}\lambda_i^-(\bar{v}_{i-1})H(\bar{v}_{i-1} - g_{i-1}) + B_{a+b,i}\lambda_i^-(\bar{v}_i)H(g_i - \bar{v}_i) \\ + B_{a+b,i}\lambda_i^+(\bar{v}_i)H(\bar{v}_i - g_i) + B_{a+b,i}\lambda_i^+(\bar{v}_{i+1})H(g_{i+1} - \bar{v}_{i+1})\end{aligned} \quad (6\text{-}54)$$

$$\bar{D}_{a+b,i} = D_{a,i} + D_{b,i} \quad (6\text{-}55)$$

式中 $B_{a+b,i} = B_{a,i} + B_{b,i}$。分配系数为：

$$\eta = \begin{cases} a(\bar{v}_i, g_i) = \dfrac{\bar{v}_i - g_{i+1}}{g_i - g_{i+1}}, & g_i \leq v \leq g_{i+1} \\ b(\bar{v}_i, g_i) = \dfrac{\bar{v}_i - g_{i-1}}{g_i - g_{i-1}}, & g_{i-1} \leq v \leq g_i \end{cases} \quad (6\text{-}56)$$

为了简化，定义：

$$\lambda_i^\pm(x) = \frac{x - g_{i\pm 1}}{g_i - g_{i\pm 1}} \quad (6\text{-}57)$$

Heaviside 函数定义为：

$$H(x) = \begin{cases} 1, & x > 0 \\ 1/2, & x = 0 \\ 0, & x < 0 \end{cases} \quad (6\text{-}58)$$

第三节　宏观与微观混合

绝大多数反应结晶和溶析结晶是一个快速过程，其成核特征时间往往小于混合特征时间，因此结晶器内的混合可能是过程的控制步骤。混合往往是决定复杂化学体系转化率和选择性的一个关键因素，对于反应结晶和溶析结晶等快速过程的放大过程，混合问题更是避免不了的重要因素。化学反应与混合的相对重要性通常通过比较它们各自的特征时间尺度来表示[59]。硫酸钡沉淀等反应结晶特征时间尺度一般在 $10^{-9} \sim 10^{-8}$s 之间，比最小的混合特征时间还小几个数量级。微观混合影响化学反应的速率，以及随后的成核和晶体生长过程，因而，微观混合在沉淀过程中起着关键作用。化学反应器中的混合问题可进一步参考专著[60]。

宏观混合通常用混合时间来表征。最常用的测试手段是在单相或两相体系中进行示踪实验[61]。示踪实验中，在反应器的某些位置注入一定量的示踪剂，并监测示踪剂浓度随时间的变化，以获得混合时间。通过求解流场以及在已知的流场上求解示踪剂传输方程[61-63]，宏观混合的 CFD 模拟很容易地用现有的 CFD 代码来实现。毛在砂等[64]提出直接从模拟的流场中导出停留时间分布，此法也可以推广用于导出宏观混合时间。然而，引入分散相会给多相流场的模拟带来严重困难，因此，模拟获得较精确的多相流场目前来说仍然具有挑战性。微观混合实验通常是通过选定的模型化学反应[65]进行的，如串联竞争反应和平行竞争反应。单相体系微混合实验已使用了几种模型化学反应，而两相体系微混合实验基本上使用碘化物/碘酸盐和重氮耦合方法[66-68]。对于其他模型反应体系，分散相的存在可能会带来新问题[69]。微观混合效率一般用离集指数 X_Q 来表征。如果微观混合完全，X_Q 为 0；如果是完全离集，X_Q 为 1。两个极值之间的数值都表示部分离集。图 6-3 给出了固液搅拌槽中的实验结果[68]。一般来说，搅拌转速越高，湍流越强，X_Q 值越小。此外，图中也给出了分散相颗粒的存在对微观混合的影响。

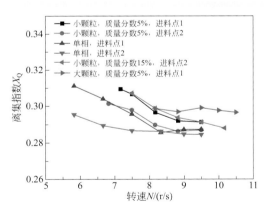

图 6-3 转速和进料位置对离集指数 X_Q 的影响[68]

为了数值计算上述微观混合过程，必须建立合适的微观混合模型。文献中提出了几种微观混合模型，并将其应用于单相系统中，如 IEM（interexchange-with-the-mean）模型[70]、多环境模型（multi-environment model）[71]、EDD（engulfment-deformation-diffusion）模型[72,73]、E 模型（engulfment model）[74] 和 PDF（probability density function）相关的模型（如 presumed-PDF 模型和 transported-PDF 模型）[75-77]。然而，两相微观混合的模型和数值模拟方面的研究还很缺乏。

一些研究者采用 IEM 模型研究了微观混合对沉淀中晶体大小的影响[78,79]。多环境模型是沉淀过程中另一种常用的微观混合模型，其假设反应器体积由两个或多个具有极端微观混合状态的环境组成：完全离集或充分混合。近年来，EDD 模型被广泛应用于研究混合对硫酸钡沉淀过程的影响[80]。在 E 模型中，反应器体积分为两个区域，即环境区和混合沉淀区，所有反应物都经历了两个区域中的过程和反应。对于 presumed-PDF 方法，其中的 β-PDF 模型和有限节点/环境 PDF（finite-mode PDF，FM-PDF）模型已广泛应用于单一反应和复杂反应体系以及沉淀过程[17,26,46,77,81]。为了描述对微观混合敏感的反应结晶或溶析结晶过程，通常需要一个完整的 CFD-PBE-PDF 耦合模型。

FM-PDF 是一个应用广泛的微观混合模型。在 FM-PDF 模型中，计算域中的每个物理计算网格被划分为 N_e 个节点或环境，这些节点或环境对应于采用一组有限数的狄拉克函数来离散化联合概率密度[59]：

$$f_\phi(\psi;x,t) = \sum_{n=1}^{N_e} p_n(x,t) \prod_{\alpha=1}^{N_s} \delta[\psi_\alpha - \langle\phi_\alpha\rangle_n(x,t)] \quad (6\text{-}59)$$

式中 $f_\phi(\psi;x,t)$——所有标量（如组分浓度、CSD 的矩等）的联合 PDF；

$p_n(x,t)$——节点/环境 n 的概率或体积分数；

$\langle\phi_\alpha\rangle_n$——节点 n 中标量 α 的值；

N_s——标量数目。

节点/环境 n 的加权标量矢量 $\langle s\rangle_n$ 定义为：

$$\langle s\rangle_n \equiv p_n\langle\phi\rangle_n \quad (6\text{-}60)$$

式中 $\langle\phi\rangle_n$——环境 n 中标量矢量，且计算物理网格上的平均值为：

$$\langle\phi\rangle = \sum_{n=1}^{N_e} p_n\langle\phi\rangle_n = \sum_{n=1}^{N_e} \langle s\rangle_n \quad (6\text{-}61)$$

数值模拟体系中的每一个网格中，节点/环境的概率或体积分数矢量 $p=[p_1, p_2,\cdots,p_{N_e}]$ 的传输方程以及环境 n 的加权标量矢量的传输方程如下：

$$\frac{\partial(\alpha_1 p)}{\partial t} + \nabla\cdot(\alpha_1 U_t p) - \nabla\cdot(\alpha_1 D_t\nabla p) = \alpha_1[G(p) + G_s(p)] \quad (6\text{-}62)$$

$$\frac{\partial(\alpha_1\langle s\rangle_n)}{\partial t} + \nabla\cdot(\alpha_1 U_t\langle s\rangle_n) - \nabla\cdot(\alpha_1 D_t\nabla\langle s\rangle_n) = \alpha_1[M^n(p,\langle s\rangle_1,\cdots,\langle s\rangle_{N_e}) + M_s^n(p,\langle s\rangle_1,\cdots,\langle s\rangle_{N_e})] + \alpha_1 p_n S(\langle\phi\rangle_n) \quad (6\text{-}63)$$

式中 G, M^n——由于微观混合导致的 p 和 $\langle s\rangle_n$ 的变化速率；

G_s, M_s^n——附加微观混合项，用于消除混合分数方差传输方程中假耗散速率；

S——源项（如化学反应、结晶导致组分浓度变化等）。

已有研究结果表明[17,77,82]，三节点/环境（$N_e = 3$）足以获得较好的精度。表 6-1 中给出了三环境 PDF 微观混合模型中相关的项。

表 6-1　三环境 PDF 微观混合模型中的相关项[59]

Model variables	G, M^n	G_s, M_s^n
p_1	$-\gamma p_1(1-p_1)$	$\gamma_s p_3$
p_2	$-\gamma p_2(1-p_2)$	$\gamma_s p_3$
p_3	$\gamma[p_1(1-p_1) + p_2(1-p_2)]$	$-2\gamma_s p_3$
$\langle s \rangle_3$	$\gamma[p_1(1-p_1)\langle \phi \rangle_1 + p_2(1-p_2)\langle \phi \rangle_2]$	$-\gamma_s p_3(\langle \phi \rangle_1 + \langle \phi \rangle_2)$

注：$\gamma = \varepsilon_\xi/[p_1(1-p_1)(1-\langle \xi \rangle_3)^2 + p_2(1-p_2)\langle \xi \rangle_3^2]$；$\gamma_s = 2D_t\nabla\langle \xi \rangle_3 \cdot \nabla\langle \xi \rangle_3/[(1-\langle \xi \rangle_3)^2 + \langle \xi \rangle_3^2]$；$\langle \xi'^2 \rangle = p_1(1-p_1) - 2p_1p_3\langle \xi \rangle_3 + p_3(1-p_3)\langle \xi \rangle_3^2$。

节点/环境 1 和 2 中分别包含未混合的反应物，反应与结晶仅在环境 3 中发生。除了加权组分传输方程外，另一个需要求解的重要变量是环境 3 的加权混合分数，$p_3\langle \xi \rangle_3$。环境 3 的混合分数 $\langle \xi \rangle_3$ 定义为来自环境 1 中的流体占环境 3 中流体的分数。根据此定义，环境 1 和 2 的混合分数值分别为：$\langle \xi \rangle_1 = 1$ 和 $\langle \xi \rangle_2 = 0$。

表 6-1 中 ε_ξ 表示由于微观混合导致的标量耗散速率；γ_s 表示假耗散速率。对于充分发展的标量谱，标量混合速率与湍流频率 ε_1/k_1 关系为：

$$\varepsilon_\xi = C_\phi \langle \xi'^2 \rangle \frac{\varepsilon_1}{k_1} \quad (6\text{-}64)$$

对于高雷诺数流动 $C_\phi \approx 2$[59]。在一些反应器中，如撞击射流混合器，高雷诺数和低雷诺数区域同时存在[83]，此时 C_ϕ 与局部湍流雷诺数 Re_1 相关

$$C_\phi = \sum_{n=0}^{6} a_n (\lg Re_1)^n, \quad Re_1 = \frac{k_1}{\sqrt{\varepsilon_1 v_1}} \geq 0.2 \quad (6\text{-}65)$$

式中，$a_0 = 0.4093$，$a_1 = 0.6015$，$a_2 = 0.5851$，$a_3 = 0.09472$，$a_4 = -0.3903$，$a_5 = 0.1461$，$a_6 = -0.01604$，v_1 表示流体的运动黏度。

Presumed-PDF 方法其实现和求解相对容易，且易于嵌入到现有主流的 CFD 代码或工具中。因此，CFD-PBE-PDF 广泛用于模拟管式和搅拌反应器中 $BaSO_4$ 的沉淀[26,77,81,84,85]。搅拌转速是影响槽内混合强度进而影响槽内晶体大小的主要因素。然而，关于转速与沉淀颗粒大小的关系，文献报道存在不一致性，如转速的增加可能增加、减小、产生粒径最小值，或者根本不影响晶体平均粒径[26,86]。图 6-4 给出了 Wang 等[26] 总结的文献中不同速度下连续搅拌槽内 $BaSO_4$ 沉淀的一些实验和模拟预测结果。结果表明，随着转速的提高，晶体尺寸增大。其原因可能是当叶轮转速增大时，局部过饱和度降低，在较低的过饱和度下相对有利于生长，而成核则受到更严重的抑制。

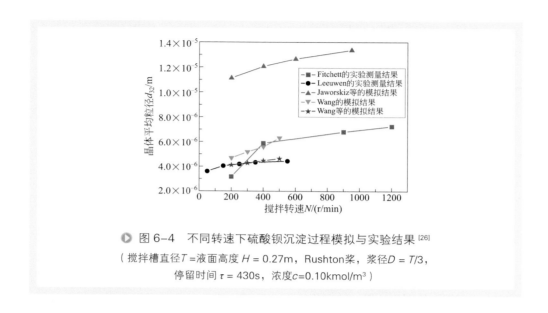

▶ 图 6-4　不同转速下硫酸钡沉淀过程模拟与实验结果[26]
（搅拌槽直径T=液面高度H = 0.27m，Rushton桨，桨径D = T/3，
停留时间τ = 430s，浓度c=0.10kmol/m³）

第四节　反应结晶过程模拟

本节将展示搅拌槽中化学沉淀过程的模拟，用$BaSO_4$沉淀作为模型，搅拌槽连续操作，以前面章节讨论的方法求解PBE。图 6-5 给出了一个常用的实验室搅拌槽

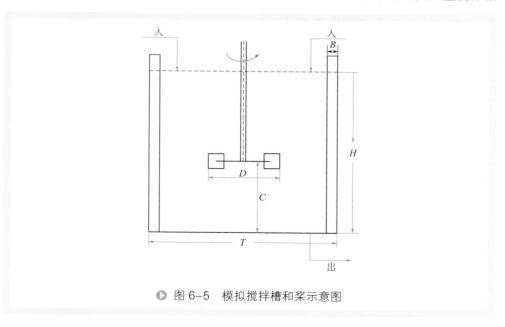

▶ 图 6-5　模拟搅拌槽和桨示意图

模型（搅拌槽内径 T=0.27m，液位高 $H=T$），已被一些研究者用于模拟 $BaSO_4$ 沉淀过程[18,25,26,87]。使用标准的六叶 Rushton 涡轮搅拌桨（桨径 $D=T/3$，桨安装距离槽底部高度 $C=T/2$），$BaCl_2$ 或 Na_2SO_4 的溶液从两个进料口中任意一个进料。

除了求解 PBE 方程组，比如从 SMM 和 QMOM 得到的矩方程组以及从 MCM 得到的离散方程组，需要首先得到三维流场，如通过求解雷诺时均 Navier-Stokes 方程（Reynolds-averaged Navier-Stokes，RANS）。由于沉淀颗粒一般小于 20μm，固体浓度非常低，因此，颗粒都紧随液体流动，固体存在对液体流动的影响可忽略[10]，因此可采用单相 RANS 方程[2,25,26]。过饱和度是由氯化钡和硫酸钠的反应产生，故必须求解组分传输方程以获得组分浓度的空间分布，从而得到过饱和度的空间分布。在求解 PBE 时，还必须结合其他模型，如成核与生长动力学模型、团聚速率模型、破裂速率模型以及破碎子颗粒大小分布模型等。

一、组分传输方程

用摩尔浓度描述的不同组分（浓度 c_i，i = Ba^{2+}，Cl^-，Na^{2+} 和 SO_4^{2-}）的输运方程如下：

$$\frac{\partial(\rho c_i)}{\partial t}+\nabla \cdot [\rho \boldsymbol{U} c_i - \Gamma_{\text{eff}} \nabla c_i]=S_i \quad (6\text{-}66)$$

源项 S_i 与晶体生长速率 S_g 和二阶矩 m_2 有关：

$$S_i = \pm\rho S_g = \pm\rho(3m_2 G)k_v \frac{\rho_{BaSO_4}}{M_{BaSO_4}} \quad (6\text{-}67)$$

对于 Ba^{2+} 和 SO_4^{2-} 离子，上面式子用负号，对于生成物 $BaSO_4$，上面式子用正号，而对于不参与反应的 Na^+ 和 Cl^- 离子，S_i 为 0。

二、成核与生长动力学

采用 Nielsen 的 $BaSO_4$ 沉淀实验数据[88]，Bałdyga 等[89] 提出了一个同时考虑均相和非均相成核的成核速率表达式。Cheng 等[2] 对这个表达式作了一些修正，使其在区分非均相和均相成核的连接点 Δc =10mol/ m^3 处仍数学上连续。图 6-6 给出了 Nielsen 实验数据和新的成核表达式，成核速率 B 的计算公式如下：

$$B = \begin{cases} 2.83\times10^{10}\Delta c^{1.775}, & \Delta c \leqslant 10\text{mol}/\text{m}^3 \text{（非均相）} \\ 2.33\times10^{-2}\Delta c^{13.86}, & \Delta c > 10\text{mol}/\text{m}^3 \text{（均相）} \end{cases} \quad (6\text{-}68)$$

其中 $\Delta c = (s-1)\sqrt{K_{sp}}$

式中 K_{sp}——$BaSO_4$ 的溶度积，常温下为 1.14×10^{-4} mol^2/m^6；

s——过饱和度比，定义为 $s = \sqrt{c_A c_B / K_{sp}}$。

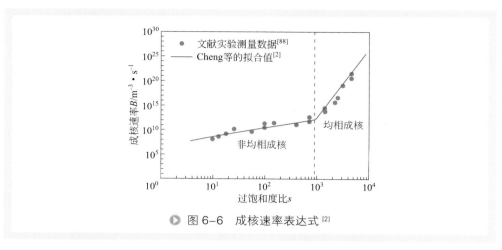

图 6-6 成核速率表达式[2]

文献中已经使用了几种 $BaSO_4$ 的生长速率表达式,局部生长速率可采用经典关系式计算:

$$G = k_g(S_a - 1)^2 \quad (6-69)$$

其中 $k_g = 4.0 \times 10^{-11}$ m/s[90]

式中 S_a——以活度表示的过饱和度。

$S_a = \gamma_{ac} S$,其中 γ_{ac} 为活度系数,可采用 Bromley 方法计算[91],该方法适用于高达 6mol/L 的离子强度溶液。两步生长模型包括分子扩散和表面嵌入两步,已被一些研究者采用[17,24,26,87]。

$$G = k_r\left(\sqrt{c_{As}c_{Bs}} - \sqrt{K_{sp}}\right)^2 = k_d(c_A - c_{As}) = k_d(c_B - c_{Bs}) \quad (6-70)$$

式中 c_{As}, c_{Bs}——晶体表面的反应物浓度,mol/m³;

k_r——动力学常数,等于 5.8×10^{-8}(m/s)/(m³/mol)²[17,92];

k_d——质量传输系数,取恒定值 10^{-7}(m/s)/(m³/mol)[26,93]。

若已知 c_A 和 c_B,生长速率 G 可采用 Newton-Raphson 方法求解方程(6-70)得到。

三、团聚与破裂动力学

颗粒必须通过某种传输机制相互靠近,以产生碰撞,然后才可能发生团聚。布朗运动(通常适用于小于 1μm 的颗粒)和流动剪切(适用于 1~50μm 范围内的颗粒)是两种主要的引起沉淀颗粒碰撞的控制机制。布朗运动和流体剪切引起的碰撞动力学函数可分别表示为[94]:

$$Q_{Br}(L_i, L_j) = \frac{2k_B T}{3\mu} \frac{(R_i + R_j)^2}{R_i R_j} \quad (6-71)$$

$$Q_{Fl}(L_i, L_j) = 1.29 G_{sh}(R_i + R_j)^3 \quad (6-72)$$

式中　　L_i, L_j——颗粒特征尺寸；

　　　　R_i, R_j——相应的碰撞半径；

　　　　k_B——Boltzmann 常数；

$G_{sh} = (\varepsilon/\nu)^{1/2}$——流场的特征速度梯度（剪切速率）。

假设这两个碰撞机制是线性相加的，从而总的碰撞速率为：

$$Q(L_i, L_j) = Q_{Br}(L_i, L_j) + Q_{Fl}(L_i, L_j) \tag{6-73}$$

由于流体力学相互作用、黏性流体层的阻力和碰撞后颗粒重组时间不足等原因，并非所有的碰撞都会导致颗粒团聚。所有这些可反映在碰撞效率 $\alpha(L,\lambda)$ 上。文献中提出了几种模型来计算多孔聚集体（渗透絮凝模型）的碰撞效率[95]。在搅拌体系中，颗粒聚集体受到较强流体剪切作用而较致密，故可采用非渗透絮凝模型计算碰撞效率[18]。则团聚速率 $\beta(L,\lambda) = \alpha(L,\lambda)Q(L,\lambda)$。

流场应力导致的颗粒破碎在沉淀体系中较为常见。不同研究者提出几种破裂速率表达式，并由 Marchisio 等[96]进行了总结。一个半理论的幂律形式破碎速率模型已被广泛应用于各种颗粒破碎现象[97,98]，其表达式如下：

$$\psi(L) = c_1 \nu^x \varepsilon^y L^\gamma \tag{6-74}$$

式中　　c_1——无量纲经验常数。

Peng 和 Williams[99]通过将模型与实验数据拟合，发现指数 γ 可以假设在 1～3 之间，并通常取 $\gamma=2$。对于破碎子颗粒大小分布函数，文献中使用了对称、磨损和均匀分布等形式[27]。常用的均匀分布如下：

$$b(L|\lambda) = \begin{cases} 6L^2/\lambda^3, & 0 < L < \lambda \\ 0, & \text{其他情况} \end{cases} \tag{6-75}$$

$$\bar{b}_i^{(k)} = L_i^k \frac{6}{k+3} \tag{6-76}$$

四、模拟细节

结晶过程数值模拟工具，有些研究者采用 Fortran 自编程[18,26,85,87]，有些采用商业软件如 Fluent（Ansys，Inc.）[2,17,22,25,31,100]。最近，也有些研究者采用开源计算流体力学软件如 OpenFOAM（Open Source Field Operation and Manipulation）进行溶析结晶、反应结晶或冷却结晶过程模拟计算[10,19]。通过求解单相 RANS 方程，可得到搅拌槽内的三维流场。采用多参考系（multi-reference frame，MRF）对旋转搅拌桨和固定挡板间进行处理。一般采用单相标准 k-ε 或 RNG（Renormalization Group）k-ε 湍流模型，速度和压力的耦合用 SIMPLE（Semi-Implicit Method for Pressure Linked Equations）或 SIMPLEC（SIMPLE-Consistent）算法求解。网格独立性检查可以通过比较不同网格数模拟得到的流场，或通过边界和梯度自适应调整进行。当流场方程的无量纲残差远低于 10^{-4} 时，认为达到收敛，速度场和湍流场被

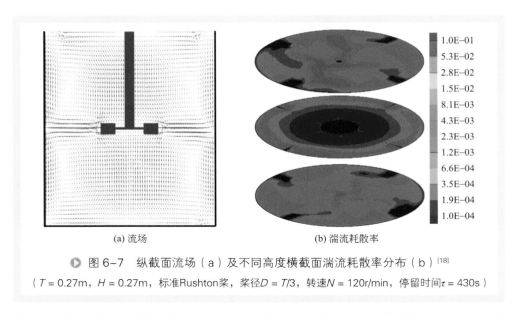

(a) 流场　　　　　　　　(b) 湍流耗散率

图 6-7　纵截面流场（a）及不同高度横截面湍流耗散率分布（b）[18]
（$T = 0.27m$，$H = 0.27m$，标准Rushton桨，桨径$D = T/3$，转速$N = 120r/min$，停留时间$\tau = 430s$）

保存并保持不变，用于后续的反应结晶过程模拟。图 6-7 给出模拟得到的流场和湍流耗散率分布[18]。

在已知流场的基础上，进而求解组分传输方程式（6-66）和 PBE 方程。对于 SMM，使用方程式（6-29），通常需要求解 5 个矩方程，以获得 CSD 的 0～4 阶矩。对于 QMOM，使用方程式（6-31），所求解的矩方程的数量取决于所用节点，通常是两个节点（$N_d = 2$）或三个节点（$N_d = 3$）。对于采用 N_d 节点的 QMOM，将求解 $2N_d$ 个矩方程。例如，若 $N_d = 3$，则需求解从 m_0 到 m_5 的 6 个矩方程。对于 MCM，使用方程式（6-39）。离散方程的数量取决于子区间的数量，例如采用 36 个子区间，则需要同时求解 40 个方程（36 个子区间离散方程加上 4 个组分运输方程）。由于成核速率方程的刚性，Ba^{2+} 和硫酸根离子浓度传输方程和离散后第一个子区间方程需采用较小的松弛因子。当使用 Fluent 时，PBE 方程和组分传输方程通过用户自定义标量方程（user-defined scalar，UDS）和用户自定义函数（user-defined function，UDF）嵌入到 Fluent 中。收敛判断准则是所有离散 PBE 方程和组分传输方程的残差均小于 10^{-6}。在采用 QMOM 和 MCM 求解 PBE 时，可以考虑团聚和破裂过程。与 SMM 和 QMOM 相比，MCM 更耗时，尤其是考虑二次过程时，因为在式（6-40）中团聚项的离散表达式涉及三重循环[2]。

五、沉淀过程模拟

在本节中，将给出一些已发表的关于 $BaSO_4$ 沉淀模拟的结果。通过求解组分传输方程和 PBE 方程，可以得到过饱和度、成核速率和生长速率的空间分布。图 6-8 给出了不同转速下局部过饱和度比 s_a 的分布。结果表明，随着叶轮转速的增加，s_a

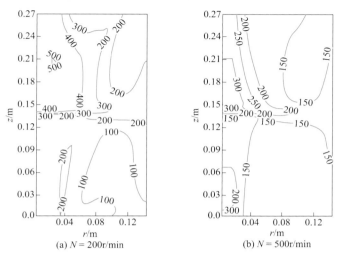

图 6-8　不同转速下的局部过饱和度比 s_a 分布 [87]

（$C=T/2$，$\tau = 430s$，半连续，进料点靠近液面，$c=0.10kmol/m^3$）

变得更加均匀，平均值降低，这是由于较强的流体循环和较强的湍流在反应器中产生更好的宏观混合 [87]。

图 6-9 给出了搅拌槽内成核和生长速率分布 [2]。在预混和沉淀的情形，成核和生长主要发生在底部进料口附近区域。

采用 SMM，Wang 等 [87] 模拟了 $BaSO_4$ 的沉淀过程，考察了进料位置、进料

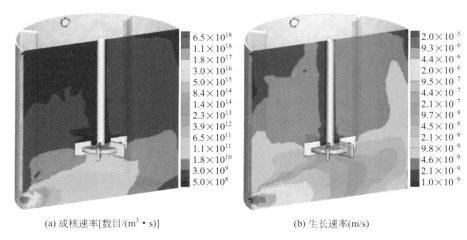

(a) 成核速率[数目/($m^3 \cdot s$)]　　　　　(b) 生长速率(m/s)

图 6-9　成核与生长速率分布 [2]

（预混进料，$c= 30mol/m^3$，$\tau = 63s$，$N = 372r/min$）

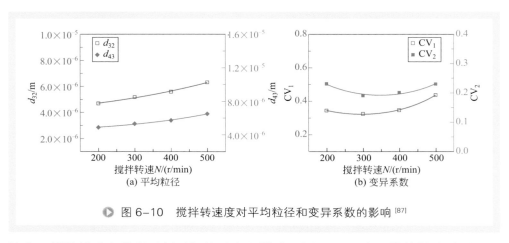

图 6-10 搅拌转速度对平均粒径和变异系数的影响 [87]

浓度、搅拌转速和停留时间对沉淀过程的影响。图 6-10 给出了搅拌转速对平均粒径 d_{32}、体积平均粒径 d_{43} 和变异系数（coefficient of variation，CV）的影响。结果表明，d_{32} 随转速的增加而增大。其他相关研究表明，平均粒径随着搅拌转速的增加而增加，并在较大搅拌转速下达到平稳状态 [23,101]。然而，在预混沉淀的情况下，搅拌转速对 d_{32} 的影响非常有限，随着搅拌转速的增大，d_{32} 甚至会随着搅拌转速的增大而略有减小 [2]。

其他一些研究者也采用 SMM 成功地模拟了 $BaSO_4$ 的沉淀 [22,25,102]。停留时间和晶体形状因子对局部过饱和度和体积平均粒径有显著影响。如 Marchisio 等 [17] 及 Vicum 和 Mazzotti [23] 研究所示，湍流混合是另一个重要影响因素。

一般来说，在上述工作中，模拟结果和实验数据之间的差异在较高浓度下会变得更大，部分原因是忽略了颗粒团聚。在 $BaSO_4$ 沉淀过程中可以清楚地表明晶体团聚现象 [17,103,104]。Gavi 等 [31,81] 采用 QMOM 研究了受限碰撞流反应器中 $BaSO_4$ 的沉淀。作者仅考虑布朗运动导致的颗粒团聚，预测结果与实验数据吻合得很好。Cheng 等 [2] 的工作还表明，选择合适的团聚和破碎模型，预测结果可以得到较大改善。

对于团聚和破裂过程，采用 2 节点的 QMOM 就能获得较好的模拟精度 [92]。此外，在图 6-11 中可以发现，当忽略二次项时，SMM 和 2 节点、3 节点 QMOM 的模拟结果非常接近，2 节点和 3 节点 QMOM 的预测也非常接近（m_0 的误差低于 0.4%）[18]。

对于反应体系（如沉淀），已发表的采用离散化方法进行 CFD-PBE 模拟的工作还很有限，需要更全面和深入的工作。Mühlenweg 等 [105] 模拟了理想活塞流反应器中气相合成纳米颗粒的过程。他们的研究表明，CFD 与 MCM 相结合总体上是可行的。Woo 等 [46] 将 KT 高精度有限体积中心差分离散方案与 CFD 耦合，模拟了二维搅拌槽中的溶析结晶过程，分析了不同操作条件和放大规律对完整 CSD 的影响。Veroli 和 Rigopoulos [106] 提出了一个模拟湍流沉淀的框架，即采用离散 PBE 耦合

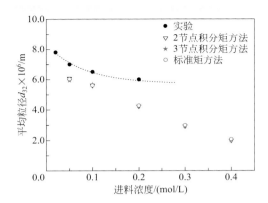

> 图 6-11 采用 2 节点和 3 节点模拟得到的不同进料浓度下的 d_{32} 与实验数据对比 [18]
> （$T=0.27$m，$H=0.27$m，标准Rushton桨，$D=T/3$，$N=120$r/min，$\tau=430$s）

transported-PDF（probability density function）的方法。作者将该方法应用于二维管流中 $BaSO_4$ 的沉淀过程模拟，并与已发表的 CSD 实验测量结果进行比较，结果表明，模拟得到的完整 CSD 与实验测量在粒径大小和粒径分布形状上均吻合较好。

上述采用 MCM 进行 CFD-PBE 模拟的工作仅限于二维流场，且忽略了团聚等重要过程。采用一阶迎风离散生长项、固定枢点法处理团聚项，Cheng 等[2] 模拟了 $BaSO_4$ 在三维搅拌槽中的沉淀过程。图 6-12 给出了在考虑团聚和忽略团聚两种情况下，采用不同子区间数模拟得到的体积粒径分布。结果表明，对于 MCM，粒径网格划分越细（即子区间数越多），解的精度越高，但计算成本也越高。因此，有必要在模拟精度和计算成本之间找到一个平衡点。如图 6-12 所示，粒径网格划分越细，CSD 的峰值越大，CSD 的尾部越小、越短。

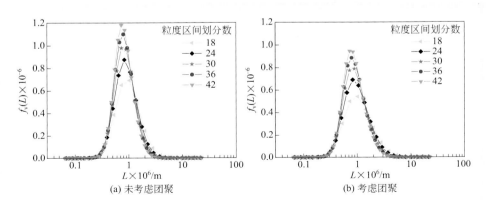

> 图 6-12 采用不同粒径区间划分数得到的体积粒径分布函数 [2]

图 6-13 给出了不同空间位置的 CSD，以及不同浓度下团聚导致的第 i 个粒度区间晶体颗粒净生成速率[2]。一些位置出现了双峰分布，这是无法通过 SMM 或 QMOM 来获得的。使用 MCM，不仅可以给出团聚对 CSD 的总体影响，同时还可以得到每个子区间的团聚速率。

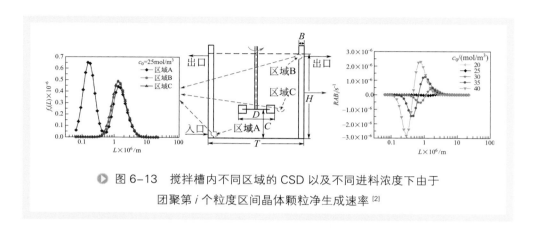

图 6-13　搅拌槽内不同区域的 CSD 以及不同进料浓度下由于团聚第 i 个粒度区间晶体颗粒净生成速率[2]

采用 MCM 进行 CFD-PBE 耦合模拟，考虑团聚时计算量很大。此外，CSD 的峰值变小、变宽以及尾部拖长仍然是需要解决的问题，部分原因在于对生长项的离散处理。对于一些过程，如沉淀生产纳米颗粒和沉淀/溶析结晶生产医药晶体等，对详细的粒径分布以及分布形状进行严格控制是非常有用的，而这些采用矩方法是无法获得的。

第五节　溶析结晶过程模拟

溶析结晶广泛应用于医药工业，它是通过加入溶析剂到某期望组分的溶液中，从而产生过饱和度。由于温度变化小，溶析结晶尤其适合于结晶提纯或生产热敏性的医药中间体或最终晶体产品[107]。本节将以洛伐他汀在甲醇-水的混合溶剂中结晶为模型体系，介绍溶析结晶过程的模拟。结晶设备为受限撞击射流混合器，其被认为是获得期望平均粒径和单峰粒径分布窄以及高纯度和高结晶度晶体产品的可靠设备[108,109]。已有不少研究者对受限撞击射流混合器的混合性能以及其在反应和溶析结晶中的应用开展了实验和模拟研究[6,10,31,81,83,110,111]。图 6-14 为模拟所采用的受限撞击射流混合器示意图。洛伐他汀的甲醇饱和溶液从一边入口进入（如图 6-14 的左边），而溶析剂水则从另一边进入。

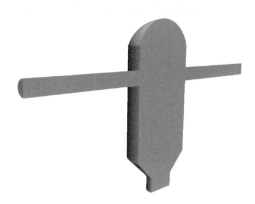

> 图 6-14　模拟所采用的受限撞击射流混合器

一、模型与方程

采用混合多相模型，其连续和动量方程为：

$$\frac{\partial \rho_m}{\partial t} + \nabla \cdot (\rho_m \boldsymbol{U}_m) = 0 \tag{6-77}$$

$$\frac{\partial (\rho_m \boldsymbol{U}_m)}{\partial t} + \nabla \cdot (\rho_m \boldsymbol{U}_m \boldsymbol{U}_m) = -\nabla p + \nabla \cdot \boldsymbol{\tau}_m - \nabla \cdot [\rho_m c_p (1-c_p) \boldsymbol{U}_{Sp} \boldsymbol{U}_{Sp}] + \rho_m \boldsymbol{g} \tag{6-78}$$

式中　　$\boldsymbol{U}_{Sp}$——相对速度或滑移速度，定义为分散相相对于连续相的速度，即

$$\boldsymbol{U}_{Sp} = \boldsymbol{U}_p - \boldsymbol{U}_l;$$

$c_p = \alpha_p \rho_p / \rho_m$——分散相晶体的质量分数，$\alpha_k (k=1,\cdots,p)$ 为相含率。

混合密度 ρ_m、混合速度 $\boldsymbol{U}_m$ 以及混合应力张量 $\boldsymbol{\tau}_m$ 分别定义如下：

$$\rho_m = \alpha_l \rho_l + \alpha_p \rho_p \tag{6-79}$$

$$\boldsymbol{U}_m = \frac{1}{\rho_m}(\alpha_l \rho_l \boldsymbol{U}_l + \alpha_p \rho_p \boldsymbol{U}_p) \tag{6-80}$$

$$\boldsymbol{\tau}_m = \mu_m^{\text{eff}}\left[\nabla \boldsymbol{U}_m + (\nabla \boldsymbol{U}_m)^{\text{T}} - \frac{2}{3}(\nabla \cdot \boldsymbol{U}_m)\boldsymbol{I}\right] - \frac{2}{3}\rho_m k_m \boldsymbol{I} \tag{6-81}$$

式中　　$\boldsymbol{I}$——单位张量。

滑移速度表达式为：

$$\boldsymbol{U}_{Sp} = \frac{d_p^2(\rho_p - \rho_m)}{18 f_{\text{drag}} \mu_l}\left[\boldsymbol{g} - \frac{D\boldsymbol{U}_m}{Dt}\right] \tag{6-82}$$

式中　　f_{drag}——曳力函数，采用如下表达式[112]：

$$f_{\text{drag}} = \begin{cases} 1 + 0.15 Re_p^{0.687}, & Re_p \leqslant 1000 \\ 0.01825 Re_p, & Re_p > 1000 \end{cases} \quad （6\text{-}83）$$

式中　　Re_p——晶体颗粒雷诺数，$Re_p = d_p |U_{\text{Sp}}|/v_1$。

PBE 方程采用前面所述的通用 KT 高精度有限体积法求解 [式（6-35）]。由于溶质、溶析剂以及溶剂传输方程通常为质量守恒形式，因此 PBE 方程也应该表达为质量形式。这样一方面能够更好地将 PBE 和组分传输方程耦合，另一方面也能更好地满足总体质量守恒[46]。式（6-35）通过下面表达式可转换为质量形式的 PBE：

$$f_{w,j} = \rho_c k_v \int_{x_{j-1/2}}^{x_{j+1/2}} x^3 f_j \mathrm{d}x = \frac{\rho_c k_v f_j}{4} (x_{j+1/2}^4 - x_{j-1/2}^4) \quad （6\text{-}84）$$

式中　　ρ_c，k_v——晶体密度和体积形状因子。

因此，质量形式的离散 PBE 方程为：

$$\begin{aligned}
&\frac{\partial f_{w,j}}{\partial t} + \nabla \cdot (U_p f_{w,j}) - \nabla \cdot (D_t \nabla f_{w,j}) \\
&= \frac{\rho_c k_v}{4 \Delta x_j} (x_{j+1/2}^4 - x_{j-1/2}^4) \{0^{j-1} B + [-(H_{j+1/2} - H_{j-1/2})]\}, \quad j = 1, 2, \cdots, N
\end{aligned} \quad （6\text{-}85）$$

不同温度下洛伐他汀在甲醇/水的混合溶剂中的溶解度数据可以从文献获得[52,113,114]。成核与生长动力学可参考 Mahajan 和 Kirwan[115]。

模拟中采用方程式（6-77）和式（6-78）并结合 k-ε 湍流模型求解流场。微观混合模型除了求解方程式（6-62）外，还需求解加权混合分数传输方程。而组分（溶质、溶剂与溶析剂）以及离散的 PBE 传输方程[即式（6-85）]需要采用方程式（6-63）的形式进行求解，这样就将多相CFD、微观混合以及PBE耦合成为统一的模型。

二、模拟结果

图 6-15 所示为模拟所得到的对称平面中环境 3 的概率或体积分数 p_3 以及混合分数 $\langle \xi \rangle_3$。除了碰撞区域外，其他区域的微观混合非常好，即 $p_3 \to 1$。$\langle \xi \rangle_3$ 的值表示来自环境 1 的流体（即图 6-14 的左边入口）在环境 3 流体中所占的分数。图 6-15（b）显示，对于碰撞平面的左边部分，由于更多的流体来自左边入口，即 $\langle \xi \rangle_3 >$ 0.5，而右边部分更多的流体来自右边入口，即 $\langle \xi \rangle_3 < 0.5$。对于中心区域，环境 3 中来自左右两边入口的流体基本一样，即 $\langle \xi \rangle_3$ 非常接近 0.5。

图 6-16 所示为模拟所得到的对称平面中环境 3 中溶质（洛伐他汀）和溶析剂（水）的浓度分布。分布和图 6-15（b）非常相似。比如，对于碰撞平面的左边部分，环境 3 含有更多的溶质，而右边部分含有更多的溶析剂水。

图 6-17 为分别采用拟均相和混合多相模型模拟得到的不同进料或碰撞速率下

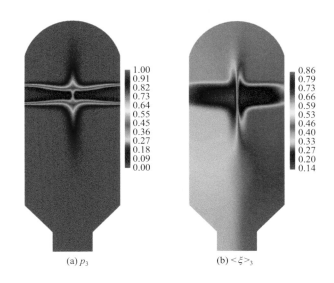

(a) p_3 (b) $\langle \xi \rangle_3$

图 6-15　模拟所得到的对称平面中环境 3 的概率或体积分数 p_3 以及混合分数 $\langle \xi \rangle_3$（进料速率 2m/s）[10]

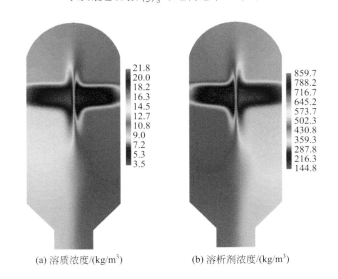

(a) 溶质浓度/(kg/m³)　(b) 溶析剂浓度/(kg/m³)

图 6-16　模拟所得到的对称平面中环境 3 中的溶质和溶析剂浓度分布（进料速率 2m/s）[10]

的 CSD。CSD 的宽度随碰撞速率增大而下降。这是由于高的碰撞速率有更好的微观混合，从而有更高的局部过饱和度。高的过饱和度更利于成核，故易于生成小和分布窄的晶体。当然，低的加料速率也意味着更长的停留时间，产生更多的晶体，并由于生长使得 CSD 变宽。采用拟均相和混合多相模型所得到的 CSD 差别随晶体

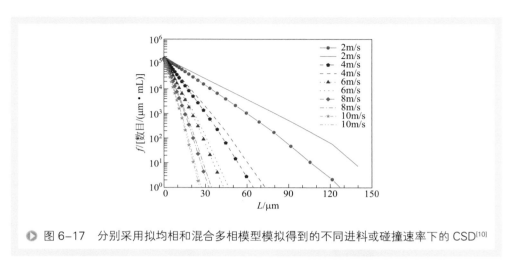

图 6-17 分别采用拟均相和混合多相模型模拟得到的不同进料或碰撞速率下的 CSD[10]

大小而变得越来越明显，表明晶体颗粒较大时，在反应结晶和溶析结晶中通常采用的拟均相假设会带来可观的误差。

图 6-18 为模拟得到的 CSD 与文献实验测量 [115] 对比。文献中实验采用同样的结晶体系，但为非受限碰撞射流，即自由碰撞射流。尽管实验设备与模拟设备有不同，但对比仍有意义，比如 CSD 随碰撞速率的变化趋势与实验观察基本相符。文献实验结果表明，在非常高的碰撞速率下，CSD 基本不再变化，表明此时结晶动力学而非混合主导结晶过程。

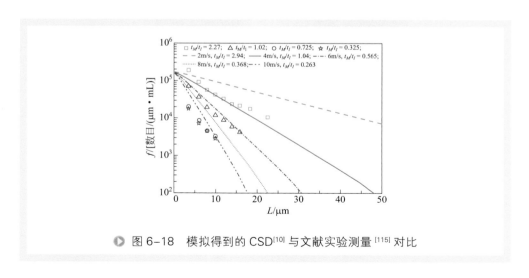

图 6-18 模拟得到的 CSD[10] 与文献实验测量 [115] 对比

第六节 溶析与反应结晶混合强化

溶析结晶过程中溶析剂与含有目标结晶物质的溶液间的混合，可以实现较高的过饱和度。反应结晶（沉淀）体系中，由于不溶或微溶沉淀物质的生成，过程是在极高的过饱和度条件下进行的。以上快速结晶过程中，与成核和生长等动力学相比，混合通常是整个过程进行的速率控制步骤。反应器内溶析剂与溶液和反应物之间的不均匀混合，会造成过饱和度的空间分布不均，进而影响目标结晶产物的CSD、形貌和晶型等性质。因此，为了获得均匀的浓度和过饱和度的空间分布，需要在成核过程发生之前使体系充分地混合。为了强化溶析与反应结晶体系的混合，不同类型的结晶器，尤其是微混合器已经被研究和用于颗粒物质的控制生产，如T混合器、Y混合器、涡流混合器、受限撞击射流混合器、共轴结晶器和径向结晶器，相关研究工作如表6-2所示。

表6-2 微混合器中溶析与反应结晶（沉淀）研究

微混合器	物质	参考文献
T混合器	$BaSO_4$	[120,121]
Y混合器	HMX $Ca_3(PO_4)_2$	[122] [123]
涡流混合器	TiO_2	[124]
受限撞击射流混合器	洛伐他汀-甲醇-水 $BaSO_4$	[10,111] [31,125,126]
径向混合结晶器	洛伐他汀-甲醇-水	[53]
共轴混合结晶器	洛伐他汀-甲醇-水	[52,54]

溶析结晶与反应结晶中的快速动力学过程使得实验研究变得困难，模型化的方法被广泛地用于两类结晶过程的研究。模型化研究方法中，既需要适宜的混合模型来描述结晶过程中混合效应的影响（包括macro-、meso-和micro-mixing），也需要对结晶反应器内的流动进行充分的描述。耦合的CFD-PBE-micro-mixing模型被广泛地用于溶析与反应结晶过程的模拟，其中macro-和meso-mixing可以用Navier-Stokes方程进行描述，亚网格尺度上的micro-mixing通常采用基于组成概率密度函数（probability density function, PDF）的微观混合模型进行描述，颗粒相则采用PBE进行描述。基于CFD的模型的优势在于可以获得过饱和度、成核和生长速率的空间分布随时间变化的信息，这对于实验和模拟结果的解释以及实验现象的机理认识十分重要。模型化方法中，采用的结晶动力学的不准确性是造成模拟预测结果与实验现象偏差的重要原因。因此，强化溶析与反应结晶实验设备中的混合

效率，获得精确的成核与生长等结晶动力学数据至关重要，微混合器可以很好地实现这一目的[116-119]。

第七节 小结和展望

结晶过程和结晶器的研究涉及很多方面，在本章中主要关注结晶器的模型与模拟，特别是反应结晶与溶析结晶过程。在第一节中，介绍了 PBE 常用的数值求解方法。在第二节中，介绍 PBE 方程的一般形式和一些求解方法如标准或传统矩方法、积分矩方法和粒度分级法或离散法，并讨论了各种求解方法的优缺点。由于反应/溶析结晶通常是快速过程，混合问题不可避免，在第三节中讨论了宏观混合和微观混合：宏观混合的实验和数值模拟研究，以及在单相和两相体系中的微观混合的实验研究工作。矩方法，特别是 QMOM 及其扩展方法，在 CFD-PBE 模拟中得到了广泛的应用，尤其是在反应体系中。采用粒度分级法进行 CFD-PBE 耦合模拟主要应用于非反应系统，如鼓泡塔和气液搅拌槽中气泡的聚并和破碎，而在反应体系中的应用仍然有限。在结晶过程模拟中，采用了一些相对简化的模型，如布朗运动导致和流体剪切导聚晶体团聚速率模型以及经验性破裂速率模型来描述二次过程。在许多情况下，模拟的精度可以得到提高，但是由于这些模型的物理背景和模型验证还有限，这些模型的选择和使用必须非常谨慎。

国内对结晶和结晶器的研究取得了很大的成功。在结晶化学以及分子和微晶尺度等方面的基础研究为具体的结晶过程开发提供了良好的基础。药物结晶动力学的测定一直受到人们的关注，主要是成核速率和生长速率。在动力学研究中，基于诱导时间的测量方法广泛应用于乙醇-丙酮体系中的地塞米松磷酸钠[127]、甲醇-乙酸丁酯体系中的氯唑西林钠[128]和醇-水体系中的 L-色氨酸[129] 等的动力学测量。将 PBE（主要是矩方法）和 CSD 测量相结合，测定了 L-苏氨酸结晶的生长和破碎动力学[130]。基础研究的另一个重点是热力学数据测量如溶解度和介稳区[129]，以及研究杂质或添加剂对药物结晶的影响[131]。这些热力学数据是动力学测定和计算的基础，同时也能够为过程设计和优化提供重要依据，比如可以根据某种物质在混合溶剂中的溶解度参数曲线选择合适的溶剂和制剂方式等[132]。此外，对晶习（或形态）控制的研究为开发特殊功能晶体产品技术奠定了科学基础。通过实验研究溶剂和杂质对药物结晶产品晶习的影响，可为溶剂的筛选提供基础信息，以获得理想的晶习[133]。最近，分子模型已被用于预测离子杂质和溶剂分子对晶体形态变化的影响[131,134]。然而，对晶体形态的控制和晶习机理的研究还不够，特别是化学工程方面的操作对获得理想晶体形态的研究。

设计结晶器的目的是通过宏观工艺条件和操作的控制，实现实验室结晶研究所优选出的化学工程条件。因此，应实现有利于结晶过程控制的宏观尺度上多相流体力学环境。目前，准确地描述宏观环境和宏观模型中的微尺度现象，仍然是化学家和化学工程师共同面临的巨大挑战。微观混合的研究可以成为微观现象与宏观模型之间的桥梁。一般来说，在将结晶过程从实验室规模放大到中试和工业化的过程中，尽管存在很大的不确定性与风险，基于结晶器整体宏观尺度上 PBE 模型、质量平衡和能量平衡，再结合工程经验，仍然是目前主要的结晶器放大方法。CFD-PBE 模型与模拟在后面结晶研究和开发工作中将会得到广泛的应用。由于尺寸和形貌都是药物晶体的关键质量参数，因此也需要进行二维 CFD-PBE 模型与模拟，将形貌参数引入晶体状态的描述之中。

CFD-PBE 模型与数值模拟仍需继续发展。由于 SMM 的局限性，QMOM 将成为主要的矩方法之一，并且对 QMOM 方法的改进也在进行，如条件积分矩方法（conditional quadrature method of moments，CQMOM）[32]和分段积分矩方法（sectional quadrature method of moments，SQMOM）[135]。MCM 耦合 CFD 的计算量很大。MCM 能够准确预测完整的 CSD，对药物反应结晶和溶析结晶过程非常重要，因此随着计算机技术的发展，粒度分级法或离散法用于 CFD-PBE 模型与模拟在将来将变得更加重要。对于结晶模型而言，团聚和破碎模型非常重要，因为对于大晶体而言，浓密晶浆中的磨损和破碎是不可避免的，而对于沉淀或溶析结晶等快速过程的晶体而言，团聚通常是决定产品最终质量的关键因素。现有的团聚和破裂/磨损模型包含许多不确定性和经验参数，缺乏普适性。因此，需要继续深入研究碰撞频率、碰撞效率、破碎/磨损速率和破裂子颗粒大小分布等模型。此外，MCM 中更有效的生长项离散处理方法，如高精度有限体积法需要进一步关注。本章仅讨论了一维 PBE 模型，然而多维 PBE 似乎更有价值，也受到更多的关注，尤其是在药物结晶过程中，因为晶体大小和形状都是决定最终药物生物利用度的关键因素。因此，有必要将一维 PBE 扩展到多维，并开发相应的算法。实际上，在这方面已经有一些工作[136-138]，如将固定枢点法扩展到二维[139,140]，以及将单元平均法扩展到二维[141]。当然，这些多维 PBE 研究仍关注均相体系，考虑非均相的多维 CFD-PBE 耦合模型与模拟还有待开发。

参考文献

[1] Costa C B B，Maciel M R W,Filho R M. Considerations on the crystallization modeling: Population balance solution[J]. Computers and Chemical Engineering, 2007, 31:206-218.

[2] Cheng J, Yang C, Mao Z-S. CFD-PBE simulation of premixed continuous precipitation incorporating nucleation, growth and aggregation in a stirred tank with multi-class method[J]. Chemical Engineering Science, 2012, 68(1):469-480.

[3] Hulburt H M, Katz S. Some problems in particle technology[J]. Chemical Engineering Science, 1964, 19:555-574.

[4] McGraw R. Description of aerosol dynamics by the quadrature method of moments[J]. Aerosol Science Technology, 1997, 27(2):255 - 265.

[5] Marchisio D L, Fox R O. Solution of population balance equations using the direct quadrature method of moments[J]. Journal of Aerosol Science, 2005, 36: 43-73.

[6] Metzger L, Kind M. The influence of mixing on fast precipitation processes-A coupled 3D CFD-PBE approach using the direct quadrature method of moments (DQMOM)[J]. Chemical Engineering Science, 2017, 169(21):284-298

[7] Hounslow M J, Ryall R L, Marshall V R. Discretized population balance for nucleation, growth, and aggregation[J]. AIChE Journal, 1988, 34(11):1821-1832.

[8] Kumar S, Ramkrishna D. On the solution of population balance by discretization Ⅰ. A fixed pivot technique[J]. Chemical Engineering Science, 1996a, 51:1311-1332.

[9] Kumar J, Peglow M, Warnecke G, et al. Improved accuracy and convergence of discretized population balance for aggregation:The cell average technique[J]. Chemical Engineering Science, 2006, 61(10):3327-3342.

[10] Cheng J, Yang C, Jiang M, et al. Simulation of antisolvent crystallization in impinging jets with coupled multiphase flow-micromixing-PBE[J]. Chemical Engineering Science, 2017, 171:500-512.

[11] Nicmanis M, Hounslow M J. A finite element analysis of the steady state population balance equation for particulate systems:aggregation and growth[J]. Computers and Chemical Engineering, 1996, 20:S261-S266.

[12] Mahoney A W, Ramkrishna D. Efficient solution of population balance equations with discontinuities by finite elements[J]. Chemical Engineering Science, 2002, 57(7):1107-1119.

[13] Falope G O, Jones A G, Zauner R. On modelling continuous agglomerative crystal precipitation via Monte Carlo simulation[J]. Chemical Engineering Science, 2001, 56:2567-2574.

[14] Randolph A D, Larson M A. Theory of particulate processes[M]. 2nd ed. San Diego, CA:Academic Press, 1988.

[15] Marchisio D L, Pikturna J T, Fox R O, et al. Quadrature method of moments for population-balance equations[J]. AIChE Journal, 2003, 49(5):1266-1276.

[16] Verkoeijen D, Pouw G A, Meesters G M H, et al. Population balances for particulate processes-A volume approach[J]. Chemical Engineering Science, 2002, 57(12):2287-2303.

[17] Marchisio D L, Barresi A A, Garbero M. Nucleation, growth, and agglomeration in barium sulfate turbulent precipitation[J]. AIChE Journal, 2002, 48(9):2039-2050.

[18] Cheng J C, Yang C, Mao Z-S, et al. CFD modeling of nucleation, growth, aggregation, and breakage in continuous precipitation of barium sulfate in a stirred tank[J]. Industrial & Engineering Chemistry Research, 2009, 48(15):6992-7003.

[19] Li Q, Cheng J C, Yang C, et al. CFD-PBE-PBE Simulation of an airlift loop crystallizer[J]. The Canadian Journal of Chemical Engineering, 2018, 96(6):1382-1395.

[20] Nyvlt J, Zacek S. Possible inaccuracies involved in the crystal population balance method and their elimination[J]. Crystal Research and Technology, 1981, 16(7):807-814.

[21] Hartel R W, Berglund K A, Gwynn S M, et al. Crystallization kinetics for the sucrose-water system[J]. AIChE Symposium Series, 1980, 76(193):65-72.

[22] Öncül A A, Sundmacher K, Thévenin D. Numerical investigation of the influence of the activity coefficient on barium sulphate crystallization[J]. Chemical Engineering Science, 2005, 60:5395-5405.

[23] Vicum L, Mazzotti M. Multi-scale modeling of a mixing-precipitation process in a semibatch stirred tank[J]. Chemical Engineering Science, 2007, 62(13):3513-3527.

[24] Bałdyga J, Makowski Ł, Orciuch W. Double-feed semibatch precipitation effects of mixing[J]. Chemical Engineering Research & Design, 2007, 85(5):745-752.

[25] Jaworski Z, Nienow A W. CFD modelling of continuous precipitation of barium sulphate in a stirred tank[J]. Chemical Engineering Journal, 2003, 91:167-174.

[26] Wang Z, Zhang Q H, Yang C, et al. Simulation of barium sulfate precipitation using CFD and FM-PDF modeling in a continuous stirred tank[J]. Chemical Engineering and Technology, 2007, 30(12):1642-1649.

[27] Marchisio D L, Vigil R D, Fox R O. Quadrature method of moments for aggregation-breakage processes[J]. Journal of Colloid and Interface Science, 2003, 258:322-334.

[28] Marchisio D L, Soos M, Sefcik J, et al. Role of turbulent shear rate distribution in aggregation and breakage processes[J]. AIChE Journal, 2006, 52(1):158-173.

[29] Gimbun J, Rielly C D, Nagy Z K. Modelling of mass transfer in gas-liquid stirred tanks agitated by Rushton turbine and CD-6 impeller: A scale-up study[J]. Chemical Engineering Research & Design, 2009, 87:437-451.

[30] Petitti M, Nasuti A, Marchisio D L, et al. Bubble size distribution modeling in stirred gas–liquid reactors with QMOM augmented by a new correction algorithm[J]. AIChE Journal, 2010, 56(1):36-53.

[31] Gavi E, Rivautella L, Marchisio D L, et al. CFD modelling of nano-particle precipitation in confined impinging jet reactors[J]. Chemical Engineering Research & Design, 2007, 85(5):735-744.

[32] Yuan C, Laurent F, Fox R O. An extended quadrature method of moments for population balance equations[J]. Journal of Aerosol Science, 2012, 51:1-23.

[33] Pigou M, Morchain J, Fede P, et al. New developments of the extended quadrature method of moments to solve population balance equations[J]. Journal of Computational Physics, 2018, 365:243-268.

[34] Kariwala V, Cao Y, Nagy Z K. Automatic differentiation-based quadrature method of moments

for solving population balance equations[J]. AIChE Journal, 2012, 58(3):842-854.

[35] McGraw R, Wright D L. Chemically resolved aerosol dynamics for internal mixtures by the quadrature method of moments[J]. Journal of Aerosol Science, 2003, 34(2):189-209.

[36] Kalani A, Christofides P D. Simulation, estimation and control of size distribution in aerosol processes with simultaneous reaction, nucleation, condensation and coagulation[J]. Computers and Chemical Engineering, 2002, 26(7-8):1153-1169.

[37] Rigopoulos S, Jones A G. Finite-element scheme for solution of the dynamic population balance equation[J]. AIChE Journal, 2003, 49:1127-1139.

[38] John V, Angelov I, Öncül A A, et al. Techniques for the reconstruction of a distribution from a finite number of its moments[J]. Chemical Engineering Science, 2007, 62:2890-2904.

[39] Diemer R B, Olson J H. A moment methodology for coagulation and breakage problems: part 2-moment models and distribution reconstruction[J]. Chemical Engineering Science, 2002, 57:2211-2228.

[40] Kumar J. Numerical approximations of population balance equations in particulate systems[D]. Magdeburg: Otto-von-Guericke University, 2006.

[41] Kumar S, Ramkrishna D. On the solution of population balance equations by discretization 2. A fixed pivot technique[J]. Chemical Engineering Science, 1996, 51(8):1311-1332.

[42] Kumar S, Ramkrishna D. On the solution of population balance equations by discretization-III. Nucleation, growth and aggregation of particles[J]. Chemical Engineering Science, 1997, 52:4659-4679.

[43] Qamar S, Warnecke G. Numerical solution of population balance equations for nucleation, growth and aggregation processes[J]. Computers and Chemical Engineering, 2007, 31:1576-1589.

[44] Lim Y I, Le Lann J-M, Meyer X M, et al. On the solution of population balance equations (PBE) with accurate front tracking methods in practical crystallization processes[J]. Chemical Engineering Science, 2002, 57(17): 3715-3732.

[45] Ma D L, Tafti D K, Braatz R D. High-resolution simulation of multidimensional crystal growth[J]. Industrial & Engineering Chemistry Research, 2002, 41: 6217-6223.

[46] Woo X Y, Tan R B H, Chow P S, et al. Simulation of mixing effects in antisolvent crystallization using a coupled CFD-PDF-PBE approach[J]. Crystal Growth & Design, 2006, 6(6):1291-1303.

[47] Gunawan R, Fusman I, Braatz R D. Parallel high-resolution finite volume simulation of particulate processes[J]. AIChE Journal, 2008, 54:1449-1458.

[48] Qamar S, Warnecke G, Elsner M P. On the solution of population balances for nucleation, growth, aggregation and breakage processes [J]. Chemical Engineering Science, 2009, 64:2088-2095.

[49] Qamar S, Elsner M P, Angelov I, et al. A comparative study of high resolution schemes for solving population balances in crystallization[J]. Computers and Chemical Engineering, 2006,

30:1119-1131.

[50] Koren B. A robust upwind discretization method for advection, diffusion and source terms// Vreugdenhill C B, Koren B eds. Numerical methods for advection-diffusion problems (vol.45)[M]. Braunschweig: Vieweg Verlag, 1993: 117-138.

[51] Kurganov A, Tadmor E. New high-resolution central schemes for nonlinear conservation laws and convection-diffusion equations[J]. Journal Computational Physics, 2000, 160:241-282.

[52] Pirkle Jr C, Foguth L C, Brenek S J, et al. Computational fluid dynamics modeling of mixing effects for crystallization in coaxial nozzles[J]. Chemical Engineering and Processing: Process Intensification, 2015, 97:213-232.

[53] da Rosa C A, Braatz R D. Multiscale modeling and simulation of macromixing, micromixing, and crystal size distribution in radial mixers/crystallizers[J]. Industrial & Engineering Chemistry Research, 2018, 57(15):5433-5441.

[54] Farias L F I, de Souza J A, Braatz R D, et al. Coupling of the population balance equation into a two-phase model for the simulation of combined cooling and antisolvent crystallization using OpenFOAM[J]. Computers & Chemical Engineering, 2019, 123:246-256.

[55] Kostoglou M. Extended cell average technique for the solution of coagulation equation[J]. Journal of Colloid and Interface Science, 2007, 306:72-81.

[56] Kumar S, Ramkrishna D. On the solution of population balance by discretization Ⅱ. A moving pivot technique[J]. Chemical Engineering Science, 1996b, 51:1333-1342.

[57] Kumar J, Peglow M, Warnecke G, et al. An efficient numerical technique for solving population balance equation involving aggregation, breakage, growth and nucleation[J]. Powder Technology, 2008, 182(1):81-104.

[58] Filbet F, Laurencot P. Numerical simulation of the Smoluchowski coagulation equation[J]. SIAM Journal on Scientific Computing, 2004, 25:2004-2028.

[59] Fox R O. Computational models for turbulent reacting flows[M]. Cambridge: Cambridge University Press, 2003.

[60] 毛在砂, 杨超. 化学反应器中的宏观与微观混合[M]. 北京：化学工业出版社, 2020.

[61] Wang Z, Mao Z-S, Shen X Q. Numerical simulation of macroscopic mixing in a rushton impeller stirred tank[J]. Chinese Journal of Process Engineering, 2006, 6:857-863.

[62] Ranade V V, Bourne J R. Reactive mixing in agitated tanks[J]. Chemical Engineering Communications, 1991, 99:33-53.

[63] Jaworski Z, Bujalski W, Otomo N, et al. CFD study of homogenization with dual Rushton turbines-comparison with experimental results Part Ⅰ: Initial Studies[J]. Chemical Engineering Research and Design, 2000, 78(3):327-333.

[64] 毛在砂, 杨超, 冯鑫. Direct retrieval of residence time distribution from the simulated flow field in continuous flow reactors (从流场直接导出流动反应器的停留时间分布)[J]. 过程工程学报, 2017, 16(1):1-10.

[65] Fournier M C, Falk L, Villermaux J. A new parallel competing reaction system for assessing micromixing efficiency. Experimental approach[J]. Chemical Engineering Science, 1996, 51(22):5053-5064.

[66] Villermaux J, Fournier M C. Potential use of a new parallel reaction systems to characterize micromixing in stirred tank[J]. AIChE Symposium Series, 1994, 299, 90:50-54.

[67] Hofinge J, Sharpe R W, Bujalski W, et al. Micromixing in two-phase (g-l and s-l) systems in a stirred tank[J]. Cananian Journal of Chemical Engineering, 2011, 89:1029-1039.

[68] Yang L, Cheng J, Fan P, et al. Micromixing of solid-liquid systems in a stirred tank with double impellers[J]. Chemical Engineering and Technology, 2013, 36(3):1-8.

[69] Cheng J C, Feng X, Cheg D, et al. Retrospect and perspective of micro-mixing studies in stirred tanks[J]. Chinese Journal of Chemical Engineering, 2012, 20(1):178-190.

[70] David R, Villermaux J. Interpretation of micromixing effects on fast consecutive competing reactions in semibatch stirred tanks by a simple interaction-model[J]. Chemical Engineering Communications, 1987, 54:333-352.

[71] Villermaux J, Zoulalian A. Etat de mélange du fluide dans un réacteur continu. A propos d'un modèle de Weinstein et Adler[J]. Chemical Engineering Science, 1969, 24(9):1513-1517.

[72] Baldyga J, Bourne J R. A fluid-mechanical approach to rubulent mixing and chemical reaction. Part 1. Inadequacies of available methods[J]. Chemical Engineering Communications, 1984a, 28:231-241.

[73] Baldyga J, Bourne J R. A fluid-mechanical approach to turbulent mixing and chemical reaction. Part 2. Micromixing in the light of turbulence theory[J]. Chemical Engineering Communications, 1984b, 28:243-258.

[74] Baldyga J, Bourne J R. Simplification of micromixing calculations. Ⅰ. derivation and application of new model[J]. Chemical Engineering Journal, 1989, 42:83-92.

[75] Villermaux J, Falk L. A generalizing mixing model for initial contacting of reactive fluids[J]. Chemical Engineering Science, 1994, 49:5127-5140.

[76] Fox R O. On the relationship between Lagrangian micromixing models and computational fluid dynamics[J]. Chemical Engineering and Processing: Process Intensification, 1998, 37:521-535.

[77] Marchisio D L, Barresi A A, Fox R O. Simulation of turbulent precipitation in a semi-batch taylor-couette reactor using CFD[J]. AIChE Journal, 2001, 47(3):664-676.

[78] Pohorecki R, Baldyga J// de Jong E J, Jancic S J ed. Proceedings of Industrial Crystallization 78[C]. North-Holland, Amsterdam, 1979: 249.

[79] Garside J, Tavare N. Mixing, reaction and precipitation: limits of micromixing in an MSMPR crystallizer[J]. Chemical Engineering Science, 1985, 40(8):1485-1493.

[80] Phillips R, Rohani S, Baldyga J. Micromixing in a single-feed semi-batch precipitation process[J]. AIChE Journal, 1999, 45(1):82-92.

[81] Gavi E, Marchisio D L, Barresi A A. CFD modelling and scale-up of confined impinging jet

reactors[J]. Chemical Engineering Science, 2007, 62:2228-2241.

[82] Piton D, Fox R, Marcant B. Simulation of fine particle formation by precipitation using computational fluid dynamics[J]. Canadian Journal of Chemical Engineering, 2000, 78(5):983-993.

[83] Liu Y, Fox R O. CFD predictions for chemical processing in a confined impinging-jets reactor[J]. AIChE Journal, 2006, 52(2):731-744.

[84] Marchisio D L, Barresi A A. CFD simulation of mixing and reaction: the relevance of the micro-mixing model[J]. Chemical Engineering Science, 2003, 58: 3579-3587.

[85] Zhang Q, Mao Z-S, Yang C, et al. Numerical simulation of barium sulphate precipitation process in a continuous stirred tank with multiple-time-scale turbulent mixer model[J]. Industrial & Engineering Chemistry Research, 2009, 48(1):424-429.

[86] Torbacke M, Rasmuson Å C. Influence of different scales of mixing in reaction crystallization[J]. Chemical Engineering Science, 2001, 56(7):2459-2473.

[87] Wang Z, Mao Z-S, Yang C, et al. Computational fluid dynamics approach to the effect of mixing and draft tube on the precipitation of barium sulfate in a continuous stirred tank[J]. Chinese Journal of Chemical Engineering, 2006, 14(6):713-722.

[88] Nielsen A E. Kinetics of precipitation[M]. London: Pergamon Press, 1964.

[89] Baldyga J, Podgorska W, Pohorecki R. Mixing-precipitation model with application to double feed semibatch precipitation[J]. Chemical Engineering Science, 1995, 50(8):1281-1300.

[90] Wei H, Garside J. Application of CFD modelling to precipitation systems[J]. Chemical Engineering Research & Design, 1997, 75(A2):219-227.

[91] Bromley L A. Thermodynamic properties of strong electrolytes in aqueous solutions[J]. AIChE Journal, 1973, 19:313-320.

[92] Nielsen A E, Toft J M. Electrolyte crystal growth kinetics[J]. Journal of Crystal Growth, 1984, 67:278-288.

[93] Nagata S, Nishikawa M. Mass transfer from suspended microparticles in agitated liquids[J]. Proceedings of the First Pacific Chemical Engineering Congress, 1972: 301-320.

[94] Saffman P G, Turner J S. On the collision of drops in turbulent clouds[J]. Journal of Fluid Mechanics, 1956, 1:16-30.

[95] Bäbler M U. A collision efficiency model for flow-induced coagulation of fractal aggregates[J]. AIChE Journal, 2008, 54(7):1748-1760.

[96] Marchisio D L, Vigil R D, Fox R O. Implementation of the quadrature method of moments in CFD codes for aggregation-breakage problems[J]. Chemical Engineering Science, 2003, 58:3337-3351.

[97] Wójcik J A, Jones A G. Particle disruption of precipitated $CaCO_3$ crystal agglomerates in turbulently agitated suspensions[J]. Chemical Engineering Science, 1998, 53(5):1097-1101.

[98] Kramer T A, Clark M M. Incorporation of aggregate breakup in the simulation of orthokinetic

coagulation[J]. Journal of Colloid and Interface Science, 1999, 216:116-126.

[99] Peng S J, Williams R A. Direct measurement of floc breakage in flowing suspension[J]. Journal of Colloid and Interface Science, 1994, 166: 321-332.

[100] Guo S, Evans D G, Li D, et al. Experimental and numerical investigation of the precipitation of barium sulfate in a rotating liquid film reactor[J]. AIChE Journal, 2009, 55(8):2024-2034.

[101] Pohorecki R, Baldyga J. The effects of micromixing and the manner of reactor feeding on precipitation in stirred tank reactors[J]. Chemical Engineering Science, 1988, 43(8):1949-1954.

[102] Baldyga J, Orciuch W. Closure problem for precipitation[J]. Chemical Engineering Research & Design, 1997, 75(A2):160-170.

[103] Wong D C Y, Jaworski Z, Nienow A W. Effect of ion excess on particle size and morphology during barium sulphate precipitation: an experimental study[J]. Chemical Engineering Science, 2001, 56:727-734.

[104] Kucher M, Babic D, Kind M. Precipitation of barium sulfate: Experimental investigation about the influence of supersaturation and free lattice ion ratio on particle formation[J]. Chemical Engineering and Processing, 2006, 45:900-907.

[105] Mühlenweg H, Gutsch A, Schild A, et al. Process simulation of gas-to-particle-synthesis via population balances: investigation of three models[J]. Chemical Engineering Science, 2002, 57:2305-2322.

[106] Veroli G D, Rigopoulos S. Modeling of turbulent precipitation: a transported population balance-PDF method[J]. AIChE Journal, 2010, 56(4):878-892.

[107] Mullin J W. Crystallization[M]. 4th ed. Oxford, UK: Elsevier Butterworth-Heinemann, 2001.

[108] Midler M, Paul E L, Whittington E F, et al. Crystallization method to improve crystal structure and size[P]. US 5314506. 1994.

[109] Liu W J, Ma C Y, Xue Z W. Novel impinging jet and continuous crystallizer design for rapid reactive crystallization of pharmaceuticals[J]. Procedia Engineering, 2015, 102:499-507.

[110] Woo X Y. Modeling and simulation of antisolvent crystallization: mixing and control[D]. Urbana-Champaign: University of Illinois, Urbana-Champaign, 2007.

[111] Woo X Y, Tan R B H, Braatz R D. Modeling and computational fluid dynamics-population balance equation-micromixing simulation of impinging jet crystallizers[J]. Crystal Growth & Design, 2009, 9(1):156-164.

[112] Clift R, Grace J R, Weber M E. Bubbles, drops, and particles[M]. London: Academic Press, 1978.

[113] Sun H, Gong J-B, Wang J-K. Solubility of lovastatin in acetone, methanol, ethanol, ethyl acetate, and butyl acetate between 283 K and 323 K[J]. Journal of Chemical Engineering Data, 2005, 50(4):1389-1391.

[114] Tung H H, Paul E L, Midler M, et al. Crystallization of organic compounds: An industrial perspective[M]. Hoboken, New Jersey: John Wiley & Sons, 2009.

[115] Mahajan A J, Kirwan D J. Micromixing effects in a two-impinging-jets precipitator[J]. AIChE Journal, 1996, 42(7):1801-1814.

[116] Mahajan A J, Kirwan D J. Nucleation and growth kinetics of biochemicals measured at high supersaturations[J]. Journal of Crystal Growth, 1994, 144(3):281-290.

[117] Blandin A F, Mangin D, Nallet V, et al. Kinetics identification of salicylic acid precipitation through experiments in a batch stirred vessel and a T-mixer[J]. Chemical Engineering Journal, 2001, 81(1):91-100.

[118] Ståhl M, Åslund B L, Rasmuson Å C. Reaction crystallization kinetics of benzoic acid[J]. AIChE Journal, 2001, 47(7):1544-1560.

[119] Lindenberg C, Mazzotti M. Continuous precipitation of L-asparagine monohydrate in a micromixer: Estimation of nucleation and growth kinetics[J]. AIChE Journal, 2011, 57(4):942-950.

[120] Gradl J, Schwarzer H-C, Schwertfirm F, et al. Precipitation of nanoparticles in a T-mixer: Coupling the particle population dynamics with hydrodynamics through direct numerical simulation[J]. Chemical Engineering and Processing: Process Intensification, 2006, 45(10):908-916.

[121] Schwarzer H-C, Schwertfirm F, Manhart M, et al. Predictive simulation of nanoparticle precipitation based on the population balance equation[J]. Chemical Engineering Science, 2006, 61(1):167-181.

[122] Choi Y-J, Chung S-T, Oh M, et al. Investigation of crystallization in a jet Y-mixer by a hybrid computational fluid dynamics and process simulation approach[J]. Crystal Growth & Design, 2005, 5(3):959-968.

[123] Szilágyi B, Muntean N, Barabás R, et al. Reaction precipitation of amorphous calcium phosphate: Population balance modelling and kinetics[J]. Chemical Engineering Research and Design, 2015, 93:278-286.

[124] Marchisio D L, Omegna F, Barresi A A. Production of TiO_2 nanoparticles with controlled characteristics by means of a vortex reactor[J]. Chemical Engineering Journal, 2009, 146(3):456-465.

[125] Marchisio D L, Rivautella L, Barresi A A. Design and scale-up of chemical reactors for nanoparticle precipitation[J]. AIChE Journal, 2006, 52(5):1877-1887.

[126] Gavi E, Marchisio D L, Barresi A A, et al. Turbulent precipitation in micromixers: CFD simulation and flow field validation[J]. Chemical Engineering Research and Design, 2010, 88(9):1182-1193.

[127] Hao H, Wang J, Wang Y. Determination of induction period and crystal growth mechanism of dexamethasone sodium phosphate in methanol-acetone system[J]. Journal of Crystal Growth, 2005, 274:545-549.

[128] Zhi M, Wang Y, Wang J. Determining the primary nucleation and growth mechanism of

cloxacillin sodium in methanol-butyl acetate system[J]. Journal of Crystal Growth, 2011, 314:213-219.

[129] Chen Q, Wang J, Bao Y. Determination of the crystallization thermodynamics and kinetics of L-tryptophan in alcohols-water system[J]. Fluid Phase Equilibria, 2012, 313:182-189.

[130] Bao Y, Zhang J, Yin Q, et al. Determination of growth and breakage kinetics of L-threonine crystals[J]. Journal of Crystal Growth, 2006, 289:317-323.

[131] Dang L-P, Wei H-Y. Effects of ionic impurities on the crystal morphology of phosphoric acid hemihydrate[J]. Chemical Engineering Research and Designe, 2010, 88:1372-1376.

[132] Yang L, Zhang Y, Cheng J, et al. Solubility and thermodynamics of polymorphic indomethacin in binary solvent mixtures[J]. Journal of Molecular Liquids, 2019, 295:111717(14 pages).

[133] Nie Q, Wang J, Wang Y, et al. Effects of solvent and impurity on crystal habit modification of 11α-hydroxy-16α, 17α -epoxyprogesterone[J]. Chinese Journal of Chemical Engineering, 2007, 15(5):648-653.

[134] Gu H, Li R, Sun Y, et al. Molecular modeling of crystal morphology of ginsenoside compound K solvates and its crystal habit modification by solvent molecules[J]. Journal of Crystal Growth, 2013, 373:146-150.

[135] Attarakih M M, Drumm C, Bart H-J. Solution of the population balance equation using the sectional quadrature method of moments(SQMOM)[J]. Chemical Engineering Science, 2009, 64:742-752.

[136] Szilágyi B, Nagy Z K. Aspect ratio distribution and chord length distribution driven modeling of crystallization of two-dimensional crystals for real-time model-based applications[J]. Crystal Growth & Design, 2018, 18(9):5311-5321.

[137] John V, Suciu C. Direct discretizations of bi-variate population balance systems with finite difference schemes of different order[J]. Chemical Engineering Science, 2014, 106:39-52.

[138] Majumder A, Kariwala V, Ansumali S, et al. Lattice Boltzmann method for multi-dimensional population balance models in crystallization[J]. Chemical Engineering Science, 2012, 70:121-134.

[139] Nandanwar M N, Kumar S. A new discretization of space for the solution of multi-dimensional population balance equations: Simultaneous breakup and aggregation of particles[J]. Chemical Engineering Science, 2008, 63:3988-3997.

[140] Chauhan S S, Chakraborty J, Kumar S. On the solution and applicability of bivariate population balance equations for mixing in particle phase[J]. Chemical Engineering Science, 2010, 64:3019-3028.

[141] Kumar R, Kumar J, Warnecke G. Numerical methods for solving two-dimensional aggregation population balance equations[J]. Computers and Chemical Engineering, 2011, 35:999-1009.

索 引

B

白箱模型　9
本征动力学　3
壁面函数　188
壁面润滑力　168
边界条件　97, 198
标准矩方法　274
表观气速　157
表面活性剂　26
表面曝气　119
表面张力　166, 256
不混溶多相 LB 模型　243
不均匀气泡流　157
不可浸润相　242

C

场介质　244
沉淀　270
成核　287
传递　1
传递过程　22, 226
传热　158
传热机理　242
传质　116, 158

传质系数　259

D

大涡模拟　81
代数应力模型　81
单元胞模型　64
单元胞模型法　59
单元平均法　271
定向流动　156
动量守恒方程　195
段塞流　247
对流扩散方程　24
多尺度方法　7
多环境模型　284
多相反应器　11
多相流　73, 242
多相流动　1, 22, 80

F

反应结晶　270
反应器　2
放大效应　1
非牛顿流体　43
非稳态运动　39
非稳态作用力　63

非线性效应　248

沸腾传热　251

分离过程强化　157

分散相　73, 86

浮力驱动运动　39

附加源项　190

化学过程　2

环流反应器　156

换热性能　250

灰箱模型　5, 9

混合　1, 282

混合时间　13, 199, 208, 283

G

概率密度分布函数　244

概率密度函数　211

概率密度平衡分布函数　246

格子玻尔兹曼方法　243

鼓泡床　11

鼓泡塔　160, 179

固定枢点法　271

固含率　105

固体颗粒　22

固体颗粒悬浮　100

固液　100

过饱和度　270, 271

过程工业　2

过程强化　1, 73

过渡流　157

J

积分矩方法　271

计算流体力学　80, 156, 243, 271

剪切流　67

浆态床混合　157

搅拌槽　11, 80, 271

搅拌桨　93

接触角　248

结晶　270

结晶动力学　270

结晶器　270

介观混合　12

界面传递现象　73

界面假速度　244

界面现象　244

界面张力　25

界面追踪方法　246

镜像流体法　36

局部传质系数　24

局部扩散通量　24

矩方法　129, 271

聚并　115

均匀气泡流　157

H

耗散率　86

宏观动力学　3

宏观混合　12, 157, 208, 283

化学反应　1

化学反应工程　3

化学反应器　1

K

颗粒　22
颗粒分布　103
颗粒流　7
颗粒群　8, 59
控制方程　205
扩散系数　208

L

拉伸流　67
雷诺平均　82
雷诺数　166
离集指数　16
离散法　271
理想混合　14
粒度区间法　271
粒径　270
粒径分布　293
粒数衡算方程　116, 270
粒数衡算模型　159
粒数密度　272
连续结晶器　274
连续相　73, 86, 190
连续性方程　193
两相传热　249
两相压降　258
流动型态　255
流固耦合　249
流体力学　157
流型　157

洛伐他汀　294

M

模型　270

N

内环流反应器　156
能量耗散速率　16
黏度　166
黏度比　248
浓度变换法　35

O

欧拉-拉格朗日　167
欧拉-欧拉　167
欧拉-欧拉方法　81

P

碰撞算子　245
平均传质系数　25
破碎　116, 271

Q

气泛　112
气固传热　252
气含率　109, 160
气泡　22
气泡尺寸分布　109
气泡初始直径　166
气泡导致湍动　190
气泡聚并　226
气泡群曳力系数　178

气升式环流反应器　156

气体分布器　226

气液固体系　136

气液体系　109

气液液体系　133

强化传质　254

R

溶析结晶　270

S

设计和优化　243

升力　11, 64, 168

生成　39

生长　288

实验测量　130

守恒方程　168

受限撞击射流混合器　294

数学模型　1, 81, 243

数值方法　81, 243

数值计算方法　27

数值模拟　1, 131, 271

数值求解　96

松弛因子　245

T

体积传质系数　160

停留时间分布　211

湍流　176

湍流动能　86

湍流模型　81, 188

湍流黏度　86

团聚　271

W

外环流反应器　156

微尺度　243

微反应器　242

微观混合　12, 157, 208, 283

微观混合模型　283

微观混合性能　260

微观结构　250

稳态运动　39

物理过程　2

X

相含率　73

相间传质　242

相间传质过程　47

相间曳力　123

相间作用力　61, 168

相界面　242

虚拟质量力　7, 11, 63, 168

旋流修正　109

循环液速　199

Y

延迟修正　192

曳力　8, 11, 61, 168

曳力模型　123

曳力系数　178

液滴　22

液滴尺寸　124

液液　122

液液固体系　130

液液液体系　133

云高　103

Z

直接积分矩方法　271

直接数值模拟　10, 73, 82

质量和动量守恒　245

终端滑移速度　200

轴流桨　95

主导区域　256

撞击流　16

自由界面　73

最小搅拌转速　100

其他

FM-PDF 模型　284

k-ε 模型　81, 85

KT 法　278

Marangoni 效应　26

OpenFOAM　289

Sherwood 数　24